육군장교 군 가산복무 지원금을 받는 대학생

필기시험

육군장교
군 가산복무 지원금을 받는 대학생 필기평가

개정판 1쇄 발행　2023년 2월 13일
개정2판 1쇄 발행　2024년 2월 23일

편 저 자 | 장교시험연구소
발 행 처 | ㈜서원각
등록번호 | 1999-1A-107호
주　　소 | 경기도 고양시 일산서구 덕산로 88-45(가좌동)
교재주문 | 031-923-2051
팩　　스 | 031-923-3815
교재문의 | 카카오톡 플러스 친구[서원각]
홈페이지 | goseowon.com

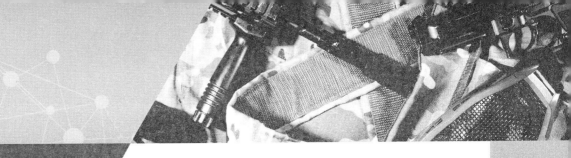

preface

21세기 국가방위의 중심군! 대한민국 육군이 국민과 소통하고, 국민의 신뢰를 받는 강한 육군으로 도약할 수 있는 지 · 덕 · 체를 겸비한 젊은 인재들을 선발하고 있다.

병사들의 선두에서 지휘해야 하는 막중한 책임을 지닌 장교들은 한국 최고의 장교로 거듭나기 위해 전문적인 군사지식과 컴퓨터, 어학 등 각종 분야의 해박한 지식을 쌓으며, 새로운 도전 열기로 가득 차 있다.

뛰어난 리더십과 책임감, 뜨거운 조국애를 지닌 장교들은 전역 후에도 군에서 맺은 폭 넓은 인간관계 / 리더십을 바탕으로 사회 각 분야에서 주역으로 활약하고 있다.

군인의 삶은 조국을 위한 희생이라는 고귀한 가치를 실천하면서, 때로는 나보다는 우리를 위한 고난과 역경을 이겨내야 하는 헌신과 봉사의 삶 속에서 스스로를 자랑스럽게 여기는 공인의 길이다.

장교는 '안일한 불의의 길보다 험난한 정의의 길'을 택한 사람이며, 스스로 선택한 성실한 삶에 대한 자부심과 봉사하는 자세로 복무하는 자이다. 장교의 길은 비록 힘이 들 수는 있지만 가장 명예롭고 보람되며 자랑스러운 길임을 확신한다.

장교가 되는 방법은 다양하다. 육사, 3사, 학군, 여군, 군 가산복무 지원금을 받는 대학생, 그리고 자신의 경험과 전공을 살리면서 복무할 수 있는 간부사관, 특수사관 등 여러 경로를 통해 장교로 군 복무할 수 있으며, 이런 경험은 사회의 리더로서 대한민국의 중추적인 역할을 할 것이다.

이에 본서는 군 가산복무 지원금을 받는 대학생, 학사사관, 학사예비장교후보생으로의 입대를 목표로 하는 수험생의 1차 필기평가 준비를 돕기 위해 개발된 맞춤형 도서로 지적능력평가, 상황판단검사, 직무성격검사를 심층 분석하여 수록하였다. 또한 다면적 인성검사에 대한 개요와 실전 문제를 첨부하여 확실한 마무리를 할 수 있도록 하였다.

원하는 바를 이루고자 한다면, 노력과 인내 그리고 열정을 품고 꾸준히 노력해야 한다.
도서출판 서원각은 항상 수험생 여러분의 합격을 기원한다.

Structure

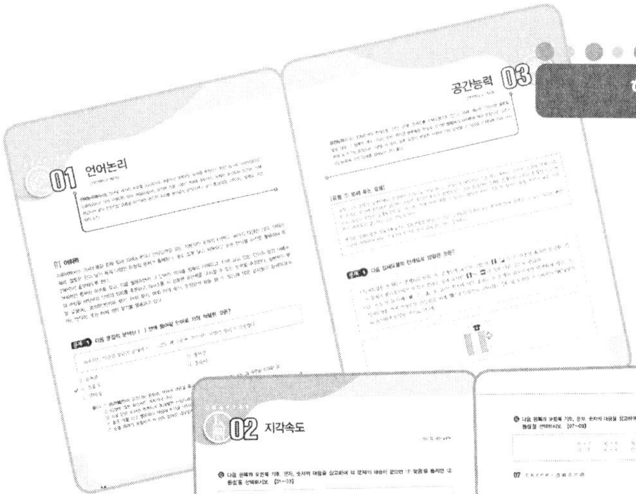

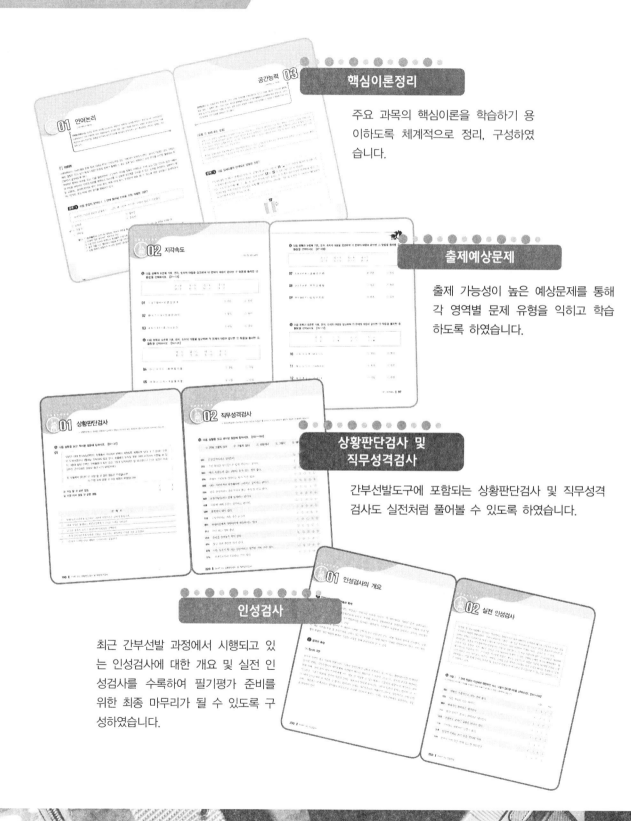

핵심이론정리

주요 과목의 핵심이론을 학습하기 용이하도록 체계적으로 정리, 구성하였습니다.

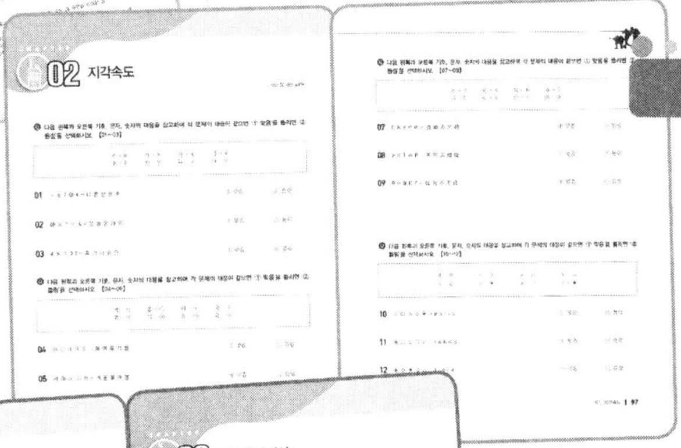

출제예상문제

출제 가능성이 높은 예상문제를 통해 각 영역별 문제 유형을 익히고 학습하도록 하였습니다.

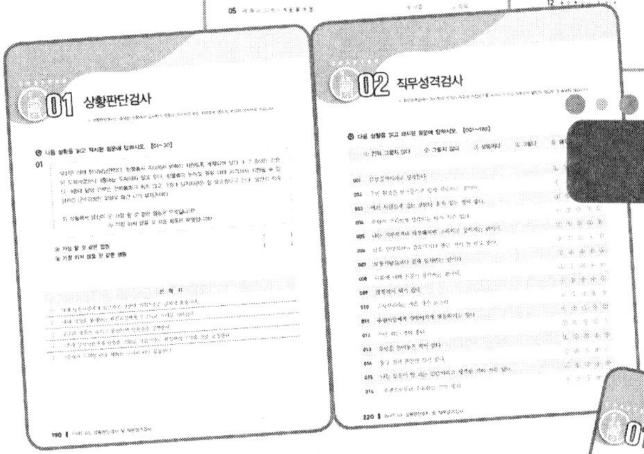

상황판단검사 및 직무성격검사

간부선발도구에 포함되는 상황판단검사 및 직무성격검사도 실전처럼 풀어볼 수 있도록 하였습니다.

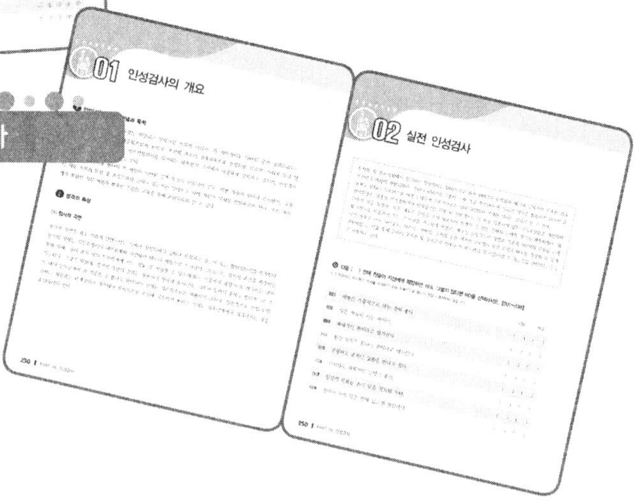

인성검사

최근 간부선발 과정에서 시행되고 있는 인성검사에 대한 개요 및 실전 인성검사를 수록하여 필기평가 준비를 위한 최종 마무리가 될 수 있도록 구성하였습니다.

Contents

Information

군 가산복무 지원금을 받는 대학생 [장교]

✔ 2023년 기준

✔ 지원 자격

① 공통

㉠ 사상이 건전하고 품행이 단정 하며 체력이 강건한 사람

㉡ 군인사법 제10조 「결격사유 등」 제 2항에 해당하지 않는 사람

② 연령

㉠ 임관일 기준 만 20~29세

구분	4학년/졸업자	3학년	2학년	1학년
임관일	2024. 7. 1	2025. 7. 1	2026. 7. 1	2027. 7. 1
응시가능 생년월일	1994. 7.2 ~ 2004. 7.1	1995. 7.2 ~ 2005. 7.1	1996. 7.2 ~ 2006. 7.1	1997. 7.2 ~ 2007. 7.1

㉡ 의 · 치 · 수의: 임관일 기준 만 20~29세

※ 다만, 의사, 치과의사 면허를 취득한 사람 중 전공의 과정(보건복지부 장관이 지정한 수련병원 및 수련기관에서 전문의 자격을 취득하기 위해 수련을 받는 인턴 및 레지던트)을 이수하려는 인원은 35세까지 임관 가능

※ 군가산복무자(의 · 치 · 수의) 임관일은 매년 4월 말로 세부 임관일은 유선으로 문의 요망

㉢ 「제대군인지원에 관한 법률 시행령」에 의거 응시 연령 상한 연장

㉠ 2년 이상의 복무기간을 마치고 전역한 제대군인 : 3세 → 만 32세
㉡ 1년 이상 2년 미만의 복무기간을 마치고 전역한 제대군인 : 2세 → 만 31세
㉢ 1년 미만의 복무기간을 마치고 전역한 제대군인 : 1세 → 만 30세

③ 학력

㉠ 군가산복무자(학사) : 수업연한 4년제인 국내 대학교 4학년에 재학중인 자

㉡ 군가산복무자(학사예비) : 수업연한 4년제인 국내 대학교 1~3학년에 재학중인 자

㉠ 전문대학 재학생으로 졸업(3년) 후 전공 심화과정(1년)으로 학사학위 취득 가능한 인원 지원 가능
㉡ 4년제 원격대학(방송통신대학, 사이버대학 등) 재학생으로 학사학위 취득 가능한 인원 지원 가능
㉢ 수학기간 5년인 학과와 복수전공 재학생, 전과 등의 사유로 5년에 졸업이 가능한 인원 지원 가능

㉢ 군가산복무자(의 · 치 · 수의) : 의 · 치 · 수의학과 대학 및 전문대학원 1~3학년

※ 의 · 치 · 수의학과 대학에 재학중이지만 학사장교로 3년 의무복무를 희망(군 가산복무지원금 미지급)하는 인원은 학사, 학사(예비)로 지원 가능

※ 수학기간이 5년인 학과와 부전공, 복수전공, 전과 등의 사유로 5년에 졸업이 가능한 경우 학사와 군가산복무자(학사)는 5학년, 학사(예비)와 군가산복무자(학사예비)는 4학년도 지원 가능

✔ 평가요소 및 배점

구분	1차 평가	2차 평가					
	필기평가	계	면접평가	체력검정	대학성적	잠재역량	한국사(가점)
배점	서열순	105점	50점	20점	25점	5점	5점

※ 1차평가 : 필기평가(합 · 불) * 총점의 40% 미만 득점자는 불합격

※ 2차평가 : 면접평가, 체력검정, 대학성적(수능 / 내신), 잠재역량, 한국사

※ 최종심의 : 신체검사, 신원조사 결과 등 반영하여 심의

✔ 지원 절차 및 평가방법

① 개인별 지원서 작성 / 제출

㉠ 인터넷 육군모집 홈페이지 접속, 지원서 작성

※ 작성메뉴 : 지원접수 및 합격조회 ➡ 지원접수 및 등록 ➡ 장교 지원서 작성

※ 출력메뉴 : 지원접수 및 등록 ➡ 등록 조회 및 출력 ➡ 장교 지원서 출력

㉡ 마지막 단계인 '설문조사 작성'까지 마쳐야 접수처리 완료

※ 작성절차 : 개인정보 제공 동의서 → 지원서 접수 → 인적사항 입력 → 학력사항 입력 → 자격 / 면허 입력 → 리더십 입력 → 병역사항 입력 → 설문조사 작성송

② 1차 평가

㉠ 장소 : 5개 지역

㉡ 평가시간 및 과목

( ) : 문항 수

구분	1교시(13:00~14:25 / 85분)	2교시(14:40~15:40 / 60분)	3교시(16:00~16:50/50분)
평가 과목	지적능력평가(93) ① 공간능력(18) ② 언어논리(25) ③ 자료해석(20) ④ 지각속도(30)	① 상황판단(15) ② 직무성격 검사(180)	인성검사(338)

※ 공간, 지각, 상황판단 : 예시문제 풀이 후 평가

③ 2차 평가

㉠ 면접평가

• 평가 방법 : 2단계 면접으로 구분하여 진행

구분	1단계(AI 면접)		2단계(대면면접)		
	대인관계 기술 및 행동역량 평가		1면접(개인발표/집단토론)		2면접(개별)
평가 요소	• 확고한 윤리의식 • 회복 탄력성 • 솔선수범	• 공감적 소통 • 적극적 임무수행	• 군 기본자세 • 국가관/안보관 • 이해력/판단력	• 리더십/상황판단 • 표현력/논리성	• 인성, 자질평가 *인성검사 결과 (MMPI-II) 참조
배점	10점		40점		합 · 불

• 1단계(AI 면접)

– 준비사항 : 인터넷 PC(웹캠) 또는 스마트폰

〈PC 이용 시〉

· PC용 카메라, 마이크
· 크롬 인터넷 브라우저
· 윈도우 7 이상(Mac OS 불가)
· 유선 인터넷 환경 권장

〈스마트폰 이용 시〉

· 스마트폰 거치대
· 이어폰(마이크 내장)

– 지정된 기간 내 AI면접 웹사이트 접속 후 안내에 따라 진행

※ 세부 준비사항 / 진행절차 안내문은 면접 2~3일 전 개인 인터넷 메일로 발송 예정

– AI 면접기회는 1회만 부여됨에 따라 사전 시스템 점검 등 사전준비 철저

• 2단계(대면 면접)

※ 대면 면접평가 세부사항은 인터넷 '육군간부모집' 홈페이지에 공지 예정

ⓛ 체력검정

- "국민 체력인증센터" 인증서로 평가
- 장소 : 국민체력100 홈페이지 체력인증센터 참조
- 제출기간 / 방법 : 개인별 면접일에 제출
- 제출서류 : 본인의 인증서 또는 참가증 1부, 체력 평가지 1부
- 유효기간 : 개인별 면접일(서류제출일) 기준 6개월 이내
- 평가배점

구분	전종목 합격	1종목 불합격	2종목 불합격	3종목 불합격	4종목 불합격
배점	20점	18점	16점	14점	불합격

※ 건강 체력항목 4종목으로 평가하며 1~3급은 합격, 4급 이하는 불합격임

- 체력평가 항목

구분	건강체력항목	운동체력항목(택1)
내용	• 근력 (악력) • 유연성 (윗몸앞으로 굽히기) • 근지구력 (교차윗몸일으키기) • 심폐지구력 (택1 : 왕복오래달리기, 스텝검사)	• 민첩성 (10m왕복달리기) • 순발력 (제자리멀리뛰기)

ⓒ 대학성적 / 수능(내신)성적 평가

- 제출서류 : 대학성적증명서, 수학능력시험 성적 또는 내신성적 증명서
  ※ 대학교 성적증명서는 현재까지 진행한 모든 학기(1학년 1학기 ~ '23년 1학기)를 제출
  ※ 대학수학능력시험 성적과 고등학교 내신성적 중 본인에게 유리한 것만 제출
- 학년별 대학성적 / 수능(내신)점수 배점

구분	1학년	2학년	3학년	4학년/졸업생
대학성적	7.5점(30%)	10점(40%)	12.5점(50%)	15점(60%)
수능(내신)성적	17.5점(70%)	15점(60%)	12.5점(50%)	10점(40%)

- 대학성적 점수부여 방식 : 대학 학기별 백분위 성적 반영

학기별성적 (백분율)	100~90	89~85	84~80	79~75	74~70	70 미만
비율(%)	100	95	90	85	80	75

※ 대학 전체학기 총 합계 백분위 70 미만은 불합격

- 수능성적 점수부여 방식 : 3과목(국 · 영 · 수) 각 등급 점수부여 후 합산평균 반영

등급	1	2	3	4	5	6	7	8	9
비율(%)	100	95	90	85	80	75	70	65	60

- 내신성적 증명서를 제출한 지원자는 내신성적(1~3학년, 국 · 영 · 수 3과목)을 반영하며, 대학수학능력시험 성적과 고교 내신성적이 없는 지원자는 필기평가 결과를 환산하여 반영
- 수능 또는 고교 내신성적 세부 산정방법 및 예시 : [붙임] 참조

ⓔ 잠재역량

- 제출서류 : 각 분야별 자격증 등 증빙서류
- 각 분야별 동종의 자격증 다수 제출 시 최상위 자격 1개만 인정
- 증빙서류는 원본 또는 사본(복사본) 제출 가능함.
- 허위기록 제출에 따른 불이익(불합격) 등 책임은 지원자에게 있음
- 관련서류 제출기간 / 방법은 [붙임] 참고

ⓜ 한국사 평가(가점)

• 제출서류 : 한국사 능력 검정시험 결과

• 평가배점(5점)

구분	심화 등급			기본 등급			미제출
	1급	2급	3급	4급	5급	6급	
배점	5점(100%)			4.5점(90%)	4점(80%)	3.5점(70%)	0점

• 유효기간 : 접수마감일 기준 4년 이내

• 제출방법 : 인터넷 / 등기 제출

※ 지원서 접수시 한국사 능력시험 자격번호 입력

※ 등기제출시 서류제출기간 내 육군 인사사령부로 등기 발송해야함

✔ 기타사항

① 최종 합격자 발표 : 인터넷 육군모집 홈페이지 공지

※ 육군모집 홈페이지 합격조회에서는 조회가 불가능하며, 공지사항의 최종합격자 공고문으로 확인 가능

※ 선발기간 중 국외대학 학위 검증 등 서류 미검증 인원이 합격 대상일 경우 최종 합격자 발표시 '조건부 합격'으로 명시하며, 최종합격 여부는 관련 서류 검증 후 개인별 통보됨

② '군인사법 제7조(의무복무기간) 제1항, 4항'에 의거 군가산복무자(학사, 학사(예비), 의 · 치 · 수의)는 임관시 4년의 의무복무 기간이 가산되어 총 7년 복무

※ 임관 후 의무복무기간 만료 전에는 본인의 의사에 따른 전역 불가

③ 시험결과는 「공공기관의 정보공개에 관한 법률」 제9조(비공개 대상정보) 제1항에 의거 공개하지 않음

④ 「군인사법 시행령」 제 9조의 2에 의거 지원서 작성내용과 제출서류가 허위로 판명된 경우 선발에서 제외

※ 서류를 위조 변조하여 시험결과에 부당한 영향을 주는 행위시 시험 정지 또는 무효로 하거나 합격을 취소하고, 그 처분이 있는 날부터 5년간 임용 시험의 응시자격이 정지됨

⑤ 필기평가, 신체검사, 면접평가 시 수험표와 신분증(주민등록증, 운전면허증, 주민등록번호 전체가 기재된 여권, 주민등록증 발급신청 확인서 중 1개)을 반드시 지참

⑥ 최종합격자 관리

㉠ 군가산복무자(학사, 학사(예비), 의 · 치 · 수의)로 선발된 사람은 총 8학기 군가산복무 지원금(등록금)을 지급하며, 최종합격시점 기준으로 수료한 학기 군가산복무지원금(등록금)은 일시금, 이후 매 학기별 군가산복무지원금(등록금)을 지급함

㉡ '군 장려금 지급규칙 제5조(군 장려금의 반납)'에 의거 기존 단기복무장려금 수혜자 중 군가산복무자(학사, 학사(예비), 의 · 치 · 수의)에 선발되어 등록한 사람은 단기복무장려금을 반납해야 함

㉢ '군 가산복무 지원금 지급 대상자 규정 제13조(군 가산복무 지원금 지급 대상자의 선발취소)', 육군규정 107, 제34조에 의거 선발취소 사유 발생시 선발이 취소됨

① 「군인사법」 제10조 제2항 각 호의 어느 하나에 해당하는 경우
② 음주운전, 상습도박, 성범죄 행위 등 품행이 불량한 경우
③ 성적이 현저히 불량한 경우(학기말 평균 성적이 100분의 70 미만인 경우 / 위 규정의 시행규칙)
④ 제10조를 위반한 경우(선발권자의 허가 없이 교육기관이나 전공학부 또는 전공학과를 옮길 경우)
⑤ 제11조 제1항에 따른 휴학기간 또는 입영연기 기간이 2년을 초과한 경우
⑥ 퇴학 또는 제적된 경우

㉣ 기타 사항은 '군인사법 및 군인사법 시행령', '군 가산복무 지원금 지급 대상자 규정 및 시행규칙'을 참고바라며 필요시 담당자 에게 문의

학사사관

✔ 2023년 기준

✔ 지원 자격

① 공통

㉠ 사상이 건전하고 품행이 단정 하며 체력이 강건한 사람

㉡ 군인사법 제10조 「결격사유 등」제 2항에 해당하지 않는 사람

② 연령

㉠ 임관일 기준 만 20~29세

㉡ 「제대군인지원에 관한 법률 시행령」에 의거 응시 연령 상한 연장

> ① 2년 이상의 복무기간을 마치고 전역한 제대군인 : 3세 → 만 32세
> ② 1년 이상 2년 미만의 복무기간을 마치고 전역한 제대군인 : 2세 → 만 31세
> ③ 1년 미만의 복무기간을 마치고 전역한 제대군인 : 1세 → 만 30세

⑤ 학력 : 4년제 대학 졸업자 또는 해당연도 졸업예정자

㉠ 「고등교육법」 제50조의 2에 정한 전문대학 졸업 후 전공 심화 과정으로 학사학위를 수여한 자

㉡ 「고등교육법」 제54조에 정한 원격대학 학사학위를 수여 한 자

㉢ 「독학에의한 학위취득에 관한 법률」에 정한 학위취득 종합시험에 합격한 자

㉣ 「고등교육법 시행령」 제 70조에 정한 외국에서 우리나라 대학교육에 상응하는 교육과정을 전부 이수한 자 및 해당연도 졸업예정자

✔ 평가요소 및 배점

구분	1차평가	2차 평가					
	필기평가	계	면접평가	체력검정	대학성적	잠재역량	한국사(가점)
배점	서열순	105점	50점	20점	25점	5점	5점

※ 1차평가 : 필기평가(합 · 불) * 총점의 40% 미만 득점자는 불합격

※ 2차평가 : 면접평가, 체력검정, 대학성적(수능 / 내신), 잠재역량, 한국사

※ 최종심의 : 신체검사, 신원조사 결과 등 반영하여 심의

✔ 지원절차 및 평가방법

① 개인별 지원서 작성 / 제출

㉠ 인터넷 육군모집 홈페이지 접속, 지원서 작성

※ 작성메뉴 : 지원접수 및 합격조회 ➡ 지원접수 및 등록 ➡ 장교 지원서 작성

※ 출력메뉴 : 지원접수 및 등록 ➡ 등록 조회 및 출력 ➡ 장교 지원서 출력

㉡ 마지막 단계인 '설문조사 작성'까지 마쳐야 접수처리 완료

※ 작성절차 : 개인정보 제공 동의서 → 지원서 접수 → 인적사항 입력 → 학력사항 입력 → 자격 / 면허 입력 → 리더십 입력 → 병역사항 입력 → 설문조사 작성송

② 1차 평가

㉠ 장소 : 5개 지역

㉡ 평가시간 및 과목

( ) : 문항 수

구분	1교시 (13:00~14:25 / 85분)	2교시 (14:40~15:40 / 60분)	3교시 (16:00~16:50/50분)
평가 과목	지적능력평가(93) ① 공간능력(18) ② 언어논리(25) ③ 자료해석(20) ④ 지각속도(30)	① 상황판단(15) ② 직무성격 검사(180)	인성검사(338)

※ 공간, 지각, 상황판단 : 예시문제 풀이 후 평가

③ 2차 평가

㉠ 면접평가

• 평가 방법 : 2단계 면접으로 구분하여 진행

구분	1단계(AI 면접)		2단계(대면면접)		
	대인관계 기술 및 행동역량 평가		1면접(개인발표/집단토론)		2면접(개별)
평가 요소	• 확고한 윤리의식 • 회복 탄력성 • 솔선수범	• 공감적 소통 • 적극적 임무수행	• 군 기본자세 • 국가관/안보관 • 이해력/판단력	• 리더십/상황판단 • 표현력/논리성	• 인성, 자질평가 *인성검사 결과 (MMPI-II) 참조
배점	10점		40점		합 · 불

• 1단계(AI 면접)

– 준비사항 : 인터넷 PC(웹캠) 또는 스마트폰

〈PC 이용 시〉

· PC용 카메라, 마이크

· 크롬 인터넷 브라우저

· 윈도우 7 이상(Mac OS 불가)

· 유선 인터넷 환경 권장

〈스마트폰 이용 시〉

· 스마트폰 거치대

· 이어폰(마이크 내장)

– 지정된 기간 내 AI면접 웹사이트 접속 후 안내에 따라 진행

※ 세부 준비사항 / 진행절차 안내문은 면접 2~3일 전 개인 인터넷 메일로 발송 예정

– AI 면접기회는 1회만 부여됨에 따라 사전 시스템 점검 등 사전준비 철저

• 2단계(대면 면접)

※ 대면 면접평가 세부사항은 인터넷 '육군간부모집' 홈페이지에 공지 예정

㉡ 체력검정

• "국민 체력인증센터" 인증서로 평가

• 장소 : 국민체력100 홈페이지 체력인증센터 참조

• 제출기간 / 방법 : 개인별 면접일에 제출

• 제출서류 : 본인의 인증서 또는 참가증 1부, 체력 평가지 1부

• 유효기간 : 개인별 면접일(서류제출일) 기준 6개월 이내

• 평가배점

구분	전종목 합격	1종목 불합격	2종목 불합격	3종목 불합격	4종목 불합격
배점	20점	18점	16점	14점	불합격

※ 건강 체력항목 4종목으로 평가하며 1~3급은 합격, 4급 이하는 불합격임

• 체력평가 항목

구분	건강체력항목	운동체력항목(택1)
내용	• 근력(악력) • 유연성(윗몸앞으로 굽히기) • 근지구력(교차윗몸일으키기) • 심폐지구력(택1 : 왕복오래달리기, 스텝검사)	• 민첩성(10m왕복달리기) • 순발력(제자리멀리뛰기)

ⓒ 대학성적 / 수능(내신)성적 평가

- 제출서류 : 대학성적증명서, 수학능력시험 성적 또는 내신성적 증명서
  - ※ 대학교 성적증명서는 현재까지 진행한 모든 학기(1학년 1학기 ~ '23년 1학기)를 제출
  - ※ 대학수학능력시험 성적과 고등학교 내신성적 중 본인에게 유리한 것만 제출
- 학년별 대학성적 / 수능(내신)점수 배점

구분	1학년	2학년	3학년	4학년/졸업생
대학성적	7.5점(30%)	10점(40%)	12.5점(50%)	15점(60%)
수능(내신)성적	17.5점(70%)	15점(60%)	12.5점(50%)	10점(40%)

- 대학성적 점수부여 방식 : 대학 학기별 백분위 성적 반영

학기별성적 (백분율)	100~90	89~85	84~80	79~75	74~70	70 미만
비율(%)	100	95	90	85	80	75

※ 대학 전체학기 총 합계 백분위 70 미만은 불합격

- 수능성적 점수부여 방식 : 3과목(국 · 영 · 수) 각 등급 점수부여 후 합산평균 반영

등급	1	2	3	4	5	6	7	8	9
비율(%)	100	95	90	85	80	75	70	65	60

- 내신성적 증명서를 제출한 지원자는 내신성적(1~3학년, 국 · 영 · 수 3과목)을 반영하며, 대학수학능력시험 성적과 고교 내신성적이 없는 지원자는 필기평가 결과를 환산하여 반영
- 수능 또는 고교 내신성적 세부 산정방법 및 예시 : [붙임] 참조

ⓡ 잠재역량

- 제출서류 : 각 분야별 자격증 등 증빙서류
- 각 분야별 동종의 자격증 다수 제출 시 최상위 자격 1개만 인정
- 증빙서류는 원본 또는 사본(복사본) 제출 가능함.
- 허위기록 제출에 따른 불이익(불합격) 등 책임은 지원자에게 있음
- 관련서류 제출기간 / 방법은 [붙임] 참고

ⓜ 한국사 평가(가점)

- 제출서류 : 한국사 능력 검정시험 결과
- 평가배점(5점)

구분	심화 등급			기본 등급			미제출
	1급	2급	3급	4급	5급	6급	
배점	5점(100%)			4.5점(90%)	4점(80%)	3.5점(70%)	0점

- 유효기간 : 접수마감일 기준 4년 이내
- 제출방법 : 인터넷 / 등기 제출
  - ※ 지원서 접수시 한국사 능력시험 자격번호 입력
  - ※ 등기제출시 서류제출기간 내 육군 인사사령부로 등기 발송해야함

✔ 기타사항

① 최종 합격자 발표 : 인터넷 육군모집 홈페이지 공지

※ 육군모집 홈페이지 합격조회에서는 조회가 불가능하며, 공지사항의 최종합격자 공고문으로 확인 가능

※ 선발기간 중 국외대학 학위 검증 등 서류 미검증 인원이 합격 대상일 경우 최종 합격자 발표시 '조건부 합격'으로 명시하며, 최종합격 여부는 관련 서류 검증 후 개인별 통보됨

② '군인사법 제7조(의무복무기간) 제1항, 4항'에 의거 학사, 학사(예비)는 임관시 3년동안 의무복무

③ 「군인사법 시행령」 제 9조의 2에 의거 지원서 작성내용과 제출서류가 허위로 판명된 경우 선발에서 제외

④ 필기평가, 신체검사, 면접평가 시 수험표와 신분증(주민등록증, 운전면허증, 주민등록번호 전체가 기재된 여권, 주민등록증 발급신청 확인서 중 1개)을 반드시 지참

학사 예비장교 후보생

✔ 2023년 기준

✔ 지원 자격

① 공통

㉠ 사상이 건전하고 품행이 단정 하며 체력이 강건한 사람

㉡ 군인사법 제10조 「결격사유 등」제 2항에 해당하지 않는 사람

② 연령 : 임관일 기준 만 20~29세

✔ 평가요소 및 배점

구분	1차평가	2차 평가					
	필기평가	계	면접평가	체력검정	대학성적	잠재역량	한국사(가점)
배점	서열순	105점	50점	20점	25점	5점	5점

※ 1차평가 : 필기평가(합 · 불) * 총점의 40% 미만 득점자는 불합격

※ 2차평가 : 면접평가, 체력검정, 대학성적(수능 / 내신), 잠재역량, 한국사

※ 최종심의 : 신체검사, 신원조사 결과 등 반영하여 심의

✔ 지원절차 및 평가방법

① 개인별 지원서 작성 / 제출

㉠ 인터넷 육군모집 홈페이지 접속, 지원서 작성

※ 작성메뉴 : 지원접수 및 합격조회 ➡ 지원접수 및 등록 ➡ 장교 지원서 작성

※ 출력메뉴 : 지원접수 및 등록 ➡ 등록 조회 및 출력 ➡ 장교 지원서 출력

㉡ 마지막 단계인 '설문조사 작성'까지 마쳐야 접수처리 완료

※ 작성절차 : 개인정보 제공 동의서 → 지원서 접수 → 인적사항 입력 → 학력사항 입력 → 자격 / 면허 입력 → 리더십 입력 → 병역사항 입력 → 설문조사 작성송

② 1차 평가

㉠ 장소 : 5개 지역

㉡ 평가시간 및 과목 ( ) : 문항 수

구분	1교시(13:00~14:25 / 85분)	2교시(14:40~15:40 / 60분)	3교시(16:00~16:50/50분)
평가 과목	지적능력평가(93) ① 공간능력(18) ② 언어논리(25) ③ 자료해석(20) ④ 지각속도(30)	① 상황판단(15) ② 직무성격 검사(180)	인성검사(338)

※ 공간, 지각, 상황판단 : 예시문제 풀이 후 평가

③ 2차 평가

㉠ 면접평가

• 평가 방법 : 2단계 면접으로 구분하여 진행

구분	1단계(AI 면접)		2단계(대면면접)		
	대인관계 기술 및 행동역량 평가		1면접(개인발표/집단토론)		2면접(개별)
평가 요소	• 확고한 윤리의식 • 회복 탄력성 • 솔선수범	• 공감적 소통 • 적극적 임무수행	• 군 기본자세 • 국가관/안보관 • 이해력/판단력	• 리더십/상황판단 • 표현력/논리성	• 인성, 자질평가 *인성검사 결과 (MMPI-II) 참조
배점	10점		40점		합 · 불

• 1단계(AI 면접)

– 준비사항 : 인터넷 PC(웹캠) 또는 스마트폰

〈PC 이용 시〉

· PC용 카메라, 마이크
· 크롬 인터넷 브라우저
· 윈도우 7 이상(Mac OS 불가)
· 유선 인터넷 환경 권장

〈스마트폰 이용 시〉

· 스마트폰 거치대
· 이어폰(마이크 내장)

– 지정된 기간 내 AI면접 웹사이트 접속 후 안내에 따라 진행

※ 세부 준비사항 / 진행절차 안내문은 면접 2~3일 전 개인 인터넷 메일로 발송 예정

– AI 면접기회는 1회만 부여됨에 따라 사전 시스템 점검 등 사전준비 철저

• 2단계(대면 면접)

※ 대면 면접평가 세부사항은 인터넷 '육군간부모집' 홈페이지에 공지 예정

㉡ 체력검정

• "국민 체력인증센터" 인증서로 평가
• 장소 : 국민체력100 홈페이지 체력인증센터 참조
• 제출기간 / 방법 : 개인별 면접일에 제출
• 제출서류 : 본인의 인증서 또는 참가증 1부, 체력 평가지 1부
• 유효기간 : 개인별 면접일(서류제출일) 기준 6개월 이내
• 평가배점

구분	전종목 합격	1종목 불합격	2종목 불합격	3종목 불합격	4종목 불합격
배점	20점	18점	16점	14점	불합격

※ 건강 체력항목 4종목으로 평가하며 1~3급은 합격, 4급 이하는 불합격임

• 체력평가 항목

구분	건강체력항목	운동체력항목(택1)
내용	• 근력(악력) • 유연성(윗몸앞으로 굽히기) • 근지구력(교차윗몸일으키기) • 심폐지구력(택1 : 왕복오래달리기, 스텝검사)	• 민첩성(10m왕복달리기) • 순발력(제자리멀리뛰기)

㉢ 대학성적 / 수능(내신)성적 평가

• 제출서류 : 대학성적증명서, 수학능력시험 성적 또는 내신성적 증명서

※ 대학교 성적증명서는 현재까지 진행한 모든 학기(1학년 1학기 ~ '23년 1학기)를 제출

※ 대학수학능력시험 성적과 고등학교 내신성적 중 본인에게 유리한 것만 제출

• 학년별 대학성적 / 수능(내신)점수 배점

구분	1학년	2학년	3학년	4학년/졸업생
대학성적	7.5점(30%)	10점(40%)	12.5점(50%)	15점(60%)
수능(내신)성적	17.5점(70%)	15점(60%)	12.5점(50%)	10점(40%)

• 대학성적 점수부여 방식 : 대학 학기별 백분위 성적 반영

학기별성적 (백분율)	100~90	89~85	84~80	79~75	74~70	70 미만
비율(%)	100	95	90	85	80	75

※ 대학 전체학기 총 합계 백분위 70 미만은 불합격

• 수능성적 점수부여 방식 : 3과목(국 · 영 · 수) 각 등급 점수부여 후 합산평균 반영

등급	1	2	3	4	5	6	7	8	9
비율(%)	100	95	90	85	80	75	70	65	60

• 내신성적 증명서를 제출한 지원자는 내신성적(1~3학년, 국 · 영 · 수 3과목)을 반영하며, 대학수학능력시험 성적과 고교 내신성적이 없는 지원자는 필기평가 결과를 환산하여 반영

• 수능 또는 고교 내신성적 세부 산정방법 및 예시 : [붙임] 참조

㉣ 잠재역량

• 제출서류 : 각 분야별 자격증 등 증빙서류

• 각 분야별 동종의 자격증 다수 제출 시 최상위 자격 1개만 인정

• 증빙서류는 원본 또는 사본(복사본) 제출 가능함.

• 허위기록 제출에 따른 불이익(불합격) 등 책임은 지원자에게 있음

• 관련서류 제출기간 / 방법은 [붙임] 참고

㉤ 한국사 평가(가점)

• 제출서류 : 한국사 능력 검정시험 결과

• 평가배점(5점)

구분	심화 등급			기본 등급			미제출
	1급	2급	3급	4급	5급	6급	
배점	5점(100%)			4.5점(90%)	4점(80%)	3.5점(70%)	0점

• 유효기간 : 접수마감일 기준 4년 이내

• 제출방법 : 인터넷 / 등기 제출

※ 지원서 접수시 한국사 능력시험 자격번호 입력

※ 등기제출시 서류제출기간 내 육군 인사사령부로 등기 발송해야함

✔ 기타사항

① 최종 합격자 발표 : 인터넷 육군모집 홈체이지 공지

※ 육군모집 홈페이지 합격조회에서는 조회가 불가능하며, 공지사항의 최종합격자 공고문으로 확인 가능

※ 선발기간 중 국외대학 학위 검증 등 서류 미검증 인원이 합격 대상일 경우 최종 합격자 발표시 '조건부 합격'으로 명시하며, 최종합격 여부는 관련 서류 검증 후 개인별 통보됨

③ '군인사법 제7조(의무복무기간) 제1항, 4항'에 의거 학사, 학사(예비)는 임관시 3년동안 의무복무

④ 「군인사법 시행령」 제 9조의 2에 의거 지원서 작성내용과 제출서류가 허위로 판명된 경우 선발에서 제외

⑤ 필기평가, 신체검사, 면접평가 시 수험표와 신분증(주민등록증, 운전면허증, 주민등록번호 전체가 기재된 여권, 주민등록증 발급신청 확인서 중 1개)을 반드시 지참

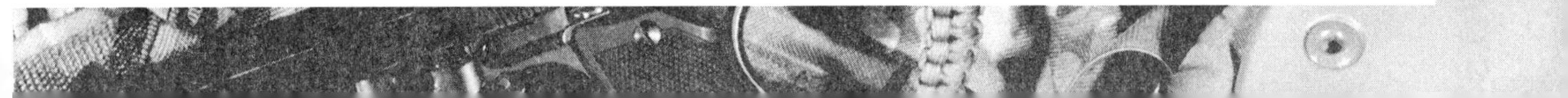

간부선발 필기평가 예시문항

공간능력, 지각속도, 언어논리, 자료해석, 상황판단검사, 직무성격검사

육군 간부선발 시 적용하고 있는 필기평가 중 지원자들이 생소하게 생각하고 있는 간부선발 필기평가의 예시문항이며, 문항수와 제한시간은 다음과 같습니다.

구분	공간능력	지각속도	언어논리	자료해석	상황판단검사	직무성격검사
문항 수	18문항	30문항	25문항	20문항	150문항	180항
시간	10분	3분	20분	25분	20분	30분

※ 본 자료는 참고 목적으로 제공되는 예시 문항으로서 각 하위검사별 난이도, 세부 유형 및 문항 수는 차후 변경될 수 있습니다.

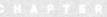

CHAPTER

01 공간능력

간부선발도구 예시문

공간능력검사는 입체도형의 전개도를 고르는 문제, 전개도를 입체도형으로 만드는 문제, 제시된 그림처럼 블록을 쌓을 경우 그 블록의 개수 구하는 문제, 제시된 블록들을 화살표 표시한 방향에서 바라봤을 때의 모양을 고르는 문제 등 4가지 유형으로 구분할 수 있다. 물론 유형의 변경은 사정에 의해 발생할 수 있음을 숙지하여 여러 가지 공간능력에 관한 문제를 접해보는 것이 좋다.

[유형 ① 문제 푸는 요령]

유형 ①은 주어진 입체도형을 전개하여 전개도로 만들 때 그 전개도에 해당하는 것을 찾는 형태로 주어진 조건에 의해 기호 및 문자는 회전에 반영하지 않으며, 그림만 회전의 효과를 반영한다는 것을 숙지하여 정확한 전개도를 고르는 문제이다. 그러므로 그림의 모양은 입체도형의 상, 하, 좌, 우에 따라 변할 수 있음을 알아야 하며, 기호 및 문자는 항상 우리가 보는 모양으로 회전되지 않는다는 것을 알아야 한다.

제시된 입체도형은 정육면체이므로 정육면체를 만들 수 있는 전개도의 모양과 보는 위치에 따라 돌아갈 수 있는 그림을 빠른 시간에 파악해야 한다. 문제보다 보기를 먼저 살펴보는 것이 유리하다.

문제 1 다음 입체도형의 전개도로 알맞은 것은?

- 입체도형을 전개하여 전개도를 만들 때, 전개도에 표시된 그림(예 : ▮, ◪ 등)은 회전의 효과를 반영함. 즉, 본 문제의 풀이과정에서 보기의 전개도 상에 표시된 "▮"와 "▬"은 서로 다른 것으로 취급함.
- 단, 기호 및 문자(예 : ☎, ♤, ♨, K, H)의 회전에 의한 효과는 본 문제의 풀이과정에 반영하지 않음. 즉, 입체도형을 펼쳐 전개도를 만들었을 때에 "☎"의 방향으로 나타나는 기호 및 문자도 보기에서는 "☎"방향으로 표시하며 동일한 것으로 취급함.

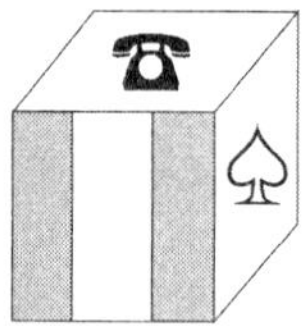

①

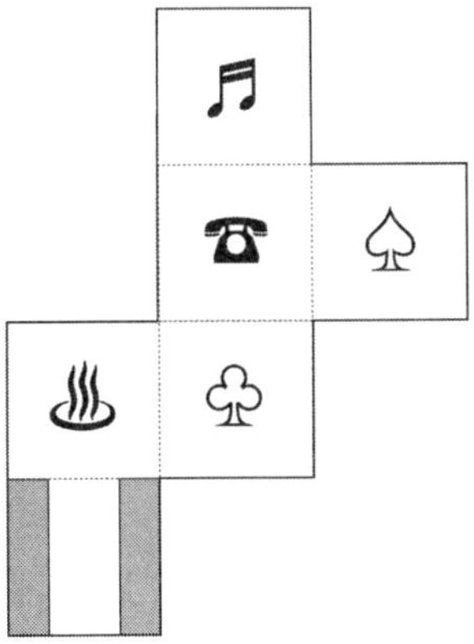

②

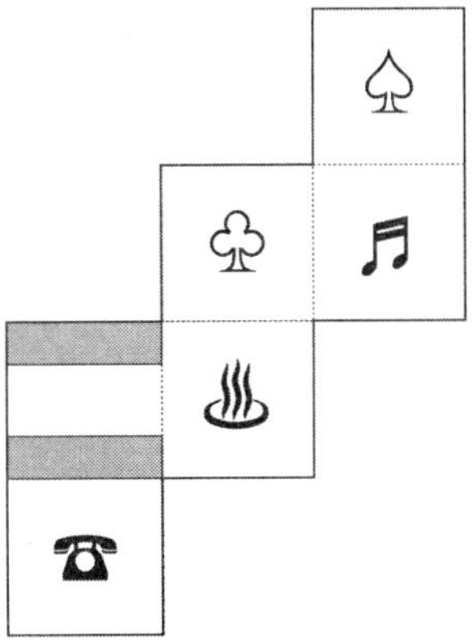

③

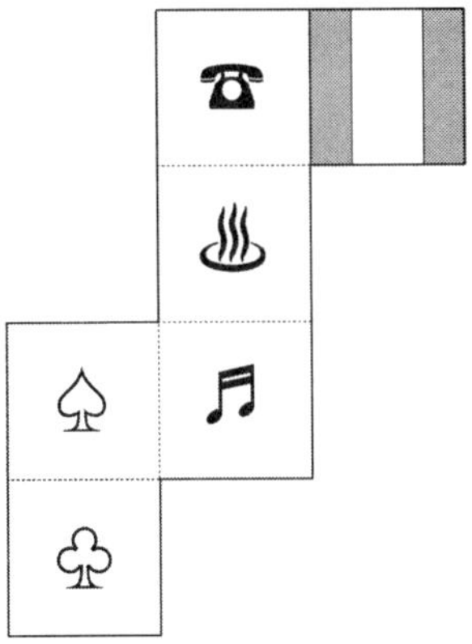

✔ ④

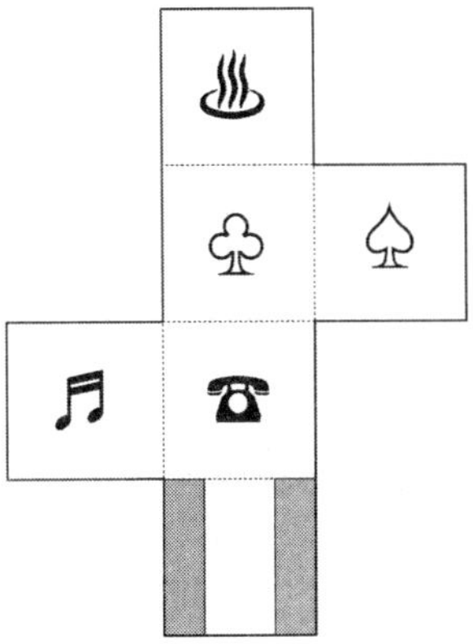

해설 모양의 윗면과 오른쪽 면에 위치하는 기호를 찾으면 쉽게 문제를 풀 수 있다.
기호나 문자는 회전을 적용하지 않으므로 4번이 답이 된다.

[유형 ② 문제 푸는 요령]

유형 ②는 평면도형인 전개도를 접어 나오는 입체도형을 고르는 문제이다. 유형 ①과 마찬가지로 기호나 문자는 회전을 적용하지 않는다고 조건을 제시하였으므로 그림의 모양만 신경을 쓰면 된다.

보기에 제시된 입체도형의 윗면과 옆면을 잘 살펴보면 답의 실마리를 찾을 수 있다. 그림의 위치에 따라 윗면과 옆면에 나타나는 문자가 달라지므로 유의하여야 한다. 그림을 중심으로 어느 면에 어떤 문자가 오는지를 파악하는 것이 중요하다.

문제 2 다음 전개도로 만든 입체도형에 해당하는 것은?

- 전개도를 접을 때 전개도 상의 그림, 기호, 문자가 입체도형의 겉면에 표시되는 방향으로 접음
- 전개도를 접어 입체도형을 만들 때, 전개도에 표시된 그림(예 : , 등)은 회전의 효과를 반영함. 즉, 본 문제의 풀이과정에서 보기의 전개도 상에 표시된 " "와 " "은 서로 다른 것으로 취급함.
- 단, 기호 및 문자(예 : ☎, ♤, ♨, K, H)의 회전에 의한 효과는 본 문제의 풀이과정에 반영하지 않음. 즉, 전개도를 접어 입체도형을 만들었을 때에 " "의 방향으로 나타나는 기호 및 문자도 보기에서는 "☎" 방향으로 표시하며 동일한 것으로 취급함.

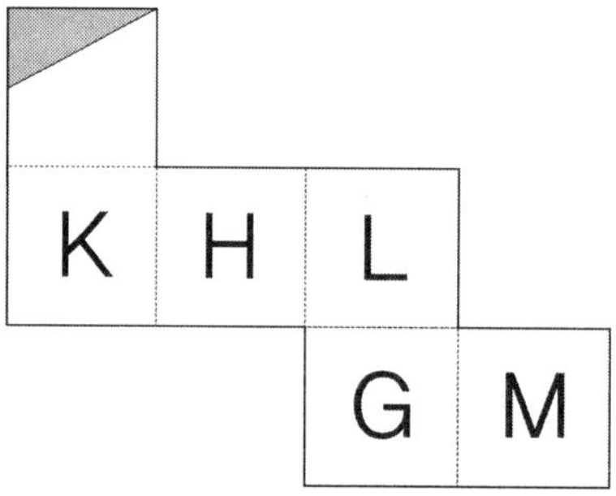

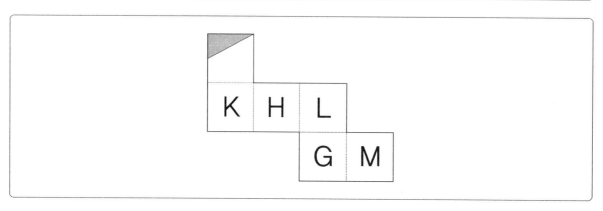

① 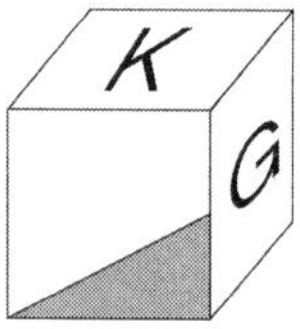

✔ ② 

③ 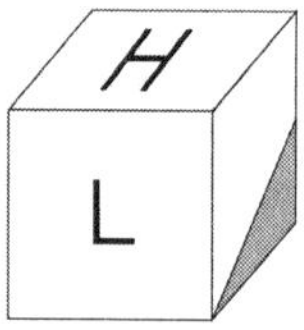

④ 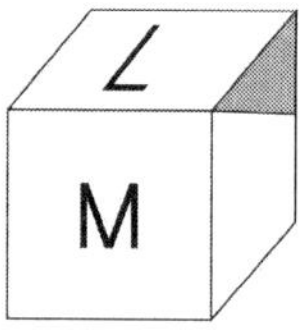

해설 그림의 색칠된 삼각형 모양의 위치를 먼저 살펴보면
① G의 위치에 M이 와야 한다.
③ L의 위치에 H, H의 위치에 K가 와야 한다.
④ 그림의 모양이 좌우 반전이 되어야 한다.

[유형 ③ 문제 푸는 요령]

유형 ③은 쌓아 놓은 블록을 보고 여기에 사용된 블록의 개수를 구하는 문제이다. 블록은 모두 크기가 동일한 정육면체라고 조건을 제시하였으므로 블록의 모양은 신경을 쓸 필요가 없다.

블록의 위치가 뒤쪽에 위치한 것인지 앞쪽에 위치한 것 인지에서부터 시작하여 몇 단으로 쌓아 올려져 있는지를 빠르게 파악해야 한다. 가장 아랫면에 존재하는 개수를 파악하고 한 단씩 위로 올라가면서 개수를 파악해도 되며, 앞에서부터 보이는 블록의 수부터 개수를 세어도 무방하다. 그러나 겹치거나 뒤에 살짝 보이는 부분까지 신경 써야 함은 잊지 말아야 한다. 단 1개의 블록으로 문제의 승패가 좌우된다.

문제 3 아래에 제시된 그림과 같이 쌓기 위해 필요한 블록의 수는?
(단, 블록은 모양과 크기는 모두 동일한 정육면체이다)

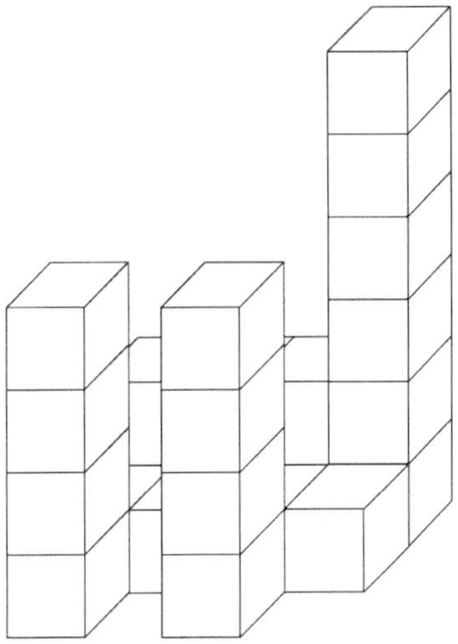

① 18 ② 20
③ 22 ✔ ④ 24

해설 그림을 쉽게 생각하면 블록이 4개씩 붙어 있다고 보면 쉽다. 앞에 2개, 뒤에 눕혀서 3개, 맨 오른쪽 눕혀진 블록들 위에 1개 4개씩 쌓아진 블록이 6개 존재하므로 24개가 된다.
시간이 많다면 하나하나 세어도 좋다.

[유형 ④ 문제 푸는 요령]

유형 ④는 제시된 그림에 있는 블록들을 오른쪽, 왼쪽, 위쪽 등으로 돌렸을 때의 모양을 찾는 문제이다.

모두 동일한 정육면체이며, 원근에 의해 블록이 작아 보이는 효과는 고려하지 않는다는 조건이 제시되어 있으므로 블록이 위치한 지점을 정확하게 파악하는 것이 중요하다.

실수로 중간에 있는 블록의 모양을 놓치는 경우가 있으므로 쉽게 모눈종이 위에 놓여 있다고 생각하며 문제를 풀면 쉽게 해결할 수 있다.

문제 4 아래에 제시된 블록들을 화살표 표시한 방향에서 바라봤을 때의 모양으로 알맞은 것은?

- 블록은 모양과 크기는 모두 동일한 정육면체임
- 바라보는 시선의 방향은 블록의 면과 수직을 이루며 원근에 의해 블록이 작게 보이는 효과는 고려하지 않음

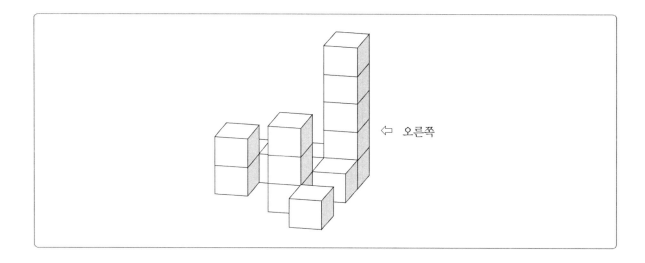

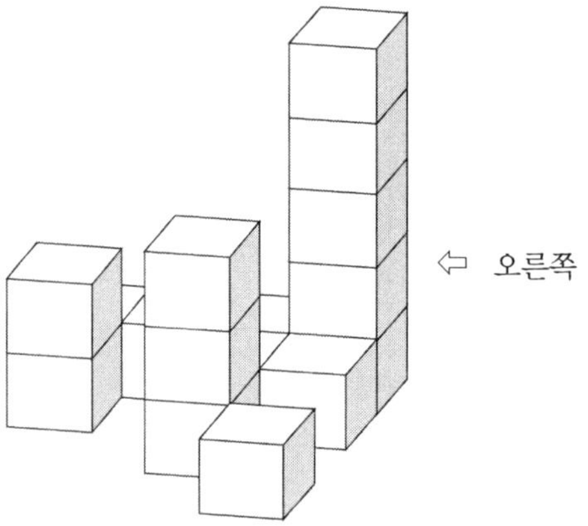

✔ ①

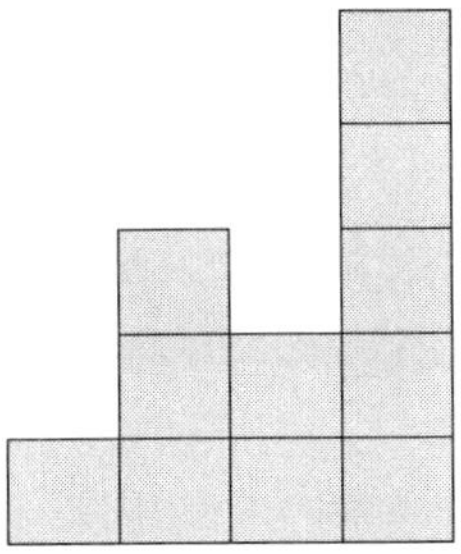

②

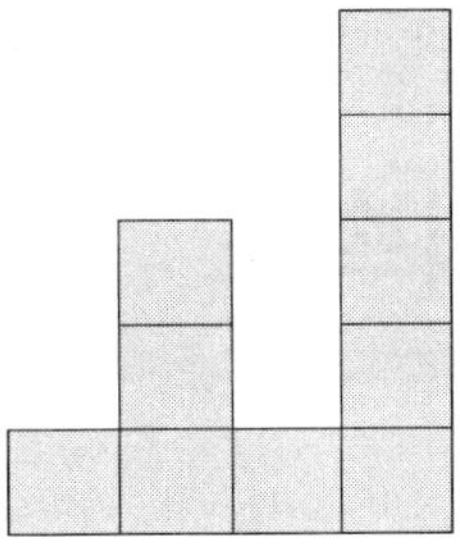

③

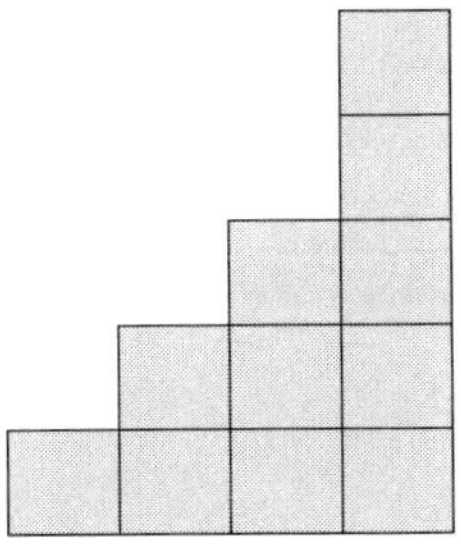

④

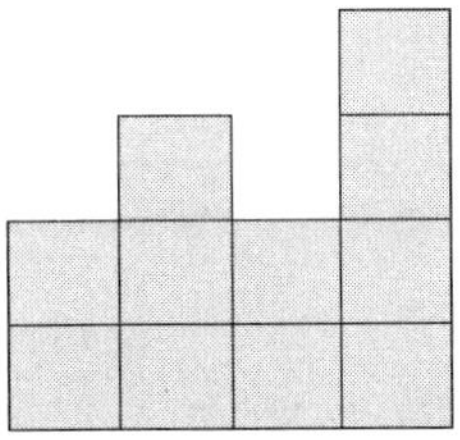

해설 그림을 위에서 살펴보면

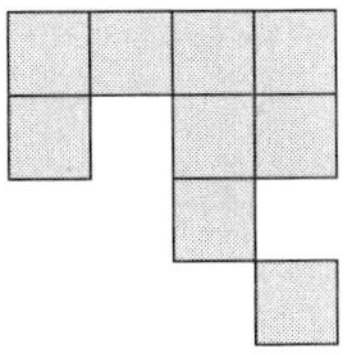

그림을 정면에서 살펴보면

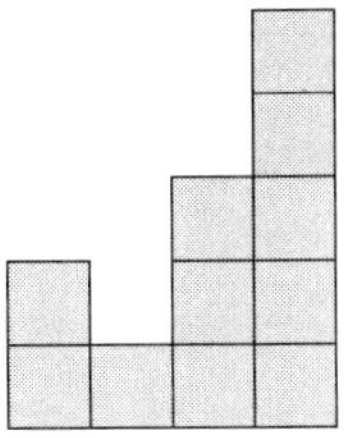

그림을 오른쪽에서 살펴보면

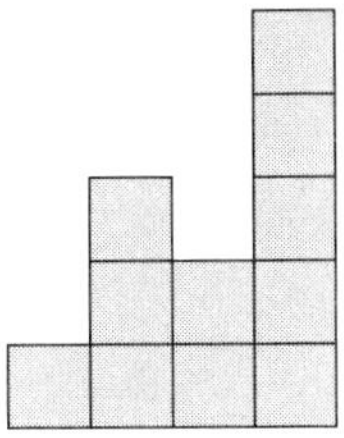

오른쪽에서 바라볼 때의 모양을 맨 왼쪽에 위치한 블록부터 차례로 정리하면 1단 – 3단 – 2단 – 5단임을 알 수 있다.

CHAPTER

02 지각속도

간부선발도구 예시문

지각속도검사는 암호해석능력을 묻는 유형으로 눈으로 직접 읽고 문제를 해결하는 능력을 측정하기 위한 검사로 빠른 속도와 정확성을 요구하는 문제가 출제된다. 시간을 정해 최대한 빠른 시간 안에 문제를 정확하게 풀 수 있는 연습이 필요하며 간혹 시간이 촉박하여 찍는 경우가 있는데 오답시에는 감점처리가 적용된다.
지각속도검사는 지각 속도를 측정하기 위한 검사로 틀릴 경우 감점으로 채점하고, 풀지 않은 문제는 0점으로 채점이 된다. 총 30문제로 구성이 되며 제한시간은 3분이므로 많은 연습을 통해 빠르게 푸는 요령을 습득하여야 한다.

본 검사는 지각 속도를 측정하기 위한 검사입니다.
제시된 문제를 잘 읽고 아래의 예제와 같은 방식으로 가능한 한 빠르고 정확하게 답해 주시기 바랍니다.

[유형 ①] 대응하기

아래의 문제 유형은 일련의 문자, 숫자, 기호의 짝을 제시한 후 특정한 문자에 해당되는 코드를 빠르게 선택하는 문제입니다.

문제 1 **아래 〈보기〉의 왼쪽과 오른쪽 기호의 대응을 참고하여 각 문제의 대응이 같으면 답안지에 '① 맞음'을, 틀리면 '② 틀림'을 선택하시오.**

〈보기〉

a = 강	b = 응	c = 산	d = 전
e = 남	f = 도	g = 길	h = 아

강 응 산 전 남 − a b c d e

✔ ① 맞음　　② 틀림

해설 〈보기〉의 내용을 보면 강=a, 응=b, 산=c, 전=d, 남=e이므로 a b c d e이므로 맞다.

[유형 ②] 숫자세기

아래의 문제 유형은 제시된 문자군, 문장, 숫자 중 특정한 문자 혹은 숫자의 개수를 빠르게 세어 표시하는 문제입니다.

문제 2 **다음의 〈보기〉에서 각 문제의 왼쪽에 표시된 굵은 글씨체의 기호, 문자, 숫자의 갯수를 모두 세어 오른쪽 개수에서 찾으시오.**

〈보기〉

3 78302064206820487203873079620504067321

① 2개
✔ ② 4개
③ 6개
④ 8개

해설 나열된 수에 3이 몇 번 들어 있는가를 빠르게 확인하여야 한다.
78**3**020642068204872**0**3**8**7**3**07962050406**7**3**21 → 4개

〈보기〉

ㄴ 나의 살던 고향은 꽃피는 산골

① 2개
② 4개
✔ ③ 6개
④ 8개

해설 나열된 문장에 ㄴ이 몇 번 들어갔는지 확인하여야 한다.
나의 살**던** 고향**은** 꽃피**는** **산**골 → 6개

CHAPTER

03 언어논리

간부선발도구 예시문

언어논리력검사는 언어로 제시된 자료를 논리적으로 추론하고 분석하는 능력을 측정하기 위한 검사로 어휘력검사와 독해력검사로 크게 구성되어 있다. 어휘력검사는 문맥에 가장 적합한 어휘를 찾아내는 문제로 구성되어 있으며, 독해력검사는 글의 전반적인 흐름을 파악하는 논리적 구조를 올바르게 분석하거나 글의 통일성을 파악하는 문제로 구성되어 있다.

01 어휘력

어휘력에서는 의사소통을 함에 있어 이해능력이나 전달능력을 묻는 기본적인 문제가 나온다. 술어의 다양한 의미, 단어의 의미, 알맞은 단어 넣기 등의 다양한 유형의 문제가 출제된다. 평소 잘못 알고 사용되고 있는 언어를 사전을 활용하여 확인하면서 공부하도록 한다.

어휘력은 풍부한 어휘를 갖고, 이를 활용하면서 그 단어의 의미를 정확히 이해하고, 이미 알고 있는 단어와 문장 내에서의 쓰임을 바탕으로 단어의 의미를 추론하고 의사소통 시 정확한 표현력을 구사할 수 있는 능력을 측정한다. 일반적인 문항 유형에는 동의어/반의어 찾기, 어휘 찾기, 어휘 의미 찾기, 문장완성 등을 들 수 있는데 많은 검사들이 동의어(유의어), 반의어, 또는 어휘 의미 찾기를 활용하고 있다.

문제 1 다음 문장의 문맥상 ( ) 안에 들어갈 단어로 가장 적절한 것은?

> 계속되는 이순신 장군의 공세에 (   )같던 왜 수군의 수비에도 구멍이 뚫리기 시작했다.

① 등용문
② 청사진
✔ ③ 철옹성
④ 풍운아
⑤ 불야성

해설 ① 용문(龍門)에 오른다는 뜻으로, 어려운 관문을 통과하여 크게 출세하게 됨 또는 그 관문을 이르는 말
② 미래에 대한 희망적인 계획이나 구상
③ 쇠로 만든 독처럼 튼튼하게 둘러쌓은 산성이라는 뜻으로, 방비나 단결 따위가 견고한 사물이나 상태를 이르는 말
④ 좋은 때를 타고 활동하여 세상에 두각을 나타내는 사람
⑤ 등불 따위가 휘황하게 켜 있어 밤에도 대낮같이 밝은 곳을 이르는 말

02 독해력

글을 읽고 사실을 확인하고, 글의 배열순서 및 시간의 흐름과 그 중심 개념을 파악하며, 글 흐름의 방향을 알 수 있으며 대강의 줄거리를 요약할 수 있는 능력을 평가한다. 장문이나 단문을 이해하고 문장배열, 지문의 주제, 오류 찾기 등의 다양한 유형의 문제가 출제되므로 평소 독서하는 습관을 길러 장문의 이해속도를 높이는 연습을 하도록 하여야 한다.

문제 1 다음 ㉠~㉤ 중 다음 글의 통일성을 해치는 것은?

> ㉠ 21세기의 전쟁은 기름을 확보하기 위해서가 아니라 물을 확보하기 위해서 벌어질 것이라는 예측이 있다. ㉡ 우리가 심각하게 인식하지 못하고 있지만 사실 물 부족 문제는 심각한 수준이라고 할 수 있다. ㉢ 실제로 아프리카와 중동 등지에서는 이미 약 3억 명이 심각한 물 부족을 겪고 있는데, 2050년이 되면 전 세계 인구의 3분의 2가 물 부족 사태에 직면할 것이라는 예측도 나오고 있다. ㉣ 그러나 물 소비량은 생활수준이 향상되면서 급격하게 늘어 현재 우리가 사용하는 물의 양은 20세기 초보다 7배, 지난 20년간에는 2배가 증가했다. ㉤ 또한 일부 건설 현장에서는 오염된 폐수를 정화 처리하지 않고 그대로 강으로 방류하는 잘못을 저지르고 있다.

① ㉠　　② ㉡

③ ㉢　　④ ㉣

✔ ⑤ ㉤

해설 ㉠㉡㉢㉣ 물 부족에 대한 내용을 전개하고 있다.
㉤ 물 부족의 내용이 아닌 수질오염에 대한 내용을 나타내므로 전체적인 글의 통일성을 저해하고 있다.

CHAPTER

04 자료해석

간부선발도구 예시문

자료해석검사는 주어진 통계표, 도표, 그래프 등을 이용하여 문제를 해결하는 데 필요한 정보를 파악하고 분석하는 능력을 알아보기 위한 검사이다. 자료해석 문항에서는 기초적인 계산 능력보다 수치자료로부터 정확한 의사결정을 내리거나 추론하는 능력을 측정하고자 한다. 도표, 그래프 등 실생활에서 접할 수 있는 수치자료를 제시하여 필요한 정보를 선별적으로 판단 · 분석하고, 대략적인 수치를 빠르고 정확하게 계산하는 유형이 대부분이다.

문제 1 다음과 같은 규칙으로 자연수를 1부터 차례대로 나열할 때, 8이 몇 번째에 처음 나오는가?

1, 2, 2, 3, 3, 3, 4, 4, 4, 4, · · ·

① 18　　② 21

✔ ③ 29　　④ 35

해설 자연수가 1부터 해당 수만큼 반복되어 나열되고 있으므로 8이 처음으로 나오는 것은 7이 7번 반복된 후이다. 따라서 1 + 2 + 3 + 4 + 5 + 6 + 7 = 28이고 29번째부터 8이 처음으로 나온다.

문제 2 다음은 국가별 수출액 지수를 나타낸 그림이다. 2000년에 비하여 2006년의 수입량이 가장 크게 증가한 국가는?

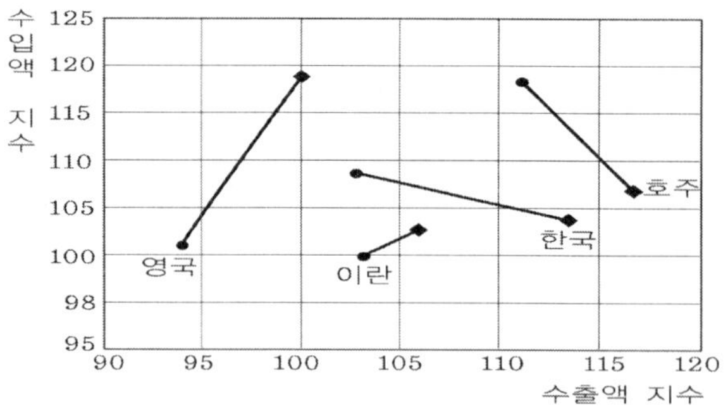

※ 수출입액 지수는 1999년을 100으로 하여 표시한 것이다.

✔ ① 영국

② 이란

③ 한국

④ 호주

해설 수입량이 증가한 나라는 영국과 이란 뿐이며, 한국과 호주는 감소하였다.
영국과 이란 중 가파른 상승세를 나타내는 것이 크게 증가한 것을 나타내므로 영국의 수입량이 가장 크게 증가한 것으로 볼 수 있다.

CHAPTER

상황판단검사 05

간부선발도구 예시문

초급 간부 선발용 상황판단검사는 군 상황에서 실제 취할 수 있는 대응행동에 대한 지원자의 태도/가치에 대한 적합도 진단을 하는 검사이다. 군에서 일어날 수 있는 다양한 가상 상황을 제시하고, 지원자로 하여금 선택지 중에서 가장 할 것 같은 행동과 가장 하지 않을 것 같은 행동을 선택하게 하여, 지원자의 행동이 조직(군)에서 요구되는 행동과 일치하는지 여부를 판단한다. 상황판단검사는 인적성 검사가 반영하지 못하는 해당 조직만의 직무 상황을 반영할 수 있으며, 인지요인/성격요인/과거 일을 했던 경험을 모두 간접 측정할 수 있고, 군에서 추구하는 가치와 역량이 행동으로 어떻게 표출되는지를 반영한다.

01 예시문제

당신은 소대장이며, 당신의 소대에는 음주와 관련한 문제가 있다. 특히 한 병사는 음주운전으로 인하여 민간인을 사망케 한 사고로 인해 아직도 감옥에 있고, 몰래 술을 마시고 소대원들끼리 서로 주먹다툼을 벌인 사고도 있었다. 당신은 이 문제에 대해 지대한 관심을 가지고 있으며, 병사들에게 문제의 심각성을 알리고 부대에 영향을 주기 위한 무엇인가를 하려고 한다. 이 상황에서 당신은 어떻게 할 것인가?

위 상황에서 당신은 어떻게 행동 하시겠습니까?

① 음주조사를 위해 수시로 건강 및 내무검사를 실시한다.
② 알코올 관련 전문가를 초청하여 알코올 중독 및 남용의 위험에 대한 강연을 듣는다.
③ 병사들에 대하여 엄격하게 대우한다. 사소한 것이라도 위반을 하면 가장 엄중한 징계를 할 것이라고 한다.
④ 전체 부대원에게 음주 운전 사망사건으로 인하여 감옥에 가 있는 병사에 대한 사례를 구체적으로 설명해준다.

M. 가장 취할 것 같은 행동 (①)
L. 가장 취하지 않을 것 같은 행동 (③)

02 답안지 표시방법

자신을 가장 잘 나타내고 있는 보기의 번호를 'M(Most)'에 표시하고, 자신과 가장 먼 보기의 번호를 'L(Least)'에 각각 표시한다.

상황판단검사						
1	M	●	②	③	④	⑤
	L	①	②	●	④	⑤

03 주의사항

상황판단검사는 객관적인 정답이 존재하지 않으며, 대신 검사 개발당시 주제 전문가들의 의견과 후보생들을 대상으로 한 충분한 예비검사 시행 및 분석과정을 거쳐 경험적인 답이 만들어진다. 때문에 따로 공부를 한다고 해서 성적이 오르는 분야가 아니다. 문제집을 통해 유형만 익힐 수 있도록 하는 것이 좋다.

CHAPTER

06 직무성격검사

간부선발도구 예시문

초급 간부 선발용 직무성격검사는 총 180문항으로 이루어져 있으며, 검사시간은 30분이다. 초급 간부에게 요구되는 역량과 관련된 성격 요인들을 측정할 수 있도록 개발되었다. 가끔 지원자를 당황하게 하는 문제들도 있으므로 당황하지 말고 솔직하게 대답하는 것이 좋다. 너무 의식하면서 답을 하게 되면 일관성이 떨어질 수 있기 때문이다.

01 주의사항

- 응답을 하실 때는 자신이 앞으로 되기 바라는 모습이나 바람직하다고 생각하는 모습을 응답하지 마시고, 평소에 자신이 생각하는 바를 최대한 솔직하게 응답하는 것이 좋습니다.
- 총 180문항을 30분 내에 응답해야 합니다. 한 문항을 지나치게 깊게 생각하지 마시고, 머릿속에 떠오르는 대로 "OMR답안지'’에 바로바로 응답하시기 바랍니다.
- 본 검사는 귀하의 의견이나 행동을 나타내는 문항으로 구성되어 있습니다. 각각의 문항을 읽고 그 문항이 자기 자신을 얼마나 잘 나타내고 있는지를, 제시한 〈응답 척도〉와 같이 응답지에 답해 주시기 바랍니다.

02 응답척도

'1' = 전혀 그렇지 않다	●	②	③	④	⑤
'2' = 그렇지 않다	①	●	③	④	⑤
'3' = 보통이다	①	②	●	④	⑤
'4' = 그렇다	①	②	③	●	⑤
'5' = 매우 그렇다	①	②	③	④	●

03 예시문제

다음 상황을 읽고 제시된 질문에 답하시오.

① 전혀 그렇지 않다 ② 그렇지 않다 ③ 보통이다 ④ 그렇다 ⑤ 매우 그렇다

1. 조직(학교나 부대) 생활에서 여러 가지 다양한 일을 해보고 싶다. ① ② ③ ④ ⑤
2. 아무것도 아닌 일에 지나치게 걱정하는 때가 있다. ① ② ③ ④ ⑤
3. 조직(학교나 부대) 생활에서 작은 일에도 걱정을 많이 하는 편이다. ① ② ③ ④ ⑤
4. 여행을 가기 전에 미리 세세한 일정을 준비한다. ① ② ③ ④ ⑤
5. 조직(학교나 부대) 생활에서 매사에 마음이 여유롭고 느긋한 편이다. ① ② ③ ④ ⑤
6. 친구들과 자주 다툼을 한다. ① ② ③ ④ ⑤
7. 시간 약속을 어기는 경우가 종종 있다. ① ② ③ ④ ⑤
8. 자신이 맡은 일은 책임지고 끝내야 하는 성격이다. ① ② ③ ④ ⑤
9. 부모님의 말씀에 항상 순종한다. ① ② ③ ④ ⑤
10. 외향적인 성격이다. ① ② ③ ④ ⑤

PART 01

핵심이론정리

CHAPTER

01 언어논리

CHECK TIP

section 01 어휘력

1 언어유추

① 동의어

두 개 이상의 단어가 소리는 다르나 의미가 같아 모든 문맥에서 서로 대치되어 쓰일 수 있는 것을 동의어라고 한다. 그러나 이렇게 쓰일 수 있는 동의어의 수는 극히 적다. 말이란 개념뿐만 아니라 느낌까지 싣고 있어서 문장 환경에 따라 미묘한 차이가 있기 때문이다. 따라서 동의어는 의미와 결합성의 일치로써 완전동의어와 의미의 범위가 서로 일치하지는 않으나 공통되는 부분의 의미를 공유하는 부분동의어로 구별된다.

㉠ **완전동의어** : 둘 이상의 단어가 그 의미의 범위가 서로 일치하여 모든 문맥에서 치환이 가능하다.

예 사람 : 인간, 사망 : 죽음

㉡ **부분동의어** : 의미의 범위가 서로 일치하지는 않으나 공통되는 어느 부분만 의미를 서로 공유하는 부분적인 동의어이다. 부분동의어는 일반적으로 유의어(類義語)라 불린다. 사실, 동의어로 분류되는 거의 모든 낱말들이 부분동의어에 속한다.

예 이유 : 원인

② 유의어

둘 이상의 단어가 소리는 다르면서 뜻이 비슷할 때 유의어라고 한다. 유의어는 뜻은 비슷하나 단어의 성격 등이 다른 경우에 해당하는 것이다. A와 B가 유의어라고 했을 때 문장에 들어 있는 A를 B로 바꾸면 문맥이 이상해지는 경우가 있다. 예를 들어 어머니, 엄마, 모친(母親)은 자손을 출산한 여성을 자식의 관점에서 부르는 호칭으로 유의어이다. 그러나 "어머니, 학교 다녀왔습니다."라는 문장을 "모친, 학교 다녀왔습니다."라고 바꾸면 문맥상 자연스럽지 못하게 된다.

우리말에서 유의어가 발달한 이유

㉠ 고유어와 함께 쓰이는 한자어와 외래어
 예 머리, 헤어, 모발

㉡ 높임법이 발달
 예 존함, 이름, 성명

㉢ 감각어가 발달
 예 푸르다, 푸르스름하다, 파랗다, 푸르죽죽하다.

㉣ 국어 순화를 위한 정책
 예 쪽, 페이지

㉤ 금기(taboo) 때문에 생긴 어휘
 예 동물의 성관계를 설명하면서 '짝짓기'라는 말을 만들어 쓰는 것

③ 동음이의어

둘 이상의 단어가 소리는 같으나 의미가 다를 때 동음이의어라고 한다. 동음이의어는 문맥과 상황에 따라, 말소리의 길고 짧음에 따라, 한자에 따라 의미를 구별할 수 있다.

④ 다의어

하나의 단어에 뜻이 여러 가지인 단어로 대부분의 단어가 다의를 갖고 있기 때문에 의미 분석이 어려운 것이라고 볼 수 있다. 하나의 의미만 갖는 단의어 및 동음이의어와 대립되는 개념이다.

⑤ 반의어

단어들의 의미가 서로 반대되거나 짝을 이루어 서로 관계를 맺고 있는 경우가 있다. 이를 '반의어 관계'라고 한다. 그리고 이러한 반의관계에 있는 어휘를 반의어라고 한다. 반의 및 대립 관계를 형성하는 어휘 쌍을 일컫는 용어들은 관점과 유형에 따라 '반대말, 반의어, 반대어, 상대어, 대조어, 대립어' 등으로 다양하다. 반의관계에서 특히 중간 항이 허용되는 관계를 '반대관계'라고 하며, 중간 항이 허용되지 않는 관계를 '모순관계'라고 한다.

⑥ 상 · 하의어

단어의 의미 관계로 보아 어떤 단어가 다른 단어에 포함되는 경우를 '하의어 관계'라고 하고, 이러한 관계에 있는 어휘가 상의어 · 하의어이다. 상의어로 갈수록 포괄적이고 일반적이며, 하의어로 갈수록 한정적이고 개별적인 의미를 지닌다. 따라서 하의어는 상의어에 비해 자세하다.

㉠ 상의어 : 다른 단어의 의미를 포함하는 단어를 말한다.

㉡ 하의어 : 다른 단어의 의미에 포함되는 단어를 말한다.

CHECK TIP

예 • 밥을 먹었더니 배가 부르다. (복부)
• 과일 가게에서 배를 샀다. (과일)
• 항구에 배가 들어왔다. (선박)

예 • 밥 먹기 전에 가서 손을 씻고 오너라. (신체)
• 너무 바빠서 손이 모자란다. (일손)
• 우리 언니는 손이 큰 편이야. (씀씀이)
• 그 사람과는 손을 끊어라. (교제)
• 그 사람의 손을 빌렸어. (도움)
• 넌 나의 손에 놀아난 거야. (꾀)
• 저 사람 손에 집이 넘어가게 생겼다. (소유)
• 반드시 내 손으로 해내고 말겠다. (힘, 역량)

예 • 반대관계 : 크다 ↔ 작다
• 모순관계 : 남자 ↔ 여자

예 꽃

예 장미, 국화, 맨드라미, 수선화, 개나리 등

다의어의 특성

㉠ 기존의 한정된 낱말로는 부족한 표현을 보충하고 만족시키기 위해 발생하였다.

㉡ 다의어는 그 단어가 지닌 기본적인 뜻 이외에 문맥에 따라 그 의미가 확장되어 다른 뜻으로 쓰이므로, 다의어의 뜻은 문맥을 잘 살펴보아야 파악할 수 있다.

㉢ 다의어는 사전의 하나의 항목 속에서 다루어지며, 동음이의어는 별도의 항목으로 다루어진다.

CHECK TIP

순우리말 중에서 고유어만을 이르는 말

❷ 어휘 및 어구의 의미

① 순우리말

㉠ ㄱ

- 가납사니 : 쓸데없는 말을 잘하는 사람. 말다툼을 잘하는 사람
- 가년스럽다 : 몹시 궁상스러워 보이다.
- 가늠 : 목표나 기준에 맞고 안 맞음을 헤아리는 기준. 일이 되어 가는 형편
- 가래다 : 맞서서 옳고 그름을 따지다.
- 가래톳 : 허벅다리의 임파선이 부어 아프게 된 멍울
- 가리사니 : 사물을 판단할 수 있는 지각이나 실마리
- 가말다 : 일을 잘 헤아려 처리하다.
- 가멸다 : 재산이 많고 살림이 넉넉하다.
- 가무리다 : 몰래 훔쳐서 혼자 차지하다. 남이 보지 못하게 숨기다.
- 가분하다 · 가붓하다 : 들기에 알맞다. (센)가뿐하다.
- 가살 : 간사하고 얄미운 태도
- 가시다 : 변하여 없어지다.
- 가장이 : 나뭇가지의 몸
- 가재기 : 튼튼하지 못하게 만든 물건
- 가직하다 : 거리가 조금 가깝다.
- 가탈 : 억지 트집을 잡아 까다롭게 구는 일
- 각다분하다 : 일을 해 나가기가 몹시 힘들고 고되다.
- 고갱이 : 사물의 핵심
- 곰살궂다 : 성질이 부드럽고 다정하다.
- 곰비임비 : 물건이 거듭 쌓이거나 일이 겹치는 모양
- 구쁘다 : 먹고 싶어 입맛이 당기다.
- 국으로 : 제 생긴 그대로. 잠자코
- 굼닐다 : 몸을 구부렸다 일으켰다 하다.

㉡ ㄴ

- 난든집 : 손에 익은 재주
- 남우세 : 남에게서 비웃음이나 조롱을 받게 됨
- 너나들이 : 서로 너니 나니 하고 부르며 터놓고 지내는 사이
- 노적가리 : 한데에 쌓아 둔 곡식 더미
- 느껍다 : 어떤 느낌이 마음에 북받쳐서 벅차다.
- 능갈 : 얄밉도록 몹시 능청을 떪

CHECK TIP

ⓒ ㄷ

- 다락같다 : 물건 값이 매우 비싸다. 덩치가 매우 크다.
- 달구치다 : 꼼짝 못하게 마구 몰아치다.
- 답치기 : 되는 대로 함부로 덤벼드는 짓. 생각 없이 덮어놓고 하는 짓
- 대거리 : 서로 번갈아 일함
- 더기 : 고원의 평평한 곳
- 덤터기 : 남에게 넘겨씌우거나 남에게서 넘겨 맡은 걱정거리
- 뒤스르다 : (일어나 물건을 가다듬느라고)이리저리 바꾸거나 변통하다.
- 드레지다 : 사람의 됨됨이가 가볍지 않고 점잖아서 무게가 있다.
- 들마 : (가게나 상점의)문을 닫을 무렵
- 뜨막하다 : 사람들의 왕래나 소식 따위가 자주 있지 않다.
- 뜨악하다 : 마음에 선뜻 내키지 않다.

ⓓ ㅁ

- 마뜩하다 : 제법 마음에 들다.
- 마수걸이 : 맨 처음으로 물건을 파는 일. 또는 거기서 얻은 소득
- 모르쇠 : 덮어놓고 모른다고 잡아떼는 일
- 몽태치다 : 남의 물건을 슬그머니 훔치다.
- 무녀리 : 태로 낳은 짐승의 맨 먼저 나온 새끼. 언행이 좀 모자란 사람
- 무람없다 : (어른에게나 친한 사이에)스스럼없고 버릇이 없다. 예의가 없다.
- 뭉근하다 : 불이 느긋이 타거나, 불기운이 세지 않다.
- 미립 : 경험을 통하여 얻은 묘한 이치나 요령

ⓔ ㅂ

- 바이 : 아주 전혀. 도무지
- 바장이다 : 부질없이 짧은 거리를 오락가락 거닐다.
- 바투 : 두 물체의 사이가 썩 가깝게. 시간이 매우 짧게
- 반지랍다 : 기름기나 물기 따위가 묻어서 윤이 나고 매끄럽다.
- 반지빠르다 : 교만스러워 얄밉다.
- 벼리다 : 날이 무딘 연장을 불에 달구어서 두드려 날카롭게 만들다.
- 변죽 : 그릇 · 세간 등의 가장자리
- 보깨다 : 먹은 것이 잘 삭지 아니하여 뱃속이 거북하고 괴롭다.
- 뿌다구니 : 물건의 삐죽하게 내민 부분

CHECK TIP

ⓑ ㅅ

- 사금파리 : 사기그릇의 깨진 작은 조각
- 사위다 : 불이 다 타서 재가 되다.
- 설멍하다 : 옷이 몸에 짧아 어울리지 않다.
- 설면하다 : 자주 만나지 못하여 좀 설다. 정답지 아니하다.
- 섬서하다 : 지내는 사이가 서먹서먹하다.
- 성마르다 : 성질이 급하고 도량이 좁다.
- 시망스럽다 : 몹시 짓궂은 데가 있다.
- 쌩이질 : 한창 바쁠 때 쓸데없는 일로 남을 귀찮게 구는 것

ⓢ ㅇ

- 아귀차다 : 뜻이 굳고 하는 일이 야무지다.
- 알심 : 은근히 동정하는 마음. 보기보다 야무진 힘
- 암상 : 남을 미워하고 샘을 잘 내는 심술
- 암팡지다 : 몸은 작아도 힘차고 다부지다.
- 애면글면 : 약한 힘으로 무엇을 이루느라고 온갖 힘을 다하는 모양
- 애오라지 : 좀 부족하나마 겨우, 오로지
- 엄장 : 풍채가 좋은 큰 덩치
- 여투다 : 물건이나 돈 따위를 아껴 쓰고 나머지를 모아 두다.
- 울력 : 여러 사람이 힘을 합하여 일을 함, 또는 그 힘
- 음전하다 : 말이나 행동이 곱고 우아하다 또는 얌전하고 점잖다.
- 의뭉하다 : 겉으로 보기에는 어리석어 보이나 속으로는 엉큼하다.
- 이지다 : 짐승이 살쪄서 지름지다. 음식을 충분히 먹어서 배가 부르다.

ⓞ ㅈ

- 자깝스럽다 : 어린아이가 마치 어른처럼 행동하거나, 젊은 사람이 지나치게 늙은이의 흉내를 내어 깜찍한 데가 있다.
- 잔풍하다 : 바람이 잔잔하다.
- 재다 : 동작이 굼뜨지 아니하다.
- 재우치다 : 빨리 하도록 재촉하다.
- 적바르다 : 모자라지 않을 정도로 겨우 어떤 수준에 미치다.
- 조리차하다 : 물건을 알뜰하게 아껴서 쓰다.
- 주니 : 몹시 지루하여 느끼는 싫증
- 지청구 : 아랫사람의 잘못을 꾸짖는 말 또는 까닭 없이 남을 탓하고 원망함
- 짜장 : 과연. 정말로

ⓩ ㅊ

- 차반 : 맛있게 잘 차린 음식. 예물로 가져가는 맛있는 음식

CHECK TIP

㉣ ㅌ

• 트레바리 : 까닭 없이 남에게 반대하기를 좋아하는 성미

㉤ ㅍ

• 파임내다 : 일치된 의논에 대해 나중에 딴소리를 하여 그르치다.
• 푼푼하다 : 모자람이 없이 넉넉하다.

㉥ ㅎ

• 하냥다짐 : 일이 잘 안 되는 경우에는 목을 베는 형벌이라도 받겠다는 다짐
• 하리다 : 마음껏 사치를 하다. 매우 아둔하다.
• 한둔 : 한데에서 밤을 지냄, 노숙(露宿)
• 함초롬하다 : 젖거나 서려 있는 모양이나 상태가 가지런하고 차분하다.
• 함함하다 : 털이 부드럽고 윤기가 있다.
• 헤갈 : 쌓이거나 모인 물건이 흩어져 어지러운 상태
• 호드기 : 물오른 버들가지나 짤막한 밀짚 토막으로 만든 피리
• 호젓하다 : 무서운 느낌이 날 만큼 쓸쓸하다.
• 홰 : 새장 · 닭장 속에 새나 닭이 앉도록 가로지른 나무 막대
• 휘휘하다 : 너무 쓸쓸하여 무서운 느낌이 있다.
• 희떱다 : 실속은 없어도 마음이 넓고 손이 크다. 말이나 행동이 분에 넘치며 버릇이 없다.

② 생활 어휘

㉠ 단위를 나타내는 말

• 길이

뼘	엄지손가락과 다른 손가락을 완전히 펴서 벌렸을 때에 두 끝 사이의 거리
발	한 발은 두 팔을 양옆으로 펴서 벌렸을 때 한쪽 손끝에서 다른 쪽 손끝까지의 길이
길	한 길은 여덟 자 또는 열 자로 약 2.4미터 또는 3미터에 해당함. 또는 사람의 키 정도의 길이
치	길이의 단위. 한 치는 한 자의 10분의 1 또는 약 3.33cm에 해당함
자	길이의 단위. 한 자는 한 치의 열 배로 약 30.3cm에 해당함
리	거리의 단위. 1리는 약 0.393km에 해당함
마장	거리의 단위. 오 리나 십 리가 못 되는 거리를 이름

CHECK TIP

• 넓이

평	땅 넓이의 단위. 한 평은 여섯 자 제곱으로 3.3058m^2에 해당함
홉지기	땅 넓이의 단위. 한 홉은 1평의 10분의 1
되지기	넓이의 단위. 한 되지기는 볍씨 한 되의 모 또는 씨앗을 심을 만한 넓이로 한 마지기의 10분의 1
마지기	논과 밭의 넓이를 나타내는 단위. 한 마지기는 볍씨 한 말의 모 또는 씨앗을 심을 만한 넓이로, 지방마다 다르나 논은 약 150평～300평, 밭은 약 100평 정도임
섬지기	논과 밭의 넓이를 나타내는 단위. 한 섬지기는 볍씨 한 섬의 모 또는 씨앗을 심을 만한 넓이로, 한 마지기의 10배이며, 논은 약 2,000평, 밭은 약 1,000평 정도임
간	가옥의 넓이를 나타내는 말. '간'은 네 개의 도리로 둘러싸인 면적의 넓이로, 대략 6자×6자 정도의 넓이임

• 부피

술	한 술은 숟가락 하나 만큼의 양
홉	곡식의 부피를 재기 위한 기구들이 만들어지고, 그 기구들의 이름이 그대로 부피를 재는 단위가 됨. '홉'은 그 중 가장 작은 단위(180㎖)이며 곡식 외에 가루, 액체 따위의 부피를 잴 때도 쓰임(10홉=1되, 10되=1말, 10말=1섬)
되	곡식이나 액체 따위의 분량을 헤아리는 단위. '말'의 10분의 1, '홉'의 10배임이며, 약 1.8ℓ에 해당함
섬	곡식 · 가루 · 액체 따위의 부피를 잴 때 씀. 한 섬은 한 말의 열 배로 약 180ℓ에 해당함

• 무게

돈	귀금속이나 한약재 따위의 무게를 잴 때 쓰는 단위. 한 돈은 한 냥의 10분의 1, 한 푼의 열 배로 3.75g에 해당함
냥	귀금속이나 한약재 따위의 무게를 잴 때 쓰는 단위. 한 냥은 귀금속의 무게를 잴 때는 한 돈의 열 배이고, 한약재의 무게를 잴 때는 한 근의 16분의 1로 37.5g에 해당함
근	고기나 한약재의 무게를 잴 때는 600g에 해당하고, 과일이나 채소 따위의 무게를 잴 때는 한 관의 10분의 1로 375g에 해당함
관	한 관은 한 근의 열 배로 3.75kg에 해당함

CHECK TIP

• 낱개

개비	가늘고 짤막하게 쪼개진 도막을 세는 단위
그루	식물, 특히 나무를 세는 단위
닢	가마니, 돗자리, 멍석 등을 세는 단위
땀	바느질할 때 바늘을 한 번 뜬, 그 눈
마리	짐승이나 물고기, 벌레 따위를 세는 단위
모	두부나 묵 따위를 세는 단위
올(오리)	실이나 줄 따위의 가닥을 세는 단위
자루	필기 도구나 연장, 무기 따위를 세는 단위
채	집이나 큰 가구, 기물, 가마, 상여, 이불 등을 세는 단위
코	그물이나 뜨개질한 물건에서 지어진 하나하나의 매듭
타래	사리어 뭉쳐 놓은 실이나 노끈 따위의 뭉치를 세는 단위
톨	밤이나 곡식의 낟알을 세는 단위
통	배추나 박 따위를 세는 단위
포기	뿌리를 단위로 하는 초목을 세는 단위

• 수량

갓	굴비, 고사리 따위를 묶어 세는 단위. 고사리 따위 10모숨을 한 줄로 엮은 것
꾸러미	달걀 10개
동	붓 10자루
두름	조기 따위의 물고기를 짚으로 한 줄에 10마리씩 두 줄로 엮은 것을 세는 단위. 고사리 따위의 산나물을 10모숨 정도로 엮은 것을 세는 단위
벌	옷이나 그릇 따위가 짝을 이루거나 여러 가지가 모여서 갖추어진 한 덩이를 세는 단위
손	한 손에 잡을 만한 분량을 세는 단위. 조기, 고등어, 배추 따위 한 손은 큰 것과 작은 것을 합한 것을 이르고, 미나리나 파 따위 한 손은 한 줌 분량을 말함
쌈	바늘 24개를 한 묶음으로 하여 세는 단위

예 굴비 한 갓=10마리

예 조기 한 두름=20마리

예 수저 한 벌

예 고등어 한 손=2마리

접	채소나 과일 따위를 묶어 세는 단위. 한 접은 채소나 과일 100개
제(劑)	탕약 20첩. 또는 그만한 분량으로 지은 환약
죽	옷이나 그릇 따위의 열 벌을 묶어 세는 단위
축	오징어를 묶어 세는 단위
켤레	신, 양말, 버선, 방망이 따위의 짝이 되는 2개를 한 벌로 세는 단위
쾌	북어 20마리
톳	김을 묶어 세는 단위
담불	벼 100섬을 세는 단위
거리	가지, 오이 등이 50개. 반 접

CHECK TIP

예 배추 한 접=100통, 마늘 한 접=100통, 생강·오이 한 접=100개, 곶감 한 접=100개

예 버선 한 죽=10켤레

예 오징어 한 축=20마리

예 김 한 톳=100장

ⓛ 어림수를 나타내는 수사, 수관형사

한두	하나나 둘쯤
두세	둘이나 셋
두셋	둘 또는 셋
두서너	둘, 혹은 서너
두서넛	둘 혹은 서넛
두어서너	두서너
서너	셋이나 넷쯤
서넛	셋이나 넷
서너너덧	서넛이나 너덧. 셋이나 넷 또는 넷이나 다섯
너덧	넷 가량
네댓	넷이나 다섯 가량
네다섯	넷이나 다섯
대엿	대여섯. 다섯이나 여섯 가량
예닐곱	여섯이나 일곱
일여덟	일고여덟

예 어려움이 한두 가지가 아니다.

예 두세 마리

예 사람 두셋

예 과일 두서너 개

예 과일을 두서넛 먹었다.

예 쌀 서너 되

예 사람 서넛

예 서너너덧 명

예 너덧 개

예 예닐곱 사람이 왔다.

예 과일 일여덟 개

ⓒ 나이에 관한 말

나이	어휘	나이	어휘
10대	沖年(충년)	15세	志學(지학)
20세	弱冠(약관)	30세	而立(이립)
40세	不惑(불혹)	50세	知天命(지천명)
60세	耳順(이순)	61세	還甲(환갑), 華甲(화갑), 回甲(회갑)
62세	進甲(진갑)	70세	古稀(고희)
77세	喜壽(희수)	80세	傘壽(산수)
88세	米壽(미수)	90세	卒壽(졸수)
99세	白壽(백수)	100세	期願之壽(기원지수)

ⓔ 가족의 호칭

구분	본인		타인	
	생존 시	사후	생존 시	사후
父 (아버지)	家親(가친) 嚴親(엄친) 父主(부주)	先親(선친) 先考(선고) 先父君(선부군)	春府丈(춘부장) 椿丈(춘장) 椿當(춘당)	先大人(선대인) 先考丈(선고장) 先人(선인)
母 (어머니)	慈親(자친) 母生(모생) 家慈(가자)	先妣(선비) 先慈(선자)	慈堂(자당) 大夫人(대부인) 萱堂(훤당) 母堂(모당) 北堂(북당)	先大夫人(선대부인) 先大夫(선대부)
子 (아들)	家兒(가아) 豚兒(돈아) 家豚(가돈) 迷豚(미돈)		令郞(영랑) 令息(영식) 令胤(영윤)	
女 (딸)	女兒(여아) 女息(여식) 息鄙(식비)		令愛(영애) 令嬌(영교) 令孃(영양)	

CHECK TIP

CHECK TIP

③ 의미의 사용

㉠ **중의적 표현** : 어느 한 단어나 문장이 두 가지 이상의 의미로 해석될 수 있는 표현을 말한다.

- 어휘적 중의성 : 어느 한 단어의 의미가 중의적이어서 그 해석이 모호한 것을 말한다.
- 구조적 중의성 : 한 문장이 두 가지 이상의 의미로 해석될 수 있는 것을 말한다.
- 비유적 중의성 : 비유적 표현이 두 가지 이상의 의미로 해석되는 것을 말한다.

예 저 배를 보십시오. → 복부 / 선박 / 배나무의 열매

예 나는 철수와 명수를 만났다.
→ 나는 철수와 함께 명수를 만났다.
→ 나는 철수와 명수를 둘 다 만났다.

예 김 선생님은 호랑이다.
→ 김 선생님은 무섭다.(호랑이처럼)
→ 김 선생님은 호랑이의 역할을 맡았다.(연극에서)

㉡ **관용적 표현** : 두 개 이상의 단어가 그 단어들의 의미만으로는 전체의 의미를 알 수 없는, 특수한 하나의 의미로 굳어져서 쓰이는 경우를 말한다.

- 숙어 : 하나의 의미를 나타내는 굳어진 단어의 결합이나 문장을 말한다.
- 속담 : 사람들의 오랜 생활 체험에서 얻어진 생각과 교훈을 간결하게 나타낸 구나 문장을 말한다.

예 신혼살림에 깨가 쏟아진다 : 행복하거나 만족하다.

예 백지장도 맞들면 낫다 : 아무리 쉬운 일이라도 혼자 하는 것보다 서로 힘을 합쳐서 하면 더 쉽다.

④ 의미의 변화

㉠ **의미의 확장** : 어떤 사물이나 관념을 가리키는 단어의 의미 영역이 넓어짐으로써, 그 단어의 의미가 변화하는 것을 말한다.

㉡ **의미의 축소** : 어떤 대상이나 관념을 나타내는 단어의 의미 영역이 좁아짐으로써, 그 단어의 의미가 변화하는 것을 말한다.

㉢ **의미의 이동** : 어떤 대상이나 관념을 나타내는 단어의 의미 영역이 확대되거나 축소되는 일이 없이, 그 단어의 의미가 변화하는 것을 말한다.

예 겨레
뜻 – 종친(宗親)
확장 – 동포 민족

예 계집
뜻 – 여성을 가리키는 일반적인 말
축소 – 여성의 낮춤말로만 쓰임

예 주책
뜻 – 일정한 생각
이동 – 일정한 생각이나 줏대가 없이 되는 대로 하는 행동

⑤ 의미의 변화 원인

㉠ **언어적 원인** : 언어적 원인에 의한 의미변화는 음운적, 형태적, 문법적인 원인에 의한 의미 변화로, 여러 문맥에서 한 단어가 다른 단어와 항상 함께 쓰임으로 인해 한 쪽의 의미가 다른 쪽으로 옮겨가는 것이다.

- 전염 : '결코', '전혀' 등은 긍정과 부정에 모두 쓰였지만, 부정의 서술어인 '~아니다', '~없다' 등과 자주 호응하여 점차 부정의 의미로 전염되어 사용되었다.
- 생략 : 단어나 문법적 구성의 일부가 줄어들고 그 부분의 의미가 잔여 부분에 감염되는 현상으로 '콧물 > 코', '머리털 > 머리', '아침밥 > 아침' 등이 그 예이다.

㉡ 역사적 원인
- 지시물의 실제적 변화
- 지시물에 대한 지식의 변화
- 지시물에 대한 감정적 태도의 변화

㉢ **사회적 원인**: 사회적 원인에 의한 의미 변화는 사회를 구성하는 제 요소가 바뀜에 따라 관련 어휘가 변화하는 현상이다.
- 의미의 일반화: 특수집단의 말이 일반적인 용법으로 차용될 때 그 의미가 확대되어 일반 언어로 바뀌기도 한다.
- 의미의 특수화: 한 단어가 일상어에서 특수 집단의 용어로 바뀔 때, 극히 한정된 의미만을 남기게 되는 것이다.

㉣ **심리적 원인**: 심리적 원인에 의한 의미 변화는 화자의 심리상태나 정신구조의 영속적인 특성에 의해 의미 변화가 일어나는 것으로, 대표적인 예로 금기에 관한 것들을 들 수 있다.

CHECK TIP

예 신발(짚신 > 고무신 > 운동화, 구두)
차(수레 > 자동차)

예 병(炳)(악령이 침입하여 일어나는 현상 > 병균에 의해 일어나는 현상)
해가 뜬다(천동설 > 지동설)

예 교도소(감옥소 > 형무소 > 교도소)
효도(절대적인 윤리 > 최소한의 도리)

section 02 언어추리 및 독해력

1 문장 구성

① 주장하는 글의 구성

㉠ **2단 구성**: 서론 – 본론, 본론 – 결론

㉡ **3단 구성**: 서론 – 본론 – 결론

㉢ **4단 구성**: 기 – 승 – 전 – 결

㉣ **5단 구성**: 도입 – 문제제기 – 주제제시 – 주제전개 – 결론

② 설명하는 글의 구성

㉠ **단락**: 하나 이상의 문장이 모여서 통일된 한 가지 생각의 덩어리를 이루는 단위가 단락이다. 이를 위해서 하나의 주제문과 이를 뒷받침하는 하나 이상의 뒷받침문장이 필요하다. 주제문에는 반드시 뒷받침 받아야 할 부분이 포함되어 있으며 뒷받침문장은 주제문에 대한 설명 또는 이유가 된다.

㉡ **구성 원리**
- 통일성: 단락은 '생각의 한 단위'라는 속성을 가지고 있듯이 구성 원리 중에서 통일성은 단락 안에 두 가지 이상의 생각이 있는 경우를 말한다.

CHECK TIP

- 일관성 : 중심문장의 애매한 부분을 설명하거나 이유를 제시할 때에는 중심문장의 범주를 벗어나면 안 된다.
- 완결성 : 단락은 중심문장과 뒷받침문장이 모두 있을 때만 그 구성이 완결된다.

③ 부사어와 서술어에 유의

㉠ 설사, 설령, 비록 : 어떤 내용을 가정으로 내세운다.

㉡ 모름지기 : 뒤에 의무를 나타내는 말이 온다.

㉢ 결코 : 뒤에 항상 부정의 말이 온다.

㉣ 차라리 : 앞의 내용보다 뒤의 내용이 더 나음을 나타낸다.

㉤ 어찌 : 문장을 묻는 문장이 되게 한다.

㉥ 마치 : 비유적인 표현과 주로 호응한다.

2 문장 완성

① 접속어 또는 핵심단어

(　　) 안에 들어갈 것은 접속어 또는 핵심단어이다. 핵심단어는 문장 전체의 중심적 내용에서 판단한다.

② 올바른 접속어 선택

관계	내용	접속어의 예
순접	앞의 내용을 이어받아 연결시킴	그리고, 그리하여, 이리하여
역접	앞의 내용과 상반되는 내용을 연결시킴	그러나, 하지만, 그렇지만, 그래도
인과	앞뒤의 문장을 원인과 결과로 또는 결과와 원인으로 연결시킴	그래서, 따라서, 그러므로, 왜냐하면
전환	뒤의 내용이 앞의 내용과는 다른 새로운 생각이나 사실을 서술하여 화제를 바꾸며 이어줌	그런데, 그러면, 다음으로, 한편, 아무튼
예시	앞의 내용에 대해 구체적인 예를 들어 설명함	예컨대, 이를테면, 예를 들면
첨가 · 보충	앞의 내용에 새로운 내용을 덧붙이거나 보충함	그리고, 더구나, 게다가, 뿐만 아니라
대등 · 병렬	앞뒤의 내용을 같은 자격으로 나열하면서 이어줌	그리고, 또는, 및, 혹은, 이와 함께
확언 · 요약	앞의 내용을 바꾸어 말하거나 간추려 짧게 요약함	요컨대, 즉, 결국, 말하자면

section 03 독해

1 글의 주제 찾기

① 주제가 겉으로 드러난 글
㉠ 글의 주제 문단을 찾는다. 주제 문단의 요지가 주제이다.
㉡ 대개 3단 구성이므로 끝 부분의 중심 문단에서 주제를 찾는다.
㉢ 중심 소재(제재)에 대한 글쓴이의 입장이 나타난 문장이 주제문이다.
㉣ 제목과 밀접한 관련이 있음에 유의한다.

예 설명문, 논설문 등

② 주제가 겉으로 드러나지 않는 글
㉠ 글의 제재를 찾아 그에 대한 글쓴이의 의견이나 생각을 연결시키면 바로 주제를 찾을 수 있다.
㉡ 제목이 상징하는 바가 주제가 될 수 있다.
㉢ 인물이 주고받는 대화의 화제나 화제에 대한 의견이 주제일 수도 있다.
㉣ 글에 나타난 사상이나 내세우는 주장이 주제가 될 수도 있다.
㉤ 시대적 · 사회적 배경에서 글쓴이가 추구하는 바를 찾을 수 있다.

예 문학적인 글

2 세부 내용 파악하기

① 제목을 확인한다.

② 주요 내용이나 핵심어를 확인한다.

③ 지시어나 접속어에 유의하며 읽는다.

④ 중심 내용과 세부 내용을 구분한다.

⑤ 내용 전개 방법을 파악한다.

⑥ 사실과 의견을 구분하여 내용의 객관성과 주관성 파악한다.

CHECK TIP

독해 비법

㉠ 화제 찾기
- 설명문에서는 물음표가 있는 문장이 화제일 확률이 높음
- 첫 문단과 끝 문단을 주시

㉡ 접속사 찾기
- 특히 '그러나' 다음 문장은 중심내용일 확률이 높음

㉢ 각 단락의 소주제 파악
- 각 단락의 소주제를 파악한 후 인과적으로 연결

CHECK TIP

주제어 파악의 방법

㉠ 추상어 중 반복되는 말에 주목한다.
㉡ 그 말을 중심으로 글을 전개해 나가는 말을 찾는다.

정보의 위상

㉠ 전제와 주지 : 글의 핵심이 되는 정보를 주지(主旨)라 하고, 이를 도출해 내기 위해 미리 제시하는 사전 정보를 전제(前提)라 한다.
㉡ 일화와 개념 : 일화적 정보와 개념적 정보가 함께 어우러져 있으면, 개념적 정보가 더 포괄적이고 종합적이므로 우위에 놓인다.
㉢ 설명과 설득 : 설명은 어떤 주지적인 내용을 해명하여 이해하도록 하는 것이며, 설득은 보다 더 적극성을 부여하여 이해의 차원을 넘어 동의하고 공감하여 글쓴이의 의견에 동조하거나 행동으로 옮기도록 하는 것이다.

문장을 꼼꼼히 읽는 방법

㉠ 문장의 주어에 주목한다.
㉡ 접속어와 지시어 사용에 유의한다.
㉢ 문장을 읽을 때는 항상 펜을 들고 문장의 중심 내용에 밑줄을 긋는 습관을 들인다.

문단의 중심 내용을 찾는 방법

㉠ 문단에서 반복되는 어휘에 주목한다.
㉡ 문장과 문장 간의 관계에 유의해서 읽는다.
㉢ 글쓴이가 그 문단에서 궁극적으로 말하고자 하는 바를 생각해 본다.

3 중심 내용 파악하기

① 주제어 파악 … 글 전체를 읽어가면서 화제(話題)가 되는 말을 확인하고, 화제어 중에서 가장 중심이 되는 말을 선별해야 한다.

② 중심 내용의 파악

㉠ 글을 제대로 이해하려면 글을 간추려 중심 내용을 파악해야 한다.
㉡ 글에 나타나 있는 여러 정보 상호 간의 위상이나 집필 의도 등을 고려해 핵심 내용을 선별해야 한다.
㉢ 주제문 파악 방법
- 집필 의도 등을 고려하여 글의 내용을 입체화시켜 본다.
- 추상적 진술의 문장 등 화제를 집중적으로 해명한 문장을 찾는다.
- 배제(排除)의 방법을 이용하여 정보의 중요도를 따져본다.

㉣ 중심 내용 찾기의 과정
- 문장을 꼼꼼히 읽는다.
- 문단의 중심 내용을 파악한다.
- 글 전체의 중심 내용을 파악한다.

4 글의 구조 파악하기

① 글의 구조

㉠ 한 편의 글은 하나 이상의 문단이, 하나의 문단은 하나 이상의 문장이 모여서 이루어진다.
㉡ 이러한 성분들은 하나의 주제를 나타내기 위해 짜임새 있게 연결되어 있다.
㉢ 이러한 글의 짜임새를 글의 구조라 한다.

② 글의 구조 파악하기의 의미 … 단순히 글의 정보를 확인하고 이해하는 것에서 나아가 정보의 조직 방식과 정보 간의 관계까지 파악하는 것을 포함한다.

③ 글의 구조 파악하기 방법

㉠ 문단의 중심 내용 파악하기
- 글의 구조를 파악하기 위해서는 문단의 중심 내용을 먼저 파악해야 한다.
- 글의 구조는 글의 내용과 밀접한 관련이 있기 때문이다.

㉡ 문단의 기능 파악하기

- 한 편의 글은 여러 개의 형식 문단이 모여 이루어지는데, 이 때 각 문단은 각각의 기능을 지닌 채 유기적인 짜임으로 이루어져 있다.
- 글의 구조를 파악하기 위해서는 각 문단이 수행하는 기능과 역할을 파악해야 한다.

㉢ 기능에 따른 문단의 유형

- 도입 문단 : 본격적으로 글을 써 나가기 위하여 글을 쓰는 동기나 목적, 과제 등을 제시하는 문단이다. 화제를 유도하며, 무엇보다도 독자의 흥미와 관심을 잡아끌어 글의 내용에 주목하게 한다.
- 전체 문단 : 논리적 전개의 바탕을 이루는 문단이다. 연역적 방법으로 전개되는 글에서 전제를 설정하는 경우와 비판적 관점으로 발전하기 위해 먼저 상식적 편견을 제시하는 경우가 많다.
- 발전 문단 : 앞 문단의 내용을 심화시켜 주제를 형상화하는 문단이다.
- 강조 문단 : 어떤 특정한 내용을 강조하는 문단이다. 어떤 문단을 독립시켜 강조하거나, 결론에서 특정한 내용을 반복하여 지적하는 경우가 많다.

㉣ 문단과 문단의 관계 파악하기 : 한 편의 글을 구성하고 있는 각각의 문단은 독립적으로 존재하는 것이 아니라 앞뒤 문단과 밀접한 관련이 있으므로 문단과 문단의 관계를 파악하는 것이 중요하다.

CHECK TIP

문단의 기능을 파악하는 방법

㉠ 문단의 기능을 나타내는 표현에 주목한다.
㉡ 문단의 중심 내용을 글 전체의 주제와 비교하여 어떤 관계를 맺고 있는지 판단한다.
㉢ 문단의 위치도 문단의 기능과 관련이 있으므로 문단의 기능에 따른 문단의 종류와 위치 등을 알아 둔다.

문단과 문단의 관계를 파악하는 방법

㉠ 글 전체의 주제를 염두에 두고 인접한 문단끼리 중심 내용을 비교해 본다.
㉡ 첫째, 둘째, 셋째 등의 내용 열거를 위한 표현들을 찾아 확인한다.
㉢ 문단과 문단을 잇는 접속어에 유의한다.

5 핵심 정보 파악하기

① 핵심 정보의 파악

㉠ 설명하는 글은 글쓴이가 알고 있는 사실이나 정보를 독자에게 쉽게 전달하기 위해 쓴 글이기 때문에 글쓴이의 의견은 거의 배제되기 쉽고 객관성이 강하다는 특징이 있다.

㉡ 핵심 정보를 파악하는 일이 글을 이해하는 데에 중요하다.

② 핵심 정보 파악하기의 방법

㉠ 글의 첫머리에 유의하기

- 글쓴이는 말하고자 하는 부분 즉, 핵심 내용을 효과적으로 전달하기 위해 여러 가지 방법을 사용한다.
- 가장 일차적인 방법은 글의 첫머리에 자신이 설명하고자 하는 대상을 제시하는 것이다.
- 글의 첫머리는 독자에게 인상적으로 다가오기 때문에 글쓴이는 대상의 개념이나 글의 핵심 정보와 관련된 내용을 주로 이 부분에 배치한다.

CHECK TIP

㉡ 반복되는 표현에 집중하기
- 문단의 중심 내용은 자주 반복되어 진술된다.
- 글 전체에서도 중점적으로 설명하고자 하는 대상을 자주 반복하여 독자에게 강조하고자 한다.
- 반복되는 내용을 통해 문단의 중심 내용을 파악하고 다른 문단과의 관계를 파악하면, 글 전체의 핵심 내용을 파악하는 데 많은 도움이 된다.

㉢ 문단의 중심 내용 종합하기
- 하나의 문단에는 하나의 중심 내용과 이를 뒷받침하는 여러 문장들이 배치되어 있듯이 한 편의 글도 핵심 정보를 위해 관련된 문단이 유기적으로 조직되어 있다.
- 문단의 중심 내용을 찾은 후에는 그 중요성을 파악하고, 문단의 중심 내용을 모아 그 중요도를 따져보면 글 전체의 핵심 내용을 찾을 수 있다.

6 비판하며 읽기

① 비판하며 읽기 … 글에 제시된 정보를 정확하게 이해하기 위하여 내용의 적절성을 비평하고 판단하며 읽는 것을 말한다.

② 비판의 기준

㉠ 준거 : 어떤 정보에 대해 가치를 판단할 수 있는, 이미 공인되고 통용되는 객관적인 기준을 말한다.

㉡ 내적 준거 : 글 자체의 내용이나 구조, 표현 등과 같이 글 내부의 조직 원리와 관계된 판단 기준을 말한다.
- 적절성 : 글을 쓰는 목적, 대상에 따라 그에 알맞은 내용과 표현을 요구한다. 즉 글의 내용을 표현하는 어휘, 문장 구조, 서술 방식 등이 본래의 내용을 정확하고 적절하게 드러내어 잘 조화를 이루고 있는지를 판단하는 기준이 적절성의 기준이다.
- 유기성 : 유기성은 사고의 전개 과정, 즉 필자의 논지 전개가 일관되고 요소 간의 응집성이 갖추어져 있는지, 혹은 논리적 일탈은 없는지를 비판하는 기준이 되는 조건이다.
- 타당성 : 글의 내용이 제대로 표현되려면 필자의 생각을 뒷받침하는 논지와 그 제시 방법이 합리적이고 타당해야 한다. 이러한 타당성의 기준은 필자의 주관적인 견해를 마치 객관적인 사실과 진리인 것처럼 전제하고 있지는 않은가를 비판하는 기준이다.

㉢ 외적 준거 : 사회 규범이나 보편적 가치관, 도덕과 윤리, 또는 시대 배경과 환경 등 글이 읽히는 상황과 관련되는 판단 기준을 말한다.

- 신뢰성 : 글 속에 담겨 있는 사실이나 전제, 견해들이 일반적인 진리에 비추어 옳은가를 판단하는 기준이다.
- 공정성 : 어떤 생각이 일반적인 사회 통념이나 윤리적 · 도덕적 가치 기준에 부합하는지, 그것이 일부의 사람들에게만이 아닌 대부분의 사람들에게 공감을 받을 수 있는지의 여부를 판단하는 기준이다.
- 효용성 : 글 속에 담겨 있는 정보나 견해가 현실적인 기준에 비추어 보았을 때 얼마나 유용한가를 평가하는 기준이다.

③ 비판하며 읽기의 방법

㉠ 주장과 근거 찾기

- 주장하는 글을 읽을 때 가장 쉽게 범하는 실수는 주장과 근거를 혼동하는 것이다.
- 주장이 글쓴이가 독자를 설득하려는 중심 생각이고, 근거는 그 주장을 뒷받침하는 재료이다.
- 근거는 주장과 깊은 관련이 있지만 주장 그 자체는 아니다.

㉡ 주장의 타당성 판단하기

- 주장이 무엇인지 파악하고 그 근거를 찾은 후에는 주장의 타당성을 검토한다.
- 글을 읽으면서 글쓴이의 입장이나 관점이 올바른가, 잘못된 관점이나 전제는 없는가, 예를 든 내용이 주장과 밀접한 관계가 있는가 등을 글쓴이의 관점과 반대되는 입장이나 자시의 관점에서 비판해 본다.

㉢ 주장을 비판적으로 수용하기

- 주장이 타당하더라도 글쓴이의 주장을 무조건 받아들여서는 안된다.
- 글의 내용과 표현에 대해 의문을 품고 옳고 그름을 평가하거나, 자신의 관점과 다른 부분에 대해 반박하며 수용해야 한다.

CHECK TIP

주장을 비판적으로 수용하는 방법

㉠ 나의 관점에서 글쓴이의 생각에 반론을 제시해 본다.
㉡ 주장에 대해 의문을 품고, 다른 측면의 생각은 없는지 질문해 본다.
㉢ 글쓴이의 의견이 시대적, 사회적 기준 등에 적합한가를 판단한다.
㉣ 대립하는 두 견해나 관점을 소개하는 경우 중립적인 관점에서 바라본 것인지 확인한다.

CHECK TIP

전제나 근거를 파악하는 방법

㉠ 전제나 근거는 대개 결론이나 주장을 담은 문단 앞에 위치하므로 중심 문단 바로 앞 문단의 주제문을 찾아 결론과의 관계를 확인한다.
㉡ 전제를 파악할 때는 인과 관계가 성립되는지를 확인한다.
㉢ 전제에는 원인 외에도 가정과 조건 등의 전제를 생각할 수 있어야 한다.

7 추론하며 읽기

① 추론하며 읽기 … 이미 알려진 판단(전제)을 근거로 하여 새로운 판단(결론)을 이끌어 내기 위하여, 글 속에 명시적으로 드러나 있지 않은 내용, 과정, 구조에 관한 정보를 논리적 비약 없이 추측하거나 상상하며 읽는 것을 말한다.

② 추론하며 읽기의 방법

㉠ 글의 결론 파악하기 : 글의 결론은 추론 과정의 산물이므로 추론 과정을 이해하기 위해서는 먼저 글의 결론이나 글쓴이의 주장을 파악해야 한다.

㉡ 전제나 근거 파악하기

- 전제란 결론을 이끌어 내는 과정에서 필요한 논리적 근거로서 주장이나 결론과 밀접한 관련이 있으며, 전제가 달라지면 주장이나 결론도 달라진다.
- 전제를 결론이나 주장과 따로 떼어서 다루는 것은 의미가 없다.

③ 추론 방식 파악하기

㉠ 연역 추리

- 일반적인 원리를 전제로 하여 특수한 사실에 대한 판단의 옳고 그름을 증명하는 추리이다.
- 어떤 특정한 대상에 대한 판단은 연역 추리에 의한 결론이 된다.
- 전제를 인정하면 필연적으로 결론을 인정하게 된다.

㉡ 귀납 추리

- 충분한 수효의 특수한 사례에서 일반적인 원리를 이끌어 내어 사례 전체를 설명하는 추리이다.
- 여러 사례에 두루 적용할 수 있는 일반적인 판단은 귀납 추리에 의한 결론이 된다.
- 전제를 다 인정하여도 결론을 필연적으로 인정하지 않을 수도 있다.

㉢ 유비 추리

- 범주가 다른 대상 사이의 유사성을 바탕으로 하나의 대상을 다른 대상의 특성에 비추어 설명하는 추리이다.
- 두 대상이 어떤 점에서 공통된다는 것을 바탕으로 다른 측면도 같다고 판단하면, 이것이 곧 추리의 결론이 된다.
- 이 경우에 한 쪽의 대상만 특수하게 지닌 속성을 다른 대상도 지니고 있다고 판단하면 오류가 된다.

㉣ 가설 추리

- 어떤 현상을 설명할 수 있는 원인을 잠정적으로 판단하고, 현상을 검토하여 그 판단의 정당성을 밝히는 추리이다.
- 현상의 원인에 대한 판단은 가설 추리에 의한 결론이 된다.
- 이 경우에는 누군가 더 적절한 다른 가설을 제시할 수 있고, 가설로 설명할 수 없는 다른 사례가 발견되면, 그 가설은 틀린 것이 될 수 있다.

CHECK TIP

CHAPTER

02 자료해석

CHECK TIP

section 01 자료해석의 이해

1 자료읽기 및 독해력

제시된 표나 그래프 등을 보고 표면적으로 제공하는 정보를 정확하게 읽어내는 능력을 확인하는 문제가 출제된다. 특별한 계산을 하지 않아도 자료에 대한 정확한 이해를 바탕으로 정답을 찾을 수 있다.

2 자료 이해 및 단순계산

문제가 요구하는 것을 찾아 자료의 어떤 부분을 갖고 그 문제를 해결해야 하는지를 파악할 수 있는 능력을 확인한다. 문제가 무엇을 요구하는지 자료를 잘 이해해서 사칙연산부터 나오는 숫자의 의미를 알아야 한다. 계산 자체는 단순한 것이 많지만 소수점의 위치 등에 유의한다. 자료 해석 문제는 무엇보다도 꼼꼼함을 요구한다. 숫자나 비율 등을 정확하게 확인하고, 이에 맞는 식을 도출해서 문제를 푸는 연습과 표를 보고 정확하게 해석할 수 있는 연습이 필요하다.

3 응용계산 및 자료추리

자료에 주어진 정보를 응용하여 관련된 다른 정보를 도출하는 능력을 확인하는 유형으로 각 자료의 변수의 관련성을 파악하여 문제를 풀어야 한다. 하나의 자료만을 제시하지 않고 두 개 이상의 자료가 제시한 후 각 자료의 특성을 정확히 이해하여 하나의 자료에서 도출한 내용을 바탕으로 다른 자료를 이용해서 문제를 해결하는 유형도 출제된다.

CHECK TIP

④ 대표적인 자료해석 문제 해결 공식

① 증감률

> 전년도 매출을 P, 올해 매출을 N이라 할 때,
> 전년도 대비 증감률은 $\frac{N-P}{P}\times 100$

② 비례식

㉠ 비교하는 양 : 기준량 = 비교하는 양 : 기준량

㉡ 전항 : 후항 = 전항 : 후항

㉢ 외항 : 내항 = 내항 : 외항

③ 백분율

> $\text{비율}\times 100 = \frac{\text{비교하는 양}}{\text{기준량}}\times 100$

section 02 차트의 종류 및 특징

① 세로 막대형

시간의 경과에 따른 데이터 변동을 표시하거나 항목별 비교를 나타내는 데 유용하다. 보통 세로 막대형 차트의 경우 가로축은 항목, 세로축은 값으로 구성된다.

② 꺾은선형

꺾은선은 일반적인 척도를 기준으로 설정된 시간에 따라 연속적인 데이터를 표시할 수 있으므로 일정 간격에 따라 데이터의 추세를 표시하는 데 유용하다. 꺾은선형 차트에서 항목 데이터는 가로축을 따라 일정한 간격으로 표시되고 모든 값 데이터는 세로축을 따라 일정한 간격으로 표시된다.

CHECK TIP

3 원형

데이터 하나에 있는 항목의 크기가 항목 합계에 비례하여 표시된다. 원형 차트의 데이터 요소는 원형 전체에 대한 백분율로 표시된다.

4 가로 막대형

가로 막대형은 개별 항목을 비교하여 보여준다. 단, 표시되는 값이 기간인 경우는 사용할 수 없다.

5 주식형

이름에서 알 수 있듯이 주가 변동을 나타내는 데 주로 사용한다. 과학 데이터에도 이 차트를 사용할 수 있는데 예를 들어 주식형 차트를 사용하여 일일 기온 또는 연간 기온의 변동을 나타낼 수 있다.

section 03 기초연산능력

1 사칙연산

수에 관한 덧셈, 뺄셈, 곱셈, 나눗셈의 네 종류의 계산법으로 업무를 원활하게 수행하기 위해서는 기본적인 사칙연산뿐만 아니라 다단계의 복잡한 사칙연산까지도 계산할 수 있어야 한다.

2 검산

① **역연산** … 덧셈은 뺄셈으로, 뺄셈은 덧셈으로, 곱셈은 나눗셈으로, 나눗셈은 곱셈으로 확인하는 방법이다.

② **구거법** … 원래의 수와 각 자리의 수의 합이 9로 나눈 나머지가 같다는 원리를 이용한 것으로 9를 버리고 남은 수로 계산하는 것이다.

section 04 기초통계능력

1 통계

① **통계** … 통계란 집단현상에 대한 구체적인 양적 기술을 반영하는 숫자이다.

② 통계의 이용

㉠ 많은 수량적 자료를 처리가능하고 쉽게 이해할 수 있는 형태로 축소

㉡ 표본을 통해 연구대상 집단의 특성을 유추

㉢ 의사결정의 보조수단

㉣ 관찰 가능한 자료를 통해 논리적으로 결론을 추출 · 검증

③ 기본적인 통계치

㉠ **빈도와 빈도분포** : 빈도란 어떤 사건이 일어나거나 증상이 나타나는 정도를 의미하며, 빈도분포란 빈도를 표나 그래프로 종합적으로 표시하는 것이다.

㉡ **평균** : 모든 사례의 수치를 합한 후 총 사례 수로 나눈 값이다.

㉢ **백분율** : 전체의 수량을 100으로 하여 생각하는 수량이 그 중 몇이 되는가를 퍼센트로 나타낸 것이다.

④ 통계기법

㉠ 범위와 평균

- 범위 : 분포의 흩어진 정도를 가장 간단히 알아보는 방법으로 최곳값에서 최젓값을 뺀 값을 의미한다.
- 평균 : 집단의 특성을 요약하기 위해 가장 자주 활용하는 값으로 모든 사례의 수치를 합한 후 총 사례 수로 나눈 값이다.

㉡ 분산과 표준편차

- 분산 : 관찰값의 흩어진 정도로, 각 관찰값과 평균값의 차의 제곱의 평균이다.
- 표준편차 : 평균으로부터 얼마나 떨어져 있는가를 나타내는 개념으로 분산값의 제곱근 값이다.

CHECK TIP

예 관찰값이 1, 3, 5, 7, 9일 경우
범위는 $9-1=8$
평균은 $\frac{1+3+5+7+9}{5}=5$

예 관찰값이 1, 2, 3이고 평균이 2인 집단의 분산은
$\frac{(1-2)^2+(2-2)^2+(3-2)^2}{3}=\frac{2}{3}$
표준편차는 분산값의 제곱근 값인 $\sqrt{\frac{2}{3}}$ 이다.

CHECK TIP

⑤ 통계자료의 해석

㉠ 다섯숫자 요약
- 최솟값 : 원자료 중 값의 크기가 가장 작은 값
- 최댓값 : 원자료 중 값의 크기가 가장 큰 값
- 중앙값 : 최솟값부터 최댓값까지 크기에 의하여 배열했을 때 중앙에 위치하는 사례의 값
- 하위 25%값 · 상위 25%값 : 원자료를 크기 순으로 배열하여 4등분한 값

㉡ **평균값과 중앙값** : 평균값과 중앙값은 그 개념이 다르기 때문에 명확하게 제시해야 한다.

2 도표분석

① 도표의 종류

㉠ **목적별** : 관리(계획 및 통제), 해설(분석), 보고

㉡ **용도별** : 경과 그래프, 내역 그래프, 비교 그래프, 분포 그래프, 상관 그래프, 계산 그래프

㉢ **형상별** : 선 그래프, 막대 그래프, 원 그래프, 점 그래프, 층별 그래프, 레이더 차트

② 도표의 활용

㉠ 선 그래프
- 주로 시간의 경과에 따라 수량에 의한 변화 상황(시계열 변화)을 절선의 기울기로 나타내는 그래프이다.
- 경과, 비교, 분포를 비롯하여 상관관계 등을 나타낼 때 쓰인다.

㉡ 막대 그래프
- 비교하고자 하는 수량을 막대 길이로 표시하고 그 길이를 통해 수량 간의 대소관계를 나타내는 그래프이다.
- 내역, 비교, 경과, 도수 등을 표시하는 용도로 쓰인다.

㉢ 원 그래프
- 내역이나 내용의 구성비를 원을 분할하여 나타낸 그래프이다.
- 전체에 대해 부분이 차지하는 비율을 표시하는 용도로 쓰인다.

㉣ 점 그래프
- 종축과 횡축에 2요소를 두고 보고자 하는 것이 어떤 위치에 있는가를 나타내는 그래프이다.
- 지역분포를 비롯하여 도시, 지방, 기업, 상품 등의 평가나 위치 · 성격을 표시하는데 쓰인다.

ⓜ 층별 그래프

- 선 그래프의 변형으로 연속내역 봉 그래프라고 할 수 있다. 선과 선 사이의 크기로 데이터 변화를 나타낸다.
- 합계와 부분의 크기를 백분율로 나타내고 시간적 변화를 보고자 할 때나 합계와 각 부분의 크기를 실수로 나타나고 시간적 변화를 보고자 할 때 쓰인다.

ⓑ 방사형 그래프(레이더 차트, 거미줄 그래프)

- 원 그래프의 일종으로 비교하는 수량을 직경, 또는 반경으로 나누어 원의 중심에서의 거리에 따라 각 수량의 관계를 나타내는 그래프이다.
- 비교하거나 경과를 나타내는 용도로 쓰인다.

③ 도표 해석시 유의사항

㉠ 요구되는 지식의 수준을 넓힌다.
㉡ 도표에 제시된 자료의 의미를 정확히 숙지한다.
㉢ 도표로부터 알 수 있는 것과 없는 것을 구별한다.
㉣ 총량의 증가와 비율의 증가를 구분한다.
㉤ 백분위수와 사분위수를 정확히 이해하고 있어야 한다.

CHECK TIP

예 상품별 매출액 추이 등

예 매출액의 계절변동 등

PART

02

출제예상문제

CHAPTER 01

공간능력

≫ 정답 및 해설 p.346

Q 다음 입체도형의 전개도로 알맞은 것을 고르시오. 【01~15】

- 입체도형을 전개하여 전개도를 만들 때, 전개도에 표시된 그림(예 : ▮▮, ◢, ▬ 등)은 회전의 효과를 반영함. 즉, 본 문제의 풀이과정에서 보기의 전개도 상에 표시된 ▮▮과 ▬는 서로 다른 것으로 취급함.
- 단, 기호 및 문자(예 : ♤, ☎, ♨, K, H)의 회전에 의한 효과는 본 문제의 풀이과정에 반영하지 않음. 즉, 입체도형을 펼쳐 전개도를 만들었을 때 ☎의 방향으로 나타나는 기호 및 문자도 보기에서는 ☎방향으로 표시하며 동일한 것으로 취급함.

01

①

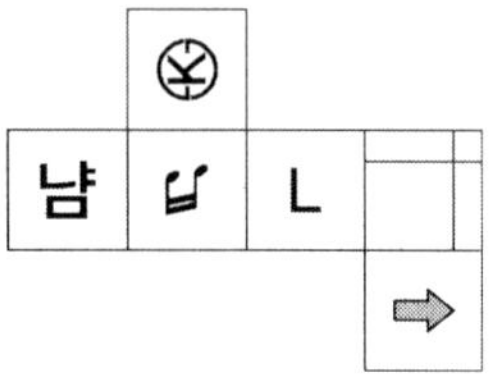

②

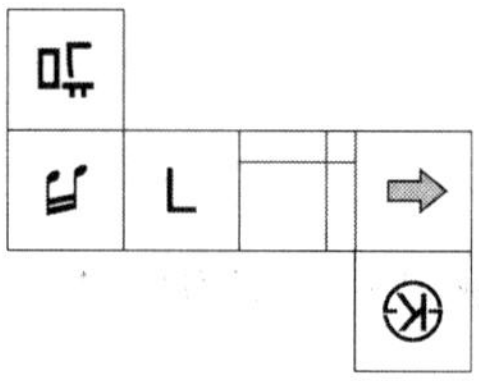

③

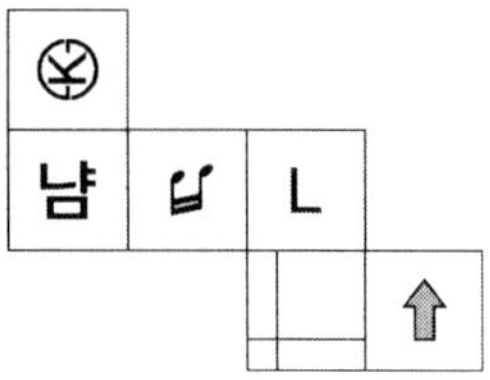

④

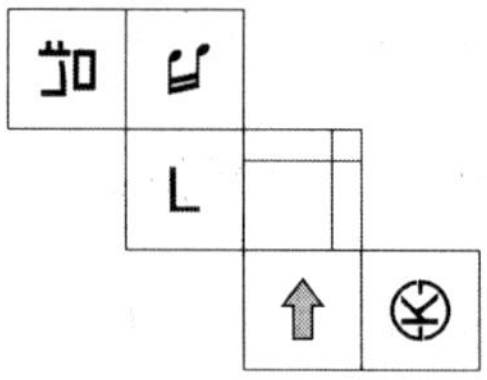

02

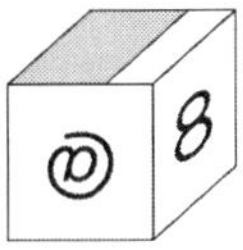

①
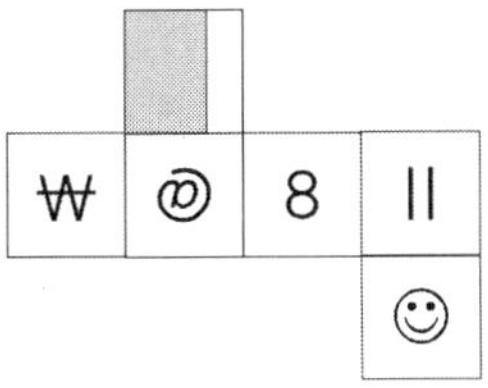

②
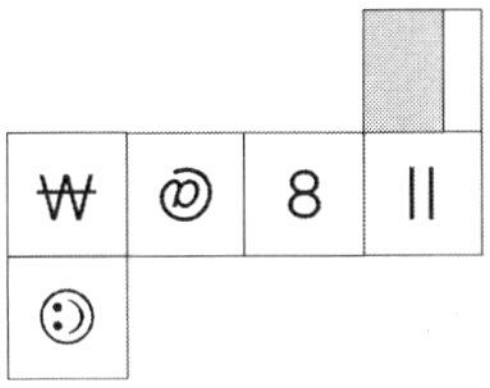

③
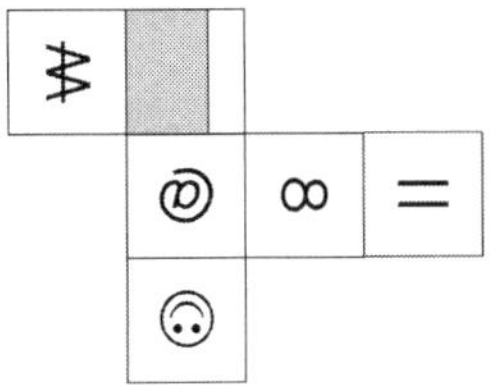

④
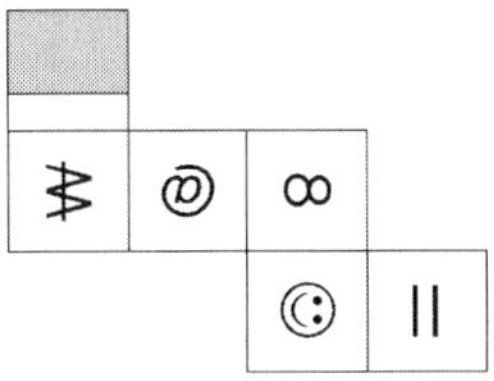

03

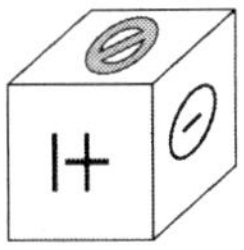

①
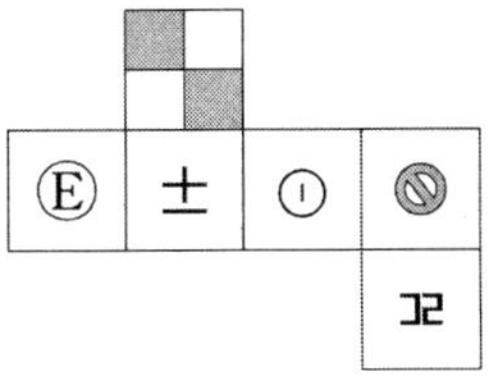

②
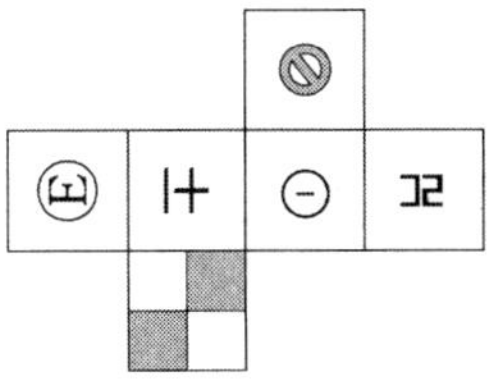

③
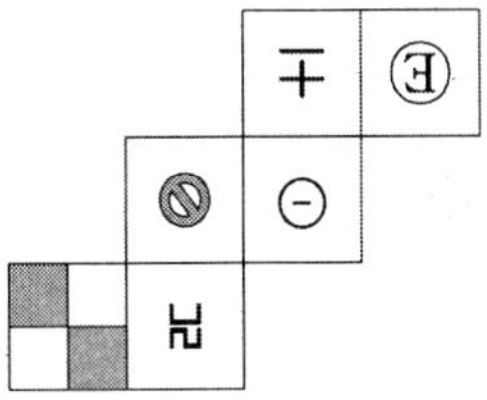

④
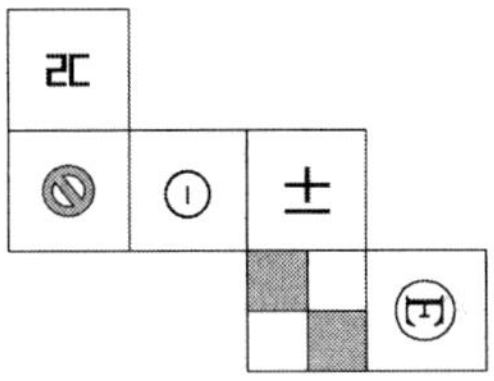

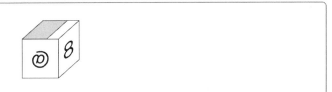

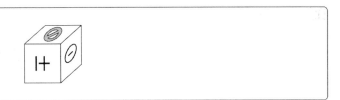

04

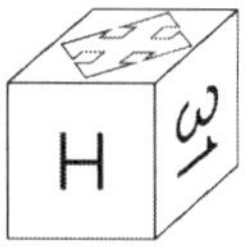

①
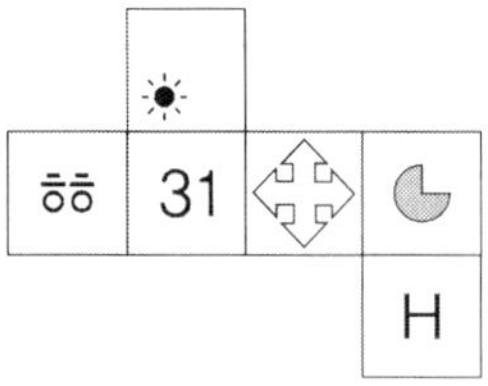

②
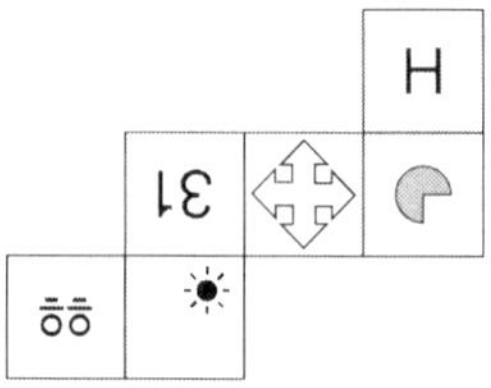

③
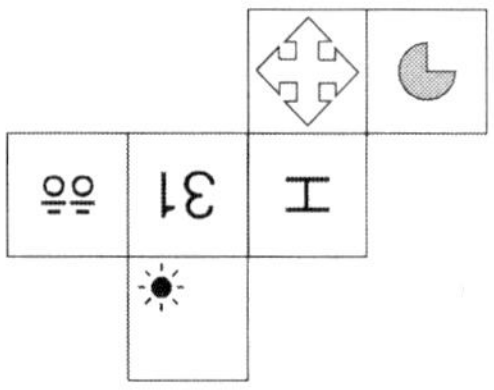

④
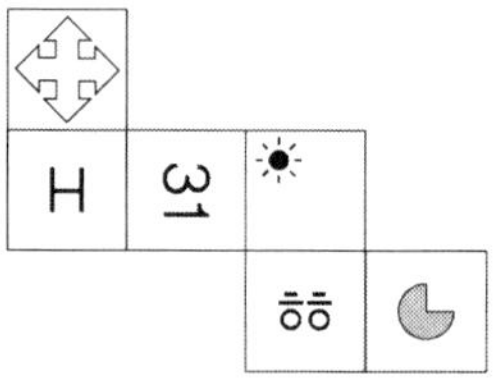

05

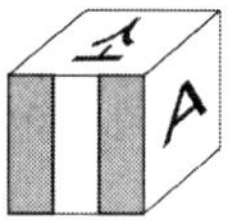

①
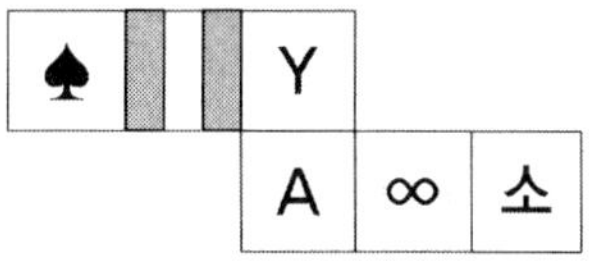

②
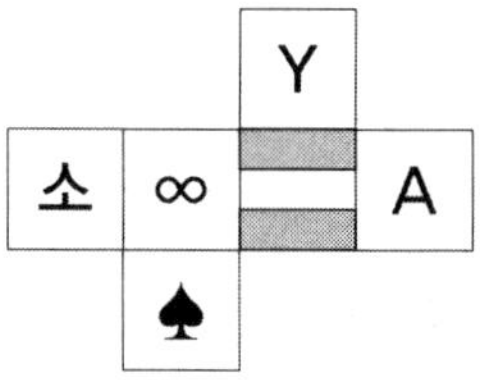

③
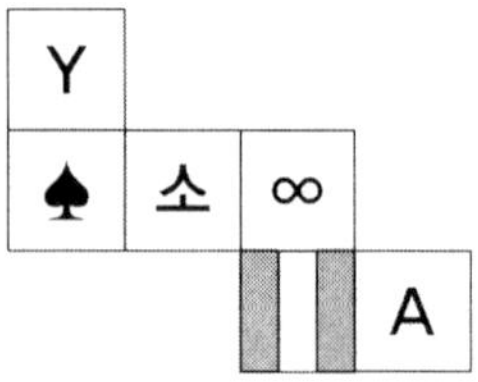

④
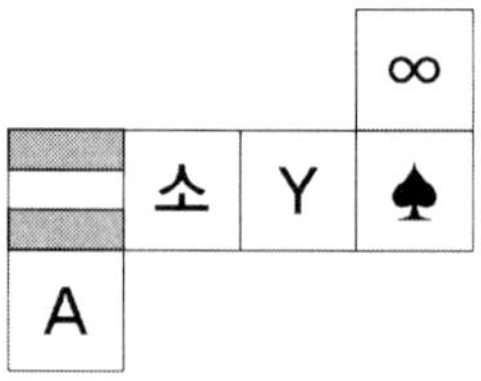

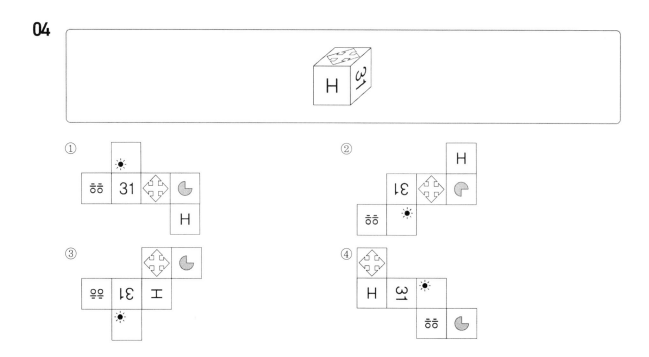

06

①

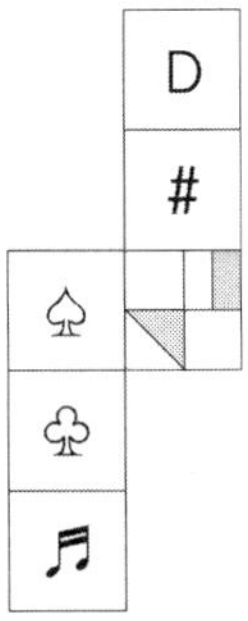

②

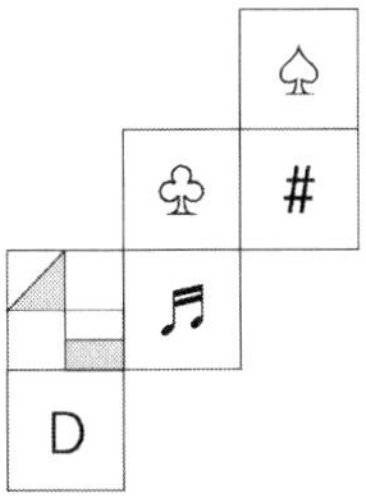

③

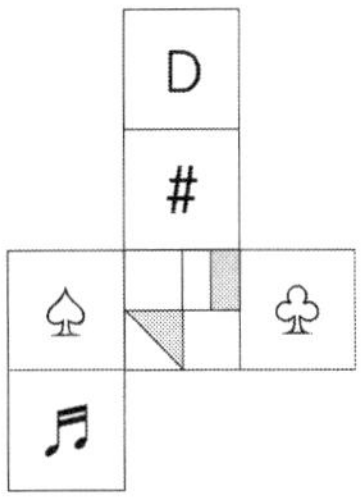

④

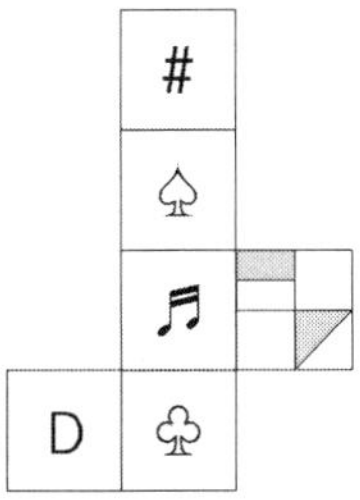

07

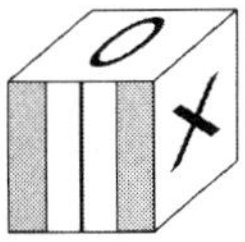

①

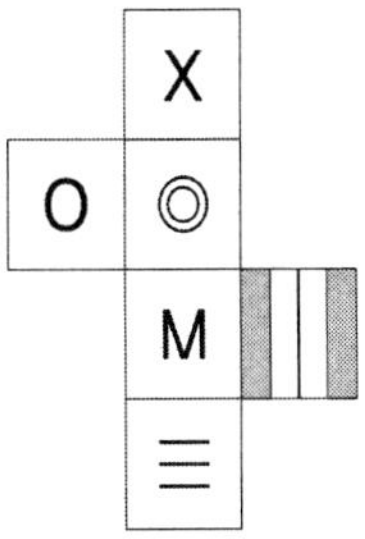

②

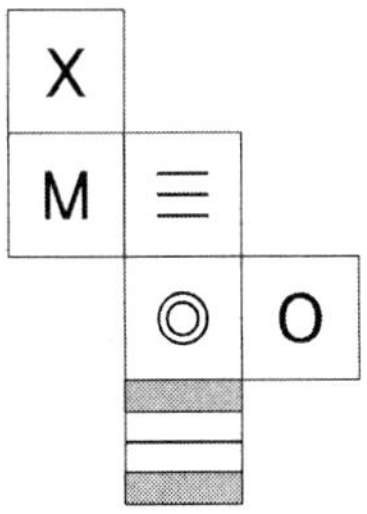

③

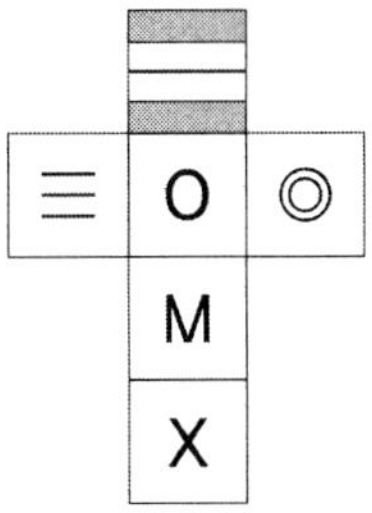

④

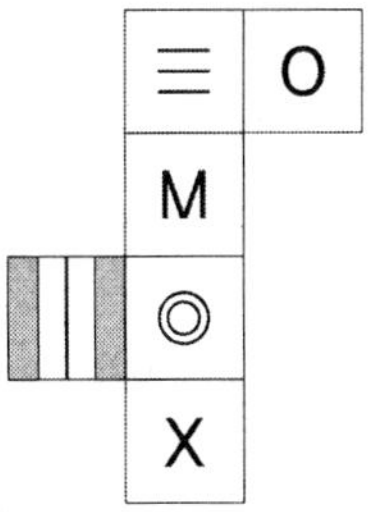

08

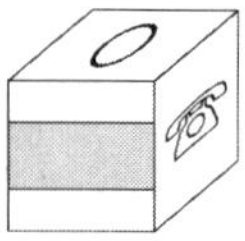

①
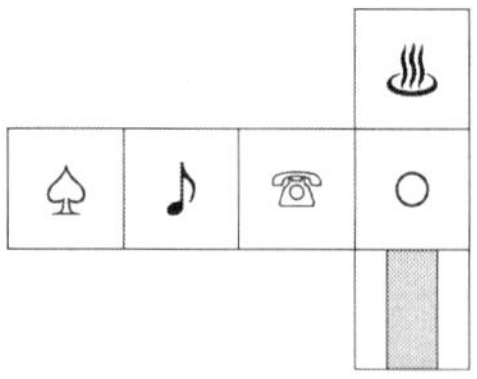

②
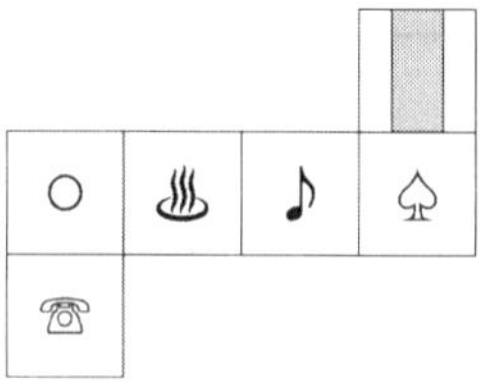

③
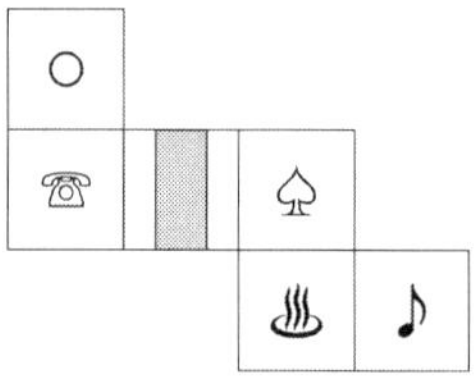

④
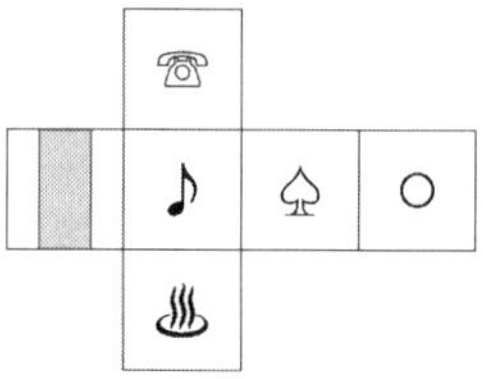

09

①
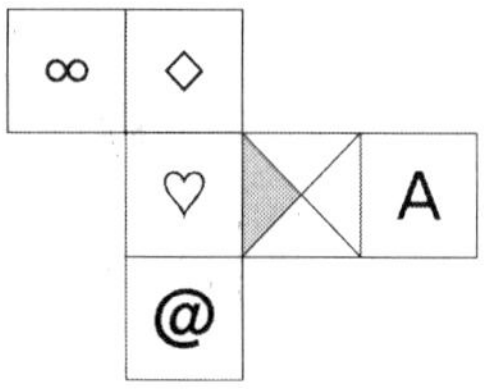

②
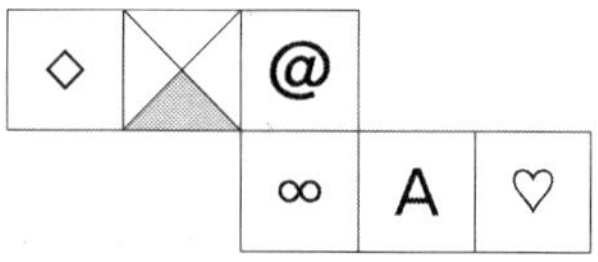

③
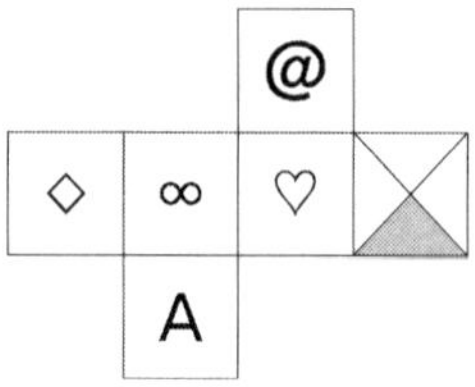

④
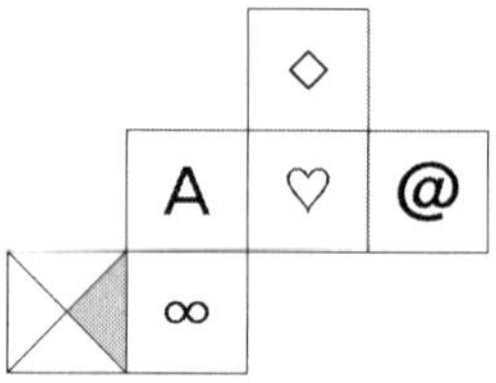

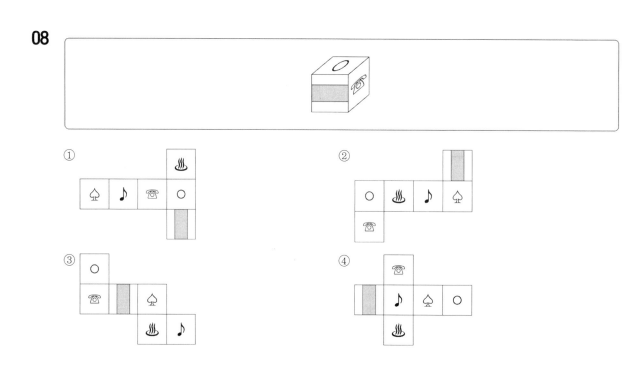

10

① 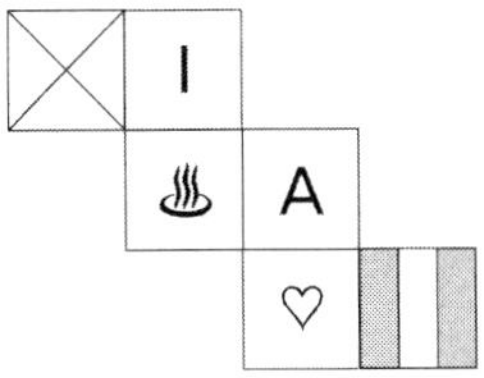

② 

③ 

④ 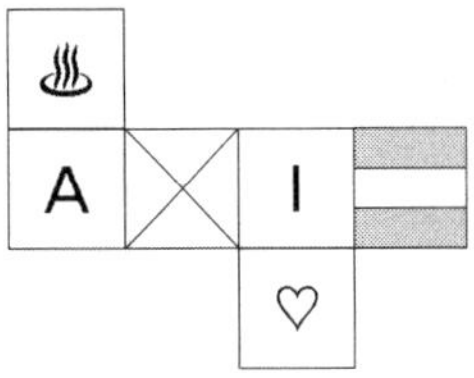

11

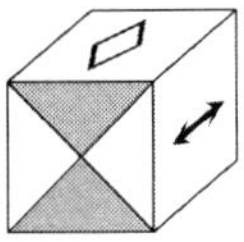

① 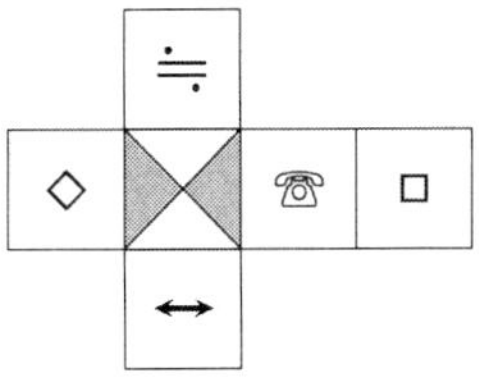

② 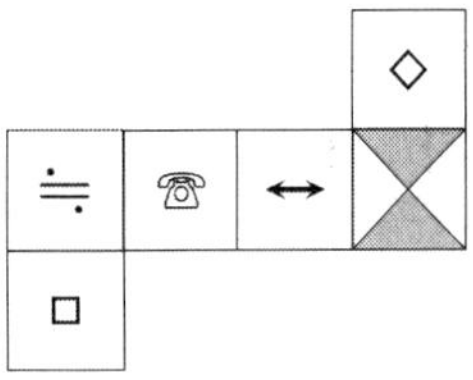

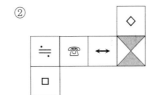

③ 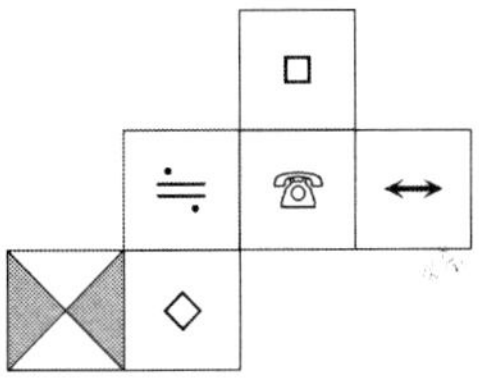

④ 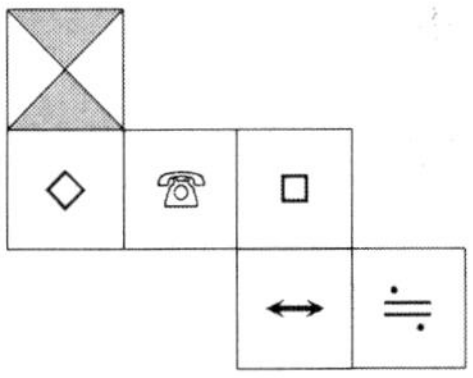

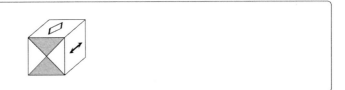

12

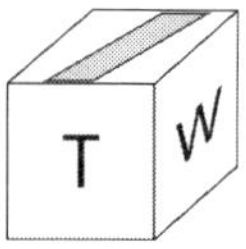

① 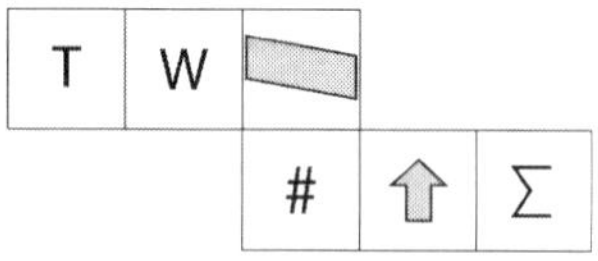

② 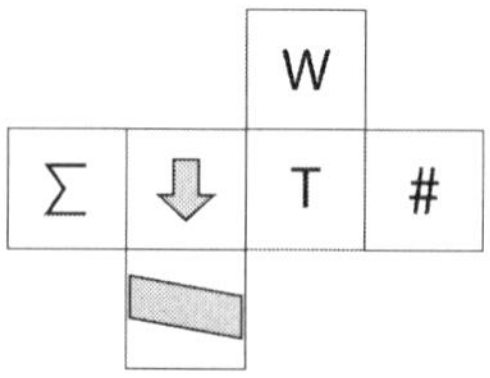

③ 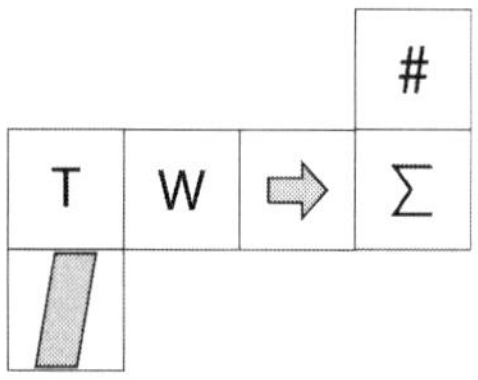

④ 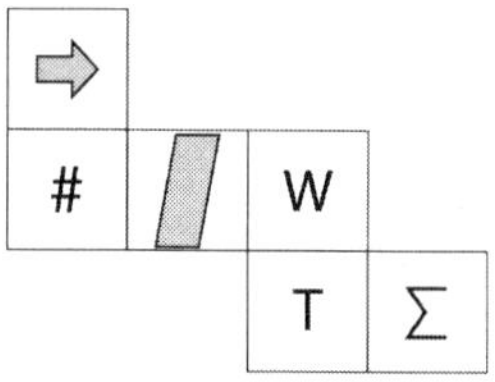

13

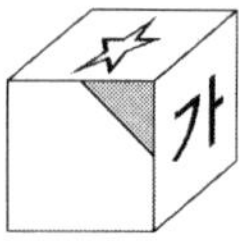

① 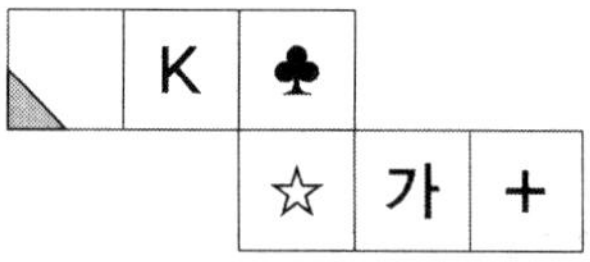

② 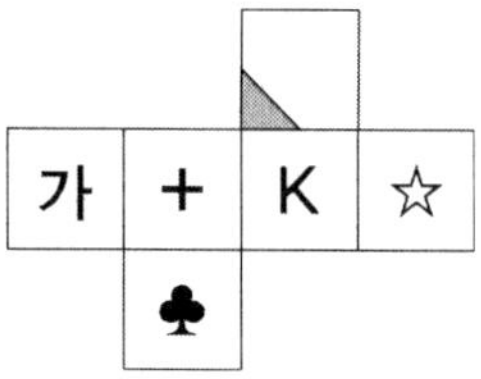

③ 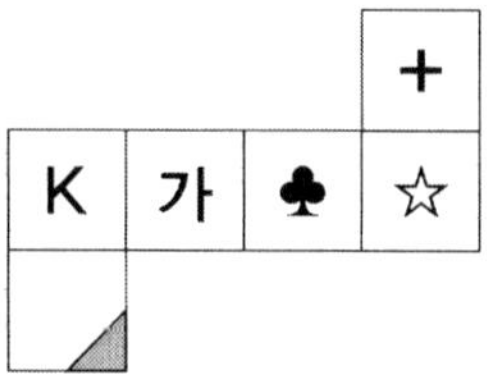

④ 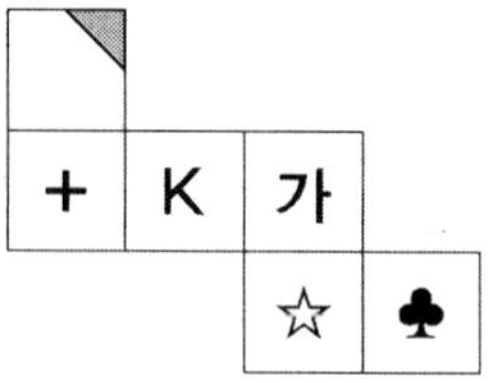

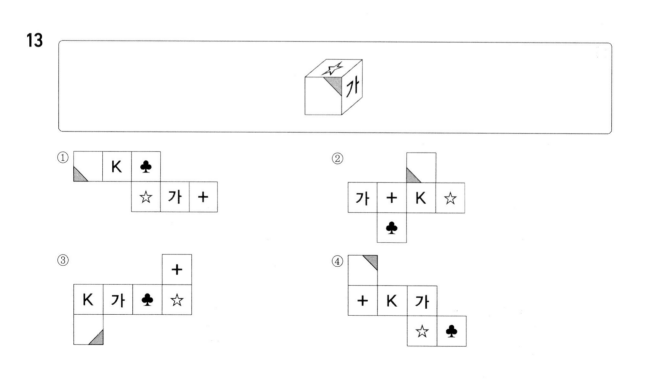

14

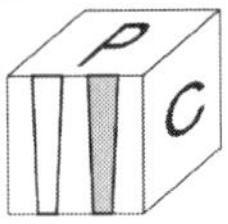

① 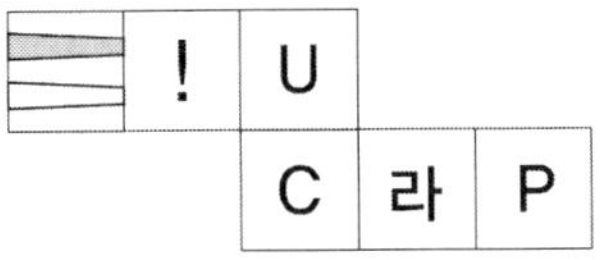

② 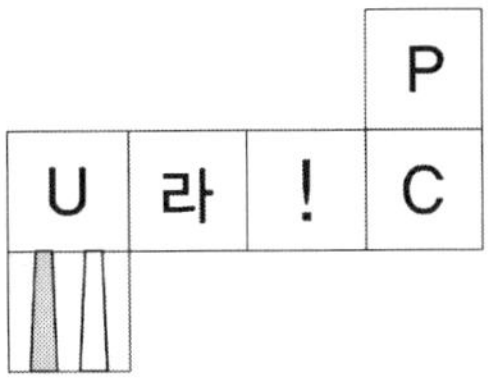

③ 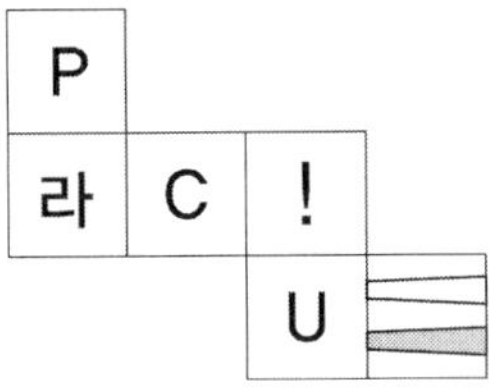

④ 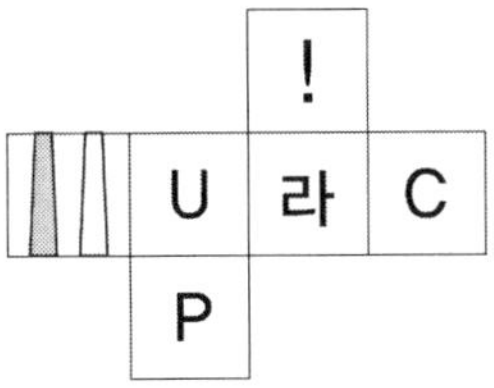

15

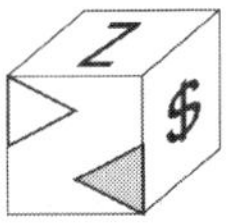

① 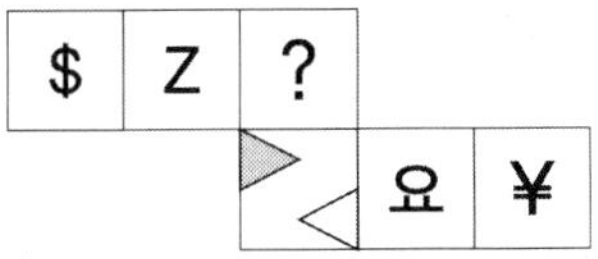

② 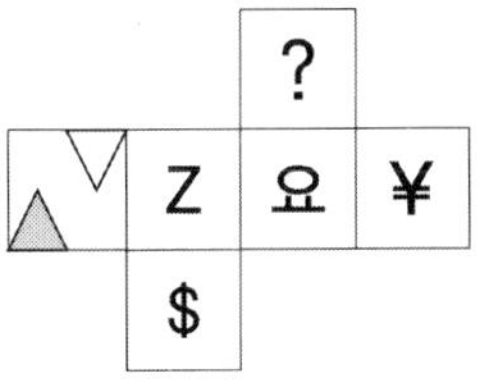

③ 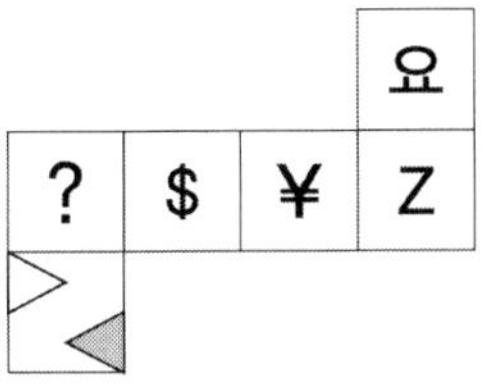

④ 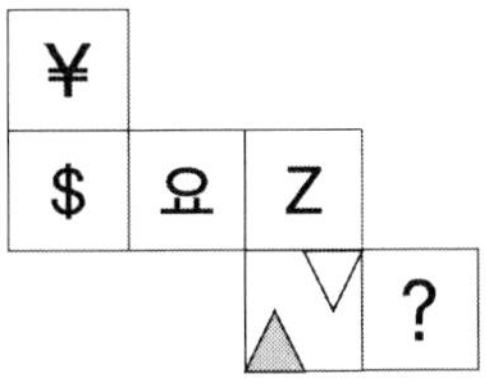

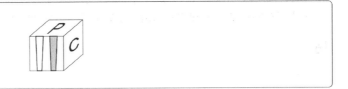

Ⓠ 다음 제시된 그림과 같이 쌓기 위해 필요한 블록의 수를 고르시오. 【16~35】
(단, 블록은 모양과 크기는 모두 동일한 정육면체이다.)

16

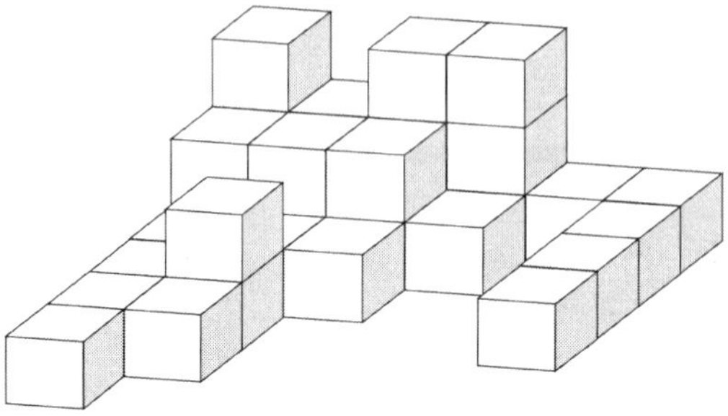

① 30
② 31
③ 32
④ 33

17

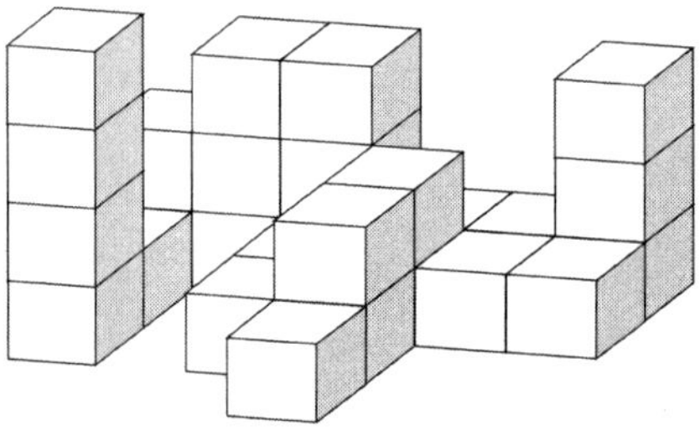

① 27
② 28
③ 29
④ 30

18

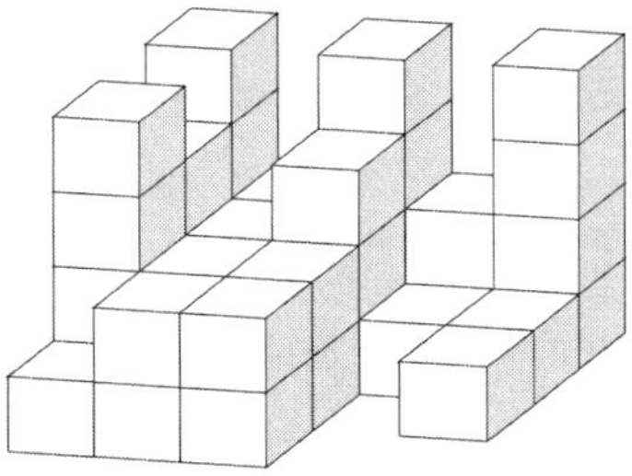

① 37
② 38
③ 39
④ 40

19

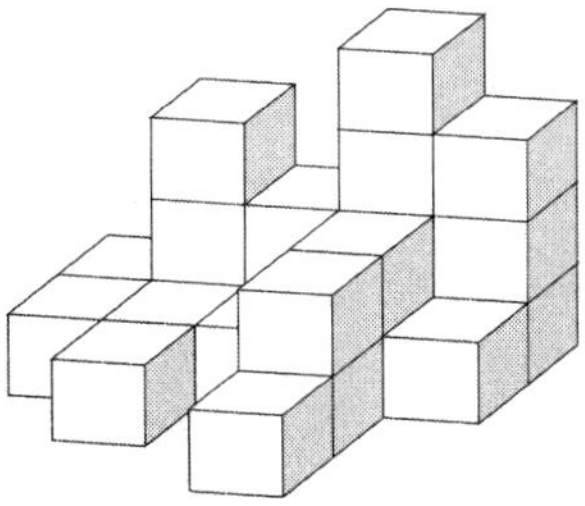

① 21
② 22
③ 23
④ 24

20

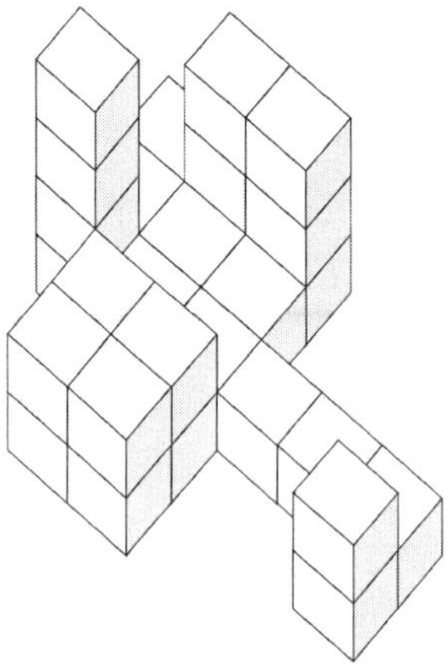

① 26 ② 27
③ 28 ④ 29

21

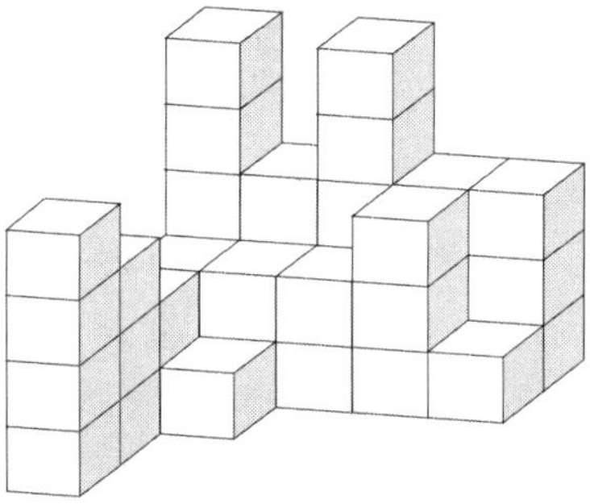

① 35 ② 37
③ 39 ④ 41

22

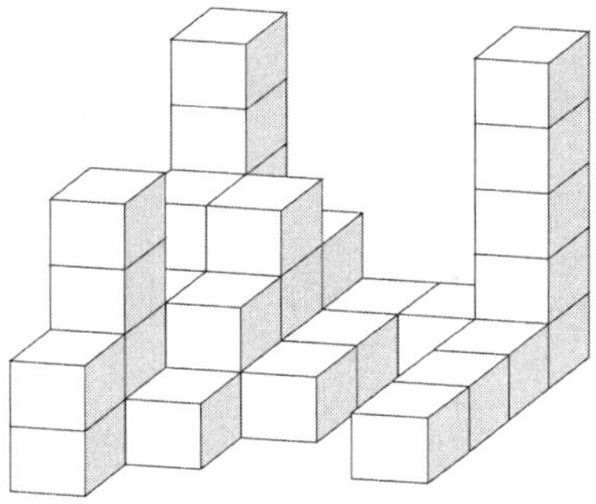

① 27　　② 36

③ 45　　④ 50

23

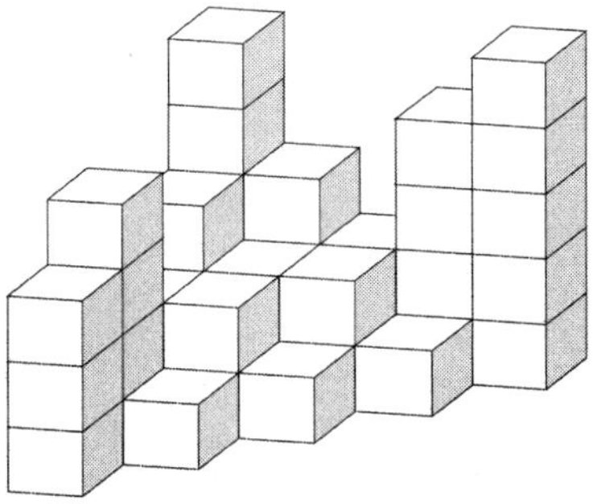

① 30　　② 35

③ 40　　④ 45

24

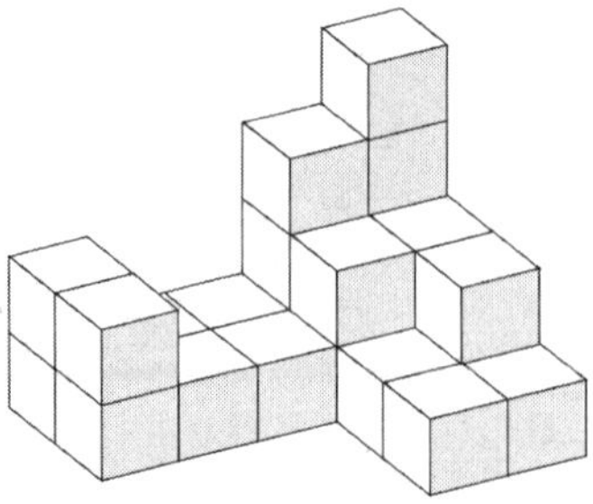

① 26
② 24
③ 22
④ 20

25

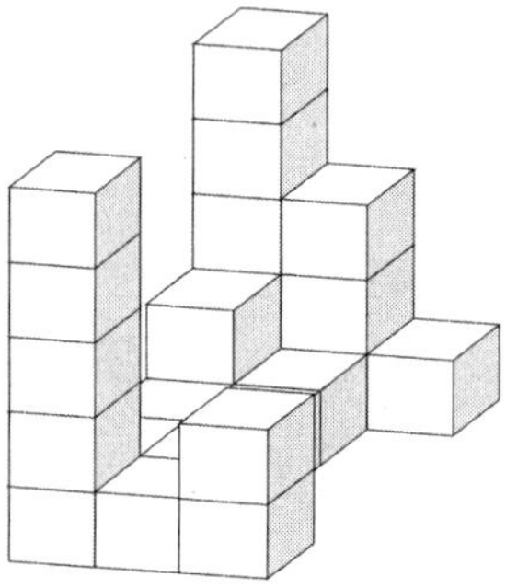

① 22
② 23
③ 24
④ 25

26

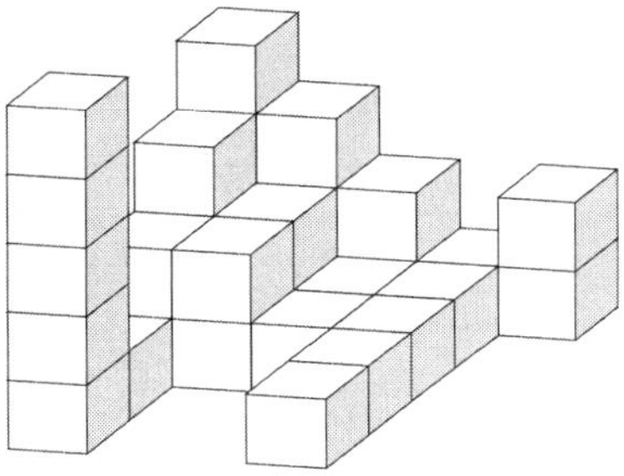

① 32
② 33
③ 34
④ 35

27

① 27
② 28
③ 29
④ 30

28

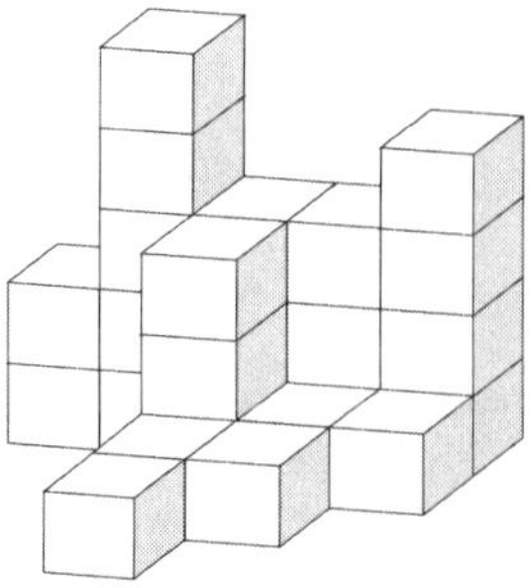

① 25 ② 26

③ 27 ④ 28

29

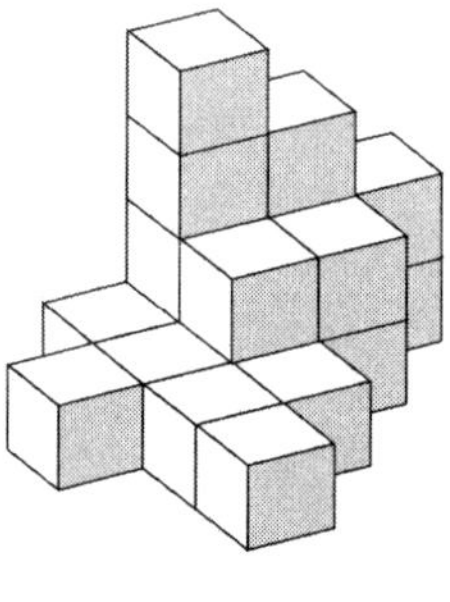

① 17 ② 19

③ 21 ④ 22

30

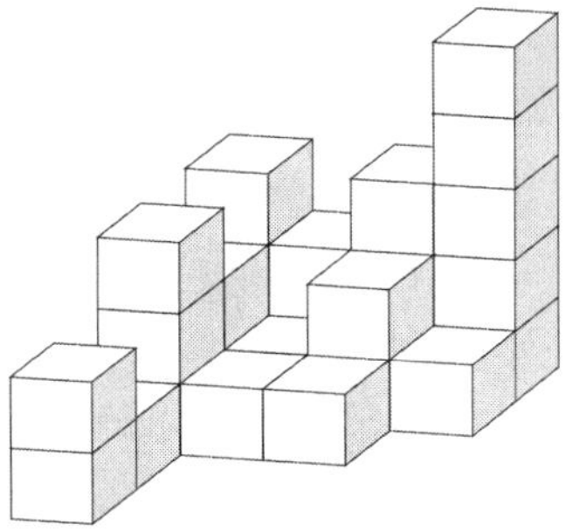

① 22
② 24
③ 25
④ 27

31

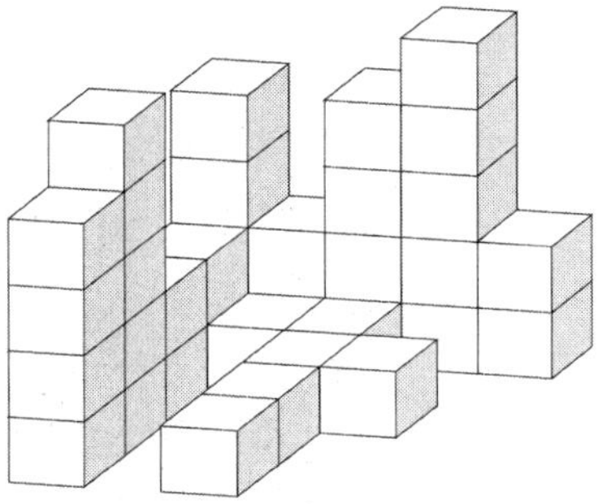

① 34
② 35
③ 36
④ 37

32

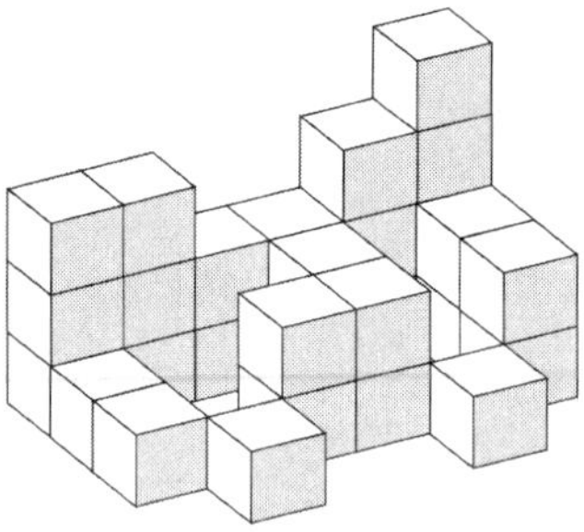

① 30
② 31
③ 32
④ 33

33

① 35
② 36
③ 37
④ 38

34

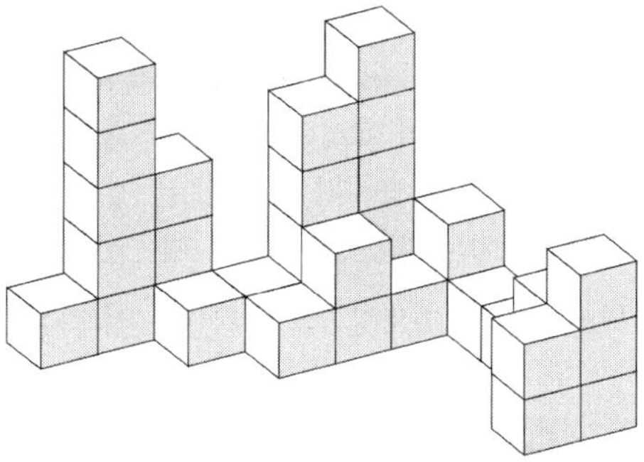

① 32　② 33

③ 34　④ 35

35

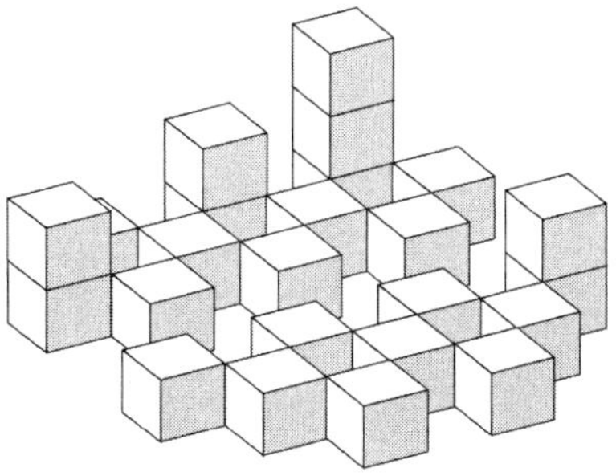

① 23　② 24

③ 25　④ 26

Q 다음 전개도로 만든 입체도형에 해당하는 것을 고르시오. 【36~50】

- 전개도를 접을 때 전개도 상의 그림, 기호, 문자가 입체도형의 겉면에 표시되는 방향으로 접음.
- 전개도를 접어 입체도형을 만들 때, 전개도에 표시된 그림(예 : ▯, ◪, ▮ 등)은 회전의 효과를 반영함. 즉, 본 문제의 풀이과정에서 보기의 전개도 상에 표시된 ▯과 ▭는 서로 다른 것으로 취급함.
- 단, 기호 및 문자(예 : ♤, ☎, ♨, K, H)의 회전에 의한 효과는 본 문제의 풀이과정에 반영하지 않음. 즉, 전개도를 접어 입체도형을 만들었을 때 ☏의 방향으로 나타나는 기호 및 문자도 보기에서는 ☎방향으로 표시하며 동일한 것으로 취급함.

36

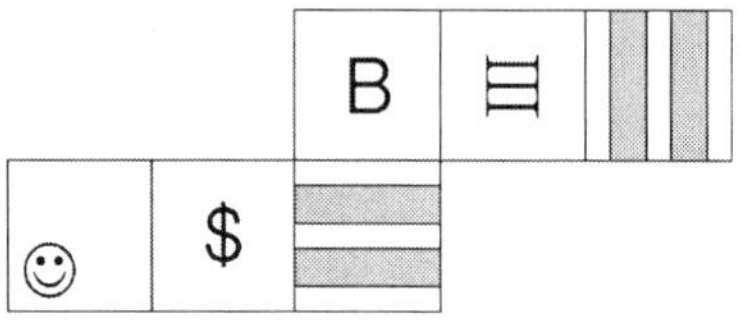

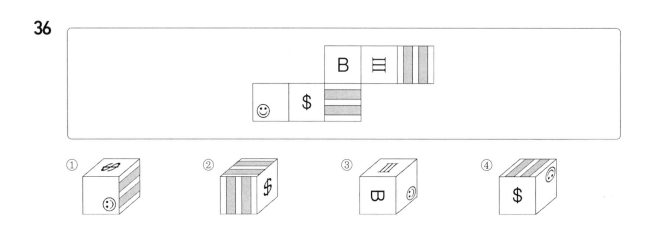

37

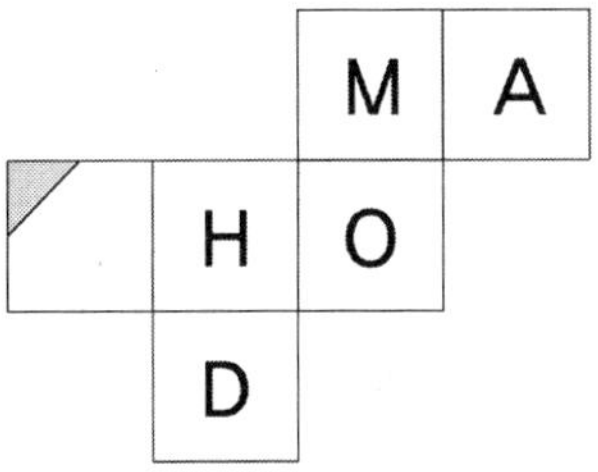

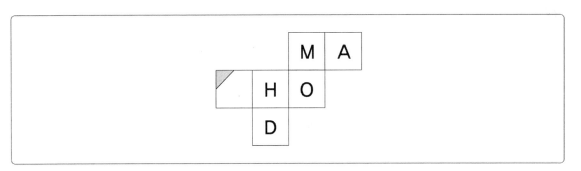

① 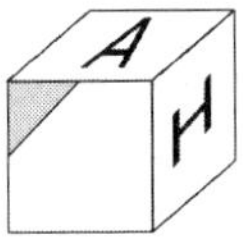

② 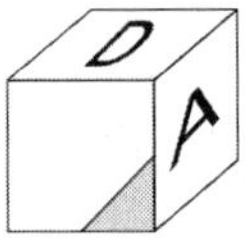

③ 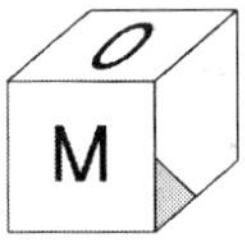

④ 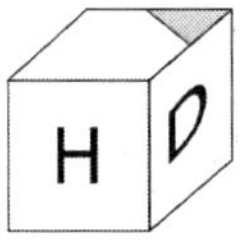

38

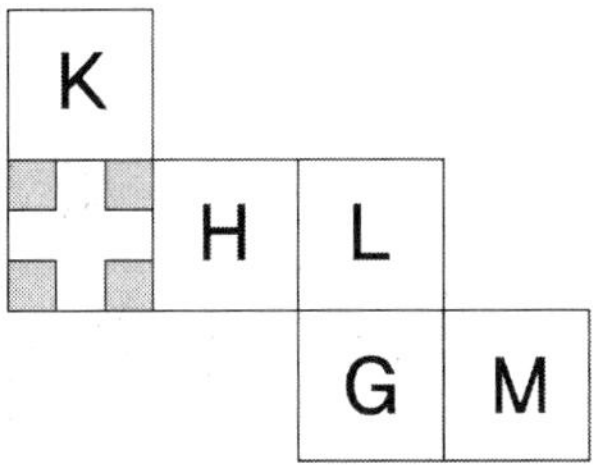

① 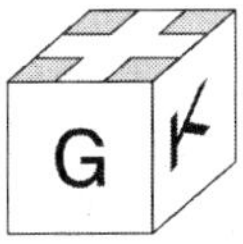

② 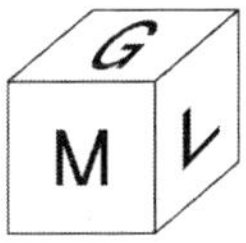

③ 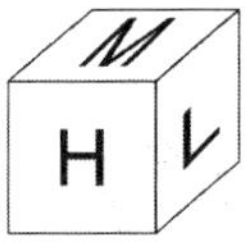

④ 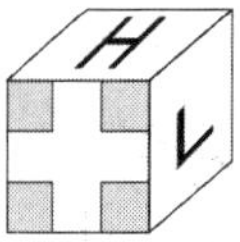

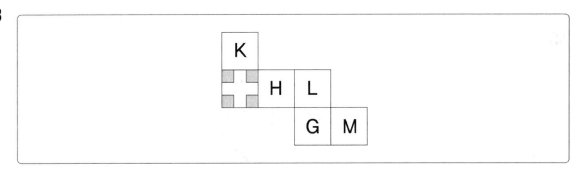

39

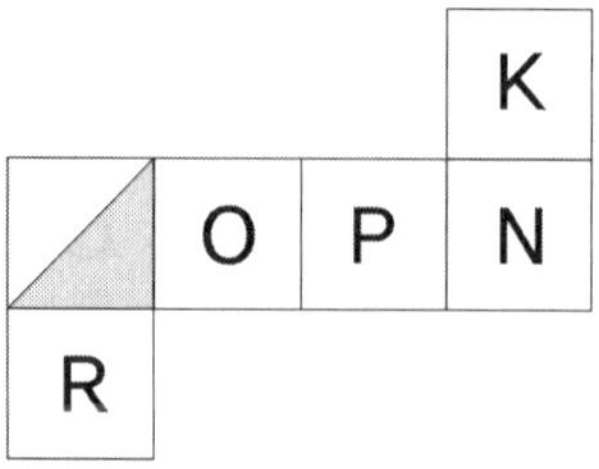

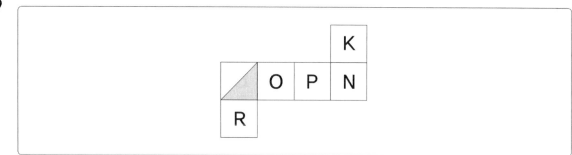

① 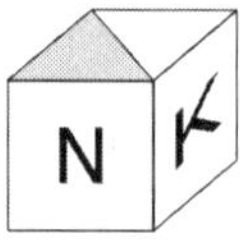

② 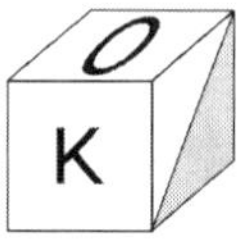

③ 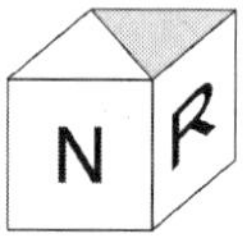

④ 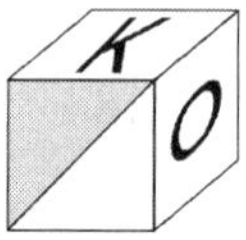

40

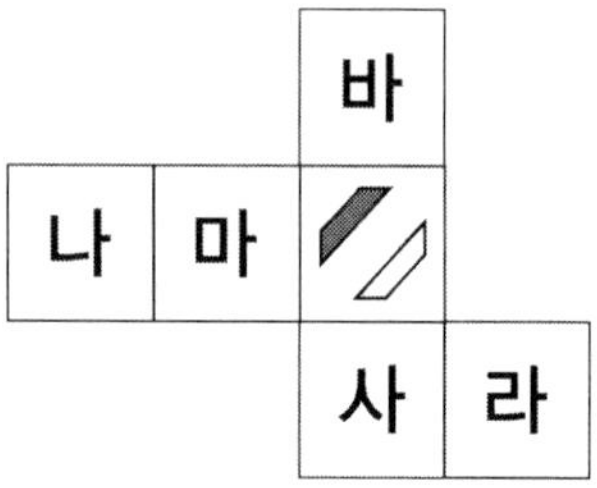

① 

② 

③ 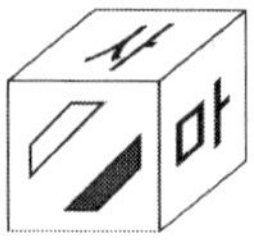

④ 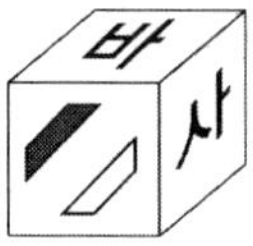

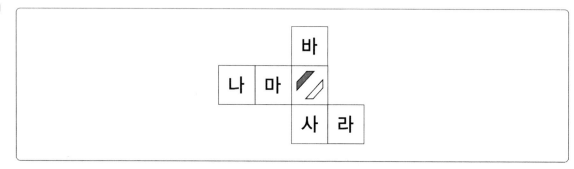

41

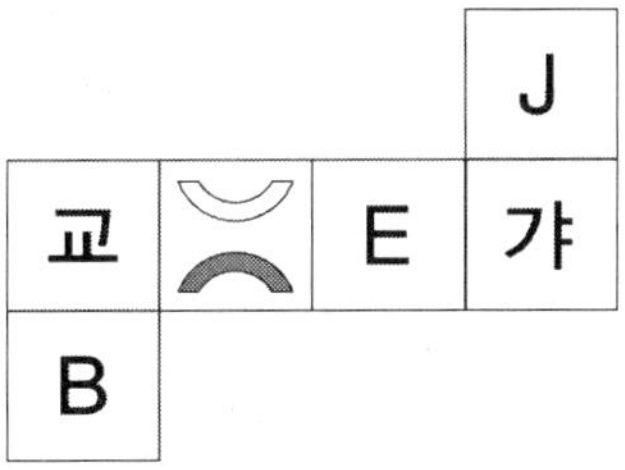

① 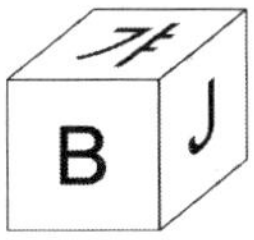

② 

③ 

④ 

42

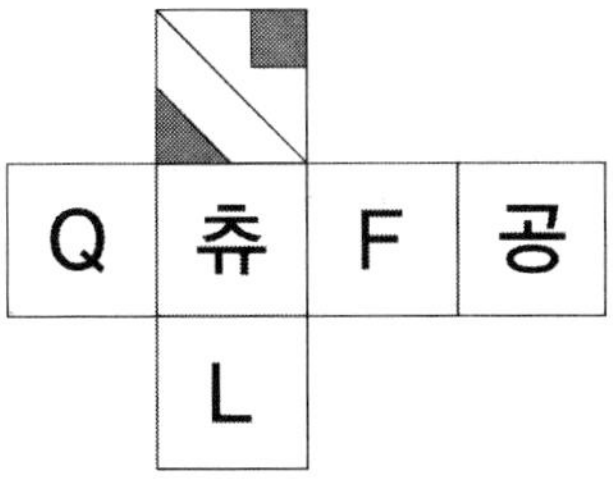

① 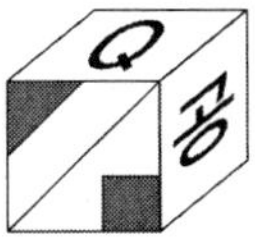

② 

③ 

④ 

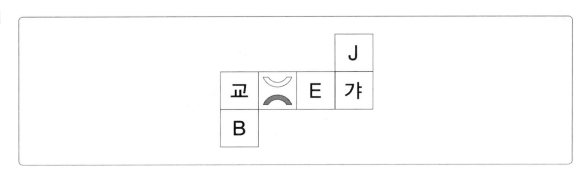

43

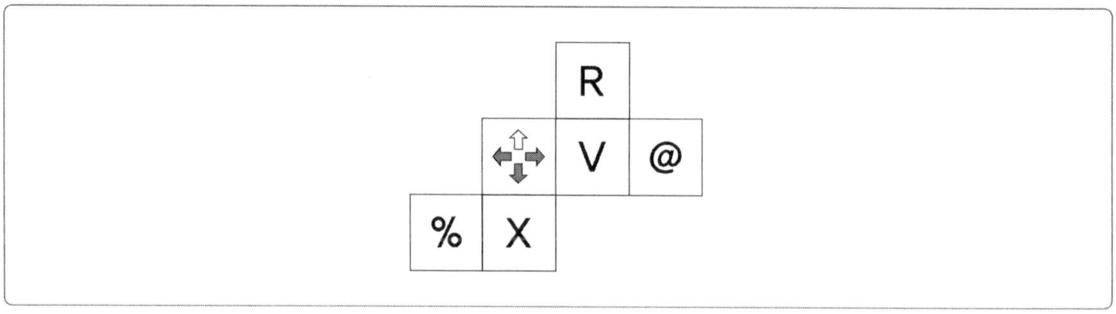

① 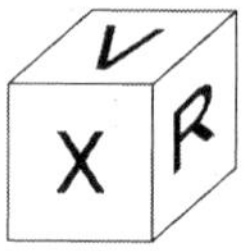
② 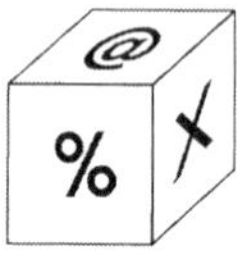
③ 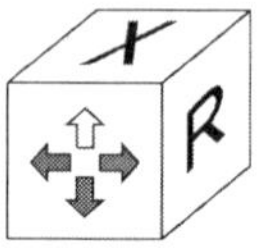
④ 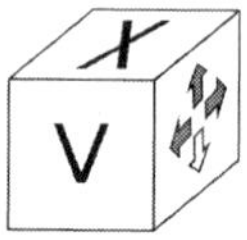

44

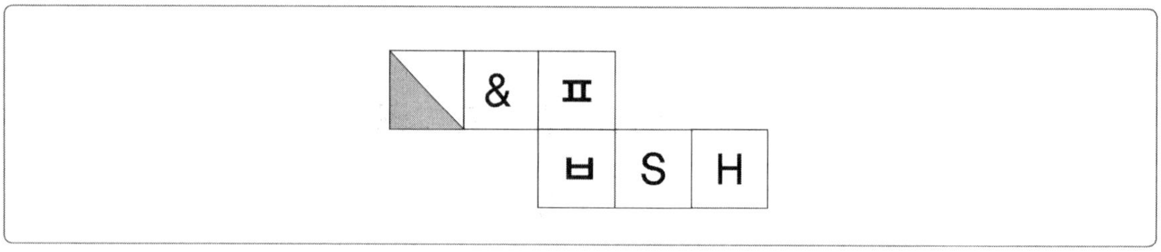

① 
② 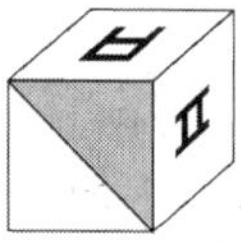
③ 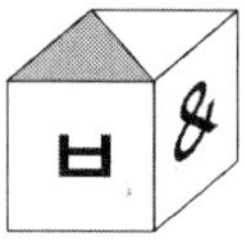
④ 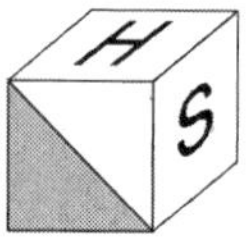

45

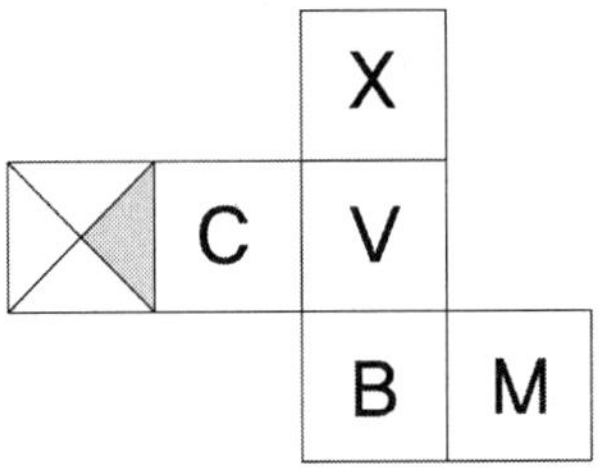

46

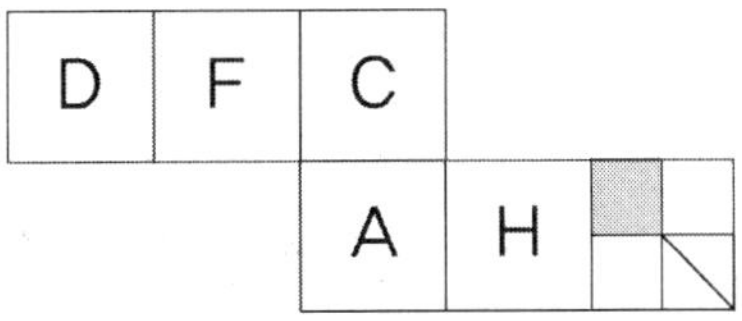

47

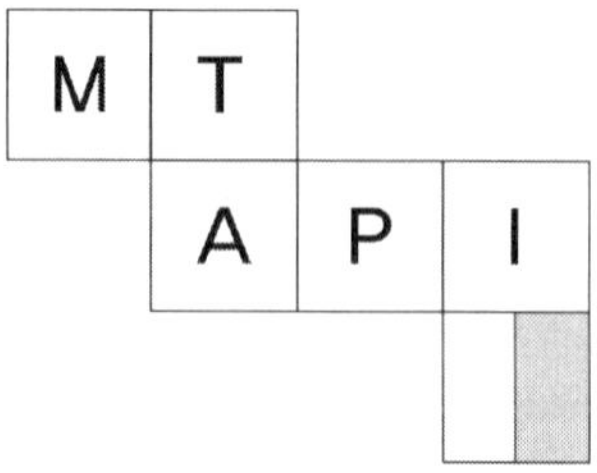

48

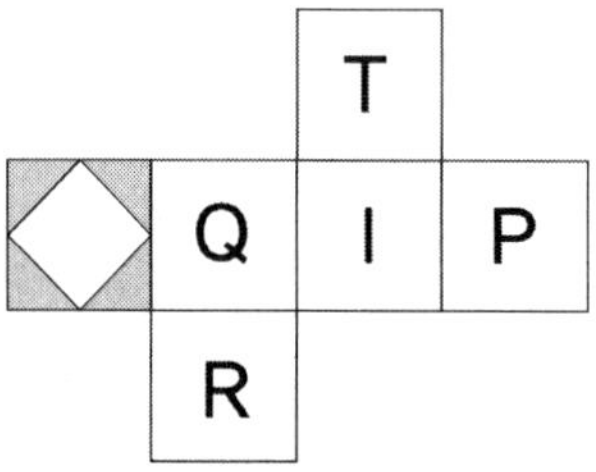

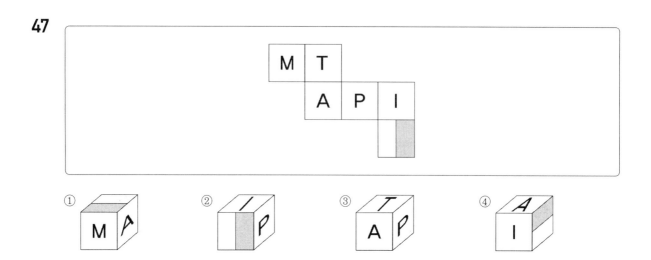

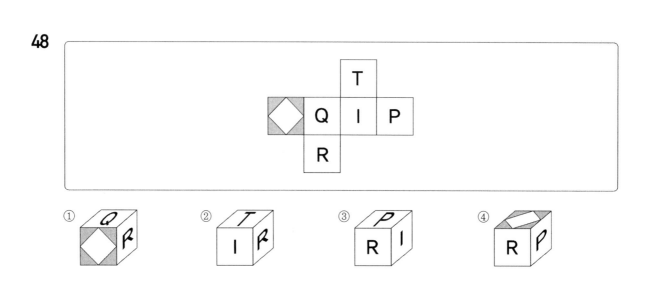

49

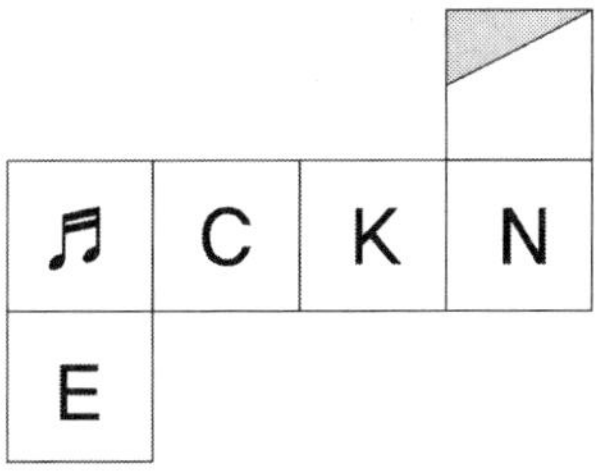

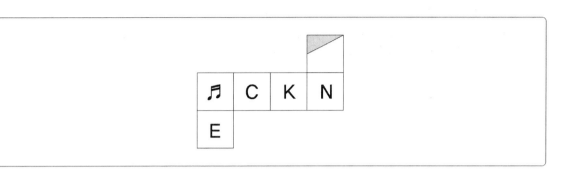

① 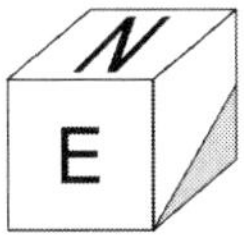

② 

③ 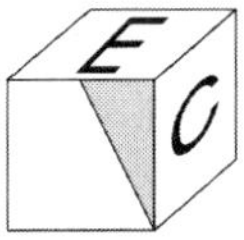

④ 

50

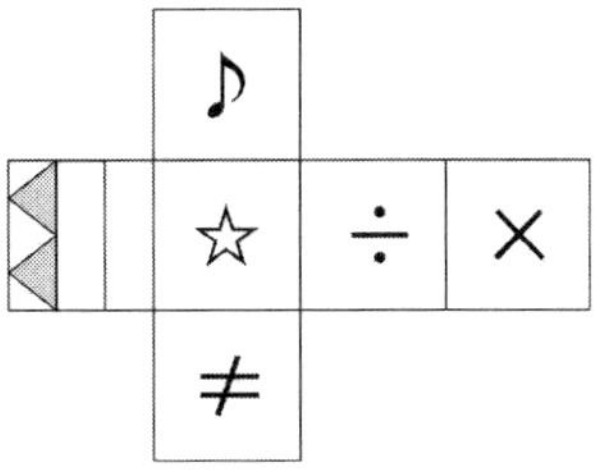

① 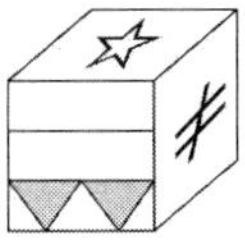

② 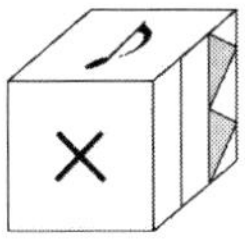

③ 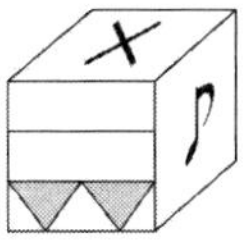

④ 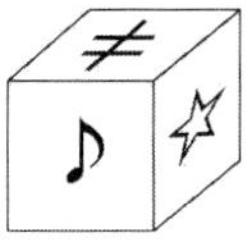

Q 아래에 제시된 블록들을 화살표 표시한 방향에서 바라봤을 때의 모양으로 알맞은 것을 고르시오. (단, 블록은 모양과 크기가 모두 동일한 정육면체이고, 바라보는 시선의 방향은 블록의 면과 수직을 이루며 원근에 의해 블록이 작게 보이는 현상은 고려하지 않는다.) 【51~65】

51

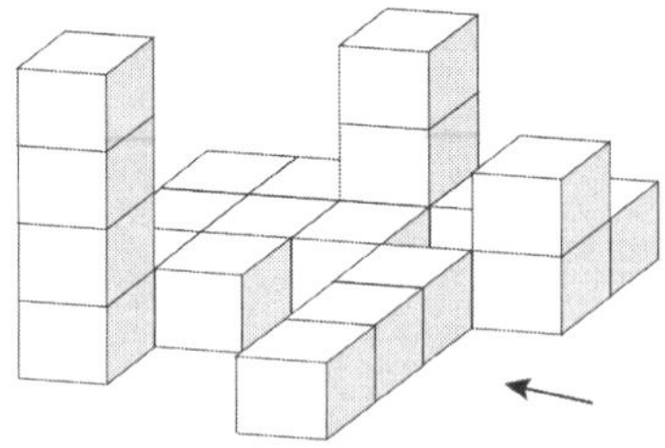

① 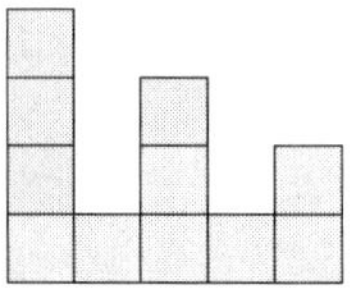

② 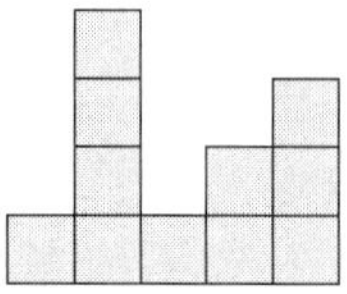

③ 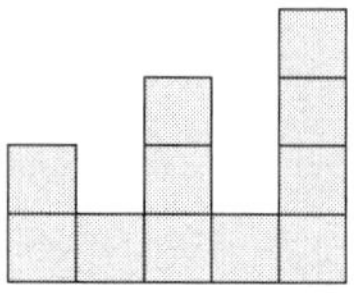

④ 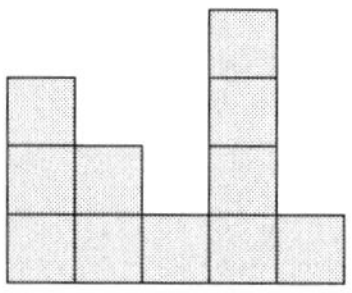

52

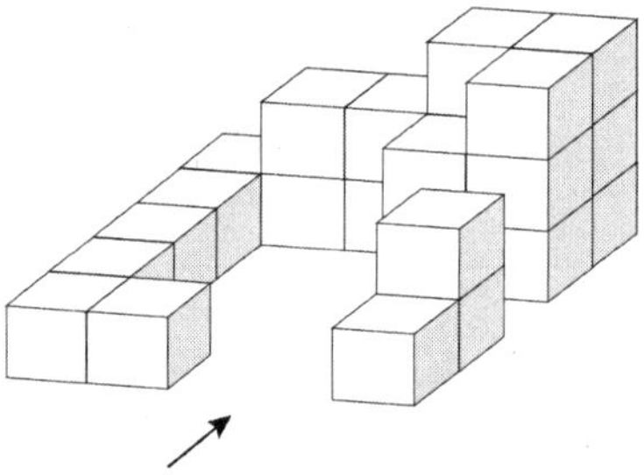

① 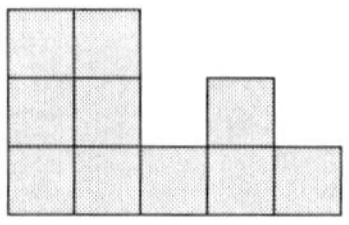

② 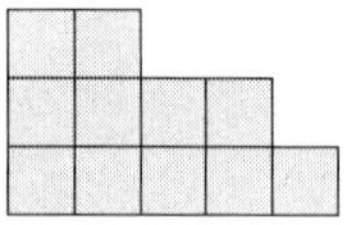

③ 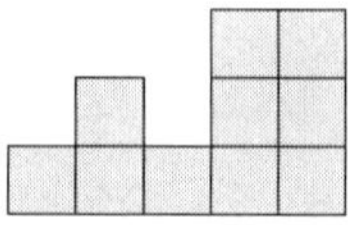

④ 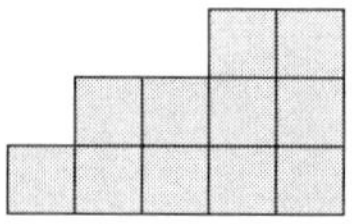

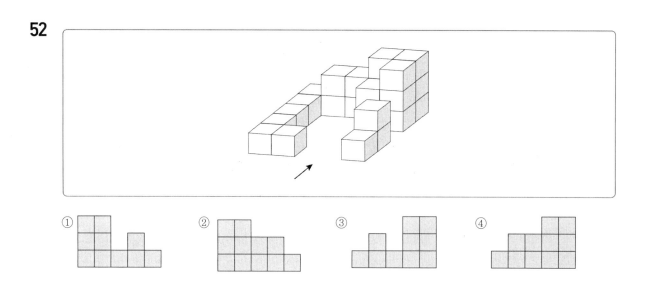

53

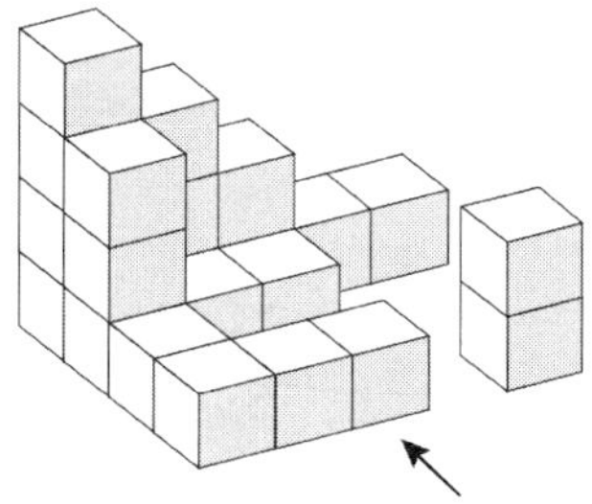

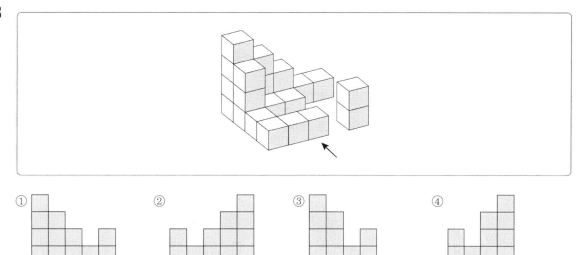

① 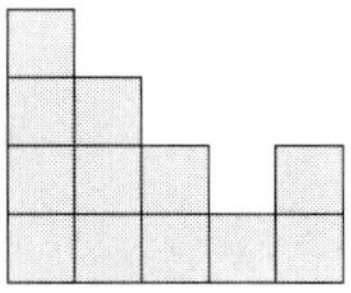 ② 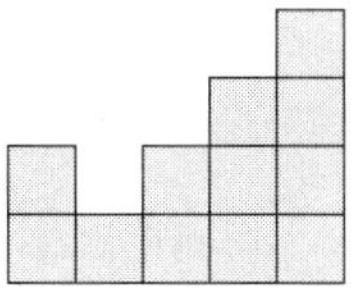 ③ 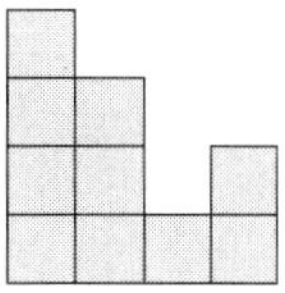 ④ 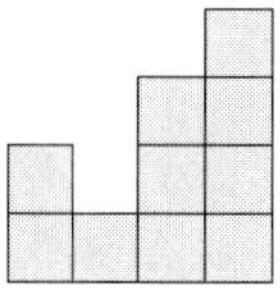

54

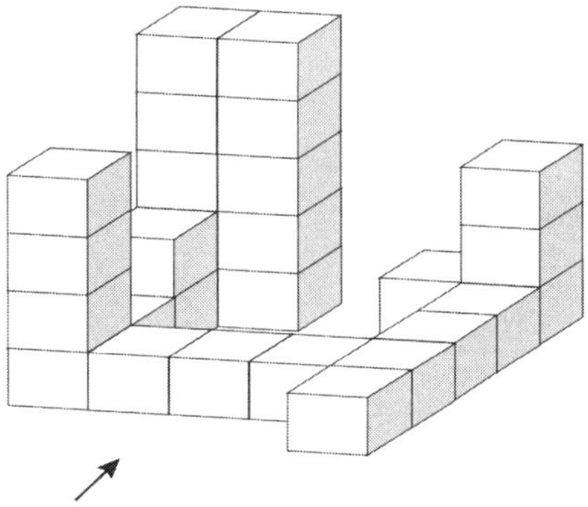

① 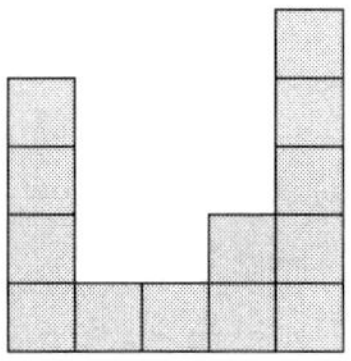 ② 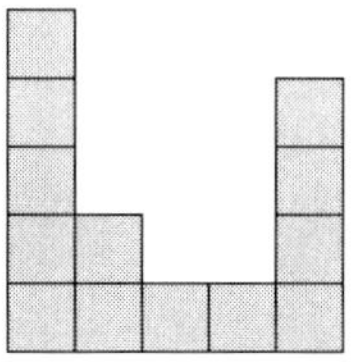 ③ 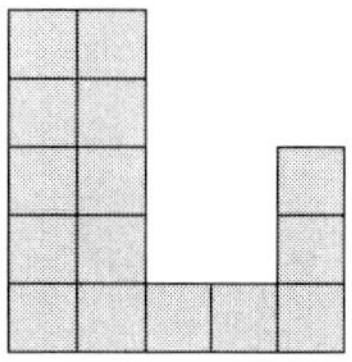 ④ 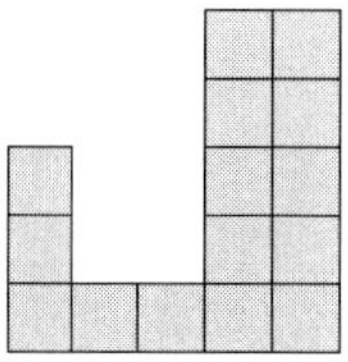

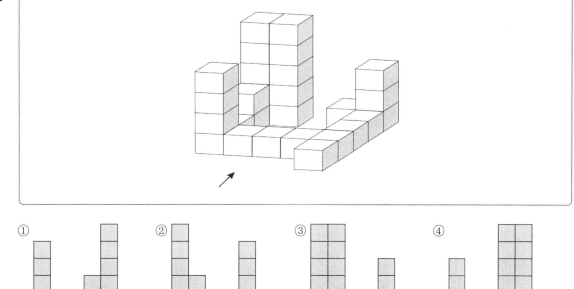

55

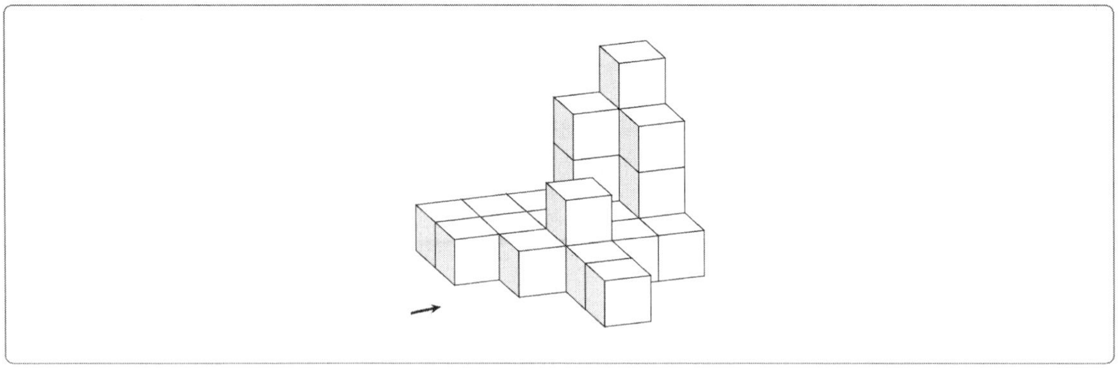

① 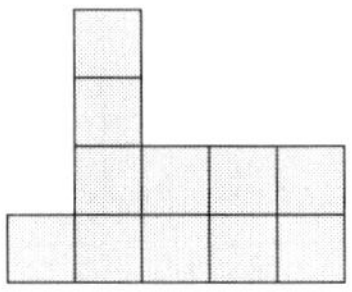

② 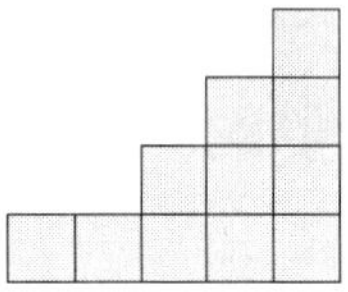

③ 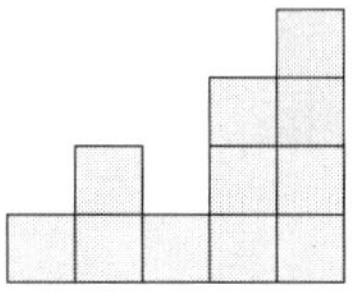

④ 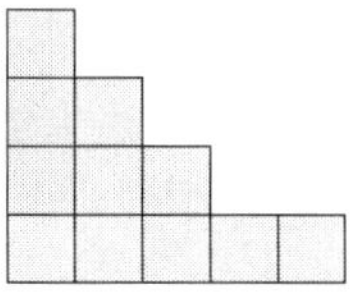

56

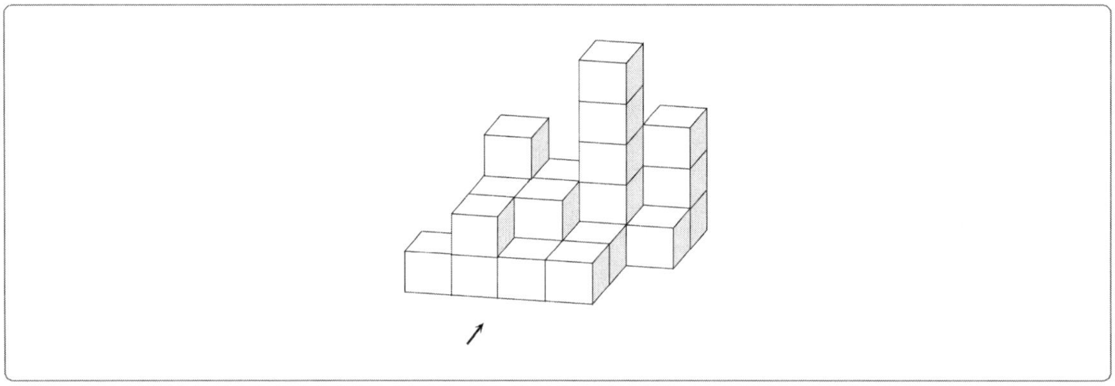

① 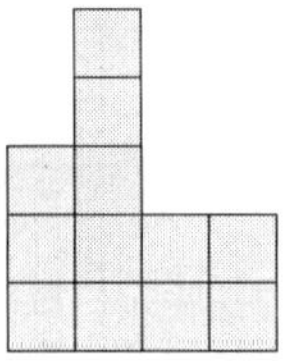

② 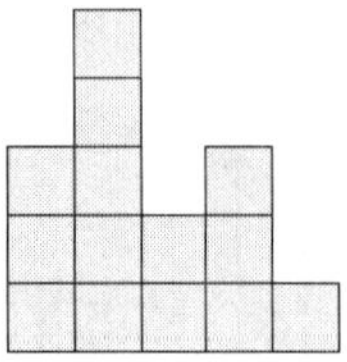

③ 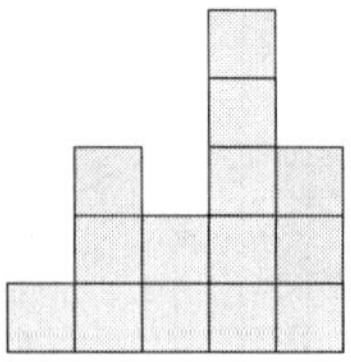

④ 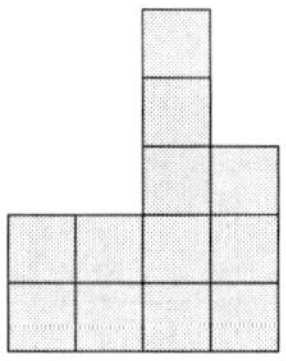

57

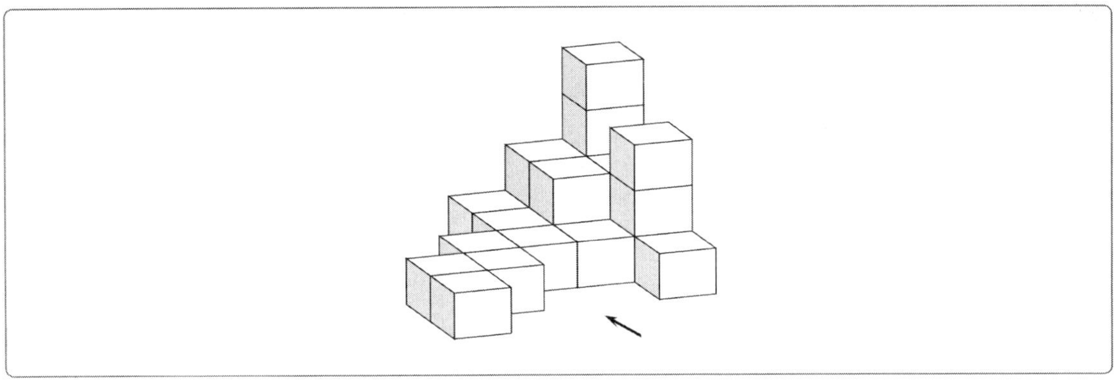

① 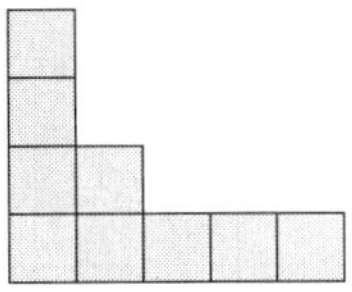

② 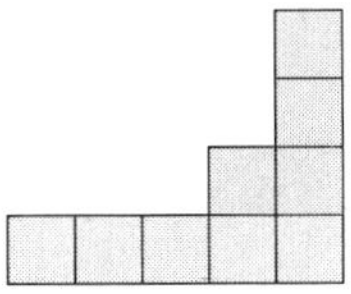

③ 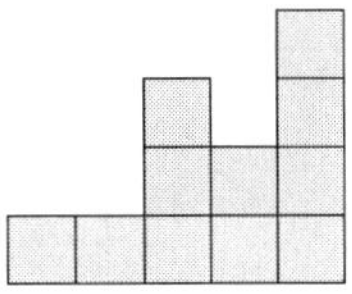

④ 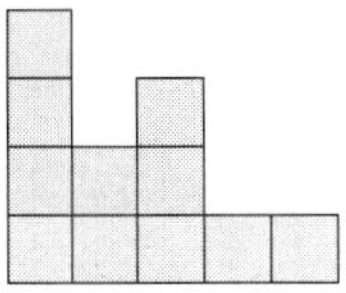

58

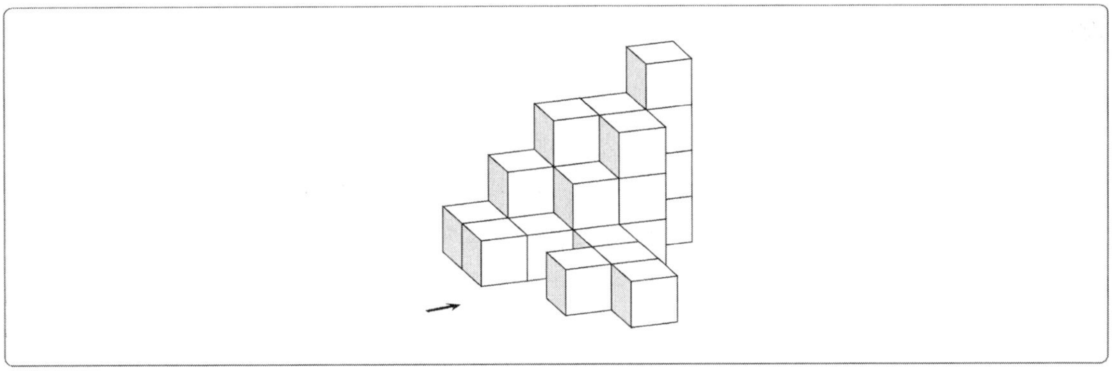

① 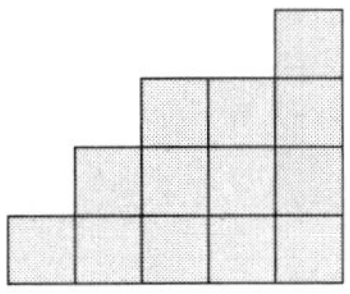

② 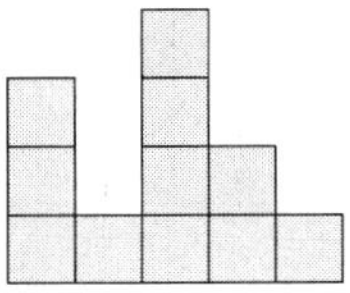

③ 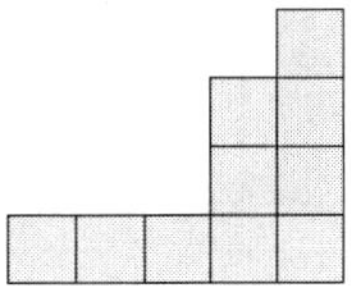

④ 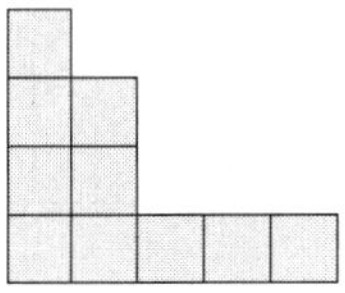

59

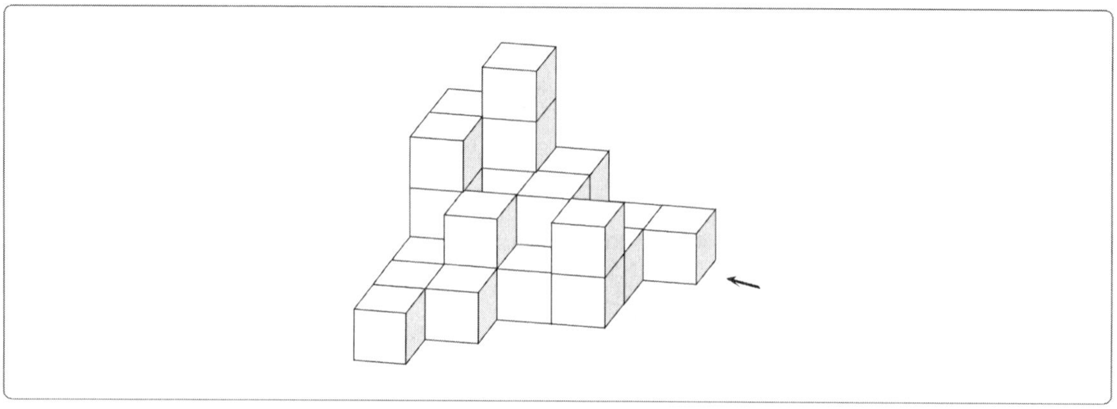

① 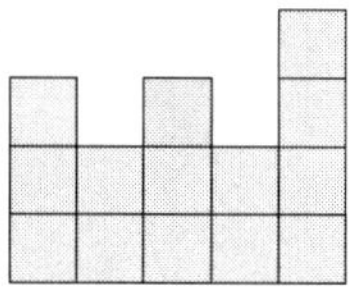 ② 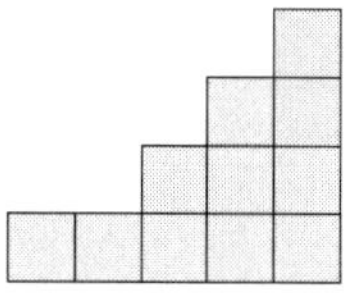 ③ 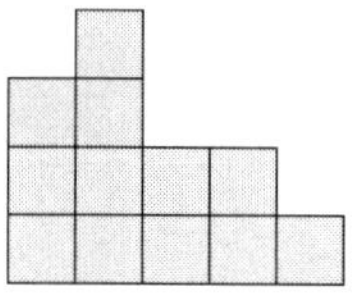 ④ 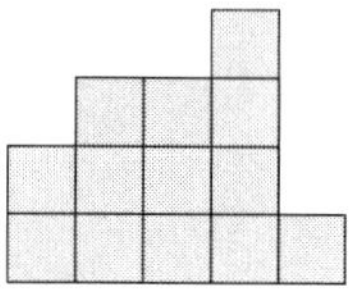

60

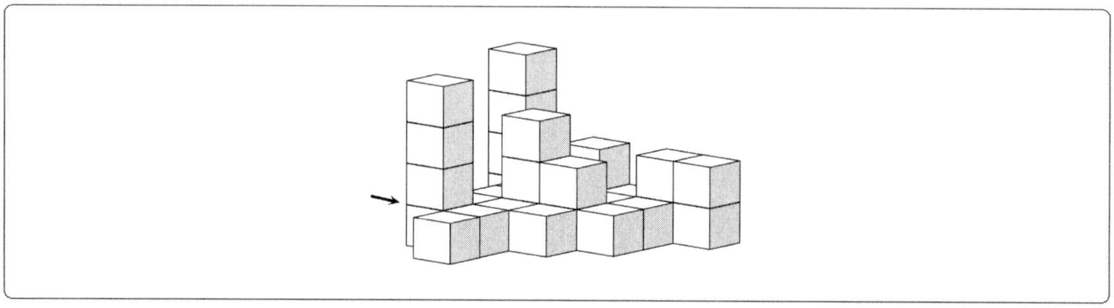

① 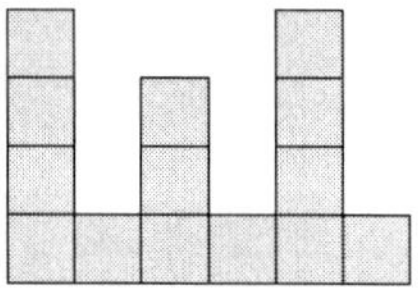 ② 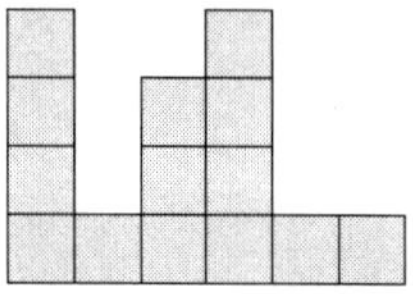 ③ 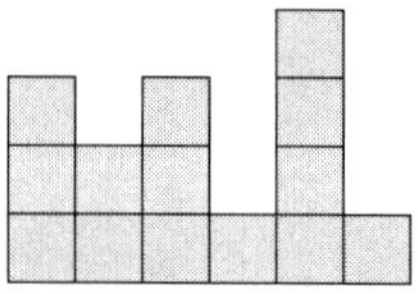 ④ 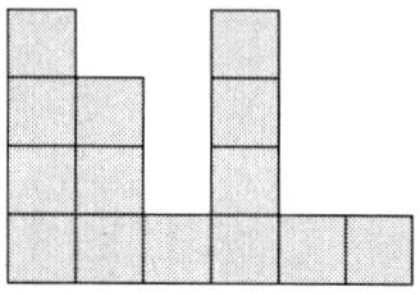

61

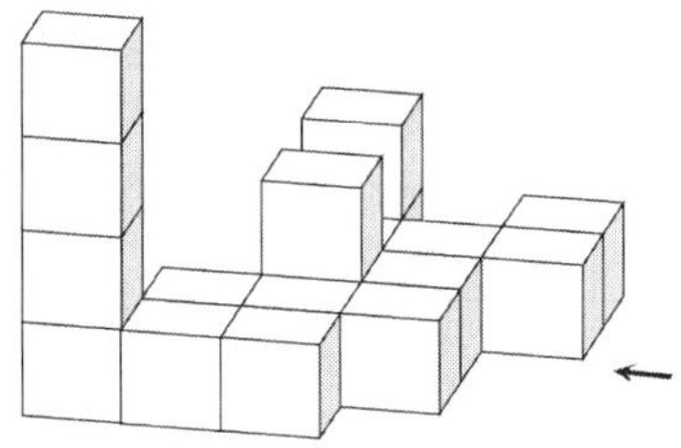

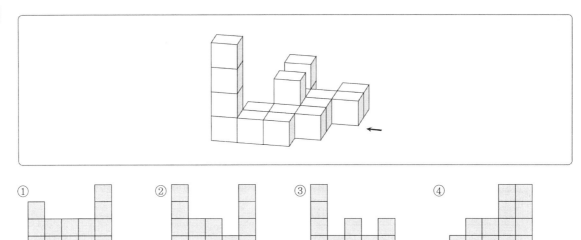

① 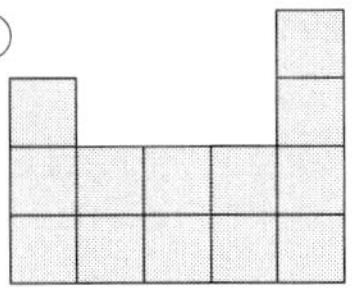 ② 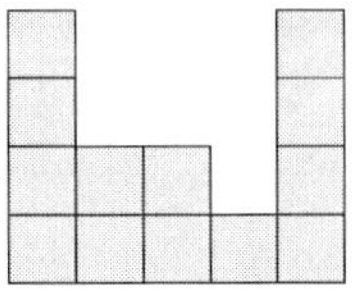 ③ 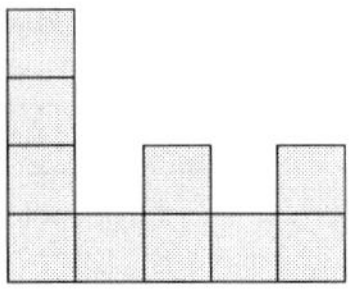 ④ 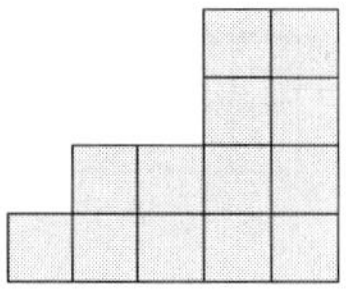

62

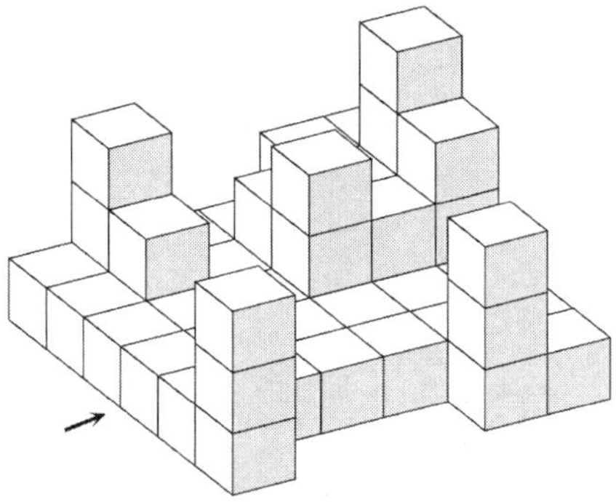

① 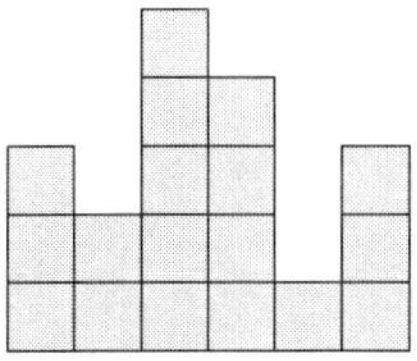 ② 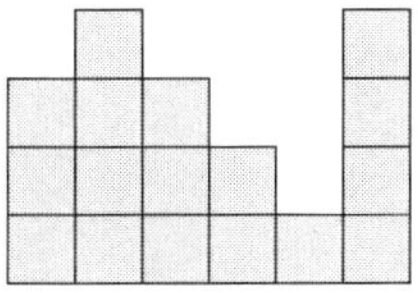 ③ 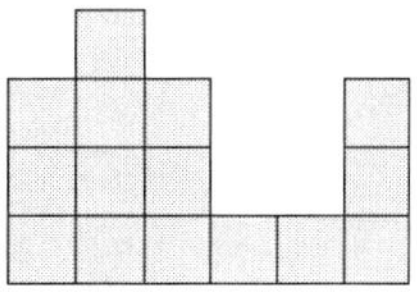 ④ 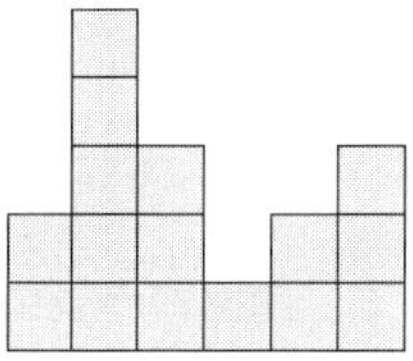

63

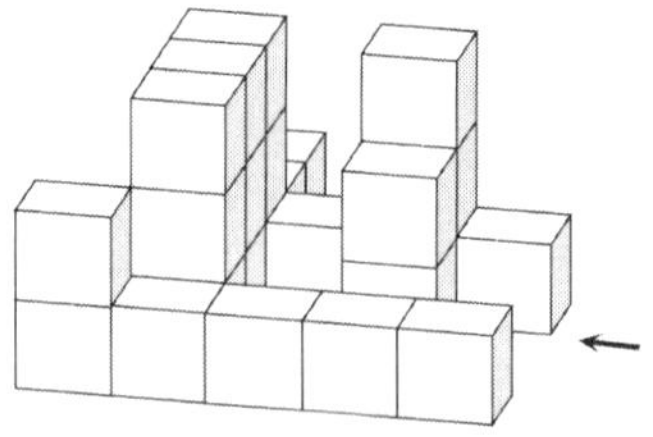

① 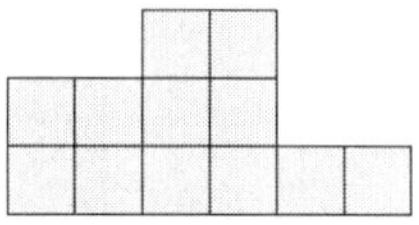 ② 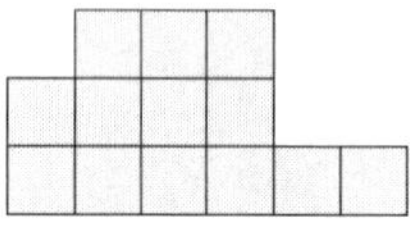 ③ 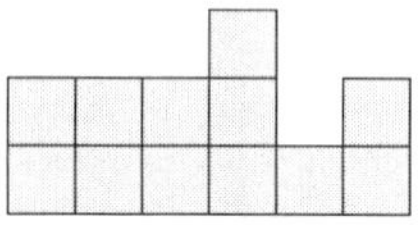 ④ 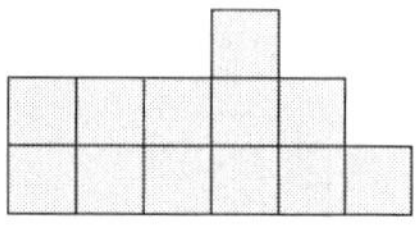

64

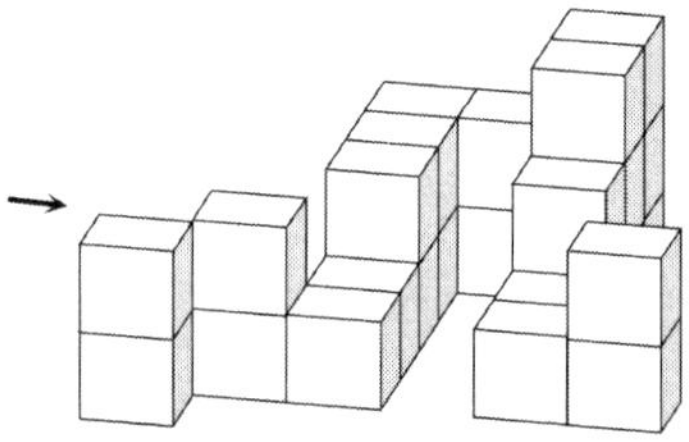

① 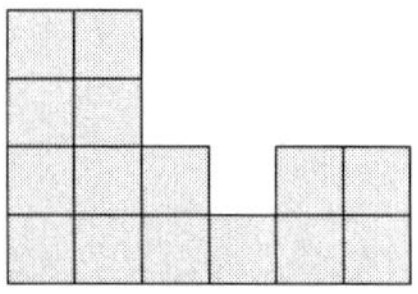 ② 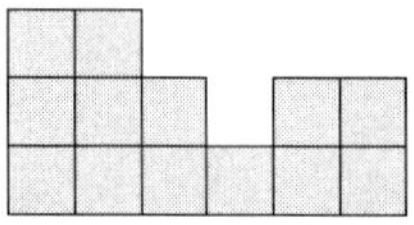 ③ 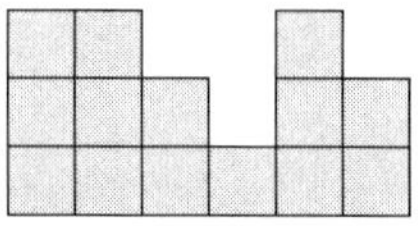 ④ 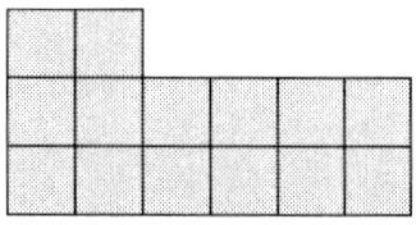

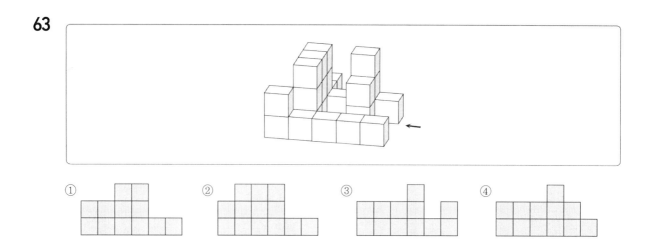

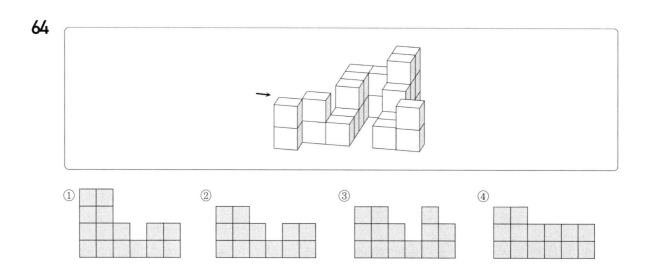

65

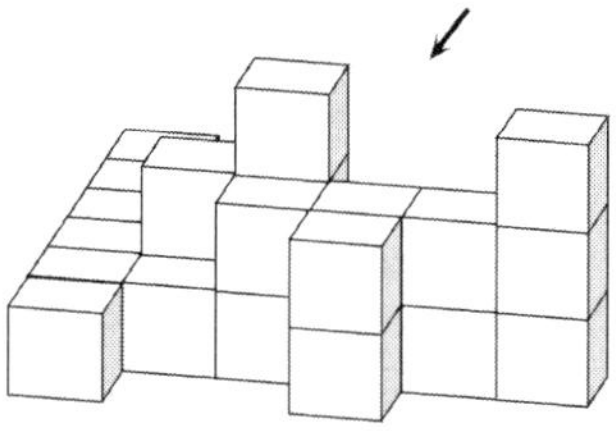

① 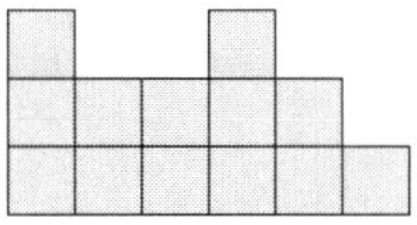

② 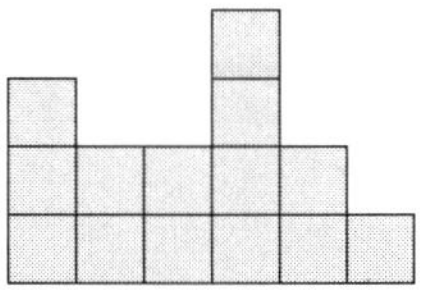

③ 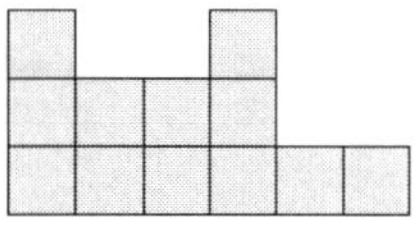

④ 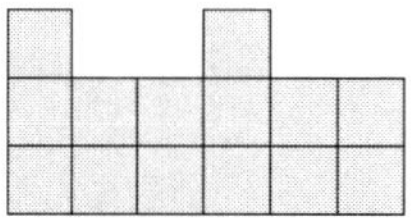

CHAPTER 02

지각속도

≫ 정답 및 해설 p.358

Ⓠ 다음 왼쪽과 오른쪽 기호, 문자, 숫자의 대응을 참고하여 각 문제의 대응이 같으면 '① 맞음'을 틀리면 '② 틀림'을 선택하시오. 【01~03】

오 – @	가 – %	른 – &	후 – #
위 – $	한 – ?	늘 – ※	나 – ≡

01 ≡ & ? @ # – 나 른 한 오 후 ① 맞음 ② 틀림

02 @ ※ ? ≡ & – 오 늘 한 가 위 ① 맞음 ② 틀림

03 # % ≡ $ ※ – 후 가 나 위 한 ① 맞음 ② 틀림

Ⓠ 다음 왼쪽과 오른쪽 기호, 문자, 숫자의 대응을 참고하여 각 문제의 대응이 같으면 '① 맞음'을 틀리면 '② 틀림'을 선택하시오. 【04~06】

겨 – ㉮	을 – ㉡	여 – ⓛ	꽃 – ⓔ	갸 – ㉦
봄 – ㉻	가 – ㉨	울 – ㉱	름 – ⓢ	붐 – ㉷

04 ㉻ ⓛ ⓢ ㉦ ㉡ – 봄 여 름 가 을 ① 맞음 ② 틀림

05 ㉮ ㉱ ⓔ ⓛ ㉻ – 겨 울 꽃 여 봄 ① 맞음 ② 틀림

06 ㉨ ⓛ ㉡ ㉷ ⓔ – 가 여 울 붐 꽃 ① 맞음 ② 틀림

Q 다음 왼쪽과 오른쪽 기호, 문자, 숫자의 대응을 참고하여 각 문제의 대응이 같으면 '① 맞음'을 틀리면 '② 틀림'을 선택하시오. 【07~09】

勿 – C	可 – B	句 – H	戍 – T
刀 – E	如 – R	戸 – P	助 – W

07 C R E P W – 勿 如 刀 戸 助 ① 맞음 ② 틀림

08 B H T W P – 可 句 刀 助 如 ① 맞음 ② 틀림

09 R H B E T – 如 句 可 刀 戍 ① 맞음 ② 틀림

Q 다음 왼쪽과 오른쪽 기호, 문자, 숫자의 대응을 참고하여 각 문제의 대응이 같으면 '① 맞음'을 틀리면 '② 틀림'을 선택하시오. 【10~12】

d – ☆	i – ◎	a – △	b – ♤	n – ★
l – ♧	o – ◉	g – ♡	t – ◈	f – ◇

10 ☆ ◎ △ ♧ ◉ – d a f l o ① 맞음 ② 틀림

11 ◈ △ ♤ ♡ ☆ – t a b d n ① 맞음 ② 틀림

12 ◈ ◎ ◉ ♧ △ – t i o l a ① 맞음 ② 틀림

Ⓠ 다음 왼쪽과 오른쪽 기호, 문자, 숫자의 대응을 참고하여 각 문제의 대응이 같으면 '① 맞음'을 틀리면 '② 틀림'을 선택하시오. 【13~15】

甲 - 7	乙 - 3	丙 - 1	丁 - 0	戊 - 9
己 - 5	庚 - 8	辛 - 4	壬 - 2	癸 - 6

13 4 8 0 2 1 - 辛 庚 丁 壬 丙　　① 맞음　② 틀림

14 1 2 3 4 5 - 丙 壬 乙 辛 己　　① 맞음　② 틀림

15 9 1 5 7 3 - 戊 丙 己 甲 辛　　① 맞음　② 틀림

Ⓠ 다음 왼쪽과 오른쪽 기호, 문자, 숫자의 대응을 참고하여 각 문제의 대응이 같으면 '① 맞음'을, 틀리면 '② 틀림'을 선택하시오. 【16~18】

◑ = 행	♥ = 보	○ = 군	▽ = 통	◎ = 병
◈ = 정	♧ = 급	★ = 부	▶ = 신	△ = 참

16 행 보 병 참 급 - ◑ ♥ ◎ △ ◈　　① 맞음　② 틀림

17 군 통 정 군 부 - ○ ▽ ◈ ○ ★　　① 맞음　② 틀림

18 병 정 행 신 보 - ◎ ◈ ◑ ▶ ♥　　① 맞음　② 틀림

Q 다음 왼쪽과 오른쪽 기호, 문자, 숫자의 대응을 참고하여 각 문제의 대응이 같으면 '① 맞음'을, 틀리면 '② 틀림'을 선택하시오. 【19~21】

1 = 템	3 = 룻	F = 랜	4 = 던	k = 전
h = 팀	T = 플	j = 덤	2 = 오	0 = 토

19 오 팀 플 랜 던 − 2 h T F 4 ① 맞음 ② 틀림

20 템 룻 전 토 덤 − 1 F k 0 j ① 맞음 ② 틀림

21 전 오 랜 덤 팀 − k 0 F j h ① 맞음 ② 틀림

Q 다음 왼쪽과 오른쪽 기호, 문자, 숫자의 대응을 참고하여 각 문제의 대응이 같으면 '① 맞음'을, 틀리면 '② 틀림'을 선택하시오. 【22~24】

あ − A	い − C	う − E	え − G	お − I
し − k	す − n	せ − p	そ − r	ん − t

22 G n p E r − え す せ う ん ① 맞음 ② 틀림

23 A t I C n − あ ん お い す ① 맞음 ② 틀림

24 k I r A t − し せ そ あ ん ① 맞음 ② 틀림

Q 다음 왼쪽과 오른쪽 기호, 문자, 숫자의 대응을 참고하여 각 문제의 대응이 같으면 '① 맞음'을, 틀리면 '② 틀림'을 선택하시오. 【25~27】

† = ㅜ	k = ㅠ	╳ = ㅗ	s = ㅇ	e = ㅛ
✚ = ㅟ	t = ㅋ	m = ㅚ	✖ = ㅕ	♓ = ㄴ

25 ㅠ ㅚ ㄴ ㅇ ㅕ – k m ♓ e ✖ ① 맞음 ② 틀림

26 ㅜ ㅟ ㅋ ㅚ ㅕ – † ✚ t m ✖ ① 맞음 ② 틀림

27 ㅋ ㅛ ㄴ ㅕ ㅗ – t e ♓ ╳ s ① 맞음 ② 틀림

Q 다음에서 각 문제의 왼쪽에 표시된 굵은 글씨체의 기호, 문자, 숫자의 개수를 모두 세어 보시오. 【28~43】

28 <u>◈</u> ▶♠♥◈♬♭☞╥♣◈❷☎¶∮∀◈◀▶℉ ① 1 ② 2 ③ 3 ④ 4

29 <u>교</u> 솔둥장디궁넹도조교리댜뢰외자더라타니카타 ① 1 ② 2 ③ 3 ④ 4

30 <u>7</u> 456528974643541321647985 ① 1 ② 2 ③ 3 ④ 4

31 <u>火</u> 秋花春風南美北西冬木日火水金 ① 1 ② 2 ③ 3 ④ 4

32 w when I am down and oh my soul so weary ① 1 ② 2 ③ 3 ④ 4

33 ♣ ☺◆↗⊙♡☆▽◁♧◑†♬♪▣♣ ① 1 ② 2 ③ 3 ④ 4

34 ㅾ ㅸ ㅹ ㅺㅫㅪㅬㅨ ㅦ ㅾ ㅻ ㅷ ㅳ ㅰ ㆄ ① 1 ② 2 ③ 3 ④ 4

35 Ⅻ iii iv Ⅰ vi Ⅳ Ⅻ i vii x viii Ⅴ ⅦⅧⅨ Ⅹ ⅪⅫ ix xi ii v ① 1 ② 2 ③ 3 ④ 4

36 ☆ ★○●★☆◇△▽△▲▼★◆◇※≠÷≥×★○ ① 0 ② 1 ③ 2 ④ 3

37 ㅁ 머루나비먹이무리만두먼지미리메리나루무림 ① 4 ② 5 ③ 7 ④ 9

38 4 GcAshH748vdafo25W641981 ① 0 ② 1 ③ 2 ④ 3

39 걽 갽겮걺게겙겗겔겕것겍겡겚겥겍걽걦 ① 0 ② 1 ③ 2 ④ 3

40 ㅇ 軍事法院은 戒嚴法에 따른 裁判權을 가진다. ① 0 ② 1 ③ 2 ④ 3

41 る ゆよるらろくぎつであぱるれわゐを ① 0 ② 1 ③ 2 ④ 3

42 ≒ ≦≇≍≠≏≁≄≕≗≙≓÷≲≓≑≔∺ ① 0 ② 1 ③ 2 ④ 3

43 ∌ ∪∬∈∄∌Σ∀∩∯≮∓∗∌∈△ ① 1 ② 2 ③ 3 ④ 4

Ⓠ 다음 왼쪽과 오른쪽 기호, 문자, 숫자의 대응을 참고하여 각 문제의 대응이 같으면 '① 맞음'을, 틀리면 '② 틀림'을 선택하시오. 【44~46】

Ⅸ = ㄷ	δ = ㅊ	Λ = 5	Ω = ㅌ	θ = ㅋ
λ = 7	Ψ = 4	Й = ㅁ	∝ = ㅂ	§ = 3

44 ㅁ 5 ㅊ ㅂ 3 − Й Λ δ ∝ § ① 맞음 ② 틀림

45 ㅊ ㅌ ㄷ ㅋ 4 − δ Ⅸ Ω θ Ψ ① 맞음 ② 틀림

46 ㅌ 4 ㅁ 3 ㅊ − Ω Ψ Й § δ ① 맞음 ② 틀림

Ⓠ 다음 왼쪽과 오른쪽 기호, 문자, 숫자의 대응을 참고하여 각 문제의 대응이 같으면 '① 맞음'을, 틀리면 '② 틀림'을 선택하시오. 【47~49】

예 = A	도 = S	글 = O	표 = G	해 = F
약 = D	유 = Q	높 = P	특 = W	활 = J

47 A D S O G − 예 약 글 도 표 ① 맞음 ② 틀림

48 D S P O Q − 약 도 높 글 유 ① 맞음 ② 틀림

49 F G J A S − 해 표 활 예 도 ① 맞음 ② 틀림

Q 다음 왼쪽과 오른쪽 기호, 문자, 숫자의 대응을 참고하여 각 문제의 대응이 같으면 '① 맞음'을, 틀리면 '② 틀림'을 선택하시오. 【50~52】

$x^2 = 2$	$k^2 = 3$	$l = 7$	$y = 8$	$z = 4$
$x = 6$	$z^2 = 0$	$y^2 = 1$	$l^2 = 9$	$k = 5$

50 2 0 9 5 4 − x^2 z^2 l^2 k z ① 맞음 ② 틀림

51 3 7 4 6 1 − k^2 l z x^2 y^2 ① 맞음 ② 틀림

52 8 1 5 2 0 − y y^2 k x z^2 ① 맞음 ② 틀림

Q 다음 왼쪽과 오른쪽 기호, 문자, 숫자의 대응을 참고하여 각 문제의 대응이 같으면 '① 맞음'을, 틀리면 '② 틀림'을 선택하시오. 【53~55】

iii = R	vi = ㄷ	xii = ㄴ	i = P	iv = T
vii = K	xi = ㅍ	v = W	ix = ㅊ	viii = Q

53 R ㄴ ㅊ Q T − iii xi ix vii iv ① 맞음 ② 틀림

54 ㄷ P W K ㄴ − vi i v vii xii ① 맞음 ② 틀림

55 P ㄷ ㅊ K ㅍ − i vi ix viii xi ① 맞음 ② 틀림

Q 다음 왼쪽과 오른쪽 기호, 문자, 숫자의 대응을 참고하여 각 문제의 대응이 같으면 '① 맞음'을, 틀리면 '② 틀림'을 선택하시오. 【56~58】

✏ = A	✂ = 4	👓 = J	🔔 = 8	📖 = C
🕯 = 3	☎ = R	✉ = 2	🗁 = Z	⌛ = 0

56 R 4 Z 0 A − ☎ ✂ 🗁 ⌛ 📖 　　① 맞음　② 틀림

57 C 3 4 2 J − 📖 🕯 ⌛ ✉ 👓 　　① 맞음　② 틀림

58 8 3 A R 2 − 🔔 ✉ ✏ ☎ 🕯 　　① 맞음　② 틀림

Q 다음에서 각 문제의 왼쪽에 표시된 굵은 글씨체의 기호, 문자, 숫자의 개수를 모두 세어 보시오. 【59~75】

59 ↗　　↙↘↖↙↘↖↗↙↖↘↙↖↘↗↙↗↘　　① 1　② 2　③ 3　④ 4

60 S　　ETWGEDSGSDGEYDFSGDDG　　① 1　② 2　③ 3　④ 4

61 x^2　　$x^3\,x^2\,z^7\,x^3\,z^6\,z^5\,x^4\,x^2\,x^9\,z^2\,z^1\,x^3$　　① 1　② 2　③ 3　④ 4

62 ㄹ　　두 쪽으로 깨뜨려져도 소리하지 않는 바위가 되리라.　　① 2　② 3　③ 4　④ 5

63 a　　Listen to the song here in my heart　　① 1　② 2　③ 3　④ 4

64 2 1005947862894862498249231486 7 ① 2 ② 4 ③ 6 ④ 8

65 東 一束車軍東海善美參三社會東申甲田束 ① 1 ② 2 ③ 3 ④ 4

66 솔 골돌몰볼톨홀솔돌촐롤졸콜홀볼골 ① 1 ② 2 ③ 3 ④ 4

67 ㅣ 군사기밀 보호조치를 하지 아니한 경우 2년 이하 징역 ① 3 ② 5 ③ 7 ④ 9

68 스 상미디아타가스테아우구스티투스생토귀스탱 ① 3 ② 4 ③ 5 ④ 6

69 m Ich liebe dich so wie du mich am abend ① 1 ② 2 ③ 3 ④ 4

70 9 95174628534319876519684 ① 1 ② 2 ③ 3 ④ 4

71 ■ ☆★○●◎◇◆□■△▲▽▼ ① 1 ② 2 ③ 3 ④ 4

72 ↘ ↙↗↘↗↘↙↗↘↕↑↗↖↘↓↖↓↔ ① 1 ② 2 ③ 3 ④ 4

73 낀 꽸꼽난납꾒꿈꿋꿁끝낑낀꾒 ① 1 ② 2 ③ 3 ④ 4

74 ㄶ ㄲㄸㄵㄶㄻㄼㄺㅃㅉㅀㄶㄶㄻㄼㄺ ① 1 ② 2 ③ 3 ④ 4

75 ㅓ ㅏㅙㅞㅣㅛㅝㅔㅜㅐㅒㅟㅗㅑ ① 0 ② 1 ③ 2 ④ 3

Q 다음 왼쪽과 오른쪽 기호, 문자, 숫자의 대응을 참고하여 각 문제의 대응이 같으면 '① 맞음'을 틀리면 '② 틀림'을 선택하시오. 【76~78】

비 – a	군 – b	가 – c	무 – d
지 – e	장 – f	대 – g	금 – h

76 a d f e g – 비 무 장 지 대 ① 맞음 ② 틀림

77 f a e g d – 장 비 군 무 대 ① 맞음 ② 틀림

78 c b f g h – 가 군 장 대 금 ① 맞음 ② 틀림

Q 다음 왼쪽과 오른쪽 기호, 문자, 숫자의 대응을 참고하여 각 문제의 대응이 같으면 '① 맞음'을 틀리면 '② 틀림'을 선택하시오. 【79~81】

강 – 8	친 – 2	육 – 1	구 – 7
한 – 6	군 – 3	사 – 9	이 – 4

79 8 6 1 3 9 – 강 한 육 군 사 ① 맞음 ② 틀림

80 2 8 1 7 4 9 – 친 한 친 구 사 이 ① 맞음 ② 틀림

81 8 3 9 7 1 – 강 군 사 구 육 ① 맞음 ② 틀림

Q 다음 왼쪽과 오른쪽 기호, 문자, 숫자의 대응을 참고하여 각 문제의 대응이 같으면 '① 맞음'을 틀리면 '② 틀림'을 선택하시오. 【82~85】

조 – ☎	구 – ☏	각 – ▤	꿈 – ▥	달 – ▦
금 – ♠	난 – ◆	배 – ♣	름 – ♥	춤 – ♬

82 ☎ ▤ ◆ ☏ ♥ – 조 각 난 구 름 ① 맞음 ② 틀림

83 ◆ ♣ ♥ ▥ ♠ – 난 배 름 꿈 금 ① 맞음 ② 틀림

84 ▤ ▦ ◆ ♥ ♬ – 각 꿈 구 름 춤 ① 맞음 ② 틀림

85 ☏ ♬ ▥ ♠ ♣ – 구 춤 꿈 배 금 ① 맞음 ② 틀림

CHAPTER

03 언어논리

≫ 정답 및 해설 p.369

Ⓠ 다음 빈칸에 들어갈 알맞은 단어를 고르시오. 【01～07】

01

보행 중에 스마트폰을 사용하는 것은 평소에 비해 시야 폭이 56%, 전방 주시율도 15% 가량 감소하여 사물을 인지하는 능력이 떨어지게 된다. 한 설문 조사에 따르면 전체 응답자 중 84%가 보행을 할 때 스마트폰 사용이 위험하다는 사실을 알고 있다고 응답하였지만, 보행 중에 스마트폰을 사용하는 사람은 꾸준히 늘어나고 있다. 따라서 보행 중에 스마트폰을 사용하는 사람들에 대한 (　　)가 시급하다.

① 제도
② 계도
③ 시도
④ 사도
⑤ 기도

02

인상은 (　　)을 통해 얻을 수 있는 감각이나 감정 등을 말하고, 관념은 인상을 머릿속에 떠올리는 것을 말한다. 가령, 혀로 소금의 '짠맛'을 느끼는 것은 인상이고, 머릿속으로 '짠맛'을 떠올리는 것은 관념이다.

① 영감
② 가감
③ 실감
④ 오감
⑤ 직감

03

정부의 지방분권 강화의 흐름은 에너지전환정책 측면에서도 매우 시의적절하다. 왜냐하면 현재 정부가 강력하게 (　) 중인 에너지전환정책의 성공 여부는 그 특성상 지자체의 협력에 달려 있기 때문이다.

① 경진
② 추진
③ 득진
④ 승진
⑤ 순진

04

> 신문에 실려 있는 사진은 기사의 사실성을 더해 주는 (   ) 수단으로 활용된다. 사진 없이 글로만 전할 때와 사진을 곁들여 전하는 경우에 기사에 대한 설득력과 신뢰성에 큰 차이가 발생한다. 이 경우 사진은 분명 좋은 의미에서의 영향력을 발휘한 경우에 해당할 것이다.

① 사조
② 건조
③ 구조
④ 보조
⑤ 신조

05

> 최근 대다수의 사람들이 경험, 치장 등의 소비에 대한 지출이 증가하고 있다. 연예인이나 인플루언서 등이 만들어내는 소비에 민감해지면서 옷, 장신구, 음식 등 유명인들이 경험하고 홍보하는 것들이 유행을 하지 않은 게 드물 정도다. 유행하는 것을 경험하지 않으면 뒤처지고 사회에서 (   )되는 것 같은 강박관념이 사람들을 짓누르고 있다.

① 소외
② 경외
③ 내외
④ 교외
⑤ 섭외

06

> 새로운 지식의 발견은 한 학문 분과 안에서만 영향을 끼치지 않는다. 가령 뇌 과학의 발전은 버츄얼 리얼리티라는 새로운 현상을 가능하게 하고 이것은 다시 영상공학의 발전으로 이어진다. 이것은 새로운 인지론의 발전을 (   )시키는 한편 다른 쪽에서는 신경경제학, 새로운 마케팅 기법의 발견 등으로 이어진다.

① 재발
② 촉발
③ 적발
④ 수발
⑤ 반발

07

> 새로운 기술이 개발되었다고 해도 빠른 시기에 복제나 다른 방법의 개발로 기술이 평준화된다. 신기술의 생명이 점점 짧아지는 것이 바로 이러한 (　　)를 반영한다. 이 말의 의미는 후발 기업이나 선진 기업의 기술 격차가 난다고 해도 그것을 따라가지 못할 정도는 아니라는 말이다. 지금의 차이도 시간의 문제일 뿐 곧 평준화가 되기 때문에 기술을 보유하지 않은 것으로 차별을 할 수 있는 시기는 지난 것이다.

① 열세
② 후세
③ 신세
④ 추세
⑤ 허세

08 아래의 (　　) 안에 들어갈 이음말을 바르게 배열한 것은?

> 공업화 과정이나 기타 경제 활동의 대부분은 욕망과 이성 두 가지로 충분히 설명될 수 있다. 하지만 그것만으로 자유민주주의를 향한 투쟁은 설명할 수 없다. 이는 인정받고자 하는 영혼의 패기 부분에서 궁극적으로 비롯되는 것이기 때문이다. 공업화의 진전에 따른 사회적 변화, 그 중에서도 보통교육의 보급은 가난하고 교육받지 못한 사람들에게 살아생전에는 느끼지 못했던 인정에 대한 욕망을 불러일으킨 것 같다. 만일 인간이 욕망과 이성뿐인 존재에 불과하다면 프랑코 정권하의 스페인, 또는 군사독재 시기의 한국이나 브라질 같은 시장경제 지향적인 권위주의 국가에서도 만족하며 살아갈 수 있을 것이다. (　　) 인간은 자기 자신의 가치에 대해 패기 넘치는 긍지를 갖고 있기 때문에 자신을 어린아이가 아닌 어른으로서 대해주는 정부, 자유로운 개인으로 자주성을 인정해주는 민주적인 정부를 원하게 된 것이다. 오늘날 공산주의가 자유민주주의로 교체되어가고 있는 것은 공산주의가 '인정'에 대한 중대한 결함을 내포한 통치형태라는 사실이 인식되었기 때문이다. 역사의 원동력인 인정을 받기 위한 욕망의 중요성을 이해함으로써 우리는 문화나 종교, 노동, 민족주의, 전쟁 등 우리에게 익숙한 여러 가지 현상을 재검토할 수 있게 된다. 예를 들면 종교를 믿는 사람은 특정한 신이나 신성한 관습에 대한 인정을 원한다. 민족주의자는 자신이 속해 있는 특정의 언어적, 문화적, 또는 민족적 집단 등을 인정받길 원한다. 그러나 이와 같은 인정의 형태는 모두가 자유국가에 대한 보편적 인정에 비해 합리성이 결여되어 있다. (　　) 그것은 성(聖)과 속(俗), 또는 인간 사회의 여러 집단에 대한 임의적 구분을 토대로 하고 있기 때문이다. 종교나 민족주의 또는 어떤 민족의 윤리적 습성과 관습의 혼합체 등이 전통적으로 민주주의적인 정치제도나 자유시장경제의 건설에 장애가 된다고 생각되는 이유도 여기에 있다.

① 또한 – 그리고
② 한편 – 그런데
③ 그리고 – 그런데
④ 그러나 – 왜냐하면
⑤ 왜냐하면 – 또한

Q 다음 밑줄 친 부분과 같은 의미로 사용된 것은? 【09~10】

09

> 복제는 텔레비전 내부에서만 일어나는 것이 아니라 문화 자본과 관련되는 모든 매체, 즉 인터넷, 영화, 인쇄 매체에서 동시적으로 나타나는 현상이기도 하다.

① 영희는 할아버지께 인사드리기 위해 자리에서 일어났다.
② 철수는 아침 운동을 가기 위해 새벽에 일찍 일어났다.
③ 길거리 한복판에서 싸움이 일어나 경찰들이 몰려왔다.
④ 학부모들이 학교 급식 위생 문제를 들고 일어났다.
⑤ 바다에서 파도가 일어나 민수에게 덮쳤다.

10

> 아침에 창문 틈 사이로 볕 들어오는 것이 느껴지면서 잠에서 깼다. 어두컴컴한 방 안에서 지내면서 해가 떠오르는지 지는지 느낄 수 없었다. 창밖에 세상은 뜨는 해처럼 활기차게 흘러가고 있다. 걸어가는 사람, 뛰어가는 사람, 통화하는 사람 등 다양한 사람들을 바라보면서 나 또한 저들 사이로 들어가고 싶어졌다.

① 꽃은 해가 잘 드는 데 심어야 한다.
② 이 나물 반찬도 좀 들어 보세요.
③ 새로 산 칼이 매우 잘 든다.
④ 올해 농사가 풍년이 들었다.
⑤ 가방을 들고 친구를 따라갔다.

11 다음 밑줄 친 단어와 문맥적 의미와 같은 것은?

> 온라인 게임, 컴퓨터 소프트웨어 프로그램 등이 잘 풀리지 않거나 이전 상태로 되돌아가고 싶을 때에는 언제든 버튼을 눌러 처음으로 돌아간다. 이러한 기능이 현실에서도 이것이 가능하다고 착각하는 증상을 '리셋 증후군'이라 한다. 이 증후군은 컴퓨터를 '리셋'하듯, 힘든 일에 부딪힐 때 책임감 없이 포기하거나 타인과의 관계를 쉽게 맺고 끊는 모습으로 나타난다. 뿐만 아니라 자신이 저지른 실수를 이전으로 쉽게 되돌아갈 수 있을 것이라고 믿기도 한다.

① 뜻밖에 목격자가 나타나면서 상황이 유리하게 흘러갔다.
② 그의 주장은 이 글에 잘 나타나 있다.
③ 굳은 의지가 결연한 표정에서 나타난다.
④ 약을 먹었더니 치료효과가 나타나는 듯하다.
⑤ 어릴 때부터 큰 인물이 될 징후가 나타나곤 했다.

12 다음 속담 중 반의어가 사용된 것은?

① 한 술 밥에 배부르랴.
② 지렁이도 밟으면 꿈틀한다.
③ 되로 주고 말로 받는다.
④ 좋은 약은 입에 쓰다.
⑤ 잘 자라는 나무는 떡잎부터 알아본다.

Q 다음 글을 읽고 순서에 맞게 논리적으로 배열한 것을 고르시오. 【13~15】

13

> ㉠ 또 미국은 무역 협정을 통해 의약품의 특허 기간을 늘렸고, 이를 다른 나라에도 적용하면서 의약품의 특허의 요건을 강화하려 하고 있다.
> ㉡ 다국적 제약사를 갖고 있는 미국에서는 지적재산권을 적극적으로 주장하는 핵심적인 이유도 이런 독점을 이용한 이윤 창출에 있다.
> ㉢ 이 이윤율의 크기는 의약품 특허에 따라 결정된다. 유효 특허기간에 상한을 두면서 발생한 독점적인 권리는 제약 산업에서 설정한 가격을 유지하게 한다.
> ㉣ 이를 위해 다국적 제약 회사와 해당 국가들은 지적재산권을 제도화하고 의약품 특허를 더욱 강화하고 있다.
> ㉤ 제약 산업은 1960년대 냉전 시대부터 지금까지 이윤율 1위를 유지하고 있는 고수익 산업이다. 냉전 시대에 제약 산업은 군수 산업보다 높은 이윤을 창출하였고, 신자유주의 시대인 현재에는 은행보다 더 높은 평균이윤율을 자랑하고 있다.

① ㉡－㉣－㉠－㉤－㉢
② ㉢－㉠－㉣－㉡－㉤
③ ㉢－㉣－㉡－㉠－㉤
④ ㉤－㉡－㉢－㉣－㉠
⑤ ㉤－㉢－㉡－㉣－㉠

14

㉠ 따라서 언론의 범죄 관련 보도는 범죄사실이 인정되는지 여부를 백지상태에서 판단하여야 할 법관이나 배심원들에게 유죄의 예단을 심어줄 우려가 있다.
㉡ 범죄 사건을 다루는 언론 보도의 대부분은 수사기관으로부터 얻은 정보에 근거하고 있고, 공소제기 전인 수사 단계에 집중되어 있다.
㉢ 이는 헌법상 적법절차 보장에 근거하여 공정한 형사재판을 받을 피고인의 권리를 침해할 위험이 있어 이를 제한할 필요성이 제기된다.
㉣ 하지만 보도 제한은 헌법에 보장된 표현의 자유에 대한 침해가 된다는 반론도 만만치 않다.
㉤ 실제로 피의자의 자백이나 전과, 거짓말탐지기 검사 결과 등에 관한 언론 보도는 유죄판단에 큰 영향을 미친다는 실증적 연구도 있다.

① ㉤ - ㉠ - ㉡ - ㉢ - ㉣
② ㉡ - ㉤ - ㉣ - ㉢ - ㉠
③ ㉡ - ㉠ - ㉤ - ㉣ - ㉢
④ ㉡ - ㉠ - ㉢ - ㉤ - ㉣
⑤ ㉤ - ㉡ - ㉠ - ㉢ - ㉣

15

㉠ 유럽에서 정당은 산업화시기에 노동과 자본 간의 갈등을 중심으로 다양한 사회 경제적 균열을 정치적으로 이용하여 유권자들을 조직하고 동원하였다.
㉡ 당의 정책과 후보를 당원 중심으로 결정하고, 당내 교육과정을 통해 정치 엘리트를 충원하며, 정치인들이 정부 내에서 강한 기율을 지니는 대중정당은 책임정당정부 이론을 뒷받침하는 대표적인 정당 모형이다.
㉢ 이 과정에서 정당은 당원을 중심으로 운영하는 구조를 지향하는 대중정당의 모습을 띠었다.
㉣ 이 이론에 따르면 정치에 참여하는 각각의 정당은 자신을 지지하는 계급과 계층을 대표하고, 정부 내에서 정책 결정 및 집행 과정을 주도하며, 다음 선거에서 그 결과에 대해 책임을 진다.
㉤ 대의민주주의에서 정당의 역할에 대한 대표적인 설명은 책임정당정부 이론이다.

① ㉤ - ㉣ - ㉢ - ㉡ - ㉠
② ㉤ - ㉣ - ㉠ - ㉢ - ㉡
③ ㉤ - ㉠ - ㉡ - ㉢ - ㉣
④ ㉠ - ㉡ - ㉣ - ㉢ - ㉤
⑤ ㉠ - ㉢ - ㉡ - ㉤ - ㉣

16 다음 제시된 글의 다음에 올 문장의 배열이 차례로 나열된 것은?

> 자료조사를 하고 글을 쓰는 것이야말로 대학교육에서 가장 중요한 부분이라고 생각한다. 인터뷰에서 '자료조사'와 '글쓰기'를 대학교육에서 가장 중요한 기술이라고 선택한 이유는 다음과 같다.

㉠ 조사하고 글을 쓰는 것은 중요한 기술이지만, 그것을 대학교육 과정에서 조직적으로 가르치는 장면은 보기 힘들다. 이것은 대학교육의 거대한 결함이라고 할 수 있다. 물론 자료를 조사하고 글을 쓴다는 것은 쉽게 다른 사람에게 가르칠 수 있는 부분이 아니다. 이론을 강의하는 것만으로는 글을 쓰는 기술을 가르칠 수 없으며 OJT(현장교육)가 필요하다.

㉡ 자료조사와 글쓰기를 대학교육의 중요 기술로 선택한 이유는 학생에게 조사하는 것과 글을 쓰는 것은 더욱 중요하게 여겨질 지적 능력이기 때문이다. 조사하고 글을 쓰는 것은 기자나 에디터들 등에게만 국한되어 필요한 능력이 아니다. 자료조사를 하는 것이나 글쓰기는 현대 사회의 거의 모든 지적 직업에서 일생 동안 필요한 능력이 될 것이다. 정치인, 금융인, 정치인, 인플루언서, 마케터, 노동자 등 대부분의 직업군에서 자료를 조사하는 것과 글을 쓰는 것에 많은 시간을 할애하게 될 것이다. 근대 사회는 모든 측면에서 기본적으로 문서화시키는 것으로 조직되어 있기 때문이다.

㉢ 무엇인가를 전달하는 문장은 우선 이론적이어야 한다. 그러나 이론에는 작성한 이론에는 부연설명이나 조사내용이 수반되어 촘촘하게 작성해야 한다. 이론보다 증거가 더 중요한 것이다. 이론을 세우는 쪽은 머릿속의 작업으로 끝낼 수 있지만, 조사한 내용이 들어간 콘텐츠에는 신빙성 있는 곳에서 자료를 수집 · 조사하여 가져와야 한다. 좋은 콘텐츠에 필요한 것은 자료가 되는 정보이다. 따라서 글을 쓸 때에는 촘촘하게 조사를 하는 과정이 반드시 필요하다.

㉣ 인재를 동원하고, 조직을 활용하고, 홍보하거나, 사회를 움직일 생각이라면 좋은 문장을 작성할 수 있어야 한다. 좋은 문장이란 명문만을 가리키는 것이 아닌 전달하는 사람의 뜻을 분명하게 이해시킬 수 있는 문장이어야 한다. 문장을 쓴다는 것은 무엇인가를 전달한다는 것이므로 자신이 전달하려는 내용이 그 문장을 읽은 사람에게 분명하게 전달되어야 한다.

① ㉠ - ㉡ - ㉢ - ㉣
② ㉡ - ㉣ - ㉢ - ㉠
③ ㉢ - ㉡ - ㉠ - ㉣
④ ㉣ - ㉢ - ㉠ - ㉡
⑤ ㉣ - ㉡ - ㉡ - ㉠

Ⓠ 다음 제시된 단어와 유사한 의미를 가진 단어를 고르시오. 【17~21】

17

활략

① 소홀
② 활력
③ 계략
④ 평안
⑤ 계측

18

유면(宥免)

① 포섭
② 무례
③ 용서
④ 빙자
⑤ 선결

19

경시

① 확신
② 무시
③ 중시
④ 여유
⑤ 정직

20

쇠퇴

① 번창
② 흥기
③ 흥성
④ 소침
⑤ 정진

21

도외시

① 도회처
② 외곽
③ 관찰
④ 성시
⑤ 회피

Q 다음 제시된 단어와 의미가 상반된 것을 고르시오. 【22~24】

22

배격

① 수용
② 배척
③ 타격
④ 해량
⑤ 선결

23

해후

① 갱봉
② 이별
③ 상견
④ 대면
⑤ 회포

24

태타

① 근면
② 나태
③ 굴복
④ 경솔
⑤ 태자

25 ㉠~㉤ 중 글의 흐름으로 볼 때 삭제해도 되는 문장은?

> ㉠ 영어 공부를 오랜만에 하는 분이나 회화를 체계적으로 연습한 적이 없는 분들을 위한 기초 영어회화 교재가 출간되었습니다. ㉡ 책에 수록된 다방면으로 활용할 수 있는 기본 문장을 익히신 후에 문장을 반복적으로 읽고 외우면서 회화를 익히십시오. ㉢ 이 책은 우선 머뭇거리지 않고 첫 단어를 말할 수 있게 입을 터줄 수 있는 훈련법을 제시합니다. ㉣ 언어장애인을 치료하고 연구하는 권위 있는 의사는 말하기 훈련을 하는 것이 언어치료에 효과가 있다고 밝혔습니다. ㉤ 또한 이 교재는 원어민들이 즐겨 쓰는 쉬운 관용구가 함께 수록되어 있기 때문에 영어 공부의 재미와 능률을 높여줄 것입니다. 책을 보는 것만으로 기본적인 회화는 완성될 수 있도록 구성하였습니다.

① ㉠
② ㉡
③ ㉢
④ ㉣
⑤ ㉤

26 다음 글에서 아래의 주어진 문장이 들어가기에 가장 알맞은 곳은?

> 열려 있으면서도 닫혀 있는 가위의 존재 때문에 주먹과 보자기의 이항 대립세계에 새로운 생기와 긴장감이 생겨난다.

> 주먹과 손바닥으로 상징되는 이항 대립 체계는 서구 문화의 뿌리를 이루고 있는 기본 체계이다. ㈎ 그러니까 서양에는 이항 대립의 중간항인 가위가 결핍되어 있었던 것이다. 주먹과 보자기만 있는 대립항에서는 어떤 새로운 변화도 일어나지 않는다. ㈏ 항상 이기는 보자기와 지는 주먹의 대립만이 존재한다. 서양에도 가위바위보와 같은 민속놀이가 있긴 하지만 그것은 동아시아에서 들어온 것이라고 한다. ㈐ 그들은 가위바위보 놀이를 들여옴으로써 서양 문화가 논리적 배중률이니 모순율이기에 배제하려고 했던 가위의 힘, 말하자면 세 손가락은 닫혀 있고 두 손가락은 펴 있는 양쪽의 성질을 모두 갖춘 중간항을 발견하였다. ㈑ 주먹은 가위를 이기고 가위는 보자기를 이기며 보자기는 주먹을 이기는, 그 어느 것도 정상에 이를 수 없으며 그 어느 것도 밑바닥에 깔리지 않는 서열 없는 관계가 형성되는 것이다. ㈒

① ㈎
② ㈏
③ ㈐
④ ㈑
⑤ ㈒

27 다음 글에 이어질 내용으로 부적합한 것은?

> 인간은 흔히 자기 뇌의 10%도 쓰지 못하고 죽는다고 한다. 천재 과학자인 아인슈타인조차 자기 뇌의 15% 이상을 쓰지 못했다는 말에 이 주장이 신빙성을 더한다. 이 주장을 처음 제기한 사람은 19세기 심리학자인 윌리암 제임스로 추정된다. 그는 "보통 사람은 뇌의 10%를 사용하는데 천재는 15~20%를 사용한다."라고 말한 바 있다. 인류학자 마가렛 미드는 한발 더 나아가 그 비율이 10%가 아니라 6%라고 수정했다. 그러던 것이 1990년대에 와서는 인간이 두뇌를 단지 1% 이하로 활용하고 있다고 했다. 최근에는 인간의 두뇌 활용도가 단지 0.1%에 불과해서 자신의 재능을 사장시키고 있다는 연구 결과도 제기되었다.

① 인간의 두뇌가 가진 능력을 제대로 발휘하지 못하도록 하는 요소를 연구해야 한다.
② 어른들도 계속적인 연구와 노력을 통하여 자신의 능력을 충분히 발휘할 수 있도록 해야 한다.
③ 학교는 자라나는 학생이 재능을 발휘할 수 있도록 여건을 조성해 주어야 한다.
④ 인간의 두뇌 개발을 촉진시킬 수 있는 프로그램을 개발해야 한다.
⑤ 어린 시절부터 개성 있는 인간으로 성장할 수 있도록 조기교육을 실시해야 한다.

28 다음 글의 내용과 일치하는 것은?

'중심 문화'와 '주변 문화'라는 비대칭적인 양분의 논리 속에서, 유목기마민족의 역사와 문명은 주변 문화에 속하여 소외당해 온 것은 분명 문명사 연구의 한 오점이다. 왜냐하면 그들은 고대문명을 응징하기 위해 파견된 신의 채찍으로 역사의 그물을 찢고 인류 문명의 한 수레바퀴를 떠밀어 온 위대한 민족들이기 때문이다. 따라서 문명교류에 미친 영향을 비롯해 그들의 역사와 문명을 제대로 복원하는 것은 미룰 수 없는 중요한 문명사적 과제이다.

지금으로부터 약 1만～7천 년 전 신생대 제4기 충적세에 들어와서 북방 유라시아에 동서로 긴 지리대가 네 개 형성되었다. 북극해에 면한 동토대와 그 이남의 침엽수림대, 북위 50도 부근의 초원 지대, 그리고 북위 40도 부근의 사막 지대이다. 이 중에서 초원 지대와 사막 지대는 대규모의 관개수리가 요구되므로 자연 농경은 거의 불가능하다. 그리하여 생계의 유일한 수단은 가축을 기르는 축산업이다. 그런데 축산은 목초가 필요하고, 인간이나 가축의 생명 유지는 수원(水源)이 필수이다. 게다가 계절의 변화는 인간이나 가축의 이동을 유발한다. 그 결과 수원이나 목초를 따라, 그리고 계절의 변화에 적응하기 위해 부단히 이동하고 순회하게 된다. 이렇게 가축을 사양하면서 수초를 찾아 가재와 함께 주거지나 활동지를 옮기는 사람들을 통칭 유목민이라 한다. 경제적 관점에서 볼 때 유목은 광역적 이동 목축의 주요 행위이며, 성원 대다수가 주기적 목축 이동에 참여하는 특유한 형태의 식량생산 경제라고 말할 수 있다.

① 유목기마민족은 주변 문화로 문명교류에 영향을 미치지 않았다.
② 초원 지대에서 자연 농경이 거의 불가능한 것은 농업용수의 부족 때문이다.
③ 사막 지대에서 인간이나 가축이 이동해야 하는 문제와 계절과는 무관하다.
④ 가축을 기르면서 한 곳에 정착한 사람들을 유목민이라 부른다.
⑤ 유목인 집단에서는 구성원의 일부만 주기적인 이동에 참여한다.

Q 다음 제시된 문장의 밑줄 친 부분과 같은 의미로 쓰인 것을 고르시오. 【29~30】

29

> 어렵사리 책을 손에 넣었다.

① 장사꾼의 손에서 놀아났다.
② 범인은 경찰의 손이 닿지 않는 곳으로 도망갔다.
③ 식사 전에는 반드시 손을 씻어야 한다.
④ 김장철에는 손이 많이 달린다.
⑤ 프로포즈를 받아 손에 반지를 꼈다.

30

> 길을 가다가 우연히 학창시절 친구와 만났다.

① 동생을 만나러 역으로 나가는 길이다.
② 퇴근길에 갑자기 소나기를 만났다.
③ 깐깐한 상사를 만나 일을 하는데 고생을 한다.
④ 이 길로 직진해서 가다보면 고속도로와 만난다.
⑤ 책을 보면서 나의 어린 시절을 만나게 되었다.

Q 다음 제시된 문장의 밑줄 친 부분과 다른 의미로 쓰인 것을 고르시오. 【31~32】

31

> 편의를 위해서 지켜야 할 규칙을 무시한다면 대참사의 비극을 낳을 것이다.

① 열심히 노력한다면 좋은 결과를 낳는다.
② 약속을 이행하지 않는 모습이 불신을 낳아 협력관계가 흔들리고 말았다.
③ IT 사업분야는 많은 이익을 낳는 유망 사업이다.
④ 그의 행색이 남루해도 몸에 밴 어떤 위엄이 그런 추측을 낳은 것이다.
⑤ 그는 우리나라에서 낳은 천재적인 피아니스트이다.

32

> 그는 보는 눈이 정확하다.

① 어두운 곳에서 책을 자주 보면 눈이 나빠져서 안경을 써야한다.
② 내 눈에는 건물의 골조가 튼튼하지 않은 것으로 보인다.
③ 유권자의 현명한 눈을 흐리려는 행위는 완전히 근절되어야 한다.
④ 이 책은 세계화를 보는 다양한 눈을 제공한다.
⑤ 친구의 눈에는 이 물건에 단점이 보이지 않는 것 같다.

Q 다음에 제시된 문장의 밑줄 친 부분과 의미가 가장 다른 것을 고르시오. 【33~34】

33 ① 자정이 되어서야 목적지에 이르다.

② 오랜 회의 끝에 결론에 이르다.

③ 바늘에서부터 컴퓨터에 이르기까지 철이 들어가지 않는 산업을 찾기 어렵다.

④ 이 지경에 이르러서야 사태를 파악했다.

⑤ 오랜 기간 활동한 예술가의 예술성이 완성의 단계에 이르렀다.

34 ① 이 한약재는 소화를 돕는다.

② 민수는 물에 빠진 사람을 도왔다.

③ 불우이웃을 돕다.

④ 태풍으로 인하여 발생한 수천 명의 수재민을 돕기 위해 정부가 나섰다.

⑤ 어려운 생계를 돕기 위해 아르바이트를 했다.

Q 다음 문장을 읽고 전체의 뜻이 가장 잘 통하도록 (   ) 안에 가장 적합한 단어를 고르시오. 【35~36】

35

오이 알레르기가 있는 정수는 오이가 들어간 김밥을 (   ) 먹을 수가 없었다.

① 게다가　　② 도저히

③ 마침내　　④ 한껏

⑤ 기꺼이

36

> 우리의 공간은 태초부터 존재해 온 기본 값으로서 3차원으로 비어 있다. 우리가 일상 속에서 생활하는 거리나 광장의 공간이나 우주의 비어 있는 공간은 똑같은 공간이다. 우리가 흐린 날 하늘을 바라보면 검은색으로 깊이감이 없어 보인다. 마찬가지로 우주왕복선에서 찍은 사진 속의 우주 공간도 무한한 공간이지만 실제로는 잘 인식이 되지 않는다. (　　) 거기에 별과 달이 보이기 시작하면 공간감이 생겨나기 시작한다. 이를 미루어 보아 공간은 인식 불가능하지만 그 공간에 물질이 생성되고 태양빛이 그 물질을 때리게 되고 특정한 파장의 빛만 반사되어 우리 눈에 들어오게 되면서 공간은 인식되기 시작한다는 것을 알 수 있다.

① 하지만
② 그러면
③ 예를 들어
④ 왜냐하면
⑤ 또는

37 **다음 설명에 해당하는 단어는?**

> 고기나 생선, 채소 따위를 양념하여 국물이 거의 없게 바짝 끓이다.

① 달이다
② 줄이다
③ 조리다
④ 말리다
⑤ 졸이다

38 다음 글에 대한 설명으로 옳은 것은?

> ㉠ 인간이 말초신경에서 감각을 느끼면 뉴런을 통해서 뇌로 전달이 된다. 뇌에 전달된 감각은 연합뉴런을 통해 말초신경과 전류의 형태로 소통을 정보를 전달한다. 뉴런을 연결하는 시냅스에서는 전달받은 전기신호를 화학물질로 변환하여 정보를 전달하면서 활동전위를 만들어 전기장을 발생시킨다. ㉡ 이러한 뇌의 신호를 디지털 신호로 변환하는 기술이 BCI(Brain Computer Interface)기술이다. 뇌에서 발생한 신호를 다른 장치로 가져와 인간이 하고자 하는 생각을 파악하여 기계를 조종하는 것이다. ㉢ 이 기술을 장애 등을 가진 환자에게 연결하여 도울 수 있다. 생각대로 로봇을 조종하거나, 절단된 신체부위에 이식 로봇을 이식하여 실제 신체처럼 이용하거나, 원하는 곳으로 이동하는 휠체어 등 신체적 제약에서 벗어날 수 있는 기술이다. ㉣ 뇌에서 보내는 신호를 정확하게 파악하기 위해 두개골을 뚫어 장치와 연결하는 연구까지 확장되면서 사람을 대상으로 임상시험까지 진행되고 있다. ㉤ 뇌조직 손상, 실시간 데이터 수용 등 실용화에는 아직 많은 한계가 존재하고 있지만 시장 규모가 점차 커지고 있는 추세이다.

① ㉠은 이 글의 주제이다.
② ㉡은 기술에 대한 정의이다.
③ ㉡과 ㉢은 전환관계에 하당한다.
④ ㉣은 ㉤에 대한 이유를 제시한 문장이다.
⑤ ㉤은 전체 내용에 대한 예시이다.

Q 문맥상 (　) 안에 들어갈 내용으로 적절한 것을 고르시오. 【39~40】

39

> 인류 종교사에 나타나는 종교적 신념 체계는 다양한 유형으로 나타난다. 유형 간의 관계를 균형 있게 이해할 때 시대정신과 신념 체계와의 관계를 구조적으로 밝힐 수 있다. 유형 중에 하나인 기복형은 그 관심이 질병이나 재앙과 같은 현세의 사건을 구체적으로 해결해 보려는 행위로 나타나기 때문에 사유 체계에서는 삶의 이상이 바로 현세적 조건에 놓여진다. (　　　　　　　　　　　　) 따라서 기복 행위는 비록 내세의 일을 빈다 할지라도 내세의 이상적 조건을 현세의 조건에서 유추한다. 이와 같은 기복사상은 현세적 삶의 조건을 확보하고 유지하는 것을 중심 과제로 여기기 때문에 철저히 현실 조건과 사회 질서를 유지하려는 경향이 강하다. 이 때문에 주술적 기복 행위는 근본적으로 이기적 성격을 지니며 행위자의 내면적 덕성의 함양은 그 관심 밖에 머무는 것이다.

① 보이지 않는 진리를 추구하기 위해 노력한다.
② 내세의 일을 더 중시여기는 경향이 있다.
③ 현세의 조건들이 모두 충족된 삶은 가장 바람직한 이상적 삶이 되는 것이다.
④ 가장 이상적인 삶은 내면의 선함을 추구하며 사는 것이다.
⑤ 자아성찰을 통해 나 자신을 알아가는 것만이 이상적인 것이다.

40

> (　　　　　　　　　　　　　　　　　　　) 동일곡이지만 템포의 기준을 어떻게 잡아서 재현해 내느냐에 따라서 그 음악의 악상은 달라진다. 그런데 이처럼 중요한 템포의 인지 감각도 문화권에 따라, 혹은 민족에 따라서 상이할 수 있으니, 동일한 속도의 음악을 듣고도 누구는 빠르게 느끼는 데 비해서 누구는 느린 것으로 인지하는 것이다. 결국 문화권에 따라서 템포의 인지 감각이 다를 수도 있다는 사실은 바꿔 말해서 서로 문화적 배경이 다르면 사람에 따라 적절하다고 생각하는 모데라토의 템포도 큰 차이가 있을 수 있다는 말과 같다.

① 음악은 문화적 배경의 영향을 받지 않는다.
② 동서양의 음악은 차이가 없다.
③ 템포의 인지 감각은 모든 사람이 동일하다.
④ 음악에서 템포의 완급은 대단히 중요하다.
⑤ 음악은 문화적 이질감을 뛰어넘는 힘이 있다.

41 **다음의 '미봉(彌縫)'과 의미가 통하는 한자성어는?**

> 이번 폭우로 인한 수해는 30년 된 매뉴얼에 의한 안일한 대처로 피해를 키운 인재(人災)라는 논란이 있다. 하지만 이번에도 정치권에서는 근본 대책을 세우기보다 특별재난지역을 선포하는 선에서 적당히 '미봉(彌縫)'하고 넘어갈 가능성이 크다.

① 이심전심(以心傳心)
② 괄목상대(刮目相對)
③ 임시방편(臨時方便)
④ 주도면밀(周到綿密)
⑤ 청산유수(靑山流水)

42 다음의 밑줄 친 내용과 의미가 통하는 고서성어는?

> '천릿길도 한걸음부터'라는 속담이 있다. 산 정상에 오르기 위해서는 낮은 곳에서부터 순서대로 올라야 한다. 모든 일에는 순서에 맞는 기본에서부터 시작해야 한다. 지탱해주는 뿌리가 탄탄해야 변화에도 빠르게 적응할 수 있다.

① 지록위마(指鹿爲馬)
② 온고지신(溫故知新)
③ 부화뇌동(附和雷同)
④ 등고자비(登高自卑)
⑤ 마부위침(磨斧爲針)

43 아래의 내용과 일치하는 것은?

> 어떤 식물이나 동물, 미생물이 한 종류씩만 있다고 할 때, 즉 종이 다양하지 않을 때는 곧바로 문제가 발생한다. 생산하는 생물, 소비하는 생물, 분해하는 생물이 한 가지씩만 있다고 생각해보자. 혹시 사고라도 생겨 생산하는 생물이 멸종하면 그것을 소비하는 생물이 먹을 것이 없어지게 된다. 즉, 생태계 내에서 일어나는 역할 분담에 문제가 생기는 것이다. 박테리아는 여러 종류가 있기 때문에 어느 한 종류가 없어져도 다른 종류가 곧 그 역할을 대체한다. 그래서 분해 작용은 계속되는 것이다. 즉, 여러 종류가 있으면 어느 한 종이 없어지더라도 전체 계에서는 이 종이 맡았던 역할이 없어지지 않도록 균형을 이루게 된다.

① 생물 종의 다양성이 유지되어야 생태계가 안정된다.
② 생태계는 생물과 환경으로 이루어진 인위적 단위이다.
③ 생태계의 규모가 커질수록 희귀종의 중요성도 커진다.
④ 생산하는 생물과 분해하는 생물은 서로를 대체할 수 있다.
⑤ 생태계는 약육강식의 법칙이 지배한다.

44 다음 지문에 대한 반론으로 부적절한 것은?

> 사람들이 '영어 공용화'의 효용성에 대해서 말하면서 가장 많이 언급하는 것이 영어 능력의 향상이다. 그러나 영어 공용화를 한다고 해서 그것이 바로 영어 능력의 향상으로 이어지는 것은 아니다. 영어 공용화의 효과는 두 세대 정도 지나야 드러나며 교육제도 개선 등 부단한 노력이 필요하다. 오히려 영어를 공용화하지 않은 노르웨이, 핀란드, 네덜란드 등에서 체계적인 영어 교육을 통해 뛰어난 영어 구사자를 만들어 내고 있다.

① 필리핀, 싱가포르 등 영어 공용화 국가에서는 영어 교육의 실효성이 별로 없다.
② 우리나라는 노르웨이, 핀란드, 네덜란드 등과 언어의 문화나 역사가 다르다.
③ 영어 공용화를 하지 않으면 영어 교육을 위해 훨씬 많은 비용을 지불해야 한다.
④ 체계적인 영어 교육을 하는 일본에서는 뛰어난 영어 구사자를 발견하기 힘들다.
⑤ 이미 영어를 공용화한 나라들의 경우를 보면, 어려서부터 실생활에서 영어를 사용하여 국가 및 개인 경쟁력을 높일 수 있다.

45 다음 제시된 지문과 같은 논리적 오류를 범하고 있는 것은?

> 우리나라 선수들이 올림픽 종목 양궁에서 금메달을 딴 것으로 보아, 대한민국 전 국민들은 양궁실력이 뛰어나다고 할 수 있다.

① 이 카메라는 전 세계 100여 개 나라에서 판매되고 있습니다. 그러니 이 제품의 성능은 어느 회사도 따라올 수 없습니다. 지금 구매하세요.
② A대학을 졸업한 민우는 야구를 잘한다. 따라서 A대학 졸업생들로 한 팀이 만들면 세계 최고의 팀이 탄생할 것이다.
③ 무단 횡단을 하는 사람을 피하려다 다른 차량과 충돌하여 세 명이나 사망했으므로 그 운전자는 살인자이다.
④ 나와 같은 반인 친구들은 키가 작다. 따라서 우리 학교 학생들은 모두 키가 작을 것이다.
⑤ 저 사람 말은 믿으면 안 돼. 저 사람은 전과자거든.

Q 다음 글을 읽고 물음에 답하시오. 【46~47】

(가) 우리는 학교에서 한글맞춤법이나 표준어규정과 같은 어문 규범을 교육받고 학습한다. 어문 규범은 언중들의 원활한 의사소통을 위해 만든 공통된 기준이며 사회적으로 정한 약속이기 때문이다. 그러나 문제는 급변하는 환경에 따라 변화하는 언어 현실에서 언중들이 이와 같은 어문 규범을 철저하게 지키며 언어생활을 하기란 쉽지 않다는 것이다. 그래서 이러한 언어 현실과 어문 규범과의 괴리를 줄이고자 하는 여러 주장과 노력이 우리 사회에 나타나고 있다.

(나) 최근, 어문 규범이 언어 현실을 따라오기에는 한계가 있기 때문에 어문 규범을 폐지하고 아예 언중의 자율에 맡기자는 주장이 있다. 또한 어문 규범의 총칙이나 원칙과 같은 큰 틀만을 유지하되, 세부적인 항목 등은 사전에 맡기자는 주장도 있다. 그러나 어문 규범을 부정하는 주장이나 사전으로 어문 규범을 대신하자는 주장에는 문제점이 있다. 전자의 경우, 언어의 생성이나 변화가 언중 각각의 자율에 의해 이루어져 오히려 의사소통의 불편함을 야기할 수 있다. 후자는 우리나라의 사전 편찬 역사가 짧기 때문에 어문 규범의 모든 역할을 사전이 담당하기에는 무리가 있으며, 언어 현실의 다양한 변화를 사전에 전부 반영하기 어렵다는 문제점이 있다.

(다) 그렇다면 현실의 언어 변화를 최대한 수용하면서 언어 현실과 어문 규범의 괴리를 최소화하는 방안에는 어떤 것이 있을까? 지난 번 '국립국어원'의 복수 표준어 확대가 하나의 방안이 될 수 있다. 복수 표준어란 한 가지 의미를 나타내는 단어 몇 가지가 언중들 사이에서 널리 함께 쓰이고 표준어 규정에 맞으면, 그 모두를 표준어로 인정한 것을 말한다. 여기에는 널리 함께 쓰이는 단어, 어감의 차이를 나타내는 단어, 발음이 비슷한 단어 등이 있다.

(라) 이것은 어문 규범을 유지하면서 일상생활에서 널리 쓰이는 비표준어를 복수 표준어로 인정하여 언어 현실과 어문규범의 괴리를 해소하고자 노력한 것이다. 가령, 표준어 '간질이다'와 같은 뜻으로 널리 함께 쓰이는 비표준어 '간지럽히다'를 표준어로 인정한 것, ㉠ '오순도순'과 어감 차이가 나지만 '오손도손'을 표준어로 인정한 것, '자장면'을 '짜장면'으로 소리 내는 언어 현실을 반영하여 두 가지 표기를 모두 표준어로 인정한 것이 그 사례이다. 이는 어문 규범 자체를 부정하거나 사전에 맡기기보다는 현행 어문 규범을 유지하면서 언중의 실제 언어생활을 반영한 점에서 의의를 찾을 수 있다.

46 〈보기〉를 이용하여 위 글의 논지 전개 과정을 순서대로 올바르게 배열한 것은?

〈보기〉

㉠ 사례와 의의
㉡ 문제 제기
㉢ 주장들과 그 한계
㉣ 새로운 대안

① ㉠㉡㉢㉣
② ㉠㉢㉣㉡
③ ㉡㉢㉣㉠
④ ㉡㉣㉢㉠
⑤ ㉡㉠㉣㉢

47 다음을 참고할 때, ㉠과 유사한 사례로 적절한 것은?

> 어감(語感)이란 말소리나 말투의 차이에 따른 느낌 등을 말한다. 어떤 단어들이 이러한 어감의 차이가 있을 경우, 표준어 규정에 맞으면 이들을 모두 표준어로 인정하는데, 가령 아이들의 옷인 '고까옷'과 '꼬까옷'이 그것이다. 두 단어의 첫소리인 'ㄱ'과 'ㄲ'은 어감의 차이가 있어 엄밀히는 별개의 두 단어이지만, 그 어감의 차이가 미미한 것이어서 이 둘을 모두 복수 표준어로 인정한 것이다.

① 수수깡 / 수숫대
② 복사뼈 / 복숭아뼈
③ 아웅다웅 / 아옹다옹
④ 번덕스럽다 / 번덕맞다
⑤ 출렁거리다 / 출렁대다

48 다음 글에서 글쓴이가 궁극적으로 말하고자 하는 것은 무엇인가?

> 역사가는 하나의 개인입니다. 그와 동시에 다른 많은 개인들과 마찬가지로 그들은 하나의 사회적 현상이고, 자신이 속해 있는 사회의 산물인 동시에 의식적이건 무의식적이건 그 사회의 대변인인 것입니다. 바로 이러한 자격으로 그들은 역사적인 과거의 사실에 접근하는 것입니다.
> 우리는 가끔 역사과정을 '진행하는 행렬'이라 말합니다. 이 비유는 그런대로 괜찮다고 할 수는 있겠지요. 하지만 이런 비유에 현혹되어 역사가들이, 우뚝 솟은 암벽 위에서 아래 경치를 내려다보는 독수리나 사열대에 선 중요 인물과 같은 위치에 서 있다고 생각해서는 안 됩니다. 이러한 비유는 사실 말도 안 되는 이야기입니다. 역사가도 이러한 행렬의 한편에 끼어서 타박타박 걸어가고 있는 또 하나의 보잘것없는 인물밖에는 안 됩니다. 더구나 행렬이 구부러지거나, 우측 혹은 좌측으로 돌며, 때로는 거꾸로 되돌아오고 함에 따라, 행렬 각 부분의 상대적인 위치가 잘리게 되어 변하게 마련입니다.
> 따라서 1세기 전 우리들의 증조부들보다도 지금 우리들이 중세에 더 가깝다든다, 혹은 시저의 시대가 단테의 시대보다 현대에 가깝다든가 하는 이야기는, 매우 좋은 의미를 갖는 경우도 될 수 있는 것입니다. 이 행렬 – 그와 더불어 역사가들도 – 이 움직여 나감에 따라 새로운 전망과 새로운 시각은 끊임없이 나타나게 됩니다. 이처럼 역사의 시각은 역사의 일부분만을 보는데 지나지 않습니다. 즉 그가 참여하고 있는 행렬의 지점이 과거에 대한 그의 시각을 결정한다는 것이지요.

① 역사는 현재와 과거의 단절에 기초한다.
② 역사가는 주관적으로 역사를 바라보아야 한다.
③ 역사는 사실의 객관적 판단이다.
④ 과거의 역사는 현재를 통해서 보아야 한다.
⑤ 역사가와 사실의 관계는 평등한 관계이다.

49 다음 글에서 알 수 있는 내용이 아닌 것은?

(가) '한 달이 지나도 무르지 않고 거의 원형 그대로 남아 있는 토마토', '제초제를 뿌려도 말라죽지 않고 끄떡없이 잘 자라는 콩', '열매는 토마토, 뿌리는 감자' ……. 이전에는 상상 속에서나 가능했던 것들이 오늘날 종자 내부의 유전자를 조작할 수 있게 됨으로써 현실에서도 가능하게 되었다. 이러한 유전자조작식품은 의심할 여지없이 과학의 산물이며, 생명공학 진보의 또 하나의 표상인 것처럼 보인다.

(나) 전 세계 곳곳에서는 유전자조작식품에 대한 찬성뿐 아니라 우려와 반대의 목소리도 드높다. 찬성하는 측에서는 유전자조작식품은 제2의 농업 혁명으로서 앞으로 닥칠 식량 위기를 해결해 줄 유일한 방법이라고 주장하고 있으나, 반대하는 측에서는 인체에 대한 유해성 검증에서 안전하다고 판명된 것이 아니며 게다가 생태계를 교란시키고 지속 가능한 농업을 불가능하게 만든다고 주장하고 있다. 양측 모두 나름대로의 과학적 증거를 제시하면서 자신의 목소리에 타당성을 부여하고 있으나, 서로 상대측의 증거를 인정하지 않아 논란은 더욱 심화되어 가고 있다. 유전자조작식품은 인류를 굶주림과 고통에서 해방시켜 줄 구원인지, 회복할 수 없는 생태계의 재앙을 초래할 판도라의 상자인지 현재 밝혀진 것은 명확하게 없다.

(다) 유전자조작식품은 오래 저장할 수 있게 해주는 유전자, 제초제에 대한 내성을 길러주는 유전자, 병충해에 저항성이 높은 유전자 등을 삽입하여 만든 새로운 생물 중 채소나 음식으로 먹을 수 있는 식품을 의미한다.

(라) 최초의 유전자조작식품은 1994년 미국 칼진 사가 미국 FDA의 승인을 얻어 시판한 '무르지 않는 토마토'이다. 이것은 토마토의 숙성을 촉진시키는 유전자를 개조·변형시켜 토마토의 숙성을 더디게 만든 것으로, 저장 기간이 길어서 농민과 상인들에게 폭발적인 인기를 얻었다.

(마) 이 이후로 유전자조작식품의 품목과 비율이 급속하게 늘어나면서 현재 미국 내에서 시판 중인 유전자조작식품들은 콩, 옥수수, 감자, 토마토, 민화 등 모두 약 10여 종에 이른다. 그 대부분은 제초제에 저항성을 갖도록 하거나 해충에 견디기 위해 자체 독소를 만들어 내도록 유전자 조작된 것들이다.

① (가) 현대시대 다양한 유전자조작식품의 출현
② (나) 유전자조작식품에 대한 필자의 입장
③ (다) 유전자조작식품의 개념 설명
④ (라) 최초의 유전자조작식품에 대한 설명
⑤ (마) 유전자조작식품의 유용성 사례

50 다음 글에서 언급한 내용이 아닌 것은?

우리나라 기술로 만든 한국형 발사체 누리는 높이 47.2m, 직경 3.5m, 총중량 200톤이다. 1단의 추력은 300톤이고 1.5톤급 실용위성을 저궤도(600~800km)에 투입할 수 있는 능력을 가지고 있다. 누리호 1단은 75톤 엔진 4기와, 액체산소와 케로신 탱크 등으로 구성된다. 누리호 2단 또한 누리호 1단과 동일한 구성으로 되어있다. 누리호 3단은 액체산소와 케로신 탱크 등으로 구성되지만 1단·2단과 달리 엔진 1기가 7톤에 해당한다.

① 누리호를 제작한 국가
② 누리호의 무게
③ 누리호의 능력
④ 누리호의 구성
⑤ 누리호 발사일자

51 다음 글에서 주장하는 바와 가장 거리가 먼 것은?

조선 중기에 이르기까지 상층 문화와 하층 문화는 각기 독자적인 길을 걸어왔다고 할 수 있다. 각 문화는 상대 문화의 존재를 그저 묵시적으로 인정만 했지 이해하려고 하지는 않았다. 말하자면 상·하층 문화가 평행선을 달려온 것이다. 그러나 조선 후기에 이르러 사회가 변하기 시작하였다.

두 차례의 대외 전쟁에서의 패배에 따른 지배층의 자신감 상실, 민중층의 반감 확산, 벌열(閥閱)층의 극단 보수화와 권력층에서 탈락한 사대부 계층의 대거 몰락이라는 기존권력 구조의 변화, 농공상업의 질적 발전과 성장에 따른 경제적 구조의 변화, 재편된 경제력 구조에 따른 중간층의 확대 형성과 세분화 등 조선 후기 당시의 사회 변화는 국가의 전체 문화 동향을 서서히 바꿔 상·하층 문화를 상호교류하게 하였다.

상층 문화는 하향화하고 하층 문화는 상향화하면서 기존의 문예 양식들은 변하거나 없어지고 새로운 문예 양식이 발생하기도 하였다. 양반 사대부 장르인 한시가 민요 취향을 보여주기도 하고, 민간의 풍속과 민중의 생활상을 그리기도 했다. 시조는 장편화하고 이야기화하기도 했으며, 가사 또한 서민화하고 소설화의 길을 걷기도 하였다. 시정의 이야기들이 대거 야담으로 정착되기도 하고, 하층의 민요가 잡가의 형성에 중요한 역할을 하였으며, 무기는 상층 담화를 수용하기도 하였다. 당대의 예술 장르인 회화와 음악에서도 변화가 나타났다. 풍속화와 민화의 유행과 빠른 가락인 삭대엽과 고음으로의 음악적 이행이 바로 그것이다.

① 조선 중기에 이르기까지 상층 문화와 하층 문화의 호환이 잘 이루어지지 않았다.
② 조선 후기에는 문학뿐만 아니라 회화·음악 분야에서도 양식의 변화를 보여 주었다.
③ 상층 문화와 하층 문화가 서로의 영역에 스며들면서 새로운 장르나 양식이 발생하였다.
④ 시조의 장편화와 이야기화는 무가의 상층 담화 수용과 같은 맥락에서 이해할 수 있다.
⑤ 국가의 전체 문화 동향이 서서히 바뀌어 가면서 기존 권력구조에 변화를 가져다주었다.

52 다음 빈칸에 들어갈 내용으로 가장 적합한 것은?

문화란, 인간의 생활을 편리하게 하고, 유익하게 하고, 행복하게 하는 것이니, 이것은 모두 _____의 소산인 것이다. 문화나 이상이나 다 같이 사람이 추구하는 대상이 되는 것이요, 또 인생의 목적이 거기에 있다는 점에서는 동일하다. 그러나 이 두 가지가 완전히 일치하는 것은 아니니, 그 차이점은 여기에 있다. 즉, 문화는 인간의 이상이 이미 현실화된 것이요, 이상은 현실 이전의 문화라 할 수 있다. 어쨌든, 이 두 가지를 추구하여 현실화하는 데에는 지식이 필요하고, 이러한 지식의 공급원으로는 다시 서적이란 것으로 돌아오지 않을 수가 없다. 문화인이면 문화인일수록 서적 이용의 비율이 높아지고, 이상이 높으면 높을수록 서적 의존도 또한 높아지는 것이 당연하다. 오늘날, 정작 필요한 지식은 서적을 통해 입수하기 어렵다는 불평이 많은 것도 사실이다. 그러나 인류가 지금까지 이루어낸 서적의 양은 실로 막대한 바가 있다. 옛말의 '오거서(五車書)'와 '한우충동(汗牛充棟)' 등의 표현으로는 이야기도 안 될 만큼 서적이 많아졌다. 우리나라 사람은 일반적으로 책에 관심이 적은 것 같다. 학교에 다닐 때에는 시험이란 악마의 위력 때문이랄까, 울며 겨자 먹기로 교과서를 파고들지만, 일단 졸업이란 영예의 관문을 돌파한 다음에는 대개 책과는 인연이 멀어지는 것 같다.

① 과학
② 문명
③ 지식
④ 서적
⑤ 정보

Q 다음 글을 읽고 물음에 답하시오. 【53~54】

19세기 일부 인류학자들은 결혼이나 가족 등 문화의 일부에 주목하여 문화 현상을 이해하고자 하였다. 그들은 모든 문화가 '야만→미개→문명'이라는 단계적 순서로 발전한다고 설명하였다. 그러나 이 입장은 20세기에 들어서면서 어떤 문화도 부분만으로는 총체를 파악할 수 없다는 비판을 받았다. 문화를 이루는 인간 생활의 거의 모든 측면은 서로 관련을 맺고 있기 때문이다.

20세기 인류학자들은 이러한 사실에 주목하여 문화 현상을 바라보았다. 어떤 민족이나 인간 집단을 연구할 때에는 그들의 역사와 지리, 자연환경은 물론, 사람들의 체질적 특성과 가족제도, 경제체제, 인간 심성 등 모든 측면을 서로 관련지어서 고찰해야 한다는 것이다. 이를 총체적 관점이라고 한다.

오스트레일리아의 여요론트 부족의 이야기는 총체적 관점에서 인간과 문화를 이해해야 하는 이유를 잘 보여준다. 20세기 초까지 수렵과 채집 생활을 하던 여요론트 부족사회에서 돌도끼는 성인 남성만이 소유할 수 있는 가장 중요한 도구였다. 돌도끼의 제작과 소유는 남녀의 역할 구분, 사회의 위계질서 유지, 부족 경제의 활성화에 큰 영향을 미쳤다. 그런데 백인 신부들이 여성과 아이에게 선교를 위해 선물한 쇠도끼는 성(性) 역할, 연령에 따른 위계와 권위, 부족 간의 교역에 혼란을 초래하였다. 이로 인해 여요론트 부족사회는 엄청난 문화 해체를 겪게 되었다.
쇠도끼로 인한 여요론트 부족사회의 문화 해체 현상은 인간생활의 모든 측면이 서로 밀접한 관계가 있음을 잘 보여준다. 만약 문화의 발전이 단계적으로 이루어진다는 관점에서 본다면 쇠도끼의 유입은 미개사회에 도입된 문명사회의 도구이며, 문화 해체는 (　　　　　　) 하지만 이러한 관점으로는 쇠도끼의 유입이 여요론트 부족에게 가지는 의미와 그들이 겪은 문화 해체를 제대로 이해하고 그에 대한 올바른 해결책을 제시하기가 매우 어렵다.
총체적 관점은 인간 사회의 다양한 문화 현상을 이해하는 데 매우 중요한 공헌을 했다. 여요론트 부족사회의 이야기에서 알 수 있듯이, 총체적 관점은 사회나 문화에 대해 객관적이고 깊이 있는 통찰을 가능하게 한다. 이러한 관점을 가지고 인간이 처한 여러 가지 문제를 바라볼 때, 우리는 보다 바람직한 해결 방향을 모색할 수 있을 것이다.

53 '여요론트' 부족에 대해 이해한 내용으로 적절한 것은?

① 돌도끼는 성인 남자의 권위를 상징하는 도구였다.
② 문명사회로 나아가기 위해 쇠도끼를 수용하였다.
③ 쇠도끼의 유입은 타 부족과의 교역을 활성화시켰다.
④ 자기 문화를 지키기 위해 외부와의 교류를 거부하였다.
⑤ 백인 신부들이 선물한 쇠도끼로 남녀의 역할 구분이 강화되었다.

54 위의 글에서 빈칸에 들어갈 내용으로 가장 적절한 것은?

① 문화 발전을 퇴보시키는 원인으로 이해할 것이다.
② 사회가 혼란해져 문화 발전이 지연되는 단계로 이해할 것이다.
③ 사회 질서를 유지하기 위한 과정으로 이해할 것이다.
④ 사회 발전을 위해 필요한 과도기로 이해할 것이다.
⑤ 현재 문화를 미개 사회의 문화로 회귀시킨 현상으로 이해할 것이다.

Q 다음 글을 읽고 물음에 답하시오. 【55~56】

(가) 학문을 한다면서 논리를 불신하거나 논리에 대하여서 의심을 가지는 것은 ㉠용납할 수 없다. 논리를 불신하면 학문을 하지 않는 것이 적절한 선택이다. 학문이란 그리 대단한 것이 아닐 수 있다. 학문보다 더 좋은 활동이 얼마든지 있어 학문을 낮추어 보겠다고 하면 반대할 이유가 없다.

(나) 학문에서 진실을 탐구하는 행위는 논리로 이루어진다. 진실을 탐구하는 행위라 하더라도 논리화되지 않은 체험에 의지하거나 논리적 타당성이 입증되지 않은 사사로운 확신을 근거로 한다면 학문이 아니다. 예술도 진실을 추구하는 행위의 하나라고 할 수 있으나 논리를 필수적인 방법으로 사용하지는 않으므로 학문이 아니다.

(다) 교수이기는 해도 학자가 아닌 사람들이 학문을 와해시키기 위해 애쓰는 것을 흔히 볼 수 있다. 편하게 지내기 좋은 직업인 것 같아 교수가 되었는데 교수는 누구나 논문을 써야한다는 ㉡악법에 걸려 본의 아니게 학문을 하는 흉내는 내야하니 논리를 무시하고 학문을 쓰는 ㉢편법을 마련하고 논리자체에 대한 악담으로 자기 행위를 정당화하게 된다. 그래서 생기는 혼란을 방지하려면 교수라는 직업이 아무 매력도 없게 하거나 아니면 학문을 하지 않으려는 사람이 교수가 되는 길을 원천 봉쇄해야 한다.

(라) 논리를 어느 정도 신뢰할 수 있는가 의심스러울 수 있다. 논리에 대한 불신을 아에 없애는 것은 불가능하고 무익하다. 논리를 신뢰할 것인가는 개개인이 선택할 수 있는 ㉣기본권의 하나라고 해도 무방하다. 그러나 학문은 논리에 대한 신뢰를 자기 인생관으로 삼은 사람들이 ㉤독점해서 하는 행위이다.

55 윗글에서 밑줄 친 단어 중 반어적 표현에 해당하는 것은?

① ㉠용납
② ㉡악법
③ ㉢편법
④ ㉣기본권
⑤ ㉤독점

56 위의 글을 논리적인 순서대로 바르게 나열한 것은?

① (가) — (나) — (다) — (라)
② (가) — (다) — (나) — (라)
③ (나) — (라) — (가) — (다)
④ (다) — (가) — (라) — (나)
⑤ (라) — (가) — (나) — (다)

Q 다음 글을 읽고 물음에 답하시오. 【57~58】

20세기에 들어서기 전에 이미 영화는 두 가지 주요한 방향으로 발전하기 시작했는데, 그것은 곧 사실주의와 형식주의이다. 1890년대 중반 프랑스의 뤼미에르 형제는 '열차의 도착'이라는 영화를 통해 관객들을 매혹시켰는데, 그 이유는 영화에 그들의 실생활을 거의 비슷하게 옮겨 놓은 것처럼 보였기 때문이다. 거의 같은 시기에 조르주 멜리에스는 순수한 상상의 사건인 기발한 이야기와 트릭 촬영을 혼합시켜 '달세계 여행'이라는 판타지 영화를 만들었다. 이들은 각각 사실주의와 형식주의 영화의 전통적 창시자라 할 수 있다.

대체로 사실주의 영화는 현실 세계에서 소재를 선택하되, 왜곡을 최소화하여 현실 세계의 모습을 그대로 재현하고자 한다. 주된 관심은 형식이나 테크닉이 아니라 오히려 내용이다. 사실주의 영화에서 관객은 영화의 스타일을 눈치챌 수 없다. 이 계열의 감독들은 영상을 어떻게 조작할 것인가 보다는 오히려 무엇을 보여줄 것인가에 더 많은 관심을 갖고 있기 때문이다. 따라서 영상을 편집하고 조작하기보다는 현실을 드러내는 것을 중시하며, 극단적인 사실주의 영화는 실제 사건과 사람을 촬영하는 다큐멘터리를 지향하기도 한다. '영상이 지나치게 아름다우면, 그것은 잘못된 것이다.'라는 말은 현실 세계 그대로의 사실적 재현을 가장 우위에 놓는 사실주의 영화의 암묵적 전제로 통용된다. 그렇다고 해서 사실주의 영화에 예술적인 기교가 없다는 것은 아니다. 왜냐하면 사실주의 영화일수록 기교를 숨기는 기술이 뛰어나기 때문이다.

반면, 형식주의 영화는 스타일 면에서 화려하다. 형식주의 영화는 현실에 대한 주관적 경험을 표현하는 데 관심을 기울인다. 정신적이고 심리적인 진실의 표현에 가장 큰 관심을 두는 형식주의자들은 물질 세계의 표면을 왜곡시킴으로써 이것을 가장 잘 전달할 수 있다고 여긴다. 때문에 현실의 소재를 의도적으로 왜곡하고 사건의 이미지를 조작한다. 이런 스타일의 가장 극단적인 예는 아방가르드 영화에서 찾아볼 수 있다. 이와 같은 영화 중에는 색, 선, 형태로만 표현된, 완전히 추상적인 것도 있다.

그러나 실제의 영화는 완전히 사실주의 영화도 형식주의 영화도 드물다. 사실주의와 형식주의는 절대적인 개념이라기보다는 상대적인 개념이기 때문이다. 한마디로 환상적인 재료를 사실주의적인 스타일로 표현하는 것도 가능하며, 마찬가지로 현재의 현실 세계에 근거한 재료를 형식주의적인 스타일로 표현하는 것도 충분히 가능하다. 또한 물리적인 현실 세계는 사실주의 영화이든 형식주의 영화이든 모든 영화의 소재가 된다. 이 두 영화 사조의 차이는 오히려 영화의 소재인 물리적인 현실 세계를 가지고 '어떻게 조형하고 조작하는가', '스타일상의 강조점이 어디에 있는가' 등에 달려 있다.

57 위 글의 서술방식으로 가장 적절한 것은?

① 권위자의 이론을 근거로 제시하며 자신의 주장을 강화하고 있다.
② 낯선 용어의 개념을 정리하며 새로운 이론을 소개하고 있다.
③ 대상의 변화를 시대별로 제시하여 단계적으로 설명하고 있다.
④ 대상 간의 유사점과 차이점을 들어 논의를 전개하고 있다.
⑤ 핵심적 질문에 묻고 답하는 방식을 활용하여 중심 화제에 접근하고 있다.

58 위 글에서 알 수 있는 내용으로 적절하지 않은 것은?

① 사실주의 영화는 형식보다 내용을 중시한다.
② 조르주 멜리에스는 형식주의 영화를 제작했다.
③ 형식주의 영화는 비현실적인 소재를 활용한다.
④ 사실주의 영화에서 편집은 현실을 재현하기 위해 동원된다.
⑤ 형식주의 영화는 소재에 대한 주관적 표현에 관심을 갖는다.

Q 다음 글을 읽고 물음에 답하시오. 【59~60】

하나의 단순한 유추로 문제를 설정해 보도록 하자. 산길을 굽이굽이 돌아가면서 기분 좋게 내려가는 버스가 있다고 하자. 어떤 승객은 버스가 너무 빨리 달리는 것이 못마땅하여 위험성으로 지적한다. 아직까지 아무도 다친 사람이 없었지만 그런 일은 발생할 수 있다. 버스는 길가의 바윗돌을 들이받아 차체가 망가지면서 부상자나 사망자가 발생할 수 있다. 아니면 버스가 도로 옆 벼랑으로 추락하여 거기에 탔던 사람 모두가 죽을 수도 있다. 그런데도 ㉠ 어떤 승객은 불평을 하지만 다른 승객들은 아무런 불평도 하지 않는다. 그들은 버스가 빨리 다녀 주니 신이 난다. 그만큼 목적지에 빨리 당도할 것이기 때문이다. 운전기사는 누구의 말을 들어야 하는지 알 수 없다. ㉡ 사고위험을 방지하기 위해서 속도를 늦춰야 할지, 더 빠르게 도착하기 위해서 속도를 내야할지 운전기사는 이러지도 저러지도 못하고 고민하게 된다. 고민이 깊더라도 운전기사는 결국 선택을 해야 한다. 그 두 가지 선택지에서 무슨 선택을 하더라도 그 결과에 대해서는 운전대를 잡은 운전기사가 책임을 지는 것이다.

59 윗글이 어떤 대상이나 주제를 비유적으로 표현한 것이라고 할 때 다음 중 ㉠의 비유의 대상으로 가장 적절한 것은?

① 한탕주의
② 사이버 범죄
③ 마약중독
④ 탈원전 정책
⑤ 도박

60 ㉠의 의미의 고사성어와 거리가 먼 것은?

① 우왕좌왕(右往左往)
② 오리무중(五里霧中)
③ 심상사성(心想事成)
④ 우유부단(優柔不斷)
⑤ 설왕설래(說往說來)

Q 다음 글을 읽고 아래의 물음에 답하시오. 【61~62】

지금부터 하회별신굿탈놀이에 등장하는 하회탈에 대해 말씀드리겠습니다. 먼저, 양반탈입니다. 양반탈은 계란형에 감홍색, 매부리코에 실눈으로 온화하고 인자하게 웃는 한국인을 대표하는 얼굴입니다. 광대가 고개를 젖혀 입을 크게 벌리면 호탕하게 웃고, 고개를 숙이며 입을 다물면 화난 표정이 되는데, 희로애락을 자유로이 표현할 있는 기능이 세계적인 탈로 평가받는 이유입니다. 다음은 이매탈입니다. 이매탈은 코가 넓적 펑퍼짐하고, 코밑은 꺼져서 언청이에, 좌우 근육은 비정상으로 일그러졌고, 눈은 아래로 처져 측은하게 악의 없이 웃는 백치 얼굴에 몸마저 자유스럽지 못한 바보 병신탈입니다. 이매탈은 턱이 없어 더 우스꽝스럽습니다. 굼뜬 움직임으로 고개를 젖히고 혀를 빼며 우습다는 표정을 보일 때 보는 사람은 폭소를 터트리지 않을 수 없고, 이목구비가 반듯한 사람도 이매탈을 쓰고 같은 표정을 하면 틀림없이 바보 병신이 되고 맙니다. 다음은 백정탈입니다. 백정탈은 치켜뜬 눈꼬리엔 살기가, 넓적한 주걱턱엔 장년의 힘이 넘쳐 보이고, 빈틈없이 그어진 굵은 주름살은 멸시받고 힘겹게 살아온 고달픈 삶의 흔적처럼 보입니다. 다음은 초랭이탈입니다. 초랭이 탈은 툭 불거진 이마에 잘려진 콧등, 튀어나온 눈알과 긴장된 눈빛, 좁고 길게 빠진 턱, 빼드러진 이빨, 삐뚤게 옥다문 입과 보조개를 지니고 있으며, 얼굴 전체가 왜곡되어 있어서 보면 볼수록 묘한 율동감과 친밀감을 주는 탈입니다.

61 윗글의 제목으로 가장 적합한 것은?

① 하회별신굿탈놀이의 특성
② 한국 전통 탈의 종류
③ 다양한 탈의 특성
④ 하회별신굿탈놀이에 등장하는 하회탈의 특징
⑤ 하회별신굿탈놀이의 순서

62 윗글에 대한 내용과 일치하는 것은?

① 양반탈이 세계적인 탈로 평가받는 것은 희로애락을 자유로이 표현할 수 있는 기능 때문이다.
② 이매탈은 치켜뜬 눈꼬리엔 살기가, 넓적한 주걱턱엔 장년의 힘이 넘친다.
③ 백정탈은 얼굴 전체가 왜곡 되어 있어서 보면 볼수록 묘한 율동감과 친밀감을 주는 탈이다.
④ 선비탈은 계란형에 감홍색, 매부리코에 실눈으로 온화하고 인자하게 웃는 한국인을 대표하는 얼굴이다.
⑤ 초랭이탈은 코가 넓석 평퍼심하고 코밑은 언정이에 좌우 근육은 비정상으로 그려져 있다.

63 다음 글을 논리적으로 바르게 나열한 것은?

(가) 그러나 지금까지의 연구에 따르면 정보해석능력과 정치참여가 그런 상관관계를 갖고 있다는 증거를 발견하기 힘들다. 그 이유를 살펴보자. 먼저 교육 수준이 높을수록 시민들의 정보해석능력이 향상된다.

(나) 의사소통의 장애가 시민들의 낮은 정보해석능력 때문에 발생하고 그 결과 시민들의 정치참여가 저조하다고 생각할 수 있다. 즉 정보해석능력이 향상되지 않으면 시민들의 정치참여가 증가하지 않는다는 것이다. 다른 한편으로 정보해석능력이 향상되면 시민들의 정치참여가 증가한다는 사실에는 의심의 여지가 없다. 그렇다면 정보해석능력과 시민들의 정치참여는 양의 상관관계를 갖게 될 것이다.

(다) 미국의 경우 2차 대전 이후 교육 수준이 지속적으로 향상되어 왔지만 투표율은 거의 높아지지 않았다. 우리나라에서도 지난 30여 년 동안 국민들의 평균 교육 수준은 매우 빠르게 향상되어 왔지만 투표율이 높아지지는 않았으며, 평균 교육 수준이 도시보다 낮은 농촌지역의 투표율이 오히려 높았다.

(라) 예를 들어 대학교육에서는 다양한 전문적 정보와 지식을 이해하고 구사하는 훈련을 시켜주기 때문에 대학교육의 확대가 시민들의 정보해석능력의 향상을 가져다준다. 그런데 선거에 관한 국내외 연구를 보면, 시민들의 교육 수준이 높아지지만 정치참여는 증가하지 않는다는 것을 보여주는 경우들이 있다.

① (가) － (나) － (다) － (라)
② (가) － (라) － (나) － (다)
③ (나) － (가) － (라) － (다)
④ (라) － (나) － (가) － (다)
⑤ (라) － (가) － (나) － (다)

64 다음 글의 순서를 바르게 나열한 것은?

(가) 푸드테크 산업은 온라인플랫폼이 성장을 견인하고 있지만 앞으로 대체식품, 식품프린팅 등에서 성장세가 더 커질 전망이다. 식품산업 전체 성장률보다 월등히 높은 수준으로 푸드테크 산업이 성장하고 있다. 국내에서 온라인 식품거래, 케어푸드, 간편식, 대체식품 순으로 시장규모가 나타나고 있다.

(나) 또한, 해외에서도 스타트업을 중심으로 기술혁신의 사례가 지속적으로 등장하고, 비용절감과 품질고급화 등을 통해 산업화 단계에 진입하고 있다. 대체식품 분야의 사례로는 미국에서 개발한 Impossible Food가 있다. 현재 미국 기술특허를 출원한 상태이다. 이 기술은 대두 뿌리혹에서 추출한 레그헤모글로빈(Leghemoglobin)에 정밀 발효기술을 접목하여 고농도의 식물성 헴(Heme) 단백질을 대량으로 생산이 가능하다.

(다) 푸드테크는 식품(Food)와 기술(Technology)의 합성어로 식품생산 · 유통 · 소비 전 과정에서 IT · BT · 로봇 등의 첨단기술을 결합하는 신산업을 의미한다. 식물성 대체식품, 식품프린팅 · 로봇 등을 활용하여 제조공정을 자동화하고, 온라인 유통 플랫폼, 무인주문기, 서빙 · 조리 · 배달로봇 등이 출현하고 있다. 식품의 소비트렌드가 변화하면서 푸드테크 산업의 발전을 견인하고 있다.

(라) 푸드테크 기술의 범위에 포함되는 농업-푸드테크(Agri-Foodtech)는 新식품 개발, 제조 및 유통 효율화, 외식, 부산물 처리 등 크게 5개 분야로 구분을 할 수 있다. 산업의 생산, 유통, 소비 과정에서 대체식품, 간편식품, 식품프린팅, 스마트팩토리, 배달앱 및 무인주문기, 배달 · 서빙 · 조리 로봇 등의 푸드테크 기술이 광범위하게 포함한다.

(마) 푸드테크 산업이 국 · 내외로 나날이 성장하고 있지만 인력 · 제도 · 시설에 대한 성장기반이 미약한 실정이다. 기업에서는 전문인력에 대한 수요가 높지만 관련 정보가 불충분하고, 시설과 장비가 고가로 영세한 기업에서 확보가 어렵다. 또한 기준이나 규격이 정비되지 않아 상용화에 한계가 있다. 이러한 한계를 극복하기 위해 혁신기술의 사업화를 촉진하여 푸드테크 기업을 육성하고, 인력양성, 기술수준 향상 등을 통해 산업생태계를 조성하는 것이 필요하다.

① (가) - (나) - (다) - (라) - (마)
② (나) - (다) - (마) - (라) - (가)
③ (다) - (라) - (가) - (나) - (마)
④ (라) - (다) -(가) - (나) - (마)
⑤ (마) - (다) - (가) - (라) - (나)

65 다음 글의 내용과 부합하지 않는 것은?

더러 사람들은 더운 여름에만 식중독에 주의를 해야 한다고 생각한다. 추운 겨울에는 식중독 발생이 없을 것이라며 식품관리에 부주의하게 되는 경우가 많다. 이런 생각과 다르게 추운 겨울철에는 퍼프린젠스 식중독을 주의해야 한다. 퍼프린젠스 식중독은 일반적으로는 봄과 가울철에 주로 발생하기는 하지만, 가열온도를 준수하지 않거나 부적절한 열처리 또는 보관 · 유통의 관리 소홀 시에는 추운 겨울에도 발생하는 식중독에 해당한다.

퍼프린젠스 식중독을 유발하는 바이러스는 클로스트리디움 퍼프린젠스(Clostridium perfringens)이다. 대표적인 독소형 식중독균인 클로스트리디움 퍼프린젠스는 증식하면서 만들어내는 장독소로 인하여 급성 위장관염이 발생한다. 그람양성이며 운동성이 없는 혐기성의 아포를 형성하며 음식에서 균을 증식한다. 공기가 없는 조건에서 잘 자라며 열에 강한 아포를 가지고 있다. 국, 찜 등을 대량으로 끓이고 실온에 방치하는 경우 음식이 서서히 식어가는 과정에서 살아남은 퍼프린젠스 아포(spore)가 깨어나 증식하면서 발생한다. 퍼프린젠스균이 생존하기 어려운 환경에서도 형성하는 아포는, 끓여도 죽지 않고 휴면상태로 있다가 다시 세균이 자랄 수 있는 환경이 되면 아포에서 깨어나서 다시 증식을 한다.

서서히 식혔던 음식은 재가열 후 섭취를 해야 퍼프린젠스균에 감염되는 것을 막을 수 있다. 육류, 국, 찜 등의 대량으로 조리된 음식은 중심온도 75℃에서 1분 이상 충분히 가열한 뒤에 섭취해야 한다. 또한 조리된 음식은 가능하다면 2시간 이내에 섭취를 해야 하며, 그 이상 보관을 해야 한다면 60℃ 이상, 5℃ 이하에서 보관을 한다. 냉장보관을 해야 한다면 여러 용기에 음식을 나눠서 담은 후에 빠르게 식히고 5℃ 이하에서 보관해야 증식을 막을 수 있다. 또한, 보관했던 음식을 재섭취를 하기 전에는 중심온도 75℃ 이상에서 충분히 재가열을 한다.

퍼프린젠스 식중독은 4급 감염병에 해당하며 잠복기는 6~24시간이지만, 대부분 10~12시간 내에 발병한다. 갑작스럽게 복통, 설사, 매스꺼움에 시달리지만 대체로 1일 이내에 소실되는 편이다. 발열과 구토는 일부의 환자에게서 나타난다. 대부분 회복은 하여 사망을 드물다.

① 추운 겨울에도 식품관리를 소홀히 하면 식중독에 감염될 수 있다.
② 대량 조리된 국을 실온에 오랜 시간 방치하면 음식이 식으면서 균이 번식할 수 있다.
③ 조리된 음식을 냉장 보관할 때에는 식힌 뒤에 소분하여 5℃ 이하에서 보관한다.
④ 퍼프린젠스 식중독은 4급 감염병이며 잠복기가 존재한다.
⑤ 클로스트리디움 퍼프린젠스(Clostridium perfringens)는 75℃ 이상으로 가열하면 사멸된다.

66 다음 글의 내용과 일치하지 않는 것은?

음식은 매우 강력한 변칙범주이다. 왜냐하면 음식은 자연과 문화, 나와 타인, 내적 세계와 외적 세계라는 매우 중요한 영역의 경계를 지속적으로 넘나들기 때문이다. 따라서 문화적으로 중요한 의미를 지닌 행사들은 늘 식사 대접을 통해 표현되었고, 날로 먹는 문화에서 익혀 먹는 문화로 변형되는 과정 역시 가장 중요한 문화적 과정 중의 하나였다. 이 과정은 음식에 어떠한 인위적인 조리를 가하기 이전에 이미 음식에 대한 개념에서부터 시작되었는데, 비록 문화마다 음식에 대한 범주가 다르긴 하지만 모든 문화는 자연 전체를 '먹을 수 있는 것'과 '먹을 수 없는 것'으로 구분하기 때문이다.
인간의 위장은 거의 모든 것을 소화시킬 능력이 있기 때문에 식용과 비식용을 구별하는 것은 생리적 근거에 의해서가 아니라 문화적인 토대에 입각한 것이다. 한 사회가 다른 사회를 낯설고 이질적인 사회라고 증명하는 근거로서 자기 사회에서 먹지 못하는 대상을 그 사회에서는 먹고 있다는 식으로 구분하는 무수한 사례를 통해 이 같은 구분이 지닌 중요성을 인식할 수 있다. 따라서 영국인들에게 프랑스인들은 개구리를 먹는 사람들로 알려져 있고, 스코틀랜드 사람들은 해지스(양의 내장을 다져서 오트밀 따위와 함께 양의 위에 넣어서 삶은 것)를 먹는 사람으로 알려져 있다. 아랍인들은 양의 눈을 먹기 때문에 영국인들에게 낯선 인종이며 원주민들은 애벌레를 먹기 때문에 이방인 취급을 받는 것이다.

① 음식의 개념과 범위는 문화에 따라 다르게 정해질 수 있다.
② 위장의 소화 능력에 따라 식용과 비식용이 구별되는 것은 아니다.
③ 음식과 음식 아닌 것을 구분하는 가장 중요한 기준은 문화적인 성격을 갖는다.
④ 문화마다 음식 개념이 다르니만큼, 음식 문화는 상대적인 성격을 갖는다.
⑤ 사람들은 다른 문화의 낯선 음식에 대해서는 야만적이라고 생각한다.

Q 다음 글을 읽고 아래의 물음에 답하시오. 【67~68】

(가) 판소리의 동서편은 전라도 지방의 지리산 또는 섬진강을 기준으로 운봉, 구례, 순창, 홍덕 등지를 동편이라 하고 광주, 나주, 보성 등지를 서편이라고 한 데서 유래된 것입니다. 그러나 조선 후기에 들어와서 판소리 명창들의 지역 이동이 심해지고 교습 지역의 변동으로 원래의 특성도 희석되고 지역적 연고성도 단절되어 지금은 다만 전승 계보에 따라 그런 특성이 판소리에 일부 남아 있을 뿐입니다.

(나) 즉, 동편제(東便制)나 서편제(西便制)와 같은 소리 유파는 산과 강이 가로막아 교통이 불편하여 지역 간의 교류가 어렵던 시절 때문에 생긴 것입니다. 현재의 판소리를 서편제, 동편제 등으로 구분하는 것 자체가 쓸모없는 일이라는 주장도 있으나 일제 강점기 때만 하더라도 이러한 지역적 특성을 지닌 판소리가 전승되고 있었습니다.

(다) 가령 서편제 소리는 대체로 부드럽게 시작하는 데 반해서, 동편제 소리는 장중하게 시작된다든가, 서편제 소리는 대체로 느리게 끌고 가며 미세한 장식으로 진한 맛을 내는데 반하여, 동편제 소리는 박진감 있게 끌고 가며 윤곽이 뚜렷한 음악성을 구사합니다. 또한 서편제 소리를 꽃과 나무에, 동편제 소리를 봉우리 위에서 달이 뜨는 모습에 비유했습니다. 어떤 사람은 서편제 소리를 '진한 고기 맛'에 동편제 소리를 '채소처럼 담백한 맛'에 비유하기도 합니다.

(라) 1989년에 작고한 명고수 김명환은 "동편 소리는 창으로 큰 고기만 찍어 잡는 격이고, 서편 소리는 손으로 잔고기를 훑어 잡는 격"이라고 말했습니다. 말하자면 서편제 소리는 애조띤 여성의 소리로 시김새의 기교가 뛰어나며 풍부한 음악성으로 아기자기한 느낌을 전달합니다. 이러한 서편 소리는 동편 소리에 비해 대중적인 인기도 높았습니다.

67 다음 위의 글에 대한 내용으로 옳지 않은 것은?

① 동편과 서편을 가르는 경계는 지리산 또는 섬진강이다.
② 서편제는 동편제의 소리에 비해 부드럽고 느리게 끌고 간다.
③ 동편과 서편의 판소리는 현재에도 그 구분이 분명하며 판소리의 양대 흐름으로 독자적 발전을 모색하고 있다.
④ 동편제, 서편제로 구분하는 것 자체가 별로 의미가 없다고 말하는 이도 있다.
⑤ 서편제는 동편제에 비해 대중적인 인기가 높았다.

68 다음 중 위 문단의 구조를 바르게 나타낸 것은?

① (가) − (나)
　　└ (다) − (라)

② (가) − (나) − (라)
　└ (다)

③ (가) − (다) − (라)
　└ (나)

④ (가) − (나) − (다)
　　└ (라)

⑤ (가) − (나) − (다) − (라) − (마)

69 다음 글을 읽고 난 후의 반응으로 적절하지 않은 것은?

> 최고경영자(CEO)는 아무나 할 수 있는 자리가 아니다. 그래서 모든 기업의 CEO가 명망 있는 CEO로 평가받지는 못한다. 이는 그들이 CEO가 갖추어야 할 조건을 갖추지 못했기 때문이다. 대부분 명망 있는 CEO들은 아래와 같은 자세를 가지고 업무에 임했다.
> 첫째, 혁신적인 사고를 가져야 한다. 둘째, 기업의 이익을 사회에 환원해야 한다. 셋째, 윤리성을 가져야 한다. 넷째, 소통의 창구를 열어두어야 한다. 다섯째, 자신의 하는 일에 대해 자신감을 가지고 있어야 한다. CEO는 누구나 될 수 있다. 하지만 누구나 명망이 있는 CEO가 될 수는 없다. 그렇게 되기 위해서 끊임없이 자신을 발전시키기 위해 공부를 해야 하고 변화하기 위한 노력과 혼신의 힘을 다해 조직원을 이끌어 가려는 리더십이 필요하다.

① 척박해지는 국내·외 경영 환경에서 변화하기 위해서는 독창적인 아이디어를 발굴하고 상업화해야겠다.
② A기업 창업자는 노블리스 오블리주를 실천하여 자신의 전 재산을 기부한 것을 보면 올바른 CEO의 자세를 갖추었어.
③ 국내 기업에서 혜택을 누리기 위해서 정치인에게 불법 비자금을 제공하는 행위는 근절되어야 해.
④ 부동산 시장에 나날이 성장해나가는 것은 자금을 투자할 곳이 마땅히 없기 때문이야.
⑤ 세대 간에 불통은 결국 기업의 발전을 저해하겠구나.

70 다음 글에서 밑줄 친 '이것'의 의미로 옳은 것은?

> 디곡신은 대표적으로 울혈성 심부전을 포함하여 심부전의 예방 또는 치료에 사용된다. 하지만 심방에서 자극이 심실로 전달되지 않거나 지연되는 상태의 심장질환인 방실차단 환자나, 심장박동이 시작되는 동결절에서 형성되는 자극이 심방에 전달되지 않는 동방차단 환자, 심방과 심실 사이에서 비정상적인 전기신호 전달통로가 존재하여 빠른 부정맥이 동반되는 선천적 질환인 WPW 증후군 환자 등에게는 투여하지 않는다. <u>이것</u>을 가진 환자가 투여를 한다면 약이 아니라 독약이 될 수 있다.
> 중증의 호흡기질환을 앓고 있는 환자는 약효가 과도하게 발생할 수 있으므로 신중해야하며, 전해질 평형이 깨진 환자나 과용량이 투여된 환자에게서 독성증상이 발생할 수 있다. 유효한 반응을 나타내는 약의 용량에 대한 독성을 일으키는 용량의 비율이 좁기 때문에 혈중농도를 주의 깊게 관찰해야 한다.

① 심부전 발생 예방조치
② 디곡신의 효능
③ 디곡신 투여를 금지하는 질환
④ 약효의 과도한 발생
⑤ 심장질환의 예방법

71 다음 자료를 바탕으로 쓸 수 있는 글의 주제로서 가장 적절한 것은?

- 몸이 조금 피곤하다고 해서 버스나 전철의 경로석에 앉아서야 되겠는가?
- 아무도 다니지 않는 한밤중에 횡단보도 적색신호를 지킨 장애인 운전기사 이야기는 아직까지도 우리에게 감동을 주고 있다.
- 개같이 벌어 정승같이 쓴다는 말이 정당하지 않은 방법까지 써서 돈을 벌어도 좋다는 뜻은 아니다.

① 수단보다는 목적을 중시해야 한다.
② 민주 시민이라면 부조리한 현실을 외면하지 말고 그에 당당히 맞서야 한다.
③ 도덕성을 회복하기 위한 교육은 현대사회 병폐를 치유하는 최선의 방법이다.
④ 인간은 자신의 신념을 지키기 위해 어떤 행위라도 닥치지 않고 해야 한다.
⑤ 개인의 이익과 배치된다 할지라도 사회 구성원이 합의한 규약은 지켜야 한다.

72 다음 글에 활용된 서술 방식과 가장 가까운 것은?

유학자들은 자신이 먼저 인격자가 될 것을 강조하지만 궁극적으로는 자신뿐 아니라 백성 또한 올바른 행동을 할 수 있도록 이끌어야 한다는 생각을 원칙으로 삼는다. 주희도 자신이 명덕(明德)을 밝힌 후에는 백성들도 그들이 지닌 명덕을 밝혀 새로운 사람이 될 수 있도록 가르쳐야 한다고 본다. 백성을 가르쳐 그들을 새롭게 만드는 것이 바로 신민(新民)이다. 주희는 대학을 새로 편찬하면서 고본(古本) 대학의 친민(親民)을 신민(新民)으로 고쳤다. '친(親)'보다는 '신(新)'이 백성을 새로운 사람으로 만든다는 취지를 더 잘 표현한다고 보았던 것이다. 반면 정약용은, 친민을 신민으로 고치는 것은 옳지 않다고 본다. 정약용은 친민을 백성들이 효(孝), 제(弟), 자(慈)의 덕목을 실천하도록 이끄는 것이라 해석한다. 즉 백성들로 하여금 자식이 어버이를 사랑하여 효도하고 어버이가 자식을 사랑하여 자애의 덕행을 실천하도록 이끄는 것이 친민이다. 백성들이 이전과 달리 효, 제, 자를 실천하게 되었다는 점에서 새롭다는 뜻은 있지만 본래 글자를 고쳐서는 안 된다고 보았다.

① 시는 서정시, 서사시, 극시로 나뉜다.
② 소는 식욕의 즐거움조차 냉대할 수 있는 지상 최대의 권태자다.
③ 그의 얼굴은 달걀형이고 귀가 크고 곱슬머리이다.
④ 곤충의 머리에는 겹눈과 홑눈, 더듬이 따위의 감각 기관과 입이 있고, 가슴에는 2쌍의 날개와 3쌍의 다리가 있으며, 배에는 끝에 생식기와 꼬리털이 있다.
⑤ 언어는 사고를 반영한다는 말이 있는데, 그 예로 무지개 색깔을 가리키는 7가지 단어에 의지하여 무지개 색깔도 7가지라 판단한다는 것을 들 수 있다.

73 다음 밑줄 친 부분과 유사한 진술 방식은?

> 언어는 기본적으로 인간 상호 간의 의사소통을 위한 기호체계이다. 모든 기호가 그렇듯이 언어도 전달하고자 하는 내용과 그것을 실어 나르는 형식의 두 가지 요소로 구분된다. 언어의 내용은 의미이며, 형식은 음성이다. 이러한 의미와 음성의 관계는 마치 동전의 앞뒤와 같아서 이 중에서 어느 하나라도 결여되면 언어라고 할 수 없게 된다. 즉 음성만 있고 의미가 없다거나 의미만 있고 음성이 없다면 언어로서 성립할 수가 없게 되는 것이다.

① 분수와 폭포는 영원한 대립자이다. 폭포는 지하를 향해 끝없이 하강하려 하지만, 분수는 천상을 향해 부단히 상승하려고 한다.

② 언어 기호란 하나의 언어 사회에서 어떤 개념을 특정한 소리를 사용하여 지시하자는 약속이다.

③ 광명과 암흑은 정반대의 현상이다. 그러나 광명이 있을 때 비로소 암흑이 생겨난다. 촛불로 인해 찾아온 광명은 암흑을 내쫓는 것이 아니라 거꾸로 촛불 밑에 암흑을 불러들인다.

④ 이는 딱딱하고 혀는 부드럽다. 이는 음식을 씹되 그 맛을 모르고, 혀는 맛볼 수는 있으되 맛이 우러나게 씹을 수는 없다.

⑤ 곤충은 머리, 가슴, 배의 세 부분으로 나눌 수 있다.

74 다음의 글을 통해 알 수 있는 대한민국 영역 외에 있는 외국인에게 「형법」이 적용되는 죄는?

> 「형법」 제1조는 범죄의 성립과 처벌이다. 범죄의 성립과 처벌은 행위 시의 법률에 따른다, 범죄 후 법률이 변경되어 그 행위가 구성하지 아니하게 되거나 형이 구법(舊法)보다 가벼워진 경우에는 신법(新法)에 따른다, 재판이 확정된 후 법률이 변경되어 그 행위가 범죄를 구성하지 아니하게 된 경우에는 형의 집행을 면제한다 이 세 가지가 제1조에 해당한다. 「형법」은 대한민국 영역 내에 죄를 범한 내국인과 외국인에게 적용한다. 또한 대한민국 영역 외에서 죄를 범한 내국인에게도 적용된다. 대한민국 영역 외에서 죄를 범한 외국인에게도 「형법」이 적용되기도 한다. 내란의 죄, 외환의 죄, 국기에 관한 죄, 통화에 관한 죄, 유가증권 · 우표와 인지에 관한 죄 등의 죄를 범한 외국인이다.

① 형사미성년자가 저지른 강도상해

② 미성년자 살인에 관한 죄

③ 시기를 방조한 죄

④ 대한민국을 모욕할 목적으로 국기를 손상한 죄

⑤ 인터넷에 자국 비방 글을 올린 죄

75 다음 문장들을 논리적 순서로 배열할 때 가장 적절한 것은?

> ㉠ 이는 말레이 민족 위주의 우월적 민족주의 경향이 생기면서 문화적 다원성을 확보하는 데 뒤쳐진 경험을 갖고 있는 말레이시아의 경우와 대비되기도 한다.
> ㉡ 지금과 같은 세계화 시대에 다원주의적 문화 정체성은 반드시 필요한 것이기 때문에 이러한 점은 긍정적이다.
> ㉢ 영어 공용화 국가의 상황을 긍정적 측면에서 본다면, 영어 공용화 실시는 인종 중심적 문화로부터 탈피하여 다원주의적 문화 정체성을 수립하는 계기가 될 수 있다.
> ㉣ 그러나 영어 공용화 국가는 모두 다민족 다언어 국가이기 때문에 한국과 같은 단일 민족 단일 모국어 국가와는 처한 환경이 많이 다르다.
> ㉤ 특히, 싱가포르인들은 영어를 통해 국가적 통합을 이룰 뿐만 아니라 다양한 민족어를 수용함으로써 문화적 다원성을 일찍부터 체득할 수 있는 기회를 얻고 있다.

① ㉢ - ㉤ - ㉣ - ㉠ - ㉡
② ㉢ - ㉡ - ㉠ - ㉤ - ㉣
③ ㉢ - ㉤ - ㉡ - ㉣ - ㉠
④ ㉢ - ㉡ - ㉤ - ㉠ - ㉣
⑤ ㉢ - ㉡ - ㉤ - ㉣ - ㉠

76 밑줄 친 부분의 문맥적 의미로 가장 적절한 것은?

> 방화로 추정되는 산불이 연쇄적으로 발생했다. 최근 10년 전부터 이 산에서는 산불이 발생한 수는 0건이었지만, 3년 전부터 한건씩 늘더니 올해는 6건으로 늘어났다. 이 지역에서 오랜 시간 살았던 주민들은 이 사건은 자연적으로 발생한 불이 아니라 방화범의 소행이라고 생각하면서 <u>눈에 불꽃을 튀면서</u> 이야기했다. 산불로 주변 민가가 피해를 입었으며, 등산객이 미처 빠져나오지 못하여 목숨을 잃은 경우가 생겨났다. 경찰서에는 폐쇄회로(CCTV) 분석과 수사를 시작하였고 산불발생지에서 소방서와 함께 합동조사를 벌일 것이라 밝혔다. 주민들이 공익신고자에게는 포상금까지 주겠다며 나서면서 방화범 검거를 위해 총력을 다하고 있다.

① 경찰에게 무죄를 격렬하게 주장했다.
② 어떻게든 범인을 잡겠다는 의지를 불태웠다.
③ 무고(誣告)한 사람에게 강한 증오심을 품었다.
④ 피해를 숨기기 위해 거짓말을 하고 있다.
⑤ 자신의 잘못이 밝혀져 당황스러웠다.

77 다음 글의 목적으로 알맞은 것은?

> 우리는 실력 있고 당당한 경찰이 될 것임을 지향합니다. 국민이 신뢰하는 안심 공동체가 될 것입니다. 국민 모두가 걱정과 불안에 떨지 않고 안심하면서 생활을 지속할 수 있는 사회를 만들기 위해서 불철주야 열심히 뛰어다닐 것입니다. 국민의 눈높이에 서서 국민 여러분들의 목소리에 귀를 기울이겠습니다. 소통의 창구를 열어 국민 여러분들의 이야기를 듣겠습니다.

① 필자의 지식이나 정보를 독자에게 전달한다.
② 독자에게 신뢰를 주기 위해 다짐을 전달한다.
③ 독자에게 재미와 흥미를 유발시킨다.
④ 필자 자신의 체험을 독자에게 공감케 한다.
⑤ 독자의 생각이나 행동의 변화를 촉구한다.

자료해석 04

≫ 정답 및 해설 p.385

Q 다음 제시된 숫자의 배열을 보고 규칙을 찾아 빈칸에 들어갈 알맞은 숫자를 고르시오. 【01~03】

01

1　4　8　13　19　26　34　( )

① 40　② 41
③ 42　④ 43

02

1　3　6　4　8　32　28　34　204　( )

① 195　② 196
③ 197　④ 198

03

6　8　12　2　( )　−4　24

① 16　② 17
③ 18　④ 19

04 다음과 같은 규칙으로 자연수를 3부터 차례로 나열할 때, 27이 몇 번째에 처음 나오는가?

3, 6, 6, 9, 9, 9, 12, 12, 12, 12, 15, 15, 15, 15, 15, …

① 35
② 37
③ 39
④ 41

05 다음과 같은 규칙으로 자연수를 1부터 차례로 나열할 때, 12번째에 나오는 수는?

1, 3, 6, 8, 16, 18, 36, 38, …

① 158
② 159
③ 160
④ 161

06 가은이와 수연이를 포함한 친구 6명이 식사 값을 내는데 가은이가 18,000원, 수연이가 21,000원을 내고 나머지 다른 친구들이 같은 값으로 나누어 냈을 때, 6명 평균 10,000원을 낸 것이 된다면 나머지 친구 중 한 명이 낸 값은?

① 5,100원
② 5,120원
③ 5,200원
④ 5,250원

07 어떤 일을 하는데 정빈이는 18일, 수인이는 14일이 걸린다. 처음에는 정빈이 혼자서 3일 동안 일하고, 그 다음은 정빈이와 수인이가 같이 일을 하다가 마지막 하루는 수인이만 일하여 일을 끝냈다. 정빈이와 수인이가 같이 일한 기간은 며칠인가?

① 4일
② 5일
③ 6일
④ 7일

08 갑, 을, 병은 각각 640원, 760원, 1,100원의 저금을 가지고 있다. 매주 갑이 240원, 을이 300원, 병이 220원씩 더 저축한다고 하면, 갑과 을의 저축액의 합이 병의 저축액의 2배가 되는 것은 몇 주 후인가?

① 6주
② 7주
③ 8주
④ 9주

09 부피가 210㎤, 높이가 7㎝, 밑면의 가로의 길이가 세로의 길이보다 13㎝ 긴 직육면체가 있다. 이 직육면체의 밑면의 세로의 길이는?

① 2㎝
② 4㎝
③ 6㎝
④ 8㎝

10 지우개 5개와 연필 8개를 구매하기 위해 6,700원이 필요하고, 지우개 2개와 연필 11개를 구매하기 위해 5,800원이 필요하다. 이 때, 10,000원으로 최대한 많은 수의 지우개를 구매하고 남은 금액으로 연필을 구매한다면, 구매할 수 있는 연필의 수는?

① 0개
② 1개
③ 2개
④ 3개

11 오후 1시 36분에 사무실을 나와 분속 70m의 일정한 속도로 서울역까지 걸어가서 20분간 내일 부산 출장을 위한 승차권 예매를 한 뒤, 다시 분속 50m의 일정한 속도로 걸어서 사무실에 돌아와 시계를 보니 2시 32분이었다. 이때 걸은 거리는 모두 얼마인가?

① 1,050m　② 1,500m
③ 1,900m　④ 2,100m

12 한 학년에 세 반이 있는 학교가 있다. 학생수가 A반은 20명, B반은 30명, C반은 50명이다. 수학 점수 평균이 A반은 70점, B반은 80점, C반은 60점일 때, 이 세 반의 평균은 얼마인가?

① 62점　② 64점
③ 66점　④ 68점

13 길이가 300m인 화물열차가 어느 다리를 건너는 데 60초가 걸리고, 길이가 150m인 새마을호는 이 다리를 화물열차의 2배의 속력으로 27초 안에 통과한다. 이 때, 다리의 길이는?

① 1km　② 1.2km
③ 1.4km　④ 1.5km

14 축척이 $\frac{1}{500}$인 축도에서 가로가 4cm, 세로가 5cm인 직사각형 모양의 땅이 있다. 이 땅의 실제 넓이는?

① 200㎠　② 200㎡
③ 500㎠　④ 500㎡

15 10개의 제비 중 3개의 당첨 제비가 들어있다. 세 명이 순서대로 제비를 뽑을 때, 적어도 한 명은 당첨될 확률은? (단, 뽑은 제비는 다시 넣지 않는다)

① $\frac{5}{12}$　　② $\frac{7}{12}$

③ $\frac{2}{3}$　　④ $\frac{17}{24}$

16 다음은 2012년부터 2019년까지 초, 중, 고등학생의 사교육 참여율 및 참여시간에 관한 자료이다. 이에 대한 설명으로 옳은 것은?

(단위 : %, 시간)

	계		초등학교		중학교		고등학교	
	참여율	참여시간	참여율	참여시간	참여율	참여시간	참여율	참여시간
2012	69.4	6.0	80.9	7.0	70.6	6.6	50.7	3.9
2013	68.8	5.9	81.8	6.9	69.5	6.5	49.2	3.8
2014	68.6	5.8	81.1	6.6	69.1	6.5	49.5	4.0
2015	68.8	5.7	80.7	6.4	69.4	6.4	50.2	4.1
2016	67.8	6.0	80.0	6.8	63.8	6.2	52.4	4.6
2017	71.2	6.1	82.7	6.7	67.4	6.4	55.9	4.9
2018	72.8	6.2	82.5	6.5	69.6	6.5	58.5	5.3
2019	74.8	6.5	83.5	6.8	71.4	6.8	61.0	5.7

① 2013년과 2015년의 전체 사교육 참여율 및 참여시간이 같다.
② 2016년부터 2018년까지 초등학생의 사교육 참여시간은 늘어나고 있다.
③ 2013년과 2014년 중학생의 사교육 참여율은 같지만 참여시간은 다르다.
④ 2013년부터 고등학생의 사교육 참여율 및 참여시간이 지속적으로 증가하고 있다.

17 다음은 직업군에 따라 월별 국내여행 일수를 나타낸 표이다. 다음 설명 중 옳지 않은 것은?

(단위 : 천일)

직업군	1월	2월	3월	4월	5월	6월	7월	8월
사무전문직	12,604	14,885	11,754	11,225	10,127	11,455	14,629	14,826
기술 · 생산 · 노무직	3,998	6,311	3,179	3,529	4,475	3,684	4,564	3,655
판매서비스직	5,801	8,034	6,041	4,998	5,497	5,443	7,412	8,082
자영업	7,300	8,461	6,929	6,180	7,879	6,517	8,558	9,659
학생	3,983	6,209	3,649	4,126	4,154	3,763	4,417	5,442
주부	7,517	10,354	7,346	6,053	6,528	6,851	6,484	7,877
무직 · 은퇴	2,543	2,633	3,005	2,335	2,703	2,351	2,012	2,637

① 사무전문직에 종사하는 사람들의 월별 국내여행 일수는 지속적으로 증가하고 있다.

② 판매서비스직에 종사하는 사람들의 국내여행 일수는 4월보다 5월이 많다.

③ 사무전문직의 4월 국내여행 일수는 같은 달 무직 · 은퇴인 사람들의 비해 4배 이상 많다.

④ 자영업의 경우 6월부터 지속적으로 국내여행 일수가 증가하고 있다.

18 다음 표는 A백화점의 판매비율 증가를 나타낸 것으로 전체 평균 판매증가비율과 할인기간의 판매증가비율을 구분하여 표시한 것이다. 주어진 조건을 고려할 때 A~F에 해당하는 순서대로 차례로 나열한 것은?

구분 월별	A		B		C		D		E		F	
	전체	할인	전체	할인	전체	할인	전체	할인	전체	할인	전체	할인
1	20.5	30.9	15.1	21.3	32.1	45.3	25.6	48.6	33.2	22.5	31.7	22.5
2	19.3	30.2	17.2	22.1	31.5	41.2	23.2	33.8	34.5	27.5	30.5	22.9
3	17.2	28.7	17.5	12.5	29.7	39.7	21.3	32.9	35.6	29.7	30.2	27.5
4	16.9	27.8	18.3	18.9	26.5	38.6	20.5	31.7	36.2	30.5	29.8	28.3
5	15.3	27.7	19.7	21.3	23.2	36.5	20.3	30.5	37.3	31.3	27.5	27.2
6	14.7	26.5	20.5	23.5	20.5	33.2	19.5	30.2	38.1	39.5	26.5	25.5

㉠ 의류, 냉장고, 보석, 핸드백, TV, 가구에 대한 표이다.
㉡ 가구는 1월에 비해 6월에 전체 평균 판매증가비율이 높아졌다.
㉢ 냉장고는 3월을 제외하고는 할인기간의 판매증가비율이 전체 평균 판매증가비율보다 크다.
㉣ 핸드백은 할인기간의 판매증가비율보다 전체 평균 판매증가비율이 더 크다.
㉤ 1월과 6월을 비교할 때 의류는 전체 평균 판매증가비율의 감소가 가장 크다.
㉥ 보석은 1월에 전체 평균 판매증가비율과 할인기간의 판매증가비율의 차이가 가장 크다.

① TV − 의류 − 보석 − 핸드백 − 가구 − 냉장고
② TV − 냉장고 − 의류 − 보석 − 가구 − 핸드백
③ 의류 − 보석 − 가구 − 냉장고 − 핸드백 − TV
④ 의류 − 냉장고 − 보석 − 가구 − 핸드백 − TV

19 다음 표는 경기도 10개 시의 유형별 문화유산 보유건수 현황에 대한 자료이다. 이에 대한 설명으로 옳은 것은?

(단위 : 건)

시 \ 유형	국가지정문화재	지방지정문화재	문화재 자료	등록문화재	합
용인시	64	36	16	4	120
여주시	24	32	11	3	70
고양시	16	35	11	7	69
안성시	13	42	13	0	68
남양주시	18	34	11	4	67
파주시	14	28	9	12	63
성남시	36	17	3	3	59
화성시	14	26	9	0	49
수원시	14	24	8	2	48
양주시	11	19	9	0	39
전체	224	293	100	35	652

※ 문화유산은 국가 지정 문화재, 지방 지정 문화재, 문화재 자료, 등록 문화재로만 구성된다.

① 파주시 문화유산 보유건수 합은 전체 문화유산 보유건수 합의 10% 이하이다.
② 유형별 전체 보유건수가 가장 많은 문화유산은 국가지정문화재이다.
③ 등록 문화재를 보유한 시는 6개이다.
④ 문화재 자료 보유건수가 가장 많은 시는 안성시다.

20 다음은 Y지역의 연도별 65세 기준 인구의 분포를 나타낸 자료이다. 이에 대한 올바른 해석은 어느 것인가?

구분	인구 수(명)		
	계	65세 미만	65세 이상
2015년	66,557	51,919	14,638
2016년	68,270	53,281	14,989
2017년	150,437	135,130	15,307
2018년	243,023	227,639	15,384
2019년	325,244	310,175	15,069
2020년	465,354	450,293	15,061
2021년	573,176	557,906	15,270
2022년	659,619	644,247	15,372

① 전체 인구수는 매년 지속적으로 증가하였다.

② 65세 이상 인구수는 매년 지속적으로 증가하였다.

③ 65세 이상 인구수는 매년 전체의 5% 이상이다.

④ 전년 대비 65세 이상 인구수가 가장 많이 변화한 3개 연도는 2016년, 2017년, 2021년이다.

Ⓠ 다음은 결혼이민자의 국적과 성별 현황을 나타낸 표이다. 다음 물음에 답하시오. 【21~22】

(단위 : 명)

구분＼국적	계	중국	베트남	일본	필리핀	태국	캄보디아	미국	기타
전체	167,860	60,505	44,951	14,252	12,099	5,353	4,731	3,940	22,029
	100%	36.0%	26.8%	8.5%	7.2%	3.2%	2.8%	(　)%	13.1%
남자	29,282 (17.4%)	13,620	2,885	1,216	474	102	402	2,825	7,758
여자	138,578 (82.6%)	46,885	42,066	13,036	11,625	5,251	4,329	1,115	14,271

21 다음 중 표에 대한 설명으로 옳지 않은 것은?

① 전체 결혼이민자에서 일본 국적이 필리핀 국적보다 많다.
② 결혼이민자 중 중국 국적 남자의 수는 캄보디아 국적 여자 수의 3배보다 작다.
③ 전체 결혼이민자 중에서 여자가 차지하는 비중은 80%가 넘는다.
④ 일본, 필리핀, 기타 국적 여자의 수를 더한 값은 베트남 국적 여자의 수보다 작다.

22 다음 중 전체 결혼이민자에서 미국 국적이 차지하는 비율은? (소수점 둘째 자리에서 반올림)

① 1.9
② 2.1
③ 2.3
④ 3.1

Q 인터넷 쇼핑몰에서 회원가입을 하고 무선 이어폰을 구매하려고 한다. 다음은 구매하고자 하는 모델에 대하여 인터넷 쇼핑몰 세 곳의 가격과 조건을 조사한 표이다. 물음에 답하여라. 【23~24】

구분	A 쇼핑몰	B 쇼핑몰	C 쇼핑몰
정상가격	129,000원	131,000원	130,000원
회원혜택	7,000원 할인	3,500원 할인	7% 할인
할인쿠폰	5% 쿠폰	3% 쿠폰	5,000원
중복할인여부	불가	가능	불가
배송비	2,000원	무료	2,500원

23 표에 있는 모든 혜택을 적용하였을 때, 무선 이어폰의 배송비를 포함한 실제 구매가격을 바르게 비교한 것은?

① $A < B < C$
② $B < C < A$
③ $C < A < B$
④ $C < B < A$

24 무선 이어폰의 배송비를 포함한 실제 구매가격이 가장 비싼 쇼핑몰과 가장 싼 쇼핑몰 간의 가격 차이는?

① 550원
② 600원
③ 650원
④ 700원

Ⓠ 다음은 국가별의 총부양비 및 노령화 지수(단위 : %)를 나타낸 표이다. 물음에 답하시오. 【25~27】

국가별	인구			총부양비		노령화 지수
	0~14세	15~64세	65세 이상	유년	노년	
A국	16.2	72.9	11.0	22	15	67.7
B국	13.2	64.2	22.6	21	35	171.1
C국	26.4	67.6	6.0	39	9	22.6
D국	16.3	69.6	14.1	23	20	86.6
E국	27.9	65.5	6.6	43	10	23.5
F국	20.2	66.8	13.0	30	19	64.1
G국	22.3	68.5	9.2	32	13	41.5
H국	14.7	67.7	17.6	22	26	119.2
I국	16.7	65.8	17.4	25	26	103.9
J국	18.0	65.3	16.7	28	26	92.5
K국	16.6	66.3	17.2	25	26	103.8
L국	18.4	64.6	17.0	28	26	92.3
M국	13.4	66.2	20.5	20	31	153.3
N국	14.2	67.5	18.3	21	27	128.9
O국	20.8	67.9	11.4	31	17	57.7
P국	17.6	67.0	15.4	26	23	87.1
Q국	14.8	71.7	13.5	21	19	91.5
R국	15.2	67.6	17.3	22	26	113.7
S국	17.4	66.0	16.6	26	25	95.5

25 65세 이상 인구 비율이 다른 나라에 비해 높은 국가를 큰 순서대로 차례로 나열한 것은?

① B국, N국, M국　② B국, M국, N국

③ B국, S국, N국　④ B국, N국, S국

26 위 표에 대한 설명으로 옳지 않은 것은?

① 장래 노년층을 부양해야 되는 부담이 가장 큰 나라는 B국이다.
② 위에서 제시된 국가 중 세 번째로 노령화 지수가 큰 나라는 M국이다.
③ O국는 국가 중에서 노년층 부양 부담이 가장 적은 나라이다.
④ 0~14세 인구 비율이 가장 낮은 나라는 N국이다.

27 노령화 지수는 15세 미만 인구 대비 65세 이상 노령인구의 백분율로 인구의 노령화 정도를 나타내는 지표이다. A국 15세 미만 인구가 890만 명일 때, 65세 이상 노령인구는 몇 명인가?

① 6,025,300명
② 5,982,350명
③ 4,598,410명
④ 3,698,560명

28 다음은 우리 국민이 가장 좋아하는 산 및 등산 횟수에 관한 설문조사 결과이다. 다음 설명 중 적절하지 않은 것은?

〈표1〉 우리 국민이 가장 좋아하는 산

산 이름	설악산	지리산	북한산	관악산	기타
비율(%)	38.9	17.9	7.0	5.8	30.4

〈표2〉 우리 국민의 등산 횟수

횟수	주 1회 이상	월 1회 이상	분기 1회 이상	연 1~2회	기타
비율(%)	16.4	23.3	13.1	29.8	17.4

① 우리 국민이 가장 좋아하는 산 중 선호도가 높은 2개의 산에 대한 비율은 50% 이상이다.
② 설문조사에서 설악산을 좋아한다고 답한 사람은 지리산, 북한산, 관악산을 좋아한다고 답한 사람보다 더 많다.
③ 우리 국민의 80% 이상은 일 년에 최소한 1번 이상 등산을 한다.
④ 우리 국민들 중 가장 많은 사람들이 월 1회 정도 등산을 한다.

Q 다음은 A 해수욕장의 입장객을 연령 · 성별로 구분한 것이다. 물음에 답하시오. (단, 소수 둘째자리에서 반올림한다) 【29~30】

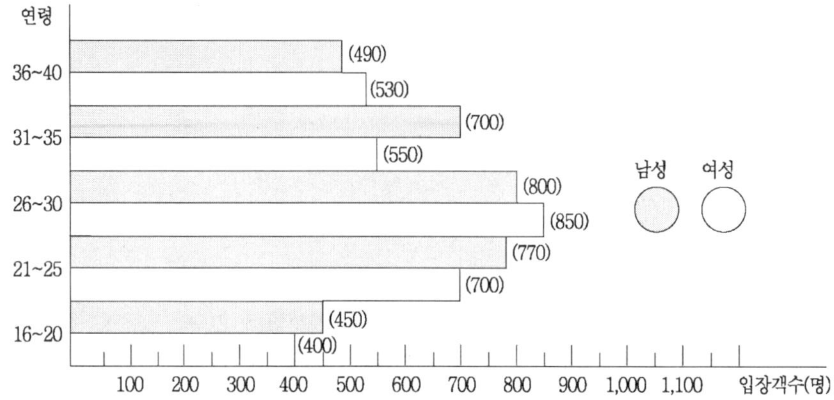

29 21~25세의 여성 입장객이 전체 여성 입장객에서 차지하는 비율은 몇 % 인가?

① 22.5%
② 23.1%
③ 23.5%
④ 24.1%

30 다음 설명 중 옳지 않은 것은?

① 전체 남성 입장객의 수는 3,210명이다.
② 26~30세의 여성 입장객이 가장 많다.
③ 21~25세는 여성 입장객의 비율보다 남성 입장객의 비율이 더 높다.
④ 26~30세 여성 입장객수는 전체 여성 입장객수의 18%이다.

Ⓠ 다음은 우체국 택배물 취급에 관한 기준표이다. 표를 보고 물음에 답하시오. 【31~33】

(단위 : 원/개당)

중량(크기)		2kg까지 (60cm까지)	5kg까지 (80cm까지)	10kg까지 (120cm까지)	20kg까지 (140cm까지)	30kg까지 (160cm까지)
동일지역		4,000원	5,000원	6,000원	7,000원	8,000원
타지역		5,000원	6,000원	7,000원	8,000원	9,000원
제주지역	빠른(항공)	6,000원	7,000원	8,000원	9,000원	11,000원
	보통(배)	5,000원	6,000원	7,000원	8,000원	9,000원

※ 1) 중량이나 크기 중에 하나만 기준을 초과하여도 초과한 기준에 해당하는 요금을 적용함.
2) 동일지역은 접수지역과 배달지역이 동일한 시/도이고, 타지역은 접수한 시/도지역 이외의 지역으로 배달되는 경우를 말한다.
3) 부가서비스(안심소포) 이용시 기본요금에 50% 추가하여 부가됨.

31 미영이는 서울에서 포항에 있는 보람이와 설희에게 각각 택배를 보내려고 한다. 보람이에게 보내는 물품은 10kg에 130cm이고, 설희에게 보내려는 물품은 4kg에 60cm이다. 미영이가 택배를 보내는데 드는 비용은 모두 얼마인가?

① 13,000원 ② 14,000원
③ 15,000원 ④ 16,000원

32 설희는 서울에서 빠른 택배로 제주도에 있는 친구에게 안심소포를 이용해서 18kg짜리 쌀을 보내려고 한다. 쌀 포대의 크기는 130cm일 때, 설희가 지불해야 하는 택배 요금은 얼마인가?

① 19,500원 ② 16,500원
③ 15,500원 ④ 13,500원

33 ㉠ 타지역으로 15kg에 150cm 크기의 물건을 안심소포로 보내는 가격과 ㉡ 제주지역에 보통 택배로 8kg에 100cm 크기의 물건을 보내는 가격을 각각 바르게 적은 것은?

	㉠	㉡		㉠	㉡
①	13,500원	7,000원	②	13,500원	6,000원
③	12,500원	7,000원	④	12,500원	6,000원

Ⓠ 다음 자료를 보고 이어지는 물음에 답하시오. 【34~36】

〈가정용 정화조에서 수집한 샘플의 수중 질소 성분 농도〉

(단위 : mg/L)

항목 / 샘플	총질소	암모니아성 질소	질산성 질소	유기성 질소	TKN
A	46.24	14.25	2.88	29.11	43.36
B	37.38	6.46	(㉠)	25.01	( )
C	40.63	15.29	5.01	20.33	35.62
D	54.38	( )	( )	36.91	49.39
E	41.42	13.92	4.04	23.46	37.38
F	(㉡)	( )	5.82	( )	34.51
G	30.73	5.27	3.29	22.17	27.44
H	25.29	12.84	( )	7.88	20.72
I	( )	5.27	1.12	35.19	40.46
J	38.82	7.01	5.76	26.05	33.06
평균	39.68	( )	4.34	( )	35.34

※ 총질소 농도 = 암모니아성 질소 농도 + 질산성 질소 농도 + 유기성 질소 농도

※ TKN 농도 = 암모니아성 질소 농도 + 유기성 질소 농도

34 다음 표의 ㉠, ㉡에 들어갈 숫자로 알맞은 것은?

	㉠	㉡
①	5.81	37.85
②	5.81	38.53
③	5.91	40.33
④	5.91	42.15

35 다음 중 위의 자료에 대한 올바른 설명을 고른 것은?

① 샘플 B의 TKN 농도는 30mg/L 이상이다.
② 샘플 A의 총질소 농도는 샘플 I의 총질소 농도보다 낮다.
③ 샘플 B의 질산성 질소 농도는 샘플 D의 질산성 질소 농도보다 낮다.
④ 샘플 F는 암모니아성 질소 농도가 유기성 질소 농도보다 높다.

36 각각의 샘플 중 총질소 농도와 질산성 질소 농도 모두 평균값보다 낮은 샘플의 수는 몇 개인가?

① 0개
② 1개
③ 2개
④ 3개

Q 다음 자료를 보고 이어지는 물음에 답하시오. 【37~38】

〈전기자동차 충전요금 산정기준〉

월 기본요금(원)	전력량 요율(원/kWh)			
	계절 / 시간대	여름(6~8월)	봄(3~5월), 가을(9~10월)	겨울(1~2월, 11~12월)
2,390	경부하	57.6	58.7	80.7
	중간부하	145.3	70.5	128.2
	최대부하	232.5	75.4	190.8

※ 월 충전요금(원) = 월 기본요금
+(경부하 시간대 전력량 요율 × 경부하 시간대 충전 전력량)
+(중간부하 시간대 전력량 요율 × 중간부하 시간대 충전 전력량)
+(최대부하 시간대 전력량 요율 × 최대부하 시간대 충전 전력량)

※ 월 충전요금은 해당 월 1일에서 말일까지의 충전 전력량을 사용하여 산정한다.

※ 1시간에 충전되는 전기자동차의 전력량은 5 kWh이다.

〈계절별 부하 시간대〉

계절 / 시간대	여름(6~8월)	봄(3~5월), 가을(9~10월)	겨울(1~2월, 11~12월)
경부하	00 : 00 ~ 09 : 00 23 : 00 ~ 24 : 00	00 : 00 ~ 09 : 00 23 : 00 ~ 24 : 00	00 : 00 ~ 09 : 00 23 : 00 ~ 24 : 00
중간부하	09 : 00 ~ 10 : 00 12 : 00 ~ 13 : 00 17 : 00 ~ 23 : 00	09 : 00 ~ 10 : 00 12 : 00 ~ 13 : 00 17 : 00 ~ 23 : 00	09 : 00 ~ 10 : 00 12 : 00 ~ 17 : 00 20 : 00 ~ 22 : 00
최대부하	10 : 00 ~ 12 : 00 13 : 00 ~ 17 : 00	10 : 00 ~ 12 : 00 13 : 00 ~ 17 : 00	10 : 00 ~ 12 : 00 17 : 00 ~ 20 : 00 22 : 00 ~ 23 : 00

37 다음 자료를 참고할 때 옳은 설명은?

① 모든 시간대에서 봄, 가을의 전력량 요율이 가장 낮다.
② 월 100 kWh를 충전했을 때 월 충전요금의 최댓값과 최솟값 차이는 16,000원 이하이다.
③ 중간부하 시간대의 총 시간은 6월 1일과 12월 1일이 동일하다.
④ 22시 30분의 전력량 요율이 가장 높은 계절은 여름이다.

38 다음 〈보기〉에서 충전 요금의 총합(㉠ + ㉡)은 얼마인가?

〈보기〉

㉠ 12월 중간부하 시간대에만 100 kWh를 충전한 월 충전요금
㉡ 6월 경부하 시간대에만 100 kWh를 충전한 월 충전요금

① 22,430원
② 22,850원
③ 23,120원
④ 23,360원

Q 다음 자료를 보고 이어지는 물음에 답하시오. 【39~40】

〈범죄 피의자 처리 현황〉

(단위 : 명)

구분 연도	처리	처리 결과		기소 유형	
		기소	불기소	정식재판 기소	약식재판 기소
2018년	33,654	14,205	(　)	(　)	12,239
2019년	26,397	10,962	15,435	1,972	(　)
2020년	28,593	12,287	(　)	(　)	10,050
2021년	31,096	12,057	19,039	2,619	(　)
2022년	38,152	(　)	(　)	3,513	10,750

※ 모든 범죄 피의자는 당해년도에 처리된다.

※ 범죄 피의자에 대한 처리 결과는 기소와 불기소로만 구분되며, 기소 유형은 정식재판기소와 약식재판기소로만 구분된다.

※ 기소율(%)= $\frac{\text{기소 인원}}{\text{처리 인원}} \times 100$

39 다음 자료에 대한 설명으로 옳은 것은?

① 2019년 이후 처리 인원이 전년대비 증가한 연도에는 기소 인원도 전년대비 증가한다.

② 2021년 불기소 인원은 2022년보다 많다.

③ 처리 인원 중 정식재판기소 인원과 약식재판기소 인원의 합이 차지하는 비율은 매년 50% 미만이다.

④ 2018년 불기소 인원은 정식재판기소 인원의 10배 이상이다.

40 연도별 기소율이 높은 순서대로 배열한 것은? (단, 계산 값은 소수점 둘째 자리에서 반올림한다)

① 2020년 – 2021년 – 2018년 – 2019년 – 2022년

② 2020년 – 2018년 – 2022년 – 2019년 – 2021년

③ 2020년 – 2018년 – 2019년 – 2022년 – 2021년

④ 2020년 – 2018년 – 2019년 – 2021년 – 2022년

Ⓠ 다음 자료를 보고 이어지는 물음에 답하시오. 【41~43】

〈테크분야 특허등록건수 상위 10개국의 국가별 영향력지수와 기술력지수〉

구분 / 국가	특허등록건수(건)	영향력지수	기술력지수
미국	500	(㉠)	600.0
일본	269	1.0	269.0
독일	(㉡)	0.6	45.0
한국	59	0.3	17.7
네덜란드	(㉢)	0.8	24.0
캐나다	22	(㉣)	30.8
이스라엘	17	0.6	10.2
태국	14	0.1	1.4
프랑스	13	0.3	3.9
핀란드	9	0.7	6.3

※ 해당국가의 기술력지수 = 해당국가의 특허등록건수 × 해당국가의 영향력지수

※ 해당국가의 영향력지수 = $\frac{\text{해당국가의 피인용비}}{\text{전세계 피인용비}}$

※ 해당국가의 피인용비 = $\frac{\text{해당국가의 특허피인용건수}}{\text{해당국가의 특허등록건수}}$

※ 테크분야의 전 세계 피인용비는 10이다.

41 다음 자료의 ㉠~㉣에 들어갈 수로 옳지 않은 것은?

① ㉠ - 1.2
② ㉡ - 75
③ ㉢ - 30
④ ㉣ - 1.3

42 다음 중 위의 자료에 대한 올바른 설명은?

① 캐나다의 영향력지수는 미국의 영향력지수보다 작다.
② 프랑스와 태국의 특허피인용건수의 차이는 프랑스와 핀란드의 특허피인용건수의 차이보다 크다.
③ 특허등록건수 상위 10개국 중 한국의 특허피인용건수는 네 번째로 많다.
④ 피인용비가 가장 높은 국가는 미국이다.

43 한국, 네덜란드, 캐나다, 이스라엘 4개 국가를 특허피인용건수가 많은 순서부터 차례대로 나열한 것은?

① 네덜란드-한국-캐나다-이스라엘
② 네덜란드-캐나다-이스라엘-한국
③ 캐나다-한국-네덜란드-이스라엘
④ 캐나다-네덜란드-한국-이스라엘

Q 다음은 아동 · 청소년의 인구변화에 관한 표이다. 물음에 답하시오. 【44~45】

(단위 : 명)

연령 \ 연도	2010년	2015년	2020년
전체 인구	44,553,710	45,985,289	47,041,434
0~24세	18,403,373	17,178,526	15,748,774
0~9세	6,523,524	6,574,314	5,551,237
10~24세	11,879,849	10,604,212	10,197,537

44 다음 중 비율이 가장 높은 것은?

① 2010년의 전체 인구 중에서 0~24세 사이의 인구가 차지하는 비율
② 2015년의 0~24세 인구 중에서 10~24세 사이의 인구가 차지하는 비율
③ 2020년의 전체 인구 중에서 0~24세 사이의 인구가 차지하는 비율
④ 2010년의 0~24세 인구 중에서 10~24세 사이의 인구가 차지하는 비율

45 다음 중 표에 관한 설명으로 가장 적절한 것은?

① 전체 인구수가 증가하는 이유는 0~9세 아동 인구 때문이다.
② 전체 인구 중 25세 이상보다 24세 이하의 인구수가 많다.
③ 전체 인구 중 10~24세 사이의 인구가 차지하는 비율은 변화가 없다.
④ 전체 인구 중 24세 이하의 인구가 차지하는 비율이 지속적으로 감소하고 있다.

46 다음 표는 어느 학생의 시험성적을 월별로 표시한 것이다. 표를 보고 유추한 내용으로 옳지 않은 것은?

월	1	2	3	4	5	6	7	8	9	10	11	12
국어(점)	72	75	79	89	92	87	87	81	78	76	84	86
수학(점)	93	97	100	100	82	84	85	76	89	91	94	84

① 두 과목 평균이 가장 높은 달은 4월이다.
② 두 과목 평균이 가장 낮은 달은 9월이다.
③ 6월은 5월에 비해 평균이 1.5점 떨어졌다.
④ 평균이 세 번째로 높은 달은 11월이다.

Q 다음은 60대 인구의 여가활동 목적추이를 나타낸 표(단위 : %)이고, 그래프는 60대 인구의 여가활동 특성(단위 : %)에 관한 것이다. 자료를 보고 물음에 답하시오. 【47~48】

연도	2020년	2021년	2022년
개인의 즐거움	21	22	19
건강	26	31	31
스트레스 해소	11	7	8
마음의 안정과 휴식	15	15	13
시간 때우기	6	6	7
자기발전 자기계발	6	4	4
대인관계	14	12	12
자아실현 자아만족	2	2	4
가족친목	0	0	1
정보습득	0	0	0

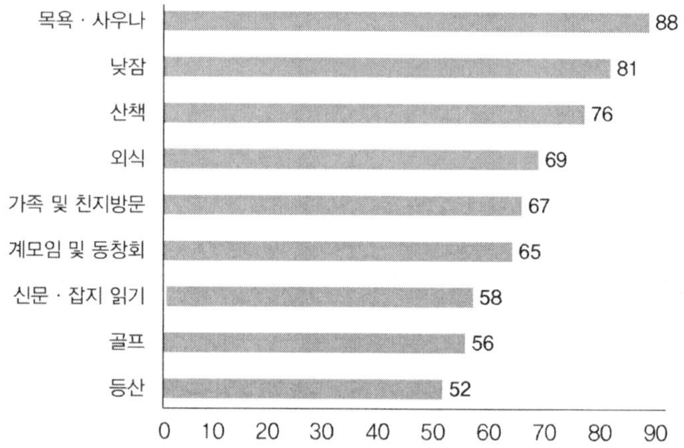

47 위의 자료에 대한 설명으로 올바른 것은?

① 60대 인구 대부분은 스트레스 해소를 위해 목욕 · 사우나를 한다.
② 60대 인구가 가족 친목을 위해 여가시간을 보내는 비중은 정보습득을 위해 여가시간을 보내는 비중만큼 이나 작다.
③ 60대 인구가 여가활동을 건강을 위해 보내는 추이가 점차 감소하고 있다.
④ 여가활동을 낮잠으로 보내는 비율이 60대 인구의 여가활동 가운데 가장 높다.

48 60대 인구가 25만 명이라면 여가활동으로 등산을 하는 인구는 몇 명인가?

① 13만 명
② 15만 명
③ 16만 명
④ 17만 명

Ⓠ 다음은 2022년 온라인쇼핑몰 상품별 거래액에 관한 표이다. 물음에 답하시오. 【49~50】

(단위 : 백만 원)

	1월	2월	3월	4월	5월	6월	7월	8월	9월
컴퓨터	200,078	195,543	233,168	194,102	176,981	185,357	193,835	193,172	183,620
소프트웨어	13,145	11,516	13,624	11,432	10,198	10,536	45,781	44,579	42,249
가전 · 전자	231,874	226,138	251,881	228,323	239,421	255,383	266,013	253,731	248,474
서적	103,567	91,241	130,523	89,645	81,999	78,316	107,316	99,591	93,486
음반 · 비디오	12,727	11,529	14,408	13,230	12,473	10,888	12,566	12,130	12,408
여행 · 예약	286,248	239,735	231,761	241,051	288,603	293,935	345,920	344,391	245,285
아동 · 유아용	109,344	102,325	121,955	123,118	128,403	121,504	120,135	111,839	124,250
음 · 식료품	122,498	137,282	127,372	121,868	131,003	130,996	130,015	133,086	178,736

49 1월 컴퓨터 상품 거래액의 다음 달 거래액과 차이는?

① 4,455백만 원
② 4,535백만 원
③ 4,555백만 원
④ 4,655백만 원

50 1월 서적 상품 거래액은 음반 · 비디오 상품의 몇 배인가? (소수 둘째자리까지 구하시오)

① 8.13
② 8.26
③ 9.53
④ 9.75

51 다음은 어떤 지역의 연령층 · 지지 정당별 청년도전지원사업 실행여부에 관한 찬반에 대한 설문조사 결과이다. 이에 대한 설명 중 옳은 것을 고르면?

(단위 : 명)

연령층	지지정당	청년도전지원사업에 대한 의견	인원
청년층	A	찬성	90
		반대	10
	B	찬성	60
		반대	40
장년층	A	찬성	60
		반대	10
	B	찬성	15
		반대	15

① 청년층은 장년층보다 청년도전지원사업에 반대하는 사람의 수가 적다.
② B당 지지자의 경우, 청년층은 장년층보다 청년도전지원사업 반대 비율이 높다.
③ A당 지지자의 찬성 비율은 B당 지지자의 찬성 비율보다 낮다.
④ 찬성 비율의 지지 정당별 차이는 청년층보다 장년층에서 더 크다.

Q 다음은 2011~2019년 서울시 거주 외국인의 국적별 인구 분포 자료이다. 표를 보고 물음에 답하시오. 【52~53】

(단위 : 명)

국적 \ 연도	2011	2012	2013	2014	2015	2016	2017	2018	2019
대만	3,011	2,318	1,371	2,975	8,908	8,899	8,923	8,974	8,953
독일	1,003	984	937	997	696	681	753	805	790
러시아	825	1,019	1,302	1,449	1,073	927	948	979	939
미국	18,763	16,658	15,814	16,342	11,484	10,959	11,487	11,890	11,810
베트남	841	1,083	1,109	1,072	2,052	2,216	2,385	3,011	3,213
영국	836	854	977	1,057	828	848	1,001	1,133	1,160
인도	491	574	574	630	836	828	975	1,136	1,173
일본	6,332	6,703	7,793	7,559	6,139	6,271	6,710	6,864	6,732
중국	12,283	17,432	21,259	22,535	52,572	64,762	77,881	119,300	124,597
캐나다	1,809	1,795	1,909	2,262	1,723	1,893	2,084	2,300	2,374
프랑스	1,180	1,223	1,257	1,360	1,076	1,015	1,001	1,002	984
필리핀	2,005	2,432	2,665	2,741	3,894	3,740	3,646	4,038	4,055
호주	838	837	868	997	716	656	674	709	737
서울시 전체	57,189	61,920	67,908	73,228	102,882	114,685	129,660	175,036	180,857

※ 2개 이상 국적을 보유한 자는 없는 것으로 가정함.

52 2019년에 서울시에 거주하는 외국인 중 가장 많은 국적은?

① 미국 ② 인도
③ 중국 ④ 일본

53 서울시 거주 외국인의 연도별 국적별 분포 자료에 대한 해석으로 옳은 것은?

① 서울시 거주 인도국적 외국인 수는 2013~2019년 사이에 매년 증가하였다.
② 2018년 서울시 거주 전체 외국인 중 중국국적 외국인이 차지하는 비중은 60% 이상이다.
③ 2012~2019년 사이에 서울시 거주 외국인 수가 매년 증가한 국적은 3개이다.
④ 2011년 서울시 거주 전체 외국인 중 일본국적 외국인과 캐나다국적 외국인의 합이 차지하는 비중은 2018년 서울시 거주 전체 외국인 중 대만국적 외국인과 미국국적 외국인의 합이 차지하는 비중보다 작다.

Ⓠ 다음은 A회사의 기간별 제품출하량을 나타낸 표이다. 물음에 답하시오. 【54~55】

기간	제품 X(개)	제품 Y(개)
1 월	254	343
2 월	340	390
3 월	541	505
4 월	465	621

54 Y제품 한 개를 3,500원에 출하하다가 재고정리를 목적으로 4월에만 한시적으로 20% 인하하여 출하하였다. 1월부터 4월까지 총 출하액은 얼마인가?

① 5,274,500원
② 5,600,000원
③ 6,071,800원
④ 6,506,500원

55 다음 중 틀린 것을 고르면?

① 3월을 제외하고는 제품 Y의 출하량이 제품 X의 출하량보다 많다.
② 1월부터 4월까지 제품 X의 총 출하량은 제품 Y의 총 출하량보다 적다.
③ 제품 X 한 개를 3,000원에 출하하고 제품 Y 한 개를 2,700원에 출하한다고 할 때, 1월부터 4월까지 총 출하액은 제품 X가 더 많다.
④ 제품 X를 3월에 한 개당 1,000원에 출하하고 4월에 1,200원에 출하한다고 할 때, 제품 X의 4월 출하액이 3월 출하액보다 많다.

56 다음은 서울 및 수도권 지역의 가구를 대상으로 난방방식 현황 및 난방연료 사용현황에 대해 조사한 자료이다. 이에 대한 설명 중 옳은 것을 모두 고르면?

〈표 1〉 난방방식 현황

(단위 : %)

종류	서울	인천	경기남부	경기북부	전국평균
중앙난방	22.3	13.5	6.3	11.8	14.4
개별난방	64.3	78.7	26.2	60.8	58.2
지역난방	13.4	7.8	67.5	27.4	27.4

〈표 2〉 난방연료 사용현황

(단위 : %)

종류	서울	인천	경기남부	경기북부	전국평균
도시가스	84.5	91.8	33.5	66.1	69.5
LPG	0.1	0.1	0.4	3.2	1.4
등유	2.4	0.4	0.8	3.0	2.2
열병합	12.6	7.4	64.3	27.1	26.6
기타	0.4	0.3	1.0	0.6	0.3

㉠ 경기북부지역의 경우, 도시가스를 사용하는 가구수가 등유를 사용하는 가구수의 20배 이상이다.
㉡ 서울과 인천지역에서는 다른 난방연료보다 도시가스를 사용하는 비율이 높다.
㉢ 지역난방을 사용하는 가구수는 서울이 인천의 2배 이하이다.
㉣ 경기지역은 남부가 북부보다 지역난방을 사용하는 비율이 낮다.

① ㉠㉡　　② ㉠㉢
③ ㉠㉣　　④ ㉡㉣

Q 다음은 A, B, C, D시의 지난해 남성과 미성년자의 비율을 나타낸 것이다. 【57~58】

구분	A시	B시	C시	D시
인구(만명)	45	62	47	28
남성비율(%)	52	48	55	43
미성년자 비율(%)	19	18	21	10

57 올해 A시의 작년 미성년자의 3%가 성인이 되었다. 올해 성인이 된 사람은 몇 명인가?

① 2,525명
② 2,545명
③ 2,565명
④ 2,575명

58 위 표에 대한 설명으로 옳은 것은?

① A시의 남성 수는 B시의 여성 수와 같다.
② 남성 수가 가장 많은 곳은 C시이다.
③ B시가 여성 미성년자가 가장 많다.
④ B시의 미성년자가 C시의 미성년자보다 많다.

Q 다음은 어느 회사의 직종별 직원 비율을 나타낸 것이다. 물음에 답하시오. 【59~60】

부서	2016년	2017년	2018년	2019년	2020년
판매 · 마케팅	19.0	27.0	25.0	30.0	20.0
고객서비스	20.0	16.0	12.5	21.5	25.0
생산	40.5	38.0	30.0	25.0	22.0
재무	7.5	8.0	5.0	6.0	8.0
기타	13.0	11.0	27.5	17.5	25.0
계	100	100	100	100	100

59 2020년에 직원 수가 1,800명이었다면 재무부서의 직원은 몇인가?

① 119명 ② 123명
③ 144명 ④ 150명

60 2018년 통계에서 생산부서나 기타 부서에 속하지 않는 직원의 비율은?

① 42.5% ② 45.5%
③ 52.5% ④ 53.5%

PART

03

상황판단검사 및 직무성격검사

CHAPTER

01 상황판단검사

※ 상황판단검사는 주어진 상황에서 응시자의 행동을 파악하기 위한 자료로서 별도의 정답이 존재하지 않습니다.

Q 다음 상황을 읽고 제시된 질문에 답하시오. 【01~30】

01

당신은 대대 탄약담당관이다. 탄불출시 중대에서 병력이 지원토록 계획되어 있다. 1, 2 중대는 인원이 도착하였으나 3중대는 도착하지 않고 있다. 탄불출이 늦어질 경우 대대 사격까지 지연될 수 있다. 3중대 담당 간부는 전화통화가 되지 않고, 3중대 당직사관은 잘 모르겠다고 한다. 당신의 직속 상관인 군수과장은 외부로 파견 나가 부재중이다.

이 상황에서 당신이 ⓐ 가장 할 것 같은 행동은 무엇입니까?
ⓑ 가장 하지 않을 것 같은 행동은 무엇입니까?

ⓐ 가장 할 것 같은 행동 ( )
ⓑ 가장 하지 않을 것 같은 행동 ( )

선택지	
①	대대 당직사령에게 보고하고, 3중대 인원차출을 급하게 요청한다.
②	대대 사격을 통제하는 작전과장에게 보고하고 지시를 기다린다.
③	군수과 계원을 추가로 동원하여 탄불출을 진행한다.
④	3중대 당직사관에게 탄불출 인원을 지금이라도 편성하여 보내줄 것을 요청한다.
⑤	3중대가 사격할 탄을 제외한 나머지 탄만 불출한다.

02

당신은 소대장이다. 어느 날 경계 근무 교대 과정에서 시간을 엄수하지 않았다는 이유로 병사들 사이에서 다툼이 발생했다. 마침 당신이 그 장소를 지나치고 있었고 해당 상황을 목격했다.

이 상황에서 당신이 ⓐ 가장 할 것 같은 행동은 무엇입니까?
ⓑ 가장 하지 않을 것 같은 행동은 무엇입니까?

ⓐ 가장 할 것 같은 행동 ( )
ⓑ 가장 하지 않을 것 같은 행동 ( )

선택지	
①	사소한 다툼으로 간주하고 지나간다.
②	병사들의 이야기를 듣고 다툼을 중재한다.
③	해당 상황을 중재하고 경계 근무 시 발생할 수 있는 또 다른 문제점을 찾아본다.
④	해당 상황을 부대원 전체에게 알린다.
⑤	다툼에서 징계 처리를 해야 할 사항이 있었는지 철저히 조사한다.

03

> 당신은 연합훈련 간 미군부대로 파견된 화력지원장교(FSO)이다. 전반적인 문화나 병영시간이 한국군과 상이하여 어려움이 많다. 미군 A대위가 당신에게 일과시간 후 술 한잔 하자며 저녁식사를 초대하였다. 파견 중 음주가 부담스러원 여단에 문의하나 잘 모르겠다는 반응이다. 연합훈련 간 A대위의 협조 없이는 원활한 FSO 임무 수행이 어려울 수 있다.
>
> 이 상황에서 당신이 ⓐ 가장 할 것 같은 행동은 무엇입니까?
> ⓑ 가장 하지 않을 것 같은 행동은 무엇입니까?

ⓐ 가장 할 것 같은 행동 (　　　　)
ⓑ 가장 하지 않을 것 같은 행동 (　　　　)

선 택 지	
①	여단에서의 명확한 지침이 내려올 때까지 저녁식사를 연기한다.
②	훈련 간 원활한 협조를 위해 A대위와 술 한잔 한다.
③	A대위에게 파견 중 음주가 어려움을 밝히고, 훈련 후 저녁을 요청한다.
④	음주 대신 간단한 저녁식사를 요청한다.
⑤	상급부대에 보고하고 간단한 음주를 통해 A대위와 친밀해지도록 한다.

04

당신은 관측장교이다. 포대장은 관측반 인원을 매번 관심병사로 충원해 주고 있다. 관측반이 전포반에 비해 상대적으로 업무 난이도가 낮고, 육체적 어려움이 적다는 판단이 고려된 것으로 보인다. 이에 기존 관측반 병사들 불만이 상당하다. 포대장에게 이야기 해 보았으나 어쩔 수 없다는 반응이다. 전포대장도 관측반 인원은 통상 그렇게 충원했다며 걱정 말라고 한다.

이 상황에서 당신이 ⓐ 가장 할 것 같은 행동은 무엇입니까?
ⓑ 가장 하지 않을 것 같은 행동은 무엇입니까?

ⓐ 가장 할 것 같은 행동 ( )
ⓑ 가장 하지 않을 것 같은 행동 ( )

선택지	
①	현 관측반 병사들의 사기를 고려하여 앞으로 관심병사는 받지 않을 것임을 강하게 주장한다.
②	대대장 마음의 편지를 통해 애로사항을 전한다.
③	군 경력이 많은 행정보급관에게 도움을 요청한다.
④	대대 정보과장이 포대장에게 해당 문제를 언급하도록 요청한다.
⑤	포대장에게 관측반 관심병사 현황을 보고하고, 정상적인 임무수행이 불가함을 밝힌다.

05

> 당신은 관측장교이다. 오전 인원 분류를 행정보급관이 담당하고 있다. 관측반 인원들은 번번이 작업 인원으로 편성되어 부대관리에 투입되고 있다. 관측반 주특기 훈련을 제대로 받지 못한지 한 달이 넘었다. 행정보급관에게 사정을 이야기해 보았으나 휴가, 파견 등으로 가용인원이 부족한 반면, 대대로부터 하달된 부대관리 작업소요가 많아 불가피하다는 반응이다.
>
> 이 상황에서 당신이 ⓐ 가장 할 것 같은 행동은 무엇입니까?
> ⓑ 가장 하지 않을 것 같은 행동은 무엇입니까?

ⓐ 가장 할 것 같은 행동 ( )

ⓑ 가장 하지 않을 것 같은 행동 ( )

선 택 지	
①	대대교육훈련을 담당하는 교육장교에게 현 상황을 이야기하고 중재를 부탁한다.
②	최소한의 교육훈련 시간을 보장토록 포대장에게 건의한다.
③	관측반 교육에 대한 책임은 관측장교에게 있는 만큼 규정을 들어 일체의 작업인원 편성을 거부한다.
④	작업을 조기에 완료하고 교육훈련에 참가할 수 있도록 작업을 독려한다.
⑤	관측반 병사들에게 몸이 아파 작업이 힘들다고 이야기 하도록 강요한다.

06

> 당신은 소대장이다. 어느 날 병사들 10명을 동원하여 작업을 진행해야 하는 상황이 생겼다. 병사들과 작업을 진행하던 중 상위 계급의 병사들은 작업을 거의 진행하지 않고 하위 계급의 병사들만 작업을 진행하는 것을 알게 되었다.
>
> 이 상황에서 당신이 ⓐ 가장 할 것 같은 행동은 무엇입니까?
> ⓑ 가장 하지 않을 것 같은 행동은 무엇입니까?

ⓐ 가장 할 것 같은 행동 ( )
ⓑ 가장 하지 않을 것 같은 행동 ( )

선 택 지	
①	작업을 계속 진행한다.
②	상위 계급의 병사들이 작업을 진행하지 못 하는 이유가 있는지 파악한다.
③	상위 계급의 병사들에게 남은 작업을 전부 지시한다.
④	하위 계급의 병사들에게 간식을 지급하고 독려한다.
⑤	상위 계급의 병사들에게 잘못된 행동임을 인식시키고 작업량을 적절히 분배한다.

07

당신은 정비반장이다. 전투준비태세 지휘검열을 준비하던 중 서류상에 기재된 수량과 실제 보유중인 장비의 수량이 맞지 않음을 확인하였다. 언제부터 잘못된 것인지 정확한 원인 파악조차 어려운 상황이다. 부대에서 10년 넘게 근무한 수송관은 오래전부터 장비가 누락된 것을 검열 때마다 다른 부대 장비를 빌려 메꿔왔을 것이라고 한다.

이 상황에서 당신이 ⓐ 가장 할 것 같은 행동은 무엇입니까?
ⓑ 가장 하지 않을 것 같은 행동은 무엇입니까?

ⓐ 가장 할 것 같은 행동 ( )
ⓑ 가장 하지 않을 것 같은 행동 ( )

선 택 지	
①	검열간 장비 누락을 솔직하게 보고하고 처벌을 받는다.
②	부대 평가에 마이너스 요소가 될 수 있는 만큼 다른 부대 장비를 빌려 검열을 무마한다.
③	상관인 군수과장에게 보고하고 지침을 기다린다.
④	인접부대 정비반장들에게 상황을 이야기 하고 조언을 구한다.
⑤	부대 밖 정비소나 공업소에서 장비를 개인적으로 구매할 수 있는지 알아본다.

08

당신은 소대장이다. 어느 날 선탑자로서 차량을 타고 이동해야 하는 업무가 생겼다. 그러나 차량을 타고 이동하던 중 운전병의 운전 실력이 아직 미숙함을 확인했다. 해당 운전병은 일병으로 아직 운행 경험이 많지 않다.

이 상황에서 당신이 ⓐ 가장 할 것 같은 행동은 무엇입니까?
ⓑ 가장 하지 않을 것 같은 행동은 무엇입니까?

ⓐ 가장 할 것 같은 행동 ( )
ⓑ 가장 하지 않을 것 같은 행동 ( )

선 택 지
① 자신이 직접 차량을 운전해 이동한다.
② 차근하게 길을 설명하며 운전병의 미숙한 부분을 해결하려 노력한다.
③ 수송관에게 운전병의 미숙함을 알린다.
④ 정차시킨 후 운전병에게 충분한 운전 연습을 하지 않았다며 화를 낸다.
⑤ 배차계 인원에게 연락하여 운전병의 교체를 지시한다.

09

당신은 인사장교이다. 대대장으로부터 인명사고예방 점검을 지시 받았다. 통상 중위급 장교가 보직 받는 인사장교 업무를 소위 계급을 달고 하려니 어려운 점이 많다. 당장 점검을 나가야 할 중대의 중대장은 물론이고 소대장들도 당신의 선배장교들이다. 상사이고 군 경험이 많은 인사담당관에게 의지하곤 있으나 부처의 장으로써 영(令)이 서지 않는 것이 사실이다.

이 상황에서 당신이 ⓐ 가장 할 것 같은 행동은 무엇입니까?
ⓑ 가장 하지 않을 것 같은 행동은 무엇입니까?

ⓐ 가장 할 것 같은 행동 ( )
ⓑ 가장 하지 않을 것 같은 행동 ( )

선 택 지	
①	대대장에게 소위계급으로 임무수행의 한계를 언급하고, 보직변경을 요청한다.
②	참모장인 작전과장에게 업무조율 및 조언을 구한다.
③	계급과 상관없이 대대장의 명령에 따라 임무하는 것인 만큼 사사로운 감정을 가지지 않는다.
④	선배장교들이 근무하지 않는 야간시간을 활용하여 점검한다.
⑤	예하부대 점검간 작전과장에게 동행을 부탁한다.

10

당신은 소대장이며 해당 부대의 병사들은 위병소 근무를 한다. 위병소로 이동할 때는 군용 트럭에 위병소 근무자들을 태워 이동하는데 어느 날 당신은 위병소 근무자를 수송하는 운전병이 과속을 하는 것을 봤다.

이 상황에서 당신이 ⓐ 가장 할 것 같은 행동은 무엇입니까?
ⓑ 가장 하지 않을 것 같은 행동은 무엇입니까?

ⓐ 가장 할 것 같은 행동 ( )
ⓑ 가장 하지 않을 것 같은 행동 ( )

선 택 지
① 해당 차량을 정차시킨 후 운전병에게 화를 낸다.
② 운행을 하고 있는 운전병에게 주의를 주고 안전 운행하도록 지시한다.
③ 위병 근무자들의 안전을 위해 차량 없이 걸어서 이동하게 한다.
④ 해당 사항을 대대장에게 보고하고 운전병을 징계 처리한다.
⑤ 수송관에게 해당 사항을 알리고 부대 내 운전병들에게 안전 운전 교육을 실시한다.

11

당신은 전포대장이다. 연초 실제 포사격 계획이 하달되었다. 당신은 포사격 경험이 전무하다. 막상 실사격을 한다고 하니 부담감이 상당하다. 전포사격통제관도 최근 3포반장에서 새로이 선임되어 실제 포사격에 대한 종합적인 판단과 지시에 한계가 있다. 포대장도 최근 부임하여 전포사격에 대한 이해가 부족한 상황이다.

이 상황에서 당신이 ⓐ 가장 할 것 같은 행동은 무엇입니까?
ⓑ 가장 하지 않을 것 같은 행동은 무엇입니까?

ⓐ 가장 할 것 같은 행동 ( )
ⓑ 가장 하지 않을 것 같은 행동 ( )

선택지	
①	포사격 경험이 많은 주변 전포대장들에게 노하우를 전수받는다.
②	부담감이 큰 만큼 안전사고 예방을 위해 보직이동(전포대장 → 참모)을 요구한다.
③	포대장 및 전포사격통제관과 어려움을 공유하고 함께 지혜를 모은다.
④	단기 장교로써 위험부담을 질 필요가 없는 만큼 모르쇠로 일관한다.
⑤	포사격에서 우리 포대가 제외될 방법은 없는지 포대장에게 문의한다.

12

당신은 측지반장이다. 통상 본부포대에서 측지반 인원들을 작업병처럼 활용하여 모두 모이기가 어려운 상황이다. 평소 교육훈련이 부족한 상황에서 곧 주특기 평가가 있다며, 대대에서는 압박이 상당하다. 본부포대장 및 본부포대 행정보급관에게 상황을 설명하였으나 부대관리 요소가 많다며 교육훈련 시간을 할애하기 어렵다는 입장이다.

이 상황에서 당신이 ⓐ 가장 할 것 같은 행동은 무엇입니까?
ⓑ 가장 하지 않을 것 같은 행동은 무엇입니까?

ⓐ 가장 할 것 같은 행동 (　　　　)
ⓑ 가장 하지 않을 것 같은 행동 (　　　　)

선 택 지	
①	정보과장에게 현 상황을 보고하고, 교육훈련을 위한 여건보장을 강력히 요구한다.
②	주특기 평가가 우선인 만큼 본부포대 작업인원 차출을 거부한다.
③	본부포대장에게 주특기 평가에 대한 책임을 요구한다.
④	대대 주임원사에게 어려움을 토로하고 보직변경 혹은 부대변경을 요청한다.
⑤	본부포대의 작업병 활용을 눈 감아 주고, 주특기 평가를 나 몰라라 한다.

13

당신은 대대 당직부관이다. 당직사령 A중위는 항상 새벽시간이면 '순찰을 돌고 오겠다.'하곤 사라져서 3시간 정도 지나야 나타난다. 지휘통제실에 근무하는 병사들 말로는 독신숙소에서 자고 오는 것 같다고 한다. 오늘도 당직사령 A중위는 사라졌다. 평소 친분 있는 B소위에게서 독신숙소에서 A중위를 목격했다는 연락을 받았다.

이 상황에서 당신이 ⓐ 가장 할 것 같은 행동은 무엇입니까?
ⓑ 가장 하지 않을 것 같은 행동은 무엇입니까?

ⓐ 가장 할 것 같은 행동 ( )
ⓑ 가장 하지 않을 것 같은 행동 ( )

선 택 지	
①	A중위에게 근무이탈을 지적하고, 대대장에게 보고할 것임을 경고한다.
②	소문을 내어 A중위의 근무간 비위사실이 대대장에게 전달되도록 한다.
③	다른 장교들에게 A중위의 일탈을 바로잡아 줄 것을 요청한다.
④	독신숙소를 방문해서 A중위의 일탈을 현장에서 적발한다.
⑤	대대주임원사에게 보고하여 조용히 A중위가 처벌받도록 조치한다.

14

당신은 소대장이다. 어느 날 개인위생 점검을 하기 위해 병사들의 두발 상태를 확인하던 중 규정을 벗어나는 두발 상태의 병사를 찾았다. 해당 병사는 병장으로 한 달 뒤 전역을 앞두고 있으며 두발을 좀 더 길러 전역하기를 원한다.

이 상황에서 당신이 ⓐ 가장 할 것 같은 행동은 무엇입니까?
ⓑ 가장 하지 않을 것 같은 행동은 무엇입니까?

ⓐ 가장 할 것 같은 행동 ( )
ⓑ 가장 하지 않을 것 같은 행동 ( )

선 택 지

① 규정대로 두발을 단정히 정리하도록 지시한다.
② 전역을 앞 둔 병사인 점을 고려하여 두발을 길러 전역할 수 있도록 허락한다.
③ 행정보급관이 해당 문제를 처리하도록 부탁한다.
④ 부대원 앞에서 두발을 정리하도록 지시하고 따로 해당 병사에게 두발을 자르지 않아도 된다고 말한다.
⑤ 두발을 길러야 하는 이유가 있는지 들어보고 그 이유가 타당하면 두발을 기를 수 있도록 지시한다.

15

당신은 인사장교이다. 동원훈련 입소 시간이 30분 정도 지난 시점에서 예비군 B병장이 입소하였다. 규정상으론 입소가 불가능하다. B병장은 집이 멀어 정확히 시간을 예측하지 못하였다며 동원훈련 입소를 희망하고 있다. 상급부대에 문의하니 규정상 어쩔 수 없다며 규정대로 처리하라는 입장이다. B병장은 생업 때문에 다음번 동원훈련은 따로 시간을 내기 어렵다고 한다.

이 상황에서 당신이 ⓐ 가장 할 것 같은 행동은 무엇입니까?
ⓑ 가장 하지 않을 것 같은 행동은 무엇입니까?

ⓐ 가장 할 것 같은 행동 ( )
ⓑ 가장 하지 않을 것 같은 행동 ( )

선 택 지	
①	예비군 B병장의 사정이 어려운 만큼 동원훈련 입소 조치한다.
②	다른 예비군들과 형평성 문제가 불거질 수 있는 만큼, 다른 예비군들의 의사를 묻는다.
③	규정과 방침대로 B병장을 집으로 돌려보낸다.
④	실무자가 결정하기 부담스러운 만큼 대대장에게 보고하여 지침을 받는다.
⑤	동원훈련 경험이 많은 대대주임원사에게 자문을 구한다.

16

당신은 소대장이다. 어느 날 중대장이 당신이 보기에 잘못된 것으로 보이는 결정을 내렸다. 당신은 그가 결정을 취하할 수 있도록 설득하려 노력했으나, 그는 결단을 내렸으니 따르라고 한다. 그러나 당신의 동료들도 모두 중대장이 잘못된 결정을 내린 것 같다는 생각을 한다.

이 상황에서 당신이 ⓐ 가장 할 것 같은 행동은 무엇입니까?
ⓑ 가장 하지 않을 것 같은 행동은 무엇입니까?

ⓐ 가장 할 것 같은 행동 (　　　　)
ⓑ 가장 하지 않을 것 같은 행동 (　　　　)

선 택 지
① 대대장에게 가서 상황을 설명하고 조언을 부탁한다.
② 소대로 돌아가서 나는 중대장의 결정에 찬성하니 모두 명령을 따라야 한다고 설득한다.
③ 부사관들에게 나는 중대장의 결정에 찬성하지는 않지만, 어쩔 수 없으니 명령을 그냥 따르자고 말한다.
④ 한 시간 정도의 시간이 지난 후, 중대장에게 다시 가서 대안을 제시한다.
⑤ 중대장에게 부사관들과 소대원들에게 잘못된 명령을 시행하라고 하기는 어렵다고 이야기 한다.

17

당신은 인사장교이다. 동원훈련 입소시 복장이 불량하거나 준비가 되어 있지 않으면 입소자체를 거부하도록 되어 있다. 대대 입소 계획인원 40명 중 27명이나 복장이 불량한 상태이다. 현역 병사들의 피복과 고무링 등을 지원하면 입소가 가능한 상황이다. 규정과 방침대로 처리시 동원훈련 입소율이 현격히 떨어져 부대평가에 부정적 영향을 줄 수 있다.

이 상황에서 당신이 ⓐ 가장 할 것 같은 행동은 무엇입니까?
ⓑ 가장 하지 않을 것 같은 행동은 무엇입니까?

ⓐ 가장 할 것 같은 행동 ( )
ⓑ 가장 하지 않을 것 같은 행동 ( )

선 택 지	
①	예비군의 입장과 부대사정을 고려하여 피복과 고무링 등을 제공한다.
②	규정과 방침대로 입소자체를 거부한다.
③	27명의 복장 불량 예비군에게 사비로 피복 등을 구매하도록 한다.
④	상급부대에 의복 및 고무링을 지원하여 입소를 받을 수 있는지 문의한다.
⑤	작전과장에게 동원훈련 일정을 변경할 수 있는지 문의한다.

18

당신은 부소대장이다. 총기 수입을 하느라 손에 기름이 묻었다. 화장실에 가니 비누가 비치되어 있지 않다. 물로만 씻으니 기름이 지워지지 않는다. PX에서 비누를 구입하고 싶어도 일과시간 중에는 문을 열지 않는다. 인접한 생활관 A일병 관물대에 비누가 보인다. 병사들은 교육훈련 중이라 자리에 없다. 당신도 바로 대대 주임원사와 면담이 잡혀 있어 시간적 여유가 없다.

이 상황에서 당신이 ⓐ 가장 할 것 같은 행동은 무엇입니까?
ⓑ 가장 하지 않을 것 같은 행동은 무엇입니까?

ⓐ 가장 할 것 같은 행동 ( )
ⓑ 가장 하지 않을 것 같은 행동 ( )

선 택 지	
①	A일병 비누를 사용하고, 관물대에 고마움을 알리는 메모를 남긴다.
②	아무도 모르게 병사들 비누를 사용하고 제자리에 둔다.
③	손을 대충 닦고 주임원사와 면담한다.
④	비누를 대체할 수 있는 폼 클랜징이나 바디워시 등을 찾아본다.
⑤	PX가 열 때까지 기다린다.

19

> 당신은 조리병들에게 영향을 행사할 수 있는 본부중대 부중대장이다. 중식 간 병사들이 선호하는 메뉴인 닭갈비가 나왔다. 배식하는 조리병들은 닭갈비를 매우 적게 주고 있었다. 반면 당신에게는 식판이 넘칠 만큼 많은 양의 닭갈비를 배식하여 주었다. 다른 병사들은 당신의 식판을 보며 의아한 표정이며, 식당 곳곳에서 배식 관련 불만 섞인 이야기가 들려온다.
>
> 이 상황에서 당신이 ⓐ 가장 할 것 같은 행동은 무엇입니까?
> ⓑ 가장 하지 않을 것 같은 행동은 무엇입니까?

ⓐ 가장 할 것 같은 행동 ( )
ⓑ 가장 하지 않을 것 같은 행동 ( )

선 택 지	
①	식사 후 조리병들과 시간을 갖고, 배식 시스템에 대해 묻는다.
②	다른 병사들이 오해(조리병에게 닭갈비를 많이 달라고 압력)하지 않도록 당신이 원해서 닭갈비를 많이 받은 것이 아님을 공공연하게 이야기 하고 다닌다.
③	다른 병사들이 보는 앞에서 조리병들에게 배식의 문제점을 큰 소리로 지적한다.
④	조리병들과 배식의 문제점을 고민하고, 개선된 방식의 배식방안을 게시판에 공지한다.
⑤	군수과장에게 보고하고 앞으로는 주메뉴 배식을 간부가 할 것을 건의한다.

20

당신은 소대장이다. 소대장으로서 병사의 고충이 무엇인지 알아보던 중 소대에서 한 병사의 물건이 도난 당하는 일이 있었다는 것을 알게 되었다. 그 물건은 해당 병사에게 매우 소중한 것이며 반드시 찾길 원한다.

이 상황에서 당신이 ⓐ 가장 할 것 같은 행동은 무엇입니까?
ⓑ 가장 하지 않을 것 같은 행동은 무엇입니까?

ⓐ 가장 할 것 같은 행동 (　　　　)
ⓑ 가장 하지 않을 것 같은 행동 (　　　　)

선 택 지
① 물건을 가져간 자를 찾기 어려우므로 해당 병사를 위로한다.
② 소대 내 전체 인원을 조사하여 물건을 반드시 찾아준다.
③ 물건을 가져간 자를 찾을 때까지 소대 인원 전체에게 기합을 준다.
④ 도난당한 물건과 같은 물건을 구매하여 해당 병사에게 준다.
⑤ 도난당한 물건을 찾아 병사에게 돌려주고 소대 내 인원에게 생활관 규칙에 대해 교육한다.

21

> 당신은 교통통제 중인 헌병 소대장이다. 평소 연대 전술 훈련간 통행량이 많아 교통통제가 어려운 지점을 담당하고 있다. 속도를 줄이지 않고 달려오는 트럭이 있다. 당신이 무리하여 통제를 하면 차량을 멈출 수 있을 것 같다. 하지만 당신이 다칠 수 있다. 반면 평소처럼 차량 통제를 시도할 경우 군부대 차량과 접촉사고 위험이 있다.
>
> 이 상황에서 당신이 ⓐ 가장 할 것 같은 행동은 무엇입니까?
> ⓑ 가장 하지 않을 것 같은 행동은 무엇입니까?

ⓐ 가장 할 것 같은 행동 ( )

ⓑ 가장 하지 않을 것 같은 행동 ( )

선택지	
①	평소처럼 교통통제를 시도해도 규정과 방침에 어긋나지 않는 만큼 무리하지 않는다.
②	교통통제 임무 성공을 위해 몸을 아끼지 않는다.
③	사전에 교통통제가 어려움을 밝히고, 이동로 변경을 건의한다.
④	호각과 경광봉 등 운전자에게 위험을 알릴 수 있는 방법을 모두 동원한다.
⑤	훈련대대에 통보하여 차량운행 주의를 당부한다.

22

당신은 관측장교이다. 기갑부대 장갑차에 탑승하여 포탄사격 유도를 해야 하나 P-999K 통달거리 때문인지 포병부대와 연락이 되지 않는다. 작전 성공을 위해선 포병부대와 통신망 회복이 절실하다. 훈련간 핸드폰은 사용하지 못한다. 기갑부대 중대장은 통제관 모르게 핸드폰을 사용하고 있는 것 같다. 선배 관측장교들도 핸드폰을 몰래 사용하면 문제없다는 반응이다.

이 상황에서 당신이 ⓐ 가장 할 것 같은 행동은 무엇입니까?
ⓑ 가장 하지 않을 것 같은 행동은 무엇입니까?

ⓐ 가장 할 것 같은 행동 ( )
ⓑ 가장 하지 않을 것 같은 행동 ( )

선 택 지	
①	장갑차 통신망을 사용할 수 있는지 중대장에게 묻는다.
②	P-999K 통달 지점까지 도보로 이동한다.
③	장갑차에서 하차하여 시계가 확보된 고지로 이동한다.
④	핸드폰 문자 메시지를 이용하여 포병부대에 포탄사격 요청을 한다.
⑤	통제관 눈을 피해 핸드폰으로 포병부대와 연락하고 통신망에 대한 해결책 제시를 요청한다.

23

> 당신은 작전장교이다. 통상 비문은 영외 반출이 금지되어 있다. 당신은 늦은 시간까지 훈련을 준비하고 퇴근하여보니 가방에 비문을 넣어왔음을 인지하였다. 최근 인접부대에서 보안사고가 발생하였기에 대대장은 보안규정 준수를 강력히 지시한 바 있다. 늦은 밤 부대를 들어가기엔 교통편도 마땅치 않고, 도보로 이동하기엔 상당히 먼 거리이다.
>
> 이 상황에서 당신이 ⓐ 가장 할 것 같은 행동은 무엇입니까?
> ⓑ 가장 하지 않을 것 같은 행동은 무엇입니까?

ⓐ 가장 할 것 같은 행동 ( )

ⓑ 가장 하지 않을 것 같은 행동 ( )

선택지	
①	다음날 일찍 부대에 출근하여 비문을 반납한다.
②	대대 당직사령에게 실수로 비문을 영외 반출하였음을 보고하고 지침을 기다린다.
③	자전거를 타고 부대로 이동하여 비문을 반납한다.
④	정보과장에게 전화로 비문 영외 반출을 보고하고, 다음날 출근과 함께 비문을 반납한다.
⑤	다음날 일찍 부대에 출근하여 비문을 반납하고, 영외 반출에 관해 작전과장에게 보고한다.

24

당신은 측지장교이다. 초급장교들에게 함부로 대하는 측지반장 때문에 고민이다. 측지반장은 직속상관인 당신의 정당한 지시도 건성으로 대하고, 병사들 앞에서 공공연하게 당신 험담을 하고 다닌다. 다른 초급장교들도 측지반장의 잘못된 행동과 언행에 불만이 많다. 오늘은 주임원사와 초급장교 간 담회가 계획되어 있다.

이 상황에서 당신이 ⓐ 가장 할 것 같은 행동은 무엇입니까?
ⓑ 가장 하지 않을 것 같은 행동은 무엇입니까?

ⓐ 가장 할 것 같은 행동 (　　　)
ⓑ 가장 하지 않을 것 같은 행동 (　　　)

선택지	
①	주임원사에게 측지반장의 잘못된 행동과 언행을 이야기 하고, 적절한 조치를 요구한다.
②	지휘계통에 의거 대대장에게 측지반장에 대한 처벌과 조치를 요구한다.
③	부사관들과의 관계가 악화될 수 있는 만큼 애로 및 건의사항을 통해 상급부대에 신고한다.
④	측지반장과 별도의 시간을 갖고 이야기를 나눈다.
⑤	병사들에게 측지반장에 대한 부정적 이야기를 전하고, 측지반장의 지시를 따르지 말 것을 명령한다.

25

> 당신은 기갑부대 소대장이다. 전술훈련 장갑차 기동 중 차내 통신이 불통이 되었다. 육성으로는 지휘가 불가능하기에 함께 탑승한 A병장은 기동중지를 요청한다. 기동을 멈출 경우 작전시간을 맞추기 어려워 보인다. 중대장 혹은 부소대장 등은 다른 장갑차에 탑승하고 있어 의견을 묻기가 어렵다. 기동중지 후 차내 통신망을 수리해도 빠르게 수리가 완료될 것이란 보장도 없다.
>
> 이 상황에서 당신이 ⓐ 가장 할 것 같은 행동은 무엇입니까?
> ⓑ 가장 하지 않을 것 같은 행동은 무엇입니까?

ⓐ 가장 할 것 같은 행동 ( )
ⓑ 가장 하지 않을 것 같은 행동 ( )

선택지	
①	안전상 문제가 발생할 수 있는 만큼 기동중지 후 통신망 수리에 나선다.
②	기동중지 후 중대장의 지침을 기다린다.
③	훈련 중이지만 안전을 고려하여 핸드폰을 통해 부소대장과 의견을 나눈다.
④	기동과 동시에 통신망 수리를 A병장에게 지시한다.
⑤	작전시간을 맞추기 위해 기동을 하고, 통신망 수리를 실시한다.

26

당신은 정훈장교이다. 예비군 대상 안보교육을 실시중이다. 4개 대대 통합 교육으로 예비군 통제가 쉽지 않다. 어느 대대인지는 확실히 구분되지 않으나 몇몇 예비군이 유독 불성실한 자세로 교육을 듣고 있다. 심지어 코를 골고 큰소리로 잡담하는 등 피해가 크다. 지난해 예비군이 병무청 및 국방부에 민원을 제기해 부대는 감사를 받은 경험이 있다.

이 상황에서 당신이 ⓐ 가장 할 것 같은 행동은 무엇입니까?
ⓑ 가장 하지 않을 것 같은 행동은 무엇입니까?

ⓐ 가장 할 것 같은 행동 ( )
ⓑ 가장 하지 않을 것 같은 행동 ( )

선 택 지	
①	민원이 제기되면 부대가 곤란할 수 있는 만큼 모른 척 넘어간다.
②	예비군이 속한 부대를 확인하고, 다른 부대일 경우 해당 부대 간부에게 관리를 요구한다.
③	안보교육이 원활히 진행될 수 있도록 해당 예비군에게 경고성 멘트를 전한다.
④	조용히 해당 예비군에게 접근하여 교육 분위기 조성을 부탁한다.
⑤	해당 예비군의 민원 제기 시 문제가 되지 않도록 동영상으로 부적절한 행위를 촬영한다.

27

당신은 수색대대 소대장이다. 소대원들은 15m 모형 탑에서 헬기 레펠 및 패스트로프 교육을 실시하고 있다. 고소공포증이 있는 A이병이 교육간 어지러움과 구토 증세를 호소하였다. 헬기 레펠이 불가능한 경우 수색대대원으로 임무가 불가능하다. A이병은 훈련 전까지만 해도 '할 수 있다.'며 자신감을 보였고, 입대 전에도 고소공포증은 없는 것으로 확인되었다.

이 상황에서 당신이 ⓐ 가장 할 것 같은 행동은 무엇입니까?
ⓑ 가장 하지 않을 것 같은 행동은 무엇입니까?

ⓐ 가장 할 것 같은 행동 ( )
ⓑ 가장 하지 않을 것 같은 행동 ( )

선 택 지	
①	금번 훈련간 열외 후 안정을 취하도록 한다.
②	A이병에게 수색대대원으로 임무가 어려움을 전하고, 타부대 전출을 권유한다.
③	군인정신으로 극복할 것을 주문한다.
④	A이병이 헬기 레펠 및 패스트로프 교육에 참여토록 강하게 지시한다.
⑤	교육 전 '할 수 있다.'는 자신감은 어디로 갔는지 질책한다.

28

당신은 정훈장교이다. 상급부대로부터 군가 활성화를 위한 군가 경연대회를 포함한 각종 행사 간 군가 생활화를 지시하는 공문이 하달되었다. 일선 중대에서는 요즘 병사들은 군가를 외우는 것 자체를 병영부조리로 판단한다며, 병사들이 군가를 암기하지 않을 때 마땅한 방법이 없다며 어려움을 토로하였다. 대대장은 군가 경연대회에서 우수한 성적을 내기를 기대하고 있다.

이 상황에서 당신이 ⓐ 가장 할 것 같은 행동은 무엇입니까?
ⓑ 가장 하지 않을 것 같은 행동은 무엇입니까?

ⓐ 가장 할 것 같은 행동 (　　　)
ⓑ 가장 하지 않을 것 같은 행동 (　　　)

선 택 지	
①	자연스럽게 병사들이 군가를 익힐 수 있도록 부대내 방송시설을 통해 군가를 들려준다.
②	병영부조리의 적용 범주를 상급부대 인사 및 안전장교에게 확인한다.
③	대대장에게 군가 경연대회 인센티브 부여를 건의하여 병사들의 자발적인 참여를 독려한다.
④	병사들이 부담감을 느끼지 않도록 군가 경연대회를 알리지 않는다.
⑤	중대에서 군가 관련 참신한 아이디어를 대대장에게 보고토록 시간을 부여한다.

29

당신은 인사장교이다. 설날을 맞아 지역 내 6 · 25 참전용사 선배 전우들의 자택을 직접 방문해 부대원의 마음을 담은 선물을 전달하고, 말벗이 되어드리는 활동을 전개하였다. A참전용사 어르신은 매년 찾아와주는 후배 전우들이 고맙고 자랑스럽다며 당신에게 조그마한 선물을 주었다. 일체의 금전 및 물품을 받아서는 안 되는 것으로 알고 있으나, 거절시 A참전용사가 실망할 것 같아 난처한 상황이다.

이 상황에서 당신이 ⓐ 가장 할 것 같은 행동은 무엇입니까?
ⓑ 가장 하지 않을 것 같은 행동은 무엇입니까?

ⓐ 가장 할 것 같은 행동 ( )
ⓑ 가장 하지 않을 것 같은 행동 ( )

선 택 지	
①	참전용사가 오해하지 않도록 군의 방침을 말씀드리고 선물을 받지 않는다.
②	일단 선물을 받고, 부대로 복귀하여 상급자의 지침을 따른다.
③	함께 방문한 장병들과 선물을 나누어 갖는다.
④	선물을 받고, 참전용사의 시선을 피해 집에 선물을 두고 나온다.
⑤	선물이 부담스럽지 않은 종류일 경우 냉큼 받는다.

30

당신은 정훈장교이다. 병영도서관을 관리하고 있다. 국민독서문화진흥회로부터 매달 100여 권의 책을 기증받고 있다. 자기계발에 대한 기대감으로 장병들 호응이 상당하다. 한편으론 만족도 조사시 장병들이 다양한 책들을 희망하여 기증만으로 그 수요를 감당하는데 한계가 있다. 대대장은 다양한 방법을 강구하여 만족도를 높이라고 지시하였다.

이 상황에서 당신이 ⓐ 가장 할 것 같은 행동은 무엇입니까?
ⓑ 가장 하지 않을 것 같은 행동은 무엇입니까?

ⓐ 가장 할 것 같은 행동 (　　　　)
ⓑ 가장 하지 않을 것 같은 행동 (　　　　)

선 택 지	
①	대대장에게 부대 운용비를 통한 인기도서 구매를 요청한다.
②	도서 기증 단체를 추가로 확보한다.
③	국민독서문화진흥회로부터 추가 도서 기증을 요구한다.
④	장병들로부터 다 읽은 도서에 한해 기증을 받는다.
⑤	상급부대에 도서 확보를 요청한다.

CHAPTER

02 직무성격검사

※ 직무성격검사는 응시자의 성격이 직무에 적합한지를 파악하기 위한 자료로서 별도의 정답이 존재하지 않습니다.

Q 다음 상황을 읽고 제시된 질문에 답하시오. 【001~180】

① 전혀 그렇지 않다 ② 그렇지 않다 ③ 보통이다 ④ 그렇다 ⑤ 매우 그렇다

001	신경질적이라고 생각한다.	①	②	③	④	⑤
002	주변 환경을 받아들이고 쉽게 적응하는 편이다.	①	②	③	④	⑤
003	여러 사람들과 있는 것보다 혼자 있는 것이 좋다.	①	②	③	④	⑤
004	주변이 어리석게 생각되는 때가 자주 있다.	①	②	③	④	⑤
005	나는 지루하거나 따분해지면 소리치고 싶어지는 편이다.	①	②	③	④	⑤
006	남을 원망하거나 증오하거나 했던 적이 한 번도 없다.	①	②	③	④	⑤
007	보통사람들보다 쉽게 상처받는 편이다.	①	②	③	④	⑤
008	사물에 대해 곰곰이 생각하는 편이다.	①	②	③	④	⑤
009	감정적이 되기 쉽다.	①	②	③	④	⑤
010	고지식하다는 말을 자주 듣는다.	①	②	③	④	⑤
011	주변사람에게 정떨어지게 행동하기도 한다.	①	②	③	④	⑤
012	수다 떠는 것이 좋다.	①	②	③	④	⑤
013	푸념을 늘어놓은 적이 없다.	①	②	③	④	⑤
014	항상 뭔가 불안한 일이 있다.	①	②	③	④	⑤
015	나는 도움이 안 되는 인간이라고 생각한 적이 가끔 있다.	①	②	③	④	⑤
016	주변으로부터 주목받는 것이 좋다.	①	②	③	④	⑤

017	'사람과 사귀는 것은 성가시다'라고 생각한다	①	②	③	④	⑤
018	나는 충분한 자신감을 가지고 있다.	①	②	③	④	⑤
019	밝고 명랑한 편이어서 화기애애한 모임에 나가는 것이 좋다.	①	②	③	④	⑤
020	남을 상처 입힐 만한 것에 대해 말한 적이 없다.	①	②	③	④	⑤
021	부끄러워서 얼굴 붉히지 않을까 걱정된 적이 없다.	①	②	③	④	⑤
022	낙심해서 아무것도 손에 잡히지 않은 적이 있다.	①	②	③	④	⑤
023	나는 후회하는 일이 많다고 생각한다.	①	②	③	④	⑤
024	남이 무엇을 하려고 하든 자신에게는 관계없다고 생각한다.	①	②	③	④	⑤
025	나는 다른 사람보다 기가 세다.	①	②	③	④	⑤
026	특별한 이유 없이 기분이 자주 들뜬다.	①	②	③	④	⑤
027	화낸 적이 없다.	①	②	③	④	⑤
028	작은 일에도 신경 쓰는 성격이다.	①	②	③	④	⑤
029	배려심이 있다는 말을 주위에서 자주 듣는다.	①	②	③	④	⑤
030	나는 의지가 약하다고 생각한다.	①	②	③	④	⑤
031	어렸을 적에 혼자 노는 일이 많았다.	①	②	③	④	⑤
032	여러 사람 앞에서도 편안하게 의견을 발표할 수 있다.	①	②	③	④	⑤
033	아무 것도 아닌 일에 흥분하기 쉽다.	①	②	③	④	⑤
034	지금까지 거짓말한 적이 없다.	①	②	③	④	⑤
035	소리에 굉장히 민감하다.	①	②	③	④	⑤
036	친절하고 착한 사람이라는 말을 자주 듣는 편이다.	①	②	③	④	⑤
037	남에게 들은 이야기로 인하여 의견이나 결심이 자주 바뀐다.	①	②	③	④	⑤
038	개성 있는 사람이라는 소릴 많이 듣는다.	①	②	③	④	⑤
039	모르는 사람들 사이에서도 나의 의견을 확실히 말할 수 있다.	①	②	③	④	⑤
040	붙임성이 좋다는 말을 자주 듣는다.	①	②	③	④	⑤

041	지금까지 변명을 한 적이 한 번도 없다.	①	②	③	④	⑤
042	남들에 비해 걱정이 많은 편이다.	①	②	③	④	⑤
043	자신이 혼자 남겨졌다는 생각이 자주 드는 편이다.	①	②	③	④	⑤
044	기분이 아주 쉽게 변한다는 말을 자주 듣는다.	①	②	③	④	⑤
045	남의 일에 관련되는 것이 싫다.	①	②	③	④	⑤
046	주위의 반대에도 불구하고 나의 의견을 밀어붙이는 편이다.	①	②	③	④	⑤
047	기분이 산만해지는 일이 많다.	①	②	③	④	⑤
048	남을 의심해 본적이 없다.	①	②	③	④	⑤
049	꼼꼼하고 빈틈이 없다는 말을 자주 듣는다.	①	②	③	④	⑤
050	문제가 발생했을 경우 자신이 나쁘다고 생각한 적이 많다.	①	②	③	④	⑤
051	자신이 원하는 대로 지내고 싶다고 생각한 적이 많다.	①	②	③	④	⑤
052	아는 사람과 마주쳤을 때 반갑지 않은 느낌이 들 때가 많다.	①	②	③	④	⑤
053	어떤 일이라도 끝까지 잘 해낼 자신이 있다.	①	②	③	④	⑤
054	기분이 너무 고취되어 안정되지 않은 경우가 있다.	①	②	③	④	⑤
055	지금까지 감기에 걸린 적이 한 번도 없다.	①	②	③	④	⑤
056	보통 사람보다 공포심이 강한 편이다.	①	②	③	④	⑤
057	인생은 살 가치가 없다고 생각된 적이 있다.	①	②	③	④	⑤
058	이유 없이 물건을 부수거나 망가뜨리고 싶은 적이 있다.	①	②	③	④	⑤
059	나의 고민, 진심 등을 털어놓을 수 있는 사람이 없다.	①	②	③	④	⑤
060	자존심이 강하다는 소릴 자주 듣는다.	①	②	③	④	⑤
061	아무것도 안하고 멍하게 있는 것을 싫어한다.	①	②	③	④	⑤
062	지금까지 감정적으로 행동했던 적은 없다.	①	②	③	④	⑤
063	항상 뭔가에 불안한 일을 안고 있다.	①	②	③	④	⑤
064	세세한 일에 신경을 쓰는 편이다.	①	②	③	④	⑤

065	그때그때의 기분에 따라 행동하는 편이다.	① ② ③ ④ ⑤
066	혼자가 되고 싶다고 생각한 적이 많다.	① ② ③ ④ ⑤
067	남에게 재촉당하면 화가 나는 편이다.	① ② ③ ④ ⑤
068	주위에서 낙천적이라는 소릴 자주 듣는다.	① ② ③ ④ ⑤
069	남을 싫어해 본 적이 단 한 번도 없다.	① ② ③ ④ ⑤
070	조금이라도 나쁜 소식은 절망의 시작이라고 생각한다.	① ② ③ ④ ⑤
071	언제나 실패가 걱정되어 어쩔 줄 모른다.	① ② ③ ④ ⑤
072	다수결의 의견에 따르는 편이다.	① ② ③ ④ ⑤
073	혼자서 영화관에 들어가는 것은 전혀 두려운 일이 아니다.	① ② ③ ④ ⑤
074	승부근성이 강하다.	① ② ③ ④ ⑤
075	자주 흥분하여 침착하지 못한다.	① ② ③ ④ ⑤
076	지금까지 살면서 남에게 폐를 끼친 적이 없다.	① ② ③ ④ ⑤
077	내일 해도 되는 일을 오늘 안에 끝내는 것을 좋아한다.	① ② ③ ④ ⑤
078	무엇이든지 자기가 나쁘다고 생각하는 편이다.	① ② ③ ④ ⑤
079	자신을 변덕스러운 사람이라고 생각한다.	① ② ③ ④ ⑤
080	고독을 즐기는 편이다.	① ② ③ ④ ⑤
081	감정적인 사람이라고 생각한다.	① ② ③ ④ ⑤
082	자신만의 신념을 가지고 있다.	① ② ③ ④ ⑤
083	다른 사람을 바보 같다고 생각한 적이 있다.	① ② ③ ④ ⑤
084	남의 비밀을 금방 말해버리는 편이다.	① ② ③ ④ ⑤
085	대재앙이 오지 않을까 항상 걱정을 한다.	① ② ③ ④ ⑤
086	문제점을 해결하기 위해 항상 많은 사람들과 이야기하는 편이다.	① ② ③ ④ ⑤
087	내 방식대로 일을 처리하는 편이다.	① ② ③ ④ ⑤
088	영화를 보고 운 적이 있다.	① ② ③ ④ ⑤

089	사소한 충고에도 걱정을 한다.	①	②	③	④	⑤
090	학교를 쉬고 싶다고 생각한 적이 한 번도 없다.	①	②	③	④	⑤
091	불안감이 강한 편이다.	①	②	③	④	⑤
092	사람을 설득시키는 것이 어렵지 않다.	①	②	③	④	⑤
093	다른 사람에게 어떻게 보일지 신경을 쓴다.	①	②	③	④	⑤
094	다른 사람에게 의존하는 경향이 있다.	①	②	③	④	⑤
095	그다지 융통성이 있는 편이 아니다.	①	②	③	④	⑤
096	숙제를 잊어버린 적이 한 번도 없다.	①	②	③	④	⑤
097	밤길에는 발소리가 들리기만 해도 불안하다.	①	②	③	④	⑤
098	자신은 유치한 사람이다.	①	②	③	④	⑤
099	잡담을 하는 것보다 책을 읽는 편이 낫다.	①	②	③	④	⑤
100	나는 영업에 적합한 타입이라고 생각한다.	①	②	③	④	⑤
101	술자리에서 술을 마시지 않아도 흥을 돋울 수 있다.	①	②	③	④	⑤
102	한 번도 병원에 간 적이 없다.	①	②	③	④	⑤
103	나쁜 일은 걱정이 되어 어쩔 줄을 모른다.	①	②	③	④	⑤
104	쉽게 무기력해지는 편이다.	①	②	③	④	⑤
105	비교적 고분고분한 편이라고 생각한다.	①	②	③	④	⑤
106	독자적으로 행동하는 편이다.	①	②	③	④	⑤
107	적극적으로 행동하는 편이다.	①	②	③	④	⑤
108	금방 감격하는 편이다.	①	②	③	④	⑤
109	밤에 잠을 못 잘 때가 많다.	①	②	③	④	⑤
110	후회를 자주 하는 편이다.	①	②	③	④	⑤
111	쉽게 뜨거워지고 쉽게 식는 편이다.	①	②	③	④	⑤
112	자신만의 세계를 가지고 있다.	①	②	③	④	⑤

113	말하는 것을 아주 좋아한다.	① ② ③ ④ ⑤
114	이유 없이 불안할 때가 있다.	① ② ③ ④ ⑤
115	주위 사람의 의견을 생각하여 발언을 자제할 때가 있다.	① ② ③ ④ ⑤
116	생각 없이 함부로 말하는 경우가 많다.	① ② ③ ④ ⑤
117	정리가 되지 않은 방에 있으면 불안하다.	① ② ③ ④ ⑤
118	슬픈 영화나 TV를 보면 자주 운다.	① ② ③ ④ ⑤
119	자신을 충분히 신뢰할 수 있는 사람이라고 생각한다.	① ② ③ ④ ⑤
120	노래방을 아주 좋아한다.	① ② ③ ④ ⑤
121	자신만이 할 수 있는 일을 하고 싶다.	① ② ③ ④ ⑤
122	자신을 과소평가 하는 경향이 있다	① ② ③ ④ ⑤
123	책상 위나 서랍 안은 항상 깔끔히 정리한다	① ② ③ ④ ⑤
124	건성으로 일을 하는 때가 자주 있다.	① ② ③ ④ ⑤
125	남의 험담을 한 적이 없다.	① ② ③ ④ ⑤
126	초조하면 손을 떨고, 심장박동이 빨라진다.	① ② ③ ④ ⑤
127	말싸움을 하여 진 적이 한 번도 없다.	① ② ③ ④ ⑤
128	다른 사람들과 덩달아 떠든다고 생각할 때가 자주 있다.	① ② ③ ④ ⑤
129	아첨에 넘어가기 쉬운 편이다.	① ② ③ ④ ⑤
130	이론만 내세우는 사람과 대화하면 짜증이 난다.	① ② ③ ④ ⑤
131	상처를 주는 것도 받는 것도 싫다.	① ② ③ ④ ⑤
132	매일매일 그 날을 반성한다.	① ② ③ ④ ⑤
133	주변 사람이 피곤해하더라도 자신은 항상 원기왕성하다.	① ② ③ ④ ⑤
134	아침부터 아무것도 하고 싶지 않을 때가 있다.	① ② ③ ④ ⑤

135	지각을 하면 학교를 결석하고 싶어진다.	①	②	③	④	⑤
136	이 세상에 없는 세계가 존재한다고 생각한다.	①	②	③	④	⑤
137	하기 싫은 것을 하고 있으면 무심코 불만을 말한다.	①	②	③	④	⑤
138	투지를 드러내는 경향이 있다.	①	②	③	④	⑤
139	어떤 일이라도 헤쳐 나갈 자신이 있다.	①	②	③	④	⑤
140	인간관계를 중요하게 생각한다.	①	②	③	④	⑤
141	협조성이 뛰어난 편이다.	①	②	③	④	⑤
142	정해진 대로 따르는 것을 좋아한다.	①	②	③	④	⑤
143	정이 많은 사람을 좋아한다.	①	②	③	④	⑤
144	조직이나 전통에 구애를 받지 않는다.	①	②	③	④	⑤
145	잘 아는 사람과만 만나는 것이 좋다.	①	②	③	④	⑤
146	파티에서 사람을 소개받는 편이다.	①	②	③	④	⑤
147	모임이나 집단에서 분위기를 이끄는 편이다.	①	②	③	④	⑤
148	취미 등이 오랫동안 지속되지 않는 편이다.	①	②	③	④	⑤
149	다른 사람을 부럽다고 생각해 본 적이 없다.	①	②	③	④	⑤
150	꾸지람을 들은 적이 한 번도 없다.	①	②	③	④	⑤
151	시간이 오래 걸려도 항상 침착하게 생각하는 경우가 많다.	①	②	③	④	⑤
152	실패의 원인을 찾고 반성하는 편이다.	①	②	③	④	⑤
153	여러 가지 일을 재빨리 능숙하게 처리하는 데 익숙하다.	①	②	③	④	⑤
154	행동을 한 후 생각을 하는 편이다.	①	②	③	④	⑤
155	민첩하게 활동을 하는 편이다.	①	②	③	④	⑤
156	일을 더디게 처리하는 경우가 많다.	①	②	③	④	⑤
157	몸을 움직이는 것을 좋아한다.	①	②	③	④	⑤
158	스포츠를 보는 것이 좋다	①	②	③	④	⑤

159	일을 하다 어려움에 부딪히면 단념한다.	①	②	③	④	⑤
160	너무 신중하여 타이밍을 놓치는 때가 많다.	①	②	③	④	⑤
161	시험을 볼 때 한 번에 모든 것을 마치는 편이다.	①	②	③	④	⑤
162	일에 대한 계획표를 만들어 실행을 하는 편이다.	①	②	③	④	⑤
163	한 분야에서 1인자가 되고 싶다고 생각한다.	①	②	③	④	⑤
164	규모가 큰 일을 하고 싶다.	①	②	③	④	⑤
165	높은 목표를 설정하여 수행하는 것이 의욕적이라고 생각한다.	①	②	③	④	⑤
166	다른 사람들과 있으면 침작하지 못하다.	①	②	③	④	⑤
167	수수하고 조심스러운 편이다.	①	②	③	④	⑤
168	여행을 가기 전에 항상 계획을 세운다.	①	②	③	④	⑤
169	구입한 후 끝까지 읽지 않은 책이 많다.	①	②	③	④	⑤
170	쉬는 날은 집에 있는 경우가 많다.	①	②	③	④	⑤
171	돈을 허비한 적이 없다.	①	②	③	④	⑤
172	흐린 날은 항상 우산을 가지고 나간다.	①	②	③	④	⑤
173	조연상을 받은 배우보다 주연상을 받은 배우를 좋아한다.	①	②	③	④	⑤
174	유행에 민감하다고 생각한다.	①	②	③	④	⑤
175	친구의 휴대폰 번호를 모두 외운다.	①	②	③	④	⑤
176	환경이 변화되는 것에 구애받지 않는다.	①	②	③	④	⑤
177	조직의 일원으로 별로 안 어울린다고 생각한다.	①	②	③	④	⑤
178	외출시 문을 잠갔는지 몇 번을 확인하다.	①	②	③	④	⑤
179	성공을 위해서는 어느 정도의 위험성을 감수해야 한다고 생각한다.	①	②	③	④	⑤
180	남들이 이야기하는 것을 보면 자기에 대해 험담을 하고 있는 것 같다.	①	②	③	④	⑤

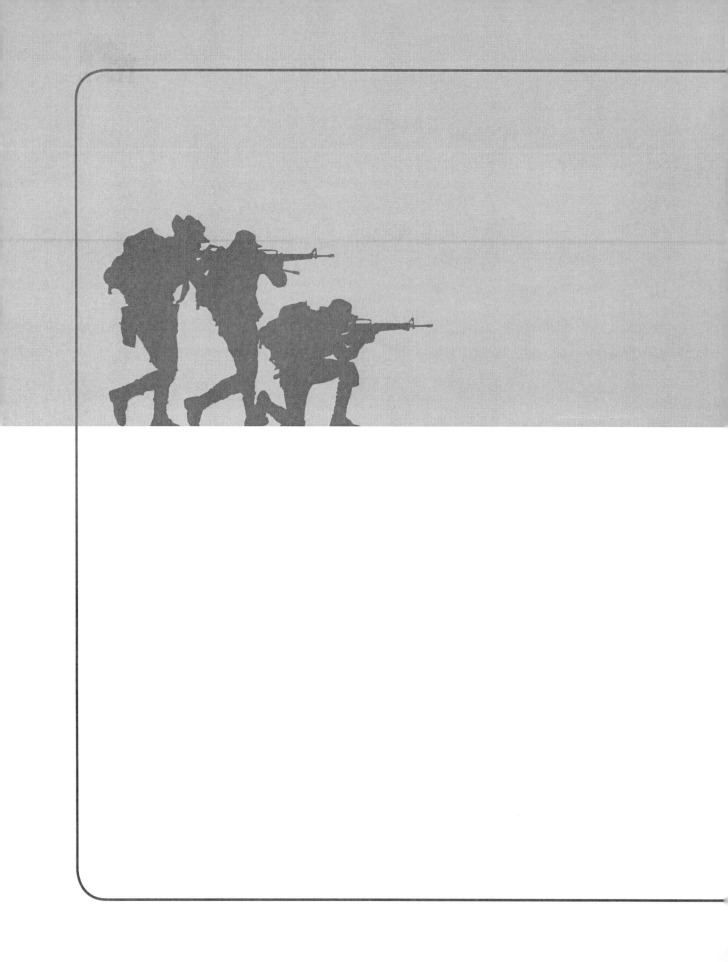

PART

04

인성검사

CHAPTER

01 인성검사의 개요

1 인성(성격)검사의 개념과 목적

인성(성격)이란 개인을 특징짓는 평범하고 일상적인 사회적 이미지, 즉 지속적이고 일관된 공적 성격(Public-personality)이며, 환경에 대응함으로써 선천적 · 후천적 요소의 상호작용으로 결정화된 심리적 · 사회적 특성 및 경향을 의미한다. 인성검사는 대부분의 기관에서 병행하여 실시하고 있으며, 인성검사만 독자적으로 실시하는 기관도 있다.

인성검사를 통하여 각 개인이 어떠한 성격 특성이 발달되어 있고, 어떤 특성이 얼마나 부족한지, 그것이 해당 직무의 특성 및 조직문화와 얼마나 맞는지를 알아보고 이에 적합한 인재를 선발하고자 한다. 또한 개인에게 적합한 직무 배분과 부족한 부분을 교육을 통해 보완하도록 할 수 있다.

2 성격의 특성

(1) 정서적 측면

정서적 측면은 평소 마음의 당연시하는 자세나 정신상태가 얼마나 안정하고 있는지 또는 불안정한지를 측정한다. 정서의 상태는 직무수행이나 대인관계와 관련하여 태도나 행동으로 드러난다. 그러므로 정서적 측면을 측정하는 것에 의해, 장래 조직 내의 인간관계에 어느 정도 잘 적응할 수 있을까(또는 적응하지 못할까)를 예측하는 것이 가능하다. 그렇기 때문에, 정서적 측면의 결과는 상당히 중시된다. 아무리 능력이 좋아도 장기적으로 조직 내의 인간관계에 잘 적응할 수 없다고 판단되는 인재는 기본적으로는 배제된다. 일반적으로 인성(성격)검사는 합격여부와 관계없다고 생각하나 정서적으로 조직에 적응하지 못하는 인재는 가려내지는 것을 유의하여야 한다.

① **민감성**(신경도) … 꼼꼼함, 섬세함, 성실함 등의 요소를 통해 일반적으로 신경질적인지 또는 자신의 존재를 위협받는다라는 불안을 갖기 쉬운지를 측정한다.

질문	그렇다	약간 그렇다	그저 그렇다	별로 그렇지 않다	그렇지 않다
• 배려적이라고 생각한다. • 어지러진 방에 있으면 불안하다. • 실패 후에는 불안하다. • 세세한 것까지 신경쓴다. • 이유 없이 불안할 때가 있다.					

▶ 측정결과

㉠ '그렇다'가 많은 경우(상처받기 쉬운 유형) : 사소한 일에 신경쓰고 다른 사람의 사소한 한마디 말에 상처를 받기 쉽다.

- 면접관의 심리 : '동료들과 잘 지낼 수 있을까?', '실패할 때마다 위축되지 않을까?'
- 면접대책 : 다소 신경질적이라도 능력을 발휘할 수 있다는 평가를 얻도록 한다. 주변과 충분한 의사소통이 가능하고, 결정한 것을 실행할 수 있다는 것을 보여주어야 한다.

㉡ '그렇지 않다'가 많은 경우(정신적으로 안정적인 유형) : 사소한 일에 신경쓰지 않고 금방 해결하며, 주위 사람의 말에 과민하게 반응하지 않는다.

- 면접관의 심리 : '계약할 때 필요한 유형이고, 사고 발생에도 유연하게 대처할 수 있다.'
- 면접대책 : 일반적으로 '민감성의 측정치가 낮으면 플러스 평가를 받으므로 더욱 자신감 있는 모습을 보여준다.

② **자책성**(과민도) … 자신을 비난하거나 책망하는 정도를 측정한다.

질문	그렇다	약간 그렇다	그저 그렇다	별로 그렇지 않다	그렇지 않다
• 후회하는 일이 많다. • 자신을 하찮은 존재로 생각하는 경우가 있다. • 문제가 발생하면 자기의 탓이라고 생각한다. • 무슨 일이든지 끙끙대며 진행하는 경향이 있다. • 온순한 편이다.					

▶ 측정결과

㉠ '그렇다'가 많은 경우(자책하는 유형) : 비관적이고 후회하는 유형이다.

- 면접관의 심리 : '끙끙대며 괴로워하고, 일을 진행하지 못할 것 같다.'
- 면접대책 : 기분이 저조해도 항상 의욕을 가지고 생활하는 것과 책임감이 강하다는 것을 보여준다.

㉡ '그렇지 않다'가 많은 경우(낙천적인 유형) : 기분이 항상 밝은 편이다.

- 면접관의 심리 : '안정된 대인관계를 맺을 수 있고, 외부의 압력에도 흔들리지 않는다.'
- 면접대책 : 일반적으로 '자책성'의 측정치가 낮으면 플러스 평가를 받으므로 자신감을 가지고 임한다.

③ **기분성**(불안도) … 기분의 굴곡이나 감정적인 면의 미숙함이 어느 정도인지를 측정하는 것이다.

질문	그렇다	약간 그렇다	그저 그렇다	별로 그렇지 않다	그렇지 않다
• 다른 사람의 의견에 자신의 결정이 흔들리는 경우가 많다. • 기분이 쉽게 변한다. • 종종 후회한다. • 다른 사람보다 의지가 약한 편이라고 생각한다. • 금방 싫증을 내는 성격이라는 말을 자주 듣는다.					

▶ 측정결과

㉠ '그렇다'가 많은 경우(감정의 기복이 많은 유형) : 의지력보다 기분에 따라 행동하기 쉽다.

- 면접관의 심리 : '감정적인 것에 약하며, 상황에 따라 생산성이 떨어지지 않을까?'
- 면접대책 : 주변 사람들과 항상 협조한다는 것을 강조하고 한결같은 상태로 일할 수 있다는 평가를 받도록 한다.

㉡ '그렇지 않다'가 많은 경우(감정의 기복이 적은 유형) : 감정의 기복이 없고, 안정적이다.

- 면접관의 심리 : '안정적으로 업무에 임할 수 있다.'
- 면접대책 : 기분성의 측정치가 낮으면 플러스 평가를 받으므로 자신감을 가지고 면접에 임한다.

④ **독자성**(개인도) … 주변에 대한 견해나 관심, 자신의 견해나 생각에 어느 정도의 속박감을 가지고 있는지를 측정한다.

질문	그렇다	약간 그렇다	그저 그렇다	별로 그렇지 않다	그렇지 않다
• 창의적 사고방식을 가지고 있다. • 융통성이 있는 편이다. • 혼자 있는 편이 많은 사람과 있는 것보다 편하다. • 개성적이라는 말을 듣는다. • 교제는 번거로운 것이라고 생각하는 경우가 많다.					

▶ 측정결과

㉠ '그렇다'가 많은 경우 : 자기의 관점을 중요하게 생각하는 유형으로, 주위의 상황보다 자신의 느낌과 생각을 중시한다.

- 면접관의 심리 : '제멋대로 행동하지 않을까?'
- 면접대책 : 주위 사람과 협조하여 일을 진행할 수 있다는 것과 상식에 얽매이지 않는다는 인상을 심어준다.

㉡ '그렇지 않다'가 많은 경우 : 상식적으로 행동하고 주변 사람의 시선에 신경을 쓴다.

- 면접관의 심리 : '다른 직원들과 협조하여 업무를 진행할 수 있겠다.'
- 면접대책 : 협조성이 요구되는 기업체에서는 플러스 평가를 받을 수 있다.

⑤ **자신감**(자존심도) … 자기 자신에 대해 얼마나 긍정적으로 평가하는지를 측정한다.

질문	그렇다	약간 그렇다	그저 그렇다	별로 그렇지 않다	그렇지 않다
• 다른 사람보다 능력이 뛰어나다고 생각한다. • 다소 반대의견이 있어도 나만의 생각으로 행동할 수 있다. • 나는 다른 사람보다 기가 센 편이다. • 동료가 나를 모욕해도 무시할 수 있다. • 대개의 일을 목적한 대로 헤쳐나갈 수 있다고 생각한다.					

▶ 측정결과

㉠ '그렇다'가 많은 경우 : 자기 능력이나 외모 등에 자신감이 있고, 비판당하는 것을 좋아하지 않는다.
- 면접관의 심리 : '자만하여 지시에 잘 따를 수 있을까?'
- 면접대책 : 다른 사람의 조언을 잘 받아들이고, 겸허하게 반성하는 면이 있다는 것을 보여주고, 동료들과 잘 지내며 리더의 자질이 있다는 것을 강조한다.

㉡ '그렇지 않다'가 많은 경우 : 자신감이 없고 다른 사람의 비판에 약하다.
- 면접관의 심리 : '패기가 부족하지 않을까?', '쉽게 좌절하지 않을까?'
- 면접대책 : 극도의 자신감 부족으로 평가되지는 않는다. 그러나 마음이 약한 면은 있지만 의욕적으로 일을 하겠다는 마음가짐을 보여준다.

⑥ 고양성(분위기에 들뜨는 정도) … 자유분방함, 명랑함과 같이 감정(기분)의 높고 낮음의 정도를 측정한다.

질문	그렇다	약간 그렇다	그저 그렇다	별로 그렇지 않다	그렇지 않다
• 침착하지 못한 편이다. • 다른 사람보다 쉽게 우쭐해진다. • 모든 사람이 아는 유명인사가 되고 싶다. • 모임이나 집단에서 분위기를 이끄는 편이다. • 취미 등이 오랫동안 지속되지 않는 편이다.					

▶ 측정결과

㉠ '그렇다'가 많은 경우 : 자극이나 변화가 있는 일상을 원하고 기분을 들뜨게 하는 사람과 친밀하게 지내는 경향이 강하다.

• 면접관의 심리 : '일을 진행하는 데 변덕스럽지 않을까?'
• 면접대책 : 밝은 태도는 플러스 평가를 받을 수 있지만, 착실한 업무능력이 요구되는 직종에서는 마이너스 평가가 될 수 있다. 따라서 자기조절이 가능하다는 것을 보여준다.

㉡ '그렇지 않다'가 많은 경우 : 감정이 항상 일정하고, 속을 드러내 보이지 않는다.

• 면접관의 심리 : '안정적인 업무 태도를 기대할 수 있겠다.'
• 면접대책 : '고양성'의 낮음은 대체로 플러스 평가를 받을 수 있다. 그러나 '무엇을 생각하고 있는지 모르겠다' 등의 평을 듣지 않도록 주의한다.

⑦ 허위성(진위성) … 필요 이상으로 자기를 좋게 보이려 하거나 기업체가 원하는 '이상형'에 맞춘 대답을 하고 있는지, 없는지를 측정한다.

질문	그렇다	약간 그렇다	그저 그렇다	별로 그렇지 않다	그렇지 않다
• 약속을 깨뜨린 적이 한 번도 없다. • 다른 사람을 부럽다고 생각해 본 적이 없다. • 꾸지람을 들은 적이 없다. • 사람을 미워한 적이 없다. • 화를 낸 적이 한 번도 없다.					

▶ 측정결과

㉠ '그렇다'가 많은 경우 : 실제의 자기와는 다른, 말하자면 원칙으로 해답할 가능성이 있다.

• 면접관의 심리 : '거짓을 말하고 있다.'

• 면접대책 : 조금이라도 좋게 보이려고 하는 '거짓말쟁이'로 평가될 수 있다. '거짓을 말하고 있다.'는 마음 따위가 전혀 없다해도 결과적으로는 정직하게 답하지 않는다는 것이 되어 버린다. '허위성'의 측정 질문은 구분되지 않고 다른 질문 중에 섞여 있다. 그러므로 모든 질문에 솔직하게 답하여야 한다. 또한 자기 자신과 너무 동떨어진 이미지로 답하면 좋은 결과를 얻지 못한다. 그리고 면접에서 '허위성'을 기본으로 한 질문을 받게 되므로 당황하거나 또 다른 모순된 답변을 하게 된다. 겉치레를 하거나 무리한 욕심을 부리지 말고 '이런 사회인이 되고 싶다.'는 현재의 자신보다, 조금 성장한 자신을 표현하는 정도가 적당하다.

㉡ '그렇지 않다'가 많은 경우 : 냉정하고 정직하며, 외부의 압력과 스트레스에 강한 유형이다. '대쪽같음'의 이미지가 굳어지지 않도록 주의한다.

(2) 행동적인 측면

행동적 측면은 인격 중에 특히 행동으로 드러나기 쉬운 측면을 측정한다. 사람의 행동 특징 자체에는 선도 악도 없으나, 일반적으로는 일의 내용에 의해 원하는 행동이 있다. 때문에 행동적 측면은 주로 직종과 깊은 관계가 있는데 자신의 행동 특성을 살려 적합한 직종을 선택한다면 플러스가 될 수 있다.

행동 특성에서 보이는 특징은 면접장면에서도 드러나기 쉬운데 본서의 모의 TEST의 결과를 참고하여 자신의 태도, 행동이 면접관의 시선에 어떻게 비치는지를 점검하도록 한다.

① **사회적 내향성** … 대인관계에서 나타나는 행동경향으로 '낯가림'을 측정한다.

질문	선택
A : 파티에서는 사람을 소개받은 편이다. B : 파티에서는 사람을 소개하는 편이다.	
A : 처음 보는 사람과는 즐거운 시간을 보내는 편이다. B : 처음 보는 사람과는 어색하게 시간을 보내는 편이다.	
A : 친구가 적은 편이다. B : 친구가 많은 편이다.	
A : 자신의 의견을 말하는 경우가 적다. B : 자신의 의견을 말하는 경우가 많다.	
A : 사교적인 모임에 참석하는 것을 좋아하지 않는다. B : 사교적인 모임에 항상 참석한다.	

▶ 측정결과

㉠ 'A'가 많은 경우 : 내성적이고 사람들과 접하는 것에 소극적이다. 자신의 의견을 말하지 않고 조심스러운 편이다.

• 면접관의 심리 : '소극적인데 동료와 잘 지낼 수 있을까?'

• 면접대책 : 대인관계를 맺는 것을 싫어하지 않고 의욕적으로 일을 할 수 있다는 것을 보여준다.

㉡ 'B'가 많은 경우 : 사교적이고 자기의 생각을 명확하게 전달할 수 있다.

• 면접관의 심리 : '사교적이고 활동적인 것은 좋지만, 자기 주장이 너무 강하지 않을까?'

• 면접대책 : 협조성을 보여주고, 자기 주장이 너무 강하다는 인상을 주지 않도록 주의한다.

② **내성성**(침착도) … 자신의 행동과 일에 대해 침착하게 생각하는 정도를 측정한다.

질문	선택
A : 시간이 걸려도 침착하게 생각하는 경우가 많다. B : 짧은 시간에 결정을 하는 경우가 많다.	
A : 실패의 원인을 찾고 반성하는 편이다. B : 실패를 해도 그다지(별로) 개의치 않는다.	
A : 결론이 도출되어도 몇 번 정도 생각을 바꾼다. B : 결론이 도출되면 신속하게 행동으로 옮긴다.	
A : 여러 가지 생각하는 것이 능숙하다. B : 여러 가지 일을 재빨리 능숙하게 처리하는 데 익숙하다.	
A : 여러 가지 측면에서 사물을 검토한다. B : 행동한 후 생각을 한다.	

▶ 측정결과

㉠ 'A'가 많은 경우 : 행동하기 보다는 생각하는 것을 좋아하고 신중하게 계획을 세워 실행한다.
- 면접관의 심리 : '행동으로 실천하지 못하고, 대응이 늦은 경향이 있지 않을까?'
- 면접대책 : 발로 뛰는 것을 좋아하고, 일을 더디게 한다는 인상을 주지 않도록 한다.

㉡ 'B'가 많은 경우 : 차분하게 생각하는 것보다 우선 행동하는 유형이다.
- 면접관의 심리 : '생각하는 것을 싫어하고 경솔한 행동을 하지 않을까?'
- 면접대책 : 계획을 세우고 행동할 수 있는 것을 보여주고 '사려깊다'라는 인상을 남기도록 한다.

③ **신체활동성** … 몸을 움직이는 것을 좋아하는가를 측정한다.

질문	선택
A : 민첩하게 활동하는 편이다. B : 준비행동이 없는 편이다.	
A : 일을 척척 해치우는 편이다. B : 일을 더디게 처리하는 편이다.	
A : 활발하다는 말을 듣는다. B : 얌전하다는 말을 듣는다.	
A : 몸을 움직이는 것을 좋아한다. B : 가만히 있는 것을 좋아한다.	
A : 스포츠를 하는 것을 즐긴다. B : 스포츠를 보는 것을 좋아한다.	

▶ 측정결과

㉠ 'A'가 많은 경우 : 활동적이고, 몸을 움직이게 하는 것이 컨디션이 좋다.

- 면접관의 심리 : '활동적으로 활동력이 좋아 보인다.'
- 면접대책 : 활동하고 얻은 성과 등과 주어진 상황의 대응능력을 보여준다.

㉡ 'B'가 많은 경우 : 침착한 인상으로, 차분하게 있는 타입이다.

- 면접관의 심리 : '좀처럼 행동하려 하지 않아 보이고, 일을 빠르게 처리할 수 있을까?'

④ **지속성**(노력성) … 무슨 일이든 포기하지 않고 끈기 있게 하려는 정도를 측정한다.

질문	선택
A : 일단 시작한 일은 시간이 걸려도 끝까지 마무리한다. B : 일을 하다 어려움에 부딪히면 단념한다.	
A : 끈질긴 편이다. B : 바로 단념하는 편이다.	
A : 인내가 강하다는 말을 듣는다. B : 금방 싫증을 낸다는 말을 듣는다.	
A : 집념이 깊은 편이다. B : 담백한 편이다.	
A : 한 가지 일에 구애되는 것이 좋다고 생각한다. B : 간단하게 체념하는 것이 좋다고 생각한다.	

▶ 측정결과

㉠ 'A'가 많은 경우 : 시작한 것은 어려움이 있어도 포기하지 않고 인내심이 높다.

- 면접관의 심리 : '한 가지의 일에 너무 구애되고, 업무의 진행이 원활할까?'
- 면접대책 : 인내력이 있는 것은 플러스 평가를 받을 수 있지만 집착이 강해 보이기도 한다.

㉡ 'B'가 많은 경우 : 뒤끝이 없고 조그만 실패로 일을 포기하기 쉽다.

- 면접관의 심리 : '질리는 경향이 있고, 일을 정확히 끝낼 수 있을까?'
- 면접대책 : 지속적인 노력으로 성공했던 사례를 준비하도록 한다.

⑤ **신중성**(주의성) … 자신이 처한 주변상황을 즉시 파악하고 자신의 행동이 어떤 영향을 미치는지를 측정한다.

질문	선택
A : 여러 가지로 생각하면서 완벽하게 준비하는 편이다. B : 행동할 때부터 임기응변적인 대응을 하는 편이다.	
A : 신중해서 타이밍을 놓치는 편이다. B : 준비 부족으로 실패하는 편이다.	
A : 자신은 어떤 일에도 신중히 대응하는 편이다. B : 순간적인 충동으로 활동하는 편이다.	
A : 시험을 볼 때 끝날 때까지 재검토하는 편이다. B : 시험을 볼 때 한 번에 모든 것을 마치는 편이다.	
A : 일에 대해 계획표를 만들어 실행한다. B : 일에 대한 계획표 없이 진행한다.	

▶ 측정결과

㉠ 'A'가 많은 경우 : 주변 상황에 민감하고, 예측하여 계획있게 일을 진행한다.
- 면접관의 심리 : '너무 신중해서 적절한 판단을 할 수 있을까?', '앞으로의 상황에 불안을 느끼지 않을까?'
- 면접대책 : 예측을 하고 실행을 하는 것은 플러스 평가가 되지만, 너무 신중하면 일의 진행이 정체될 가능성을 보이므로 추진력이 있다는 강한 의욕을 보여준다.

㉡ 'B'가 많은 경우 : 주변 상황을 살펴 보지 않고 착실한 계획없이 일을 진행시킨다.
- 면접관의 심리 : '사려깊지 않고 않고, 실패하는 일이 많지 않을까?', '판단이 빠르고 유연한 사고를 할 수 있을까?'
- 면접대책 : 사전준비를 중요하게 생각하고 있다는 것 등을 보여주고, 경솔한 인상을 주지 않도록 한다. 또한 판단력이 빠르거나 유연한 사고 덕분에 일 처리를 잘 할 수 있다는 것을 강조한다.

(3) 의욕적인 측면

의욕적인 측면은 의욕의 정도, 활동력의 유무 등을 측정한다. 여기서의 의욕이란 우리들이 보통 말하고 사용하는 '하려는 의지'와는 조금 뉘앙스가 다르다. '하려는 의지'란 그 때의 환경이나 기분에 따라 변화하는 것이지만, 여기에서는 조금 더 변화하기 어려운 특징, 말하자면 정신적 에너지의 양으로 측정하는 것이다.

의욕적 측면은 행동적 측면과는 다르고, 전반적으로 어느 정도 점수가 높은 쪽을 선호한다. 모의검사의 의욕적 측면의 결과가 낮다면, 평소 일에 몰두할 때 조금 의욕 있는 자세를 가지고 서서히 개선하도록 노력해야 한다.

① **달성의욕** … 목적의식을 가지고 높은 이상을 가지고 있는지를 측정한다.

질문	선택
A : 경쟁심이 강한 편이다. B : 경쟁심이 약한 편이다.	
A : 어떤 한 분야에서 제1인자가 되고 싶다고 생각한다. B : 어느 분야에서든 성실하게 임무를 진행하고 싶다고 생각한다.	
A : 규모가 큰 일을 해보고 싶다. B : 맡은 일에 충실히 임하고 싶다.	
A : 아무리 노력해도 실패한 것은 아무런 도움이 되지 않는다. B : 가령 실패했을 지라도 나름대로의 노력이 있었으므로 괜찮다.	
A : 높은 목표를 설정하여 수행하는 것이 의욕적이다. B : 실현 가능한 정도의 목표를 설정하는 것이 의욕적이다.	

▶ 측정결과

㉠ 'A'가 많은 경우 : 큰 목표와 높은 이상을 가지고 승부욕이 강한 편이다.
- 면접관의 심리 : '열심히 일을 해줄 것 같은 유형이다.'
- 면접대책 : 달성의욕이 높다는 것은 어떤 직종이라도 플러스 평가가 된다.

㉡ 'B'가 많은 경우 : 현재의 생활을 소중하게 여기고 비약적인 발전을 위해 기를 쓰지 않는다.
- 면접관의 심리 : '외부의 압력에 약하고, 기획입안 등을 하기 어려울 것이다.'
- 면접대책 : 일을 통하여 하고 싶은 것들을 구체적으로 어필한다.

② **활동의욕** … 자신에게 잠재된 에너지의 크기로, 정신적인 측면의 활동력이라 할 수 있다.

질문	선택
A : 하고 싶은 일을 실행으로 옮기는 편이다. B : 하고 싶은 일을 좀처럼 실행할 수 없는 편이다.	
A : 어려운 문제를 해결해 가는 것이 좋다. B : 어려운 문제를 해결하는 것을 잘하지 못한다.	
A : 일반적으로 결단이 빠른 편이다. B : 일반적으로 결단이 느린 편이다.	
A : 곤란한 상황에도 도전하는 편이다. B : 사물의 본질을 깊게 관찰하는 편이다.	
A : 시원시원하다는 말을 잘 듣는다. B : 꼼꼼하다는 말을 잘 듣는다.	

▶ 측정결과

㉠ 'A'가 많은 경우 : 꾸물거리는 것을 싫어하고 재빠르게 결단해서 행동하는 타입이다.
- 면접관의 심리 : '일을 처리하는 솜씨가 좋고, 일을 척척 진행할 수 있을 것 같다.'
- 면접대책 : 활동의욕이 높은 것은 플러스 평가가 된다. 사교성이나 활동성이 강하다는 인상을 준다.

㉡ 'B'가 많은 경우 : 안전하고 확실한 방법을 모색하고 차분하게 시간을 아껴서 일에 임하는 타입이다.
- 면접관의 심리 : '재빨리 행동을 못하고, 일의 처리속도가 느린 것이 아닐까?'
- 면접대책 : 활동성이 있는 것을 좋아하고 움직임이 더디다는 인상을 주지 않도록 한다.

3 성격의 유형

(1) 인성검사유형의 4가지 척도

정서적인 측면, 행동적인 측면, 의욕적인 측면의 요소들은 성격 특성이라는 관점에서 제시된 것들로 각 개인의 장 · 단점을 파악하는 데 유용하다. 그러나 전체적인 개인의 인성을 이해하는 데는 한계가 있다.

성격의 유형은 개인의 '성격적인 특색'을 가리키는 것으로, 사회인으로서 적합한지, 아닌지를 말하는 관점과는 관계가 없다. 따라서 합격 여부에는 사용되지 않는 경우가 많으며, 적정 부서 배치의 자료가 되는 편이라 생각하면 된다. 그러나 관계가 없다고 해서 아무런 준비도 필요 없는 것은 아니다. 자신을 아는 것은 면접 대책의 밑거름이 되므로 모의검사 결과를 충분히 활용하도록 하여야 한다.

(2) 성격유형

① **흥미 · 관심의 방향**(내향⇆외향) … 흥미 · 관심의 방향이 자신의 내면에 있는지, 주위환경 등 외면에 향하는지를 가리키는 척도이다.

질문	선택
A : 내성적인 성격인 편이다. B : 개방적인 성격인 편이다.	
A : 항상 신중하게 생각을 하는 편이다. B : 바로 행동에 착수하는 편이다.	
A : 수수하고 조심스러운 편이다. B : 자기표현력이 강한 편이다.	
A : 다른 사람과 함께 있으면 침착하지 않다. B : 혼자서 있으면 침착하지 않다.	

▶ 측정결과

㉠ 'A'가 많은 경우(내향) : 관심의 방향이 자기 내면에 있으며, 조용하고 낯을 가리는 유형이다. 행동력은 부족하나 집중력이 뛰어나고 신중하고 꼼꼼하다.

㉡ 'B'가 많은 경우(외향) : 관심의 방향이 외부환경에 있으며, 사교적이고 활동적인 유형이다. 꼼꼼함이 부족하여 대충하는 경향이 있으나 행동력이 있다.

② **일(사물)을 보는 방법**(직감⇆감각) … 일(사물)을 보는 법이 직감적으로 형식에 얽매이는지, 감각적으로 상식적인지를 가리키는 척도이다.

질문	선택
A : 현실주의적인 편이다. B : 상상력이 풍부한 편이다.	
A : 정형적인 방법으로 일을 처리하는 것을 좋아한다. B : 만들어진 방법에 변화가 있는 것을 좋아한다.	
A : 경험에서 가장 적합한 방법으로 선택한다. B : 지금까지 없었던 새로운 방법을 개척하는 것을 좋아한다.	
A : 성실하다는 말을 듣는다. B : 호기심이 강하다는 말을 듣는다.	

▶ 측정결과

㉠ 'A'가 많은 경우(감각) : 현실적이고 경험주의적이며 보수적인 유형이다.

㉡ 'B'가 많은 경우(직관) : 새로운 주제를 좋아하며, 독자적인 시각을 가진 유형이다.

③ 판단하는 방법(감정 ⇆ 사고) … 일을 감정적으로 판단하는지, 논리적으로 판단하는지를 가리키는 척도이다.

질문	선택
A : 인간관계를 중시하는 편이다. B : 일의 내용을 중시하는 편이다.	
A : 결론을 자기의 신념과 감정에서 이끌어내는 편이다. B : 결론을 논리적 사고에 의거하여 내리는 편이다.	
A : 다른 사람보다 동정적이고 눈물이 많은 편이다. B : 다른 사람보다 이성적이고 냉정하게 대응하는 편이다.	
A : 머리로는 이해해도 심정상 받아들일 수 없을 때가 있다. B : 마음은 알지만 받아들일 수 없을 때가 있다.	

▶ 측정결과

㉠ 'A'가 많은 경우(감정) : 일을 판단할 때 마음 · 감정을 중요하게 여기는 유형이다. 감정이 풍부하고 친절하나 엄격함이 부족하고 우유부단하며, 합리성이 부족하다.

㉡ 'B'가 많은 경우(사고) : 일을 판단할 때 논리성을 중요하게 여기는 유형이다. 이성적이고 합리적이나 타인에 대한 배려가 부족하다.

④ 환경에 대한 접근방법 … 주변상황에 어떻게 접근하는지, 그 판단기준을 어디에 두는지를 측정한다.

질문	선택
A : 사전에 계획을 세우지 않고 행동한다. B : 반드시 계획을 세우고 그것에 의거해서 행동한다.	
A : 자유롭게 행동하는 것을 좋아한다. B : 조직적으로 행동하는 것을 좋아한다.	
A : 조직성이나 관습에 속박당하지 않는다. B : 조직성이나 관습을 중요하게 여긴다.	
A : 계획 없이 낭비가 심한 편이다. B : 예산을 세워 물건을 구입하는 편이다.	

▶ 측정결과

㉠ 'A'가 많은 경우(지각) : 일의 변화에 융통성을 가지고 유연하게 대응하는 유형이다. 낙관적이며 질서보다는 자유를 좋아하나 임기응변식의 대응으로 무계획적인 인상을 줄 수 있다.

㉡ 'B'가 많은 경우(판단) : 일의 진행시 계획을 세워서 실행하는 유형이다. 순차적으로 진행하는 일을 좋아하고 끈기가 있으나 변화에 대해 적절하게 대응하지 못하는 경향이 있다.

④ 인성검사의 대책

(1) 임하는 자세

① **솔직하게 있는 그대로 표현한다** … 인성검사는 평범한 일상생활 내용들을 다룬 짧은 문장과 어떤 대상이나 일에 대한 선로를 선택하는 문장으로 구성되었으므로 평소에 자신이 생각한 바를 너무 골똘히 생각하지 말고 문제를 보는 순간 떠오른 것을 표현한다.

② **모든 문제에 신속하게 대답한다** … 인성검사는 개인의 성격과 자질을 알아보기 위한 검사이기 때문에 정답이 없다. 다만, 바람직하게 생각하거나 기대되는 결과가 있을 뿐이다. 따라서 시간에 쫓겨서 대충 대답을 하는 것은 바람직하지 못하다.

(2) 공략비법

① **일관성 있는 답변이 중요하다** … 구대부분의 인성검사에서는 허위성 척도를 두고 있다. 따라서 지나치게 좋은 성격을 생각해 답하다 보면 오히려 일관성 없는 답을 했다는 것이 드러난다. 대부분의 인성검사는 비슷한 뜻의 다른 질문들이 여러 개 숨어 있다. 하지만 질문들은 특별한 규칙 없이 제시되고 제한된 시간에 비해 많은 질문에 답해야 하므로 이를 간파하여 정확히 답변하기란 어려운 일이다. 따라서 비슷한 의미의 다른 질문에 일정한 대답을 하기란 불가능하다고 할 수 있다. 따라서 솔직하게 답변하는 것이 중요하다. 하지만 만약 자신의 생각과 다르거나 답을 하기 애매한 질문이 많은 경우 시간을 지체하기보다 시험을 보는 중 미리 표시를 해 두고 다시 비슷한 문제가 나왔을 때 일관되게 체크하는 것도 하나의 요령이다.

② **극단적인 답은 피하자** … 극단적인 성향을 가진 자는 채용과정에서 배제되는 것이 일반적이다. 주의할 것은 너무 좋은 쪽의 경우도 마찬가지라는 것이다. 인성검사는 딱히 정해진 답이 있는 것이 아니며 점수가 아닌 등급으로 나타나는 경우가 많다. 따라서 점수가 높은 것이 무조건 좋은 평가를 받는 것도, 점수가 낮은 것이 나쁜 평가를 받는 것이 아니다. 예를 들어 '적극성'을 표시하는 척도의 점수가 매우 높은 경우 오히려 조직원들 사이의 화합을 방해하고 자기방식대로 업무를 처리할 우려가 있다는 평가를 받을 수 있어 반드시 높은 점수가 합격을 보장해 주는 것은 아님을 염두에 두어야 한다.

③ **'대체로,' '가끔' 등의 수식어** … '대체로' '종종' '가끔' '항상' '대개' 등의 수식어는 대부분의 인성검사에서 자주 등장한다. 이러한 수식어가 붙은 질문을 접했을 때 구직자들은 조금 고민하게 된다. 하지만 아직 답해야 할 질문들이 많음을 염두에 두자. 다만, 앞에서 '가끔' '때때로'라는 수식어가 붙은 질문이 나온다면 뒤에는 '항상' '대체로'의 수식어가 붙은 내용은 똑같은 질문이 이어지는 경우가 많다. 따라서 자주 사용되는 수식어를 적절히 구분할 줄 알아야 한다.

CHAPTER 02

실전 인성검사

검사문항은 내용상 부적절하거나 성차별적인 문항 및 일반적으로 더 이상 사용되지 않는 표현들을 개선하여 문항의 질을 높였다. 또한 새로운 문항을 추가 보충하여 특정할 수 있는 주제와 문제의 영역을 확장하였다. 동형 T점수를 사용하여 척도 간 비교를 가능하게 하였고, 재구성 임상척도의 개발로 기존의 567개의 문항을 군대에서 필요로 하는 자아강도, 의존성, 지배성, 공격성 등을 비롯한 338개의 성격 특성과 태도를 측정할 수 있게 개발되었다.

Q 다음 (　) 안에 진술이 자신에게 적합하면 YES, 그렇지 않다면 NO를 선택하시오. 【001~338】

※ 인성검사는 응시자의 인성을 파악하기 위한 자료이므로 별도의 정답이 존재하지 않습니다.

		YES	NO
001	여행은 즉흥적으로 하는 것이 좋다.	(　)	(　)
002	일은 착실히 하는 편이다.	(　)	(　)
003	폐쇄적인 편이라고 생각한다.	(　)	(　)
004	현실 인식을 잘하는 편이라고 생각한다.	(　)	(　)
005	공평하고 공적인 상관을 만나고 싶다.	(　)	(　)
006	시시해도 계획적인 인생이 좋다.	(　)	(　)
007	인생의 목표는 손이 닿을 정도면 된다.	(　)	(　)
008	정리가 되지 않은 방에 있으면 불안하다.	(　)	(　)

		YES	NO
009	자신만이 할 수 있는 일을 하고 싶다.	( )	( )
010	건성으로 일을 할 때가 자주 있다.	( )	( )
011	토론하여 진 적이 한 번도 없다.	( )	( )
012	덩달아 떠든다고 생각할 때가 많다.	( )	( )
013	이론만 내세우는 사람과 대화하기 싫다.	( )	( )
014	주변 사람이 피곤해 해도 자신은 원기왕성하다.	( )	( )
015	친구를 재미있게 하는 것을 좋아한다.	( )	( )
016	아무것도 하고 싶지 않을 때가 많다.	( )	( )
017	하기 싫은 것을 하고 있으면 무심코 불만을 말한다.	( )	( )
018	투지를 드러내는 경향이 있다.	( )	( )
019	문장을 쓰면서 생각한다.	( )	( )
020	한 우물만 파고 싶다.	( )	( )
021	일단 무엇이든 도전하는 편이다.	( )	( )
022	기한이 정해진 일은 무슨 일이 있어도 끝낸다.	( )	( )
023	곰곰이 끝까지 해내는 편이다.	( )	( )
024	'내가 안하면 누가 할 것인가'라고 생각하는 편이다.	( )	( )
025	주위 사람들의 눈치를 보는 편이다.	( )	( )
026	아첨에 넘어가기 쉬운 편이다.	( )	( )
027	좋다고 생각하면 따로 검토하지 않고 실행한다.	( )	( )
028	내가 존경하는 인물처럼 되고 싶다.	( )	( )
029	결정한 것에는 철저히 구속받는다.	( )	( )

		YES	NO
030	이왕 할 거라면 일등이 되고 싶다.	( )	( )
031	무심코 도리에 대해서 말하고 싶어진다.	( )	( )
032	'항상 건강하네요'라는 말을 듣는다.	( )	( )
033	예상되는 일만 하고 싶다.	( )	( )
034	활기찬 편이라고 생각한다.	( )	( )
035	파란만장하더라도 성공한 삶을 살고	( )	( )
036	자신은 성급하다고 생각한다.	( )	( )
037	꾸준히 노력하는 타입은 아니라고 생각한다.	( )	( )
038	자신에게는 권력욕이 있다.	( )	( )
039	사색적인 사람이라고 생각한다.	( )	( )
040	개혁적인 사람이 좋다.	( )	( )
041	발상의 전환을 할 수 있는 타입이다.	( )	( )
042	나 자신을 너무 주관적이라고 생각할 때가 있다.	( )	( )
043	추상적인 일에 관심이 있는 편이다.	( )	( )
044	가치기준은 자신의 안에 있다고 생각한다.	( )	( )
045	일은 대담히 하는 편이다.	( )	( )
046	상상력이 풍부한 편이라고 생각한다.	( )	( )
047	좋은 사람이 되고 싶다.	( )	( )
048	질서보다 자유를 중요시하는 편이다.	( )	( )
049	나는 사교적이라고 생각한다.	( )	( )
050	주위 사람들로부터 착하다는 소릴 자주 듣는다.	( )	( )

		YES	NO
051	모든 일에 빨리 단념을 하는 편이다.	( )	( )
052	누구도 예상하지 못한 일을 하고 싶다.	( )	( )
053	평범하고 평온하게 인생을 살고 싶다.	( )	( )
054	나는 소극적인 사람이다.	( )	( )
055	이것저것 남의 일에 평하는 사람을 싫어한다.	( )	( )
056	나는 성격이 매우 급하다.	( )	( )
057	꾸준하게 무엇인가를 해 본 적이 없다.	( )	( )
058	내일의 계획은 항상 머릿속에 있다.	( )	( )
059	협동심이 강한 편이다.	( )	( )
060	나는 매우 열정적인 사람이다.	( )	( )
061	다른 사람들 앞에서 이야기를 잘한다.	( )	( )
062	말보다 행동이 더 강한 편이다.	( )	( )
063	한 번 자리에 앉으면 오래 앉아 있는 편이다.	( )	( )
064	남의 말에 구애받지 않는다.	( )	( )
065	나는 권력보다 돈이 더 중요하다.	( )	( )
066	업무를 할당받으면 늘 부담스럽다.	( )	( )
067	나는 한 시라도 집 안에 있는 것은 참을 수 없다.	( )	( )
068	나는 보수적인 성향을 가지고 있다.	( )	( )
069	모든 일에 계산적이다.	( )	( )
070	규칙은 지키라고 정해 놓은 것이라 생각한다.	( )	( )

		YES	NO
071	나는 한 번도 교통법규를 위반한 적이 없다.	(　)	(　)
072	나는 운전을 잘 한다고 생각한다.	(　)	(　)
073	교제의 범위가 넓어 외국인 친구도 있다.	(　)	(　)
074	판단을 할 때에는 상식 밖의 생각은 하지 않는다.	(　)	(　)
075	주관적인 판단을 할 때가 많다	(　)	(　)
076	가능성을 생각하기 보다는 현실을 추구하는 편이다.	(　)	(　)
077	나는 다른 사람들에게 반드시 필요한 사람이라고 생각한다.	(　)	(　)
078	누군가를 죽도록 미워해 본 적이 있다.	(　)	(　)
079	누군가가 잘 되지 않도록 기도해 본 적이 있다.	(　)	(　)
080	여행을 떠날 때면 반드시 계획을 하고 떠나야 맘이 편하다.	(　)	(　)
081	일을 할 때에는 집중력이 매우 강해진다.	(　)	(　)
082	주위에서 괴로워하는 사람을 보면 그 이유가 무엇인지 궁금해진다.	(　)	(　)
083	나는 가치 기준이 확고하다.	(　)	(　)
084	다른 사람들보다 개방적인 성향이다.	(　)	(　)
085	현실타협을 잘 하지 않는다.	(　)	(　)
086	공평하고 공정한 상사가 좋다.	(　)	(　)
087	단 한 번도 죽음을 생각해 본 적이 없다.	(　)	(　)
088	내 자신이 쓸모없는 존재라고 생각해 본 적이 있다.	(　)	(　)
089	사람들과 이야기를 하다가 이유 없이 흥분한 적이 있다.	(　)	(　)
090	내 말이 무조건 맞다고 우겨본 일이 많다.	(　)	(　)

		YES	NO
091	작은 일에도 분석적이고 논리적으로 생각한다.	( )	( )
092	나에게 도움이 되지 않는 일에는 절대 관여하지 않는다.	( )	( )
093	사물에 대해서는 매사 가볍게 생각하는 경향이 강하다.	( )	( )
094	계획을 정확하게 세워서 행동을 하려고 해도 한 번도 지켜본 적이 없다.	( )	( )
095	주변 사람들은 힘든 일이 있을 때마다 나를 찾아와 조언을 구한다.	( )	( )
096	한 번 결심한 일은 절대 변경하지 않는다.	( )	( )
097	친한 친구 외에는 만나지 않는다.	( )	( )
098	활발한 사람을 보면 부럽다.	( )	( )
099	학창시절 암기과목 보다 체육을 가장 잘했다.	( )	( )
100	모든 일은 결과보다 과정이 중요하다고 생각한다.	( )	( )
101	나의 능력 밖에 일은 절대 하지 못한다.	( )	( )
102	새로운 사람들을 만날 때면 항상 떨리며 용기가 필요하다.	( )	( )
103	차분하고 사려 깊은 사람을 배우자로 맞이하고 싶다.	( )	( )
104	글을 쓸 때에는 항상 내용을 결정하고 쓴다.	( )	( )
105	남들이 하지 못한 새로운 일들을 경험하고 싶다.	( )	( )
106	스트레스를 받으면 식욕이 땡긴다.	( )	( )
107	기한 내에 정해진 일을 끝내지 못한 경우가 많다.	( )	( )
108	스트레스를 받으면 반드시 술을 마셔야 한다.	( )	( )
109	혼자서 술집에서 술을 마셔본 적이 있다.	( )	( )
110	여러 사람들 만나는 것보다 한 사람과 만나는 것이 더 좋다.	( )	( )

		YES	NO
111	무리한 도전을 할 필요가 없다고 생각한다.	( )	( )
112	남의 앞에 나서는 것을 별로 좋아하지 않는다.	( )	( )
113	내가 납득을 하지 못하는 일이 생기면 화부터 난다.	( )	( )
114	약속시간은 반드시 여유 있게 도착한다.	( )	( )
115	약속시간에 늦는 사람을 보면 이해를 할 수가 없다.	( )	( )
116	사람들과 대화를 할 때 한 번도 흥분해 본 적이 없다.	( )	( )
117	이성을 만날 때면 항상 마음이 두근거린다.	( )	( )
118	휴일에는 반드시 집에 있어야 한다.	( )	( )
119	위험을 무릅쓰면서 성공을 해야 한다고 생각하지는 않는다.	( )	( )
120	어려운 일에 봉착하면 늘 다른 사람들이 도와줄 것이라 생각한다.	( )	( )
121	한 번 결론을 지어도 다시 여러 번 생각하는 편이다.	( )	( )
122	항상 다음 날에 무슨 일이 생기지 않을까 늘 불안하다.	( )	( )
123	반복적인 일은 정말 하기 싫다.	( )	( )
124	오늘 할 일을 내일로 미루어 본 적이 있다.	( )	( )
125	독서를 많이 하는 편이다.	( )	( )
126	사람이 자신이 할 도리는 반드시 해야 한다고 생각한다.	( )	( )
127	갑작스럽게 발생한 일에도 유연하게 대처하는 편이다.	( )	( )
128	쇼핑을 하는 것을 좋아한다.	( )	( )
129	나 자신을 위해 무언가를 사는 일은 늘 즐겁다	( )	( )
130	운동을 하는 것보다 게임을 하는 것이 더 즐겁다.	( )	( )

		YES	NO
131	어려움이 닥치면 늘 그 원인부터 파악해야 한다.	( )	( )
132	돈이 없으면 외출을 하지 않는다.	( )	( )
133	한 가지 일에 매달리는 사람을 보면 한심하다.	( )	( )
134	주위 사람들에 비해 손재주가 있는 편이다.	( )	( )
135	규칙을 벗어나는 사람들을 보면 도와주고 싶지 않다.	( )	( )
136	세상은 규칙을 지키지 않는 사람들 때문에 망가지고 있다고 생각한다.	( )	( )
137	일부러 위험한 일에 끼어들지 않는다.	( )	( )
138	남들의 주목을 받고 싶다.	( )	( )
139	조금이라도 나쁜 소식을 들으면 절망적인 생각이 먼저 든다.	( )	( )
140	언제나 실패가 걱정이 되어 새로운 일을 시작하는 것이 어렵다.	( )	( )
141	다수결의 의견을 존중하는 편이다.	( )	( )
142	혼자 식당에 들어가서 밥을 먹어본 적이 없다.	( )	( )
143	승부근성이 매우 강하다.	( )	( )
144	작은 일에도 흥분을 잘 하는 편이다.	( )	( )
145	지금까지 살면서 남에게 폐를 끼친 적이 없다.	( )	( )
146	다른 사람들이 귓속말을 하면 나의 험담을 하는 것이 아닌가라는 생각을 한다.	( )	( )
147	무슨 일이 생기면 항상 내 잘못이 아닌가라는 생각을 먼저 한다.	( )	( )
148	나는 변덕스러운 사람이다.	( )	( )
149	고독을 즐긴다.	( )	( )
150	자존심이 매우 강해 남들의 원성을 산 적이 있다.	( )	( )

		YES	NO
151	지금까지 한 번도 남을 속여 본 일이 없다.	(　)	(　)
152	매우 예민하여 신경질적이라는 말을 들어본 적이 있다.	(　)	(　)
153	무슨 일이 생기면 늘 혼자 끙끙대며 고민하는 타입이다.	(　)	(　)
154	내 입장을 다른 사람들에게 말해 본 적이 없다.	(　)	(　)
155	다른 사람들을 '바보 같다'라고 생각해 본 적이 있다.	(　)	(　)
156	빨리 결정하고 빨리 일을 해야 하는 성격이다.	(　)	(　)
157	전자기계를 잘 다루는 편이다.	(　)	(　)
158	문제를 해결하기 위해 여러 사람들과 상의를 하는 편이다.	(　)	(　)
159	나는 나만의 일처리 방식을 가지고 있다.	(　)	(　)
160	영화를 보면서 눈물을 흘린 적이 있다.	(　)	(　)
161	나는 한 번도 남에게 화를 낸 적이 없다.	(　)	(　)
162	유행을 따라하는 것보다 개성을 추구하는 것을 좋아한다.	(　)	(　)
163	쓸데없이 자존심이 강한 사람을 보면 불쌍한 생각이 든다.	(　)	(　)
164	한 번 사람을 의심하면 절대 풀어지지 않는다.	(　)	(　)
165	건강보다 일이 더 중요하다고 생각한다.	(　)	(　)
166	일을 하지 않는 사람은 먹을 자격도 없다고 생각한다.	(　)	(　)
167	성공을 하려면 반드시 남을 밟아야 한다고 생각한다.	(　)	(　)
168	인생의 목표는 클수록 좋다.	(　)	(　)
169	이중적인 사람은 정말 싫다.	(　)	(　)
170	과거의 일에 연연하는 사람은 정말 어리석다고 생각한다.	(　)	(　)

		YES	NO
171	싫어하는 사람한테도 잘 대해주는 편이다.	( )	( )
172	좋고 싫음이 얼굴에 확연히 들어나는 편이다.	( )	( )
173	일을 하다고 혼자 중얼거리는 일이 많다.	( )	( )
174	한 번 시작한 일을 정확하게 끝내 본 적이 없다.	( )	( )
175	남들의 이야기를 들으면 비판적인 의견만 나온다.	( )	( )
176	감수성이 매우 풍부하다.	( )	( )
177	나는 적어도 하나 이상의 취미를 가지고 있다.	( )	( )
178	'개천에서 용 난다.'는 말은 현실이 아니라고 생각한다.	( )	( )
179	뉴스를 보면 늘 한숨만 나온다.	( )	( )
180	비가 오는 날 일부러 비를 맞아본 일이 있다.	( )	( )
181	외모에 대해서 걱정을 해 본 적이 없다.	( )	( )
182	공격적인 성향의 사람을 보면 나도 공격적이 된다.	( )	( )
183	너무 신중해서 기회를 놓친 적이 있다.	( )	( )
184	세상에서 가장 중요한 것은 돈이라고 생각한다.	( )	( )
185	세상에서 가장 중요한 것은 건강이라고 생각한다.	( )	( )
186	세상에서 가장 중요한 것은 부모님이라고 생각한다.	( )	( )
187	야근을 해서 일을 끝내는 것은 비효율적이라 생각한다.	( )	( )
188	신상품이 나오면 반드시 구입해야 한다.	( )	( )
189	자유분방한 삶을 살고 싶다.	( )	( )
190	영화나 드라마를 보다가 주인공의 감정에 쉽게 이입된다.	( )	( )

		YES	NO
191	조직에서 사안을 결정할 때 내 의견이 반영되면 행복하다.	( )	( )
192	다른 사람들이 나를 어떻게 생각할까 걱정해 본 적이 있다.	( )	( )
193	틀에 박힌 생각을 거부하는 편이다.	( )	( )
194	눈물이 많은 편이다.	( )	( )
195	가족들의 휴대전화 번호를 외우지 못한다.	( )	( )
196	변화와 혁신을 추구하는 일이 좋다.	( )	( )
197	환경이 변하는 것에 구애받지 않는다.	( )	( )
198	사회생활에서는 인간관계가 제일 중요하다고 생각한다.	( )	( )
199	다른 사람들 설득시키는 일은 어려운 일이 아니다.	( )	( )
200	조금이라도 심심한 것은 못 참는다.	( )	( )
201	나보다 나이가 많은 사람에게는 의지하는 편이다.	( )	( )
202	다른 사람이 내 의견에 간섭하는 것이 정말 싫다.	( )	( )
203	부정적인 사람보다 낙천적인 사람이 성공할 거라 생각한다.	( )	( )
204	자기 기분대로 행동하는 사람을 보면 화가 난다.	( )	( )
205	버릇없이 행동하는 사람을 보면 그 부모의 잘못이라고 생각한다.	( )	( )
206	융통성이 있는 편이 아니다.	( )	( )
207	사무직보다 영업직이 나에게 어울린다고 생각한다.	( )	( )
208	술자리에서 술을 마시지 않아도 흥이 난다.	( )	( )
209	일주일에 적어도 세 번 이상은 술자리를 갖는다.	( )	( )
210	쉽게 무기력해지는 편이다.	( )	( )

		YES	NO
211	감격을 잘 하는 편이다.	( )	( )
212	후회를 자주 하는 편이다.	( )	( )
213	쉽게 뜨거워지고 쉽게 식는 편이다.	( )	( )
214	나만의 세계에 살고 있다는 말을 자주 듣는다.	( )	( )
215	말하는 것보다 듣는 것을 더 좋아한다.	( )	( )
216	성격이 어둡다는 말을 들어본 적이 있다.	( )	( )
217	누군가에게 얽매이는 것은 정말 싫다.	( )	( )
218	한 번에 많은 일을 떠맡으면 심리적으로 너무 힘들다.	( )	( )
219	즉흥적으로 행동하는 편이다.	( )	( )
220	모든 일에 꼭 1등이 되어야 한다고 생각한다.	( )	( )
221	건강을 관리하기 위해 약을 복용한다.	( )	( )
222	한 번 단념한 일은 끝이라고 생각한다.	( )	( )
223	남들이 부러워하는 삶을 살고 싶다.	( )	( )
224	다른 사람들의 행동을 주의 깊게 관찰하는 편이다.	( )	( )
225	습관적으로 메모를 하는 편이다.	( )	( )
226	나는 통찰력이 강한 사람이다.	( )	( )
227	처음 보는 사람 앞에서는 말을 잘 하지 못한다.	( )	( )
228	누군가를 죽도록 사랑해 본 적이 있다.	( )	( )
229	선물은 가격보다 마음이라고 생각한다.	( )	( )
230	나의 주변은 항상 정리가 잘 되어 있다.	( )	( )

		YES	NO
231	주변이 어지럽게 정리가 되어 있지 않으면 늘 불안하다.	( )	( )
232	나는 충분히 신뢰할 수 있는 사람이다.	( )	( )
233	나는 술을 마시면 반드시 노래방에 가야 한다.	( )	( )
234	나만이 할 수 있는 일이 있다고 생각한다.	( )	( )
235	나의 책상 위나 서랍은 늘 깔끔하다.	( )	( )
236	남의 이야기에 건성으로 대답해 본 적이 있다.	( )	( )
237	초조하면 손이 떨리고, 심장박동이 빨라진다.	( )	( )
238	다른 사람과 말싸움에서 한 번도 진 적이 없다.	( )	( )
239	문학 분야 보다 예술 분야에 관심이 더 많다	( )	( )
240	일처리를 항상 깔끔하게 처리한다는 말을 자주 듣는다.	( )	( )
241	일을 시작할 때는 항상 결정하기 위해 고민하는 시간이 길다.	( )	( )
242	독단적으로 일하는 것이 더 효율적이다	( )	( )
243	나는 나의 능력 이상의 일을 해 낸다.	( )	( )
244	이 세상에 없는 새로운 세계가 존재할 것이라고 믿는다.	( )	( )
245	하기 싫은 일을 하게 되면 반드시 사고를 치게 된다.	( )	( )
246	다른 사람과 경쟁을 하면 늘 흥분이 된다.	( )	( )
247	무슨 일이든 나를 헤쳐나갈 수 있다고 믿는다.	( )	( )
248	나는 착한 사람보다는 성공한 사람으로 불리고 싶다.	( )	( )
249	나는 다른 사람들보다 뛰어난 능력을 가지고 있다고 생각한다.	( )	( )
250	주변 사람들을 잘 챙기는 편이다.	( )	( )

		YES	NO
251	주어진 목표를 달성하기 위해서라면 불법도 저지를 수 있다.	( )	( )
252	나에게 주어진 기회를 한 번도 놓쳐본 적이 없다.	( )	( )
253	남들이 생각지도 못한 생각을 할 때가 많다.	( )	( )
254	모르는 것이 있으면 스스로 찾아서 해결한다.	( )	( )
255	한 번도 부모님에게 의지해 본 적이 없다.	( )	( )
256	친구가 많은 편이다.	( )	( )
257	직감이 강하다.	( )	( )
258	남들보다 촉이 발달한 것 같다.	( )	( )
259	나의 예감은 한 번도 틀린 적이 없다.	( )	( )
260	공상과학영화를 매우 좋아한다.	( )	( )
261	다른 사람들과 다툼이 발생해도 조율을 잘 하는 편이다.	( )	( )
262	모든 일은 빠르게 처리하는 편이다.	( )	( )
263	논리적인 원칙을 따져 가며 말하는 것을 좋아한다.	( )	( )
264	질문을 받으면 충분히 생각하고 나서 대답하는 편이다.	( )	( )
265	이유 없이 화를 낼 때가 많다.	( )	( )
266	나는 단호하며 통솔력이 강하다.	( )	( )
267	남들에게 복잡한 문제도 나에게는 간단한 일이 될 때가 많다.	( )	( )
268	타인의 감정에 쉽게 동요되는 편이다.	( )	( )
269	고집이 세다.	( )	( )
270	원리원칙을 중요시하여 남들과 대립할 때가 많다.	( )	( )
271	나는 겸손한 사람이다.	( )	( )
272	유머감각이 뛰어난 사람을 보면 늘 유쾌하다.	( )	( )

		YES	NO
273	나는 나이에 비해 성숙한 편이다.	( )	( )
274	나는 철이 없다는 소릴 들어본 적이 많다.	( )	( )
275	다른 사람의 의견이나 생각은 중요하지 않다.	( )	( )
276	쓸데없이 동정심이 많다는 소릴 자주 듣는다.	( )	( )
277	나는 지식에 대한 욕구가 강하다.	( )	( )
278	나는 조직 내 분위기 메이커이다.	( )	( )
279	자기 표현력이 강한 사람이다	( )	( )
280	나는 조금이라도 손해를 보는 행동을 하지 않는 편이다.	( )	( )
281	나는 불의를 보면 못 참는다.	( )	( )
282	나는 불이익을 당하면 못 참는다.	( )	( )
283	위기의 상황에서 나는 순간 대처능력이 강하다.	( )	( )
284	새로운 것보다는 검증되고 안전한 것을 선택하는 경향이 강하다.	( )	( )
285	항상 상황에 정면으로 맞서서 도전하는 것을 즐긴다.	( )	( )
286	약자를 괴롭히는 사람들 보면 참을 수 없다.	( )	( )
287	강자에게 아부하는 사람을 보면 참을 수 없다.	( )	( )
288	머리는 좋은데 노력을 안 한다는 소릴 들어본 적이 있다.	( )	( )
289	권위나 예의를 따지는 것보다 격의 없이 지내는 것이 좋다	( )	( )
290	이해력이 빠른 편이다.	( )	( )
291	다른 사람에게 좋은 인상을 주기 위해 이미지에 많이 신경을 쓰는 편이다.	( )	( )
292	나는 공사구분이 확실한 편이다.	( )	( )

		YES	NO
293	나는 무슨 일이든 미리미리 준비를 하는 편이다.	( )	( )
294	나는 모든 분야에 전문가적인 수준의 지식과 식견을 가지고 있다	( )	( )
295	대를 위해 소를 희생하는 것은 당연하다고 생각한다.	( )	( )
296	회사를 위해 직원들이 희생하는 것은 옳지 않다고 생각한다.	( )	( )
297	나는 이해심이 넓은 편이다.	( )	( )
298	나는 객관적이고 공정한 사람이다.	( )	( )
299	피곤하더라도 웃으면서 행동하는 편이다.	( )	( )
300	다른 사람들의 부탁을 쉽게 거절하지 못하는 편이다.	( )	( )
301	아직 일어나지도 않은 일에 대처하는 편이다.	( )	( )
302	다른 동료보다 돋보이는 사람이 되고자 노력한다.	( )	( )
303	상사가 지시하는 일은 무조건 복종해야 한다고 생각한다.	( )	( )
304	다른 사람을 쉽게 믿는 편이다.	( )	( )
305	세상은 아직 살만하다고 생각한다.	( )	( )
306	낯가림이 심한 편이다.	( )	( )
307	일주일에 월요일은 항상 피곤하다.	( )	( )
308	사람들이 붐비는 장소에는 가지 않는다.	( )	( )
309	악몽을 자주 꾸는 편이다.	( )	( )
310	나는 귀신을 본 적이 있다.	( )	( )
311	나는 사후세계가 있다고 믿는다.	( )	( )
312	다른 사람들의 대화에 끼어드는 걸 좋아한다.	( )	( )
313	정치인들은 모두 이기적이라고 생각한다.	( )	( )
314	나의 노후에 대해 생각해 본 적이 없다.	( )	( )

		YES	NO
315	나의 노후생활에 대한 대비책을 준비하고 있다.	( )	( )
316	누군가 나에 대해 험담을 하면 참을 수 없다.	( )	( )
317	밤길을 혼자 걸으면 늘 불안하다.	( )	( )
318	나는 유치한 사람이 싫다.	( )	( )
319	잡담을 하는 것보다 독서를 하는 것이 낫다고 생각한다.	( )	( )
320	나는 태어나서 한 번도 병원에 간 적이 없다.	( )	( )
321	나의 건강상태를 잘 파악하는 편이다.	( )	( )
322	쉽게 무기력해지는 편이다.	( )	( )
323	나는 매사 적극적으로 행동하려고 노력한다.	( )	( )
324	나는 한 번도 불만을 가져본 적이 없다.	( )	( )
325	밤에 잠을 잘 못잘 때가 많다.	( )	( )
326	나는 늙어서 나의 인생에 대한 자서전을 쓸 것이다.	( )	( )
327	사람들과 대화를 하다보면 무심코 평론가가 되어 있다.	( )	( )
328	다른 사람들의 마음을 쉽게 이해하지 못한다.	( )	( )
329	과감하게 도전하는 것을 즐긴다.	( )	( )
330	예상치 못한 질문을 받으면 나도 모르게 얼굴이 빨개진다.	( )	( )
331	나도 모르게 흥분해서 욕이 튀어나온 적이 있다.	( )	( )
332	나는 지금까지 한 번도 누군가를 욕해 본 일이 없다.	( )	( )
333	지금까지 한 번도 부모님을 원망해 본 적이 없다.	( )	( )
334	리더십이 있는 사람이 되고 싶다.	( )	( )

		YES	NO
335	다른 사람들이 이끌 수 있는 카리스마가 나에게는 없는 것 같다.	( )	( )
336	그때그때의 기분에 따라 결정한 경우가 많다.	( )	( )
337	말을 해 놓고 지키지 못한 경우가 많다.	( )	( )
338	말과 행동이 다른 편이다.	( )	( )

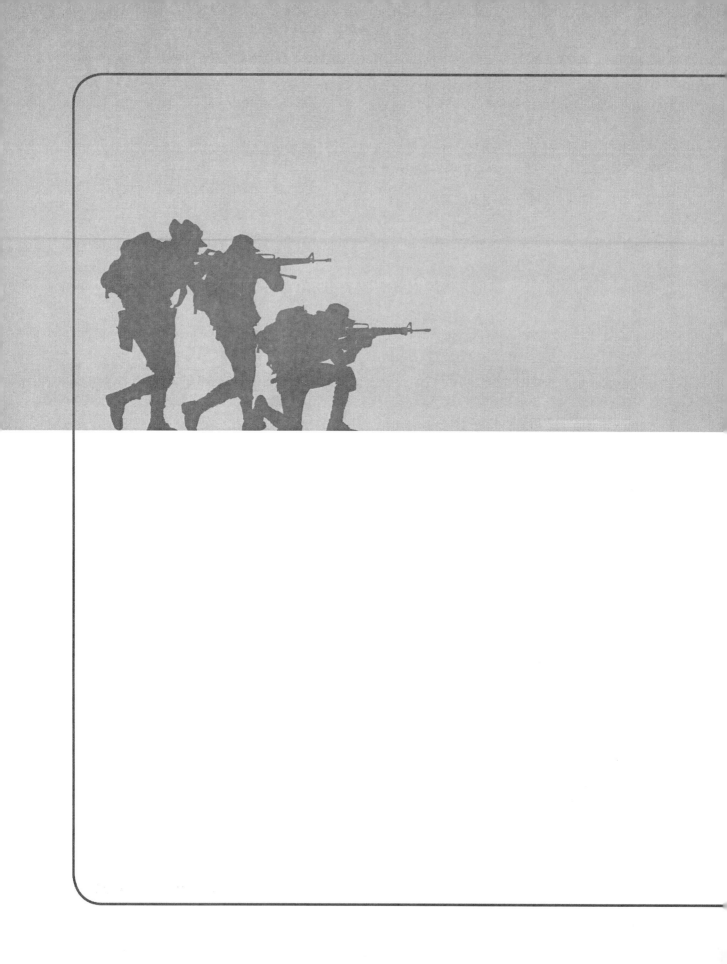

PART

05

최종점검 모의고사

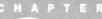

CHAPTER

01 제1회 모의고사

≫ 정답 및 해설 p.399

공간능력 18문항/10분

Q 다음 입체도형의 전개도로 알맞은 것을 고르시오. 【01~04】

> • 입체도형을 전개하여 전개도를 만들 때, 전개도에 표시된 그림(예 : ▮, ◪ 등)은 회전의 효과를 반영함. 즉, 본 문제의 풀이과정에서 보기의 전개도 상에 표시된 "▮"와 "▬"은 서로 다른 것으로 취급함.
> • 단, 기호 및 문자(예 : ☎, ♤, ♨, K, H)의 회전에 의한 효과는 본 문제의 풀이과정에 반영하지 않음. 즉, 입체도형을 펼쳐 전개도를 만들었을 때에 "☎"의 방향으로 나타나는 기호 및 문자도 보기에서는 "☎"방향으로 표시하며 동일한 것으로 취급함.

01

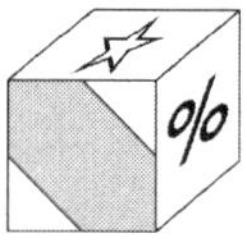

① 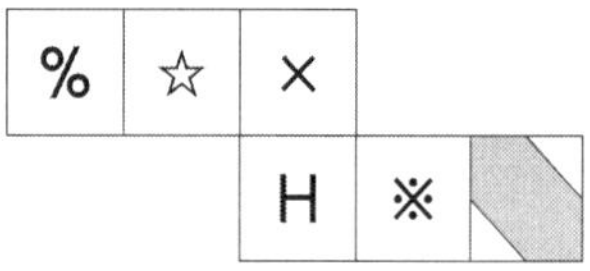

② 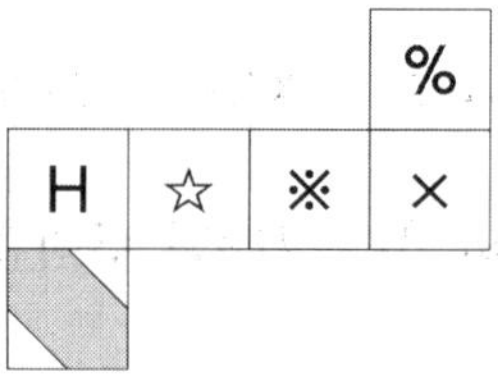

③ 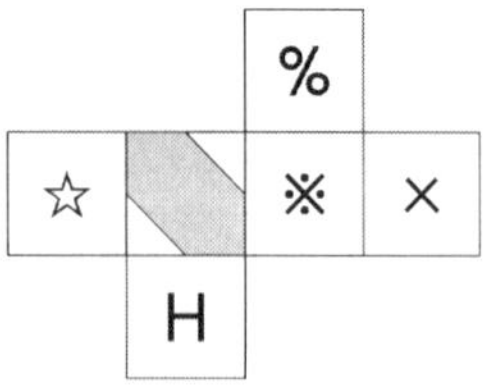

④ 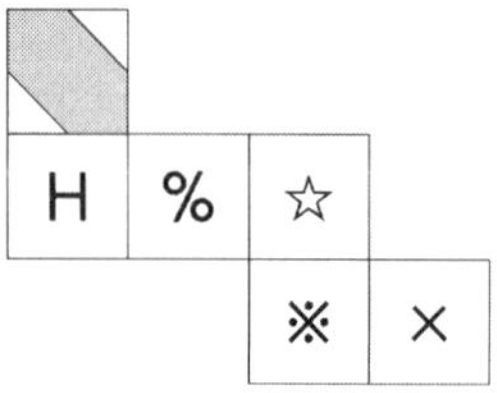

02

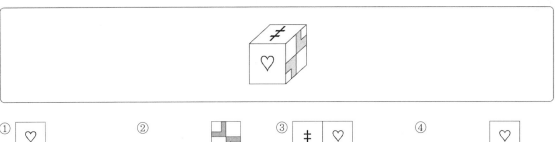

①
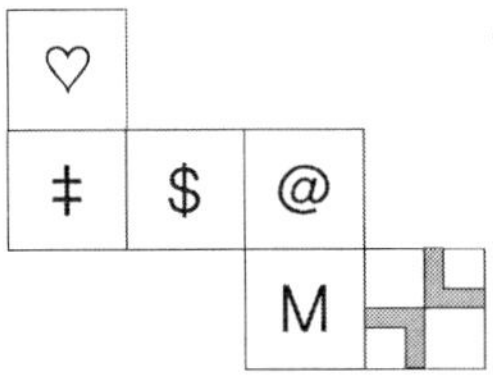

②
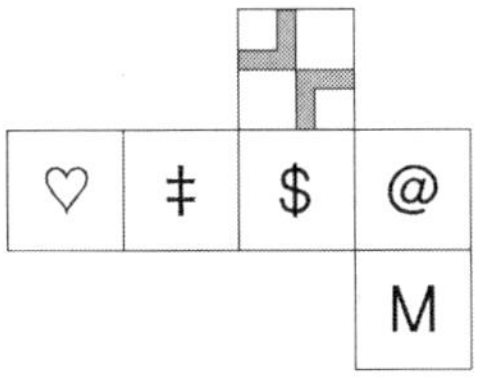

③
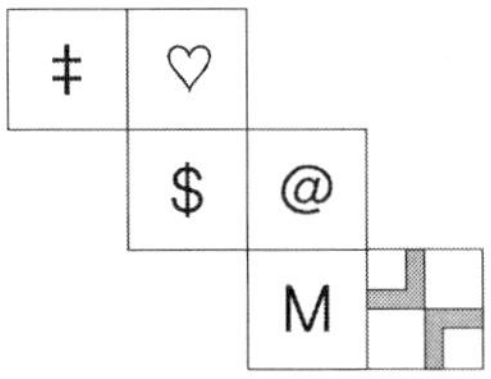

④
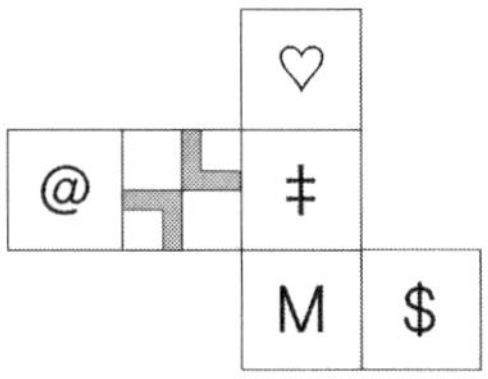

03

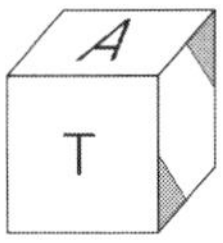

①

②
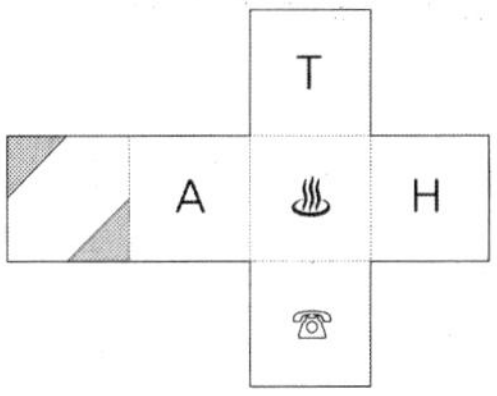

③

④
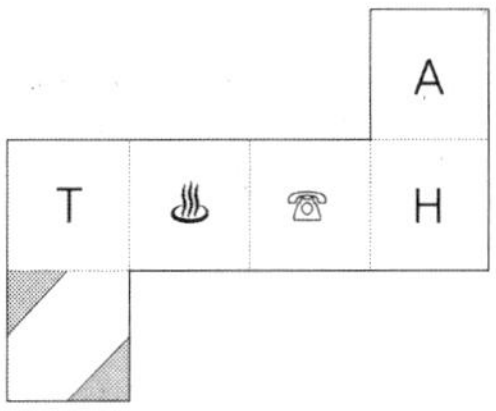

04

①

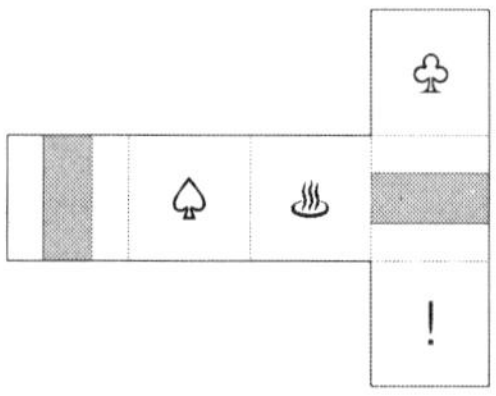

②

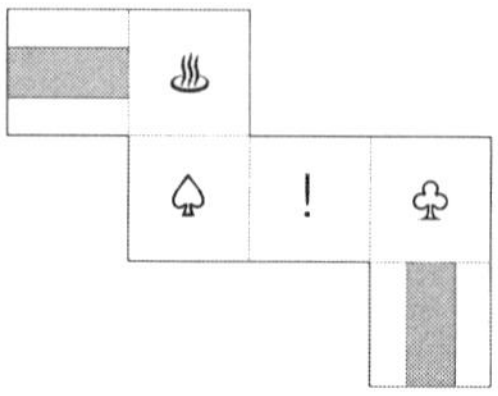

③

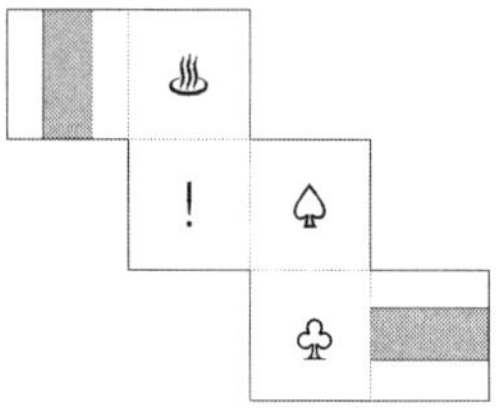

④

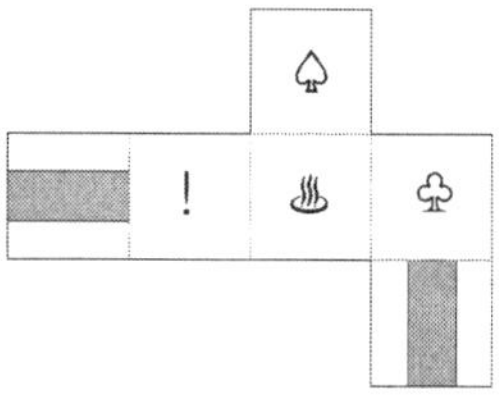

Q 다음 전개도로 만든 입체도형에 해당하는 것을 고르시오. 【05~09】

- 전개도를 접을 때 전개도 상의 그림, 기호, 문자가 입체도형의 겉면에 표시되는 방향으로 접음.
- 전개도를 접어 입체도형을 만들 때, 전개도에 표시된 그림(예: ,  등)은 회전의 효과를 반영함. 즉, 본 문제의 풀이과정에서 보기의 전개도 상에 표시된 “”와 “”은 서로 다른 것으로 취급함.
- 단, 기호 및 문자(예: ☎, ♤, ♨, K, H)의 회전에 의한 효과는 본 문제의 풀이과정에 반영하지 않음. 즉, 전개도를 접어 입체도형을 만들었을 때에 “”의 방향으로 나타나는 기호 및 문자도 보기에서는 “☎”방향으로 표시하며 동일한 것으로 취급함.

05

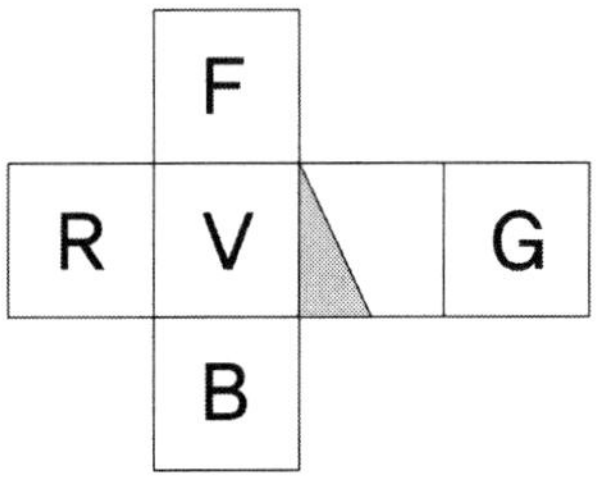

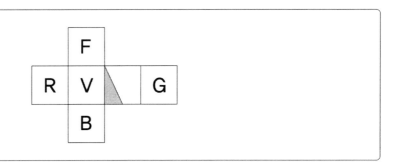

① 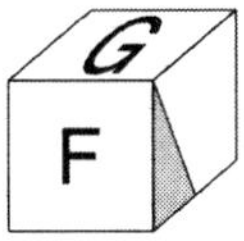

② 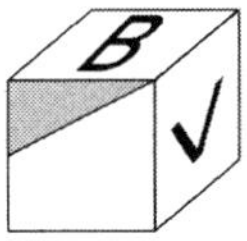

③ 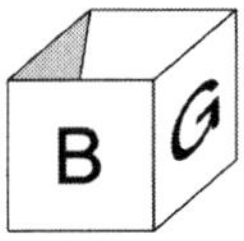

④ 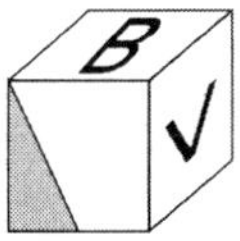

06

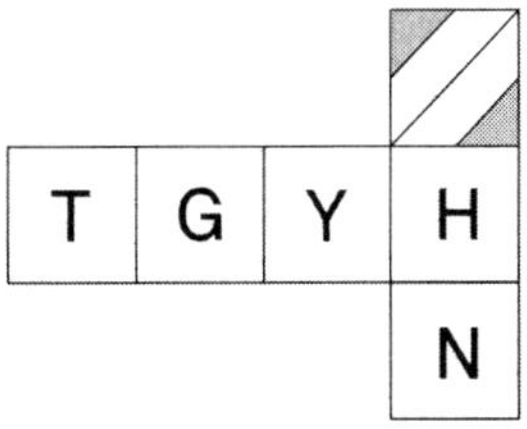

① 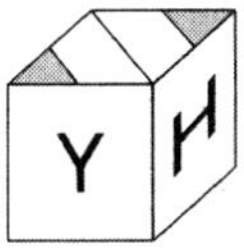

② 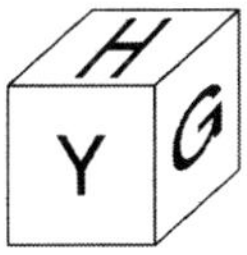

③ 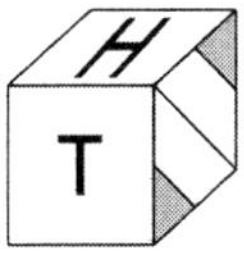

④ 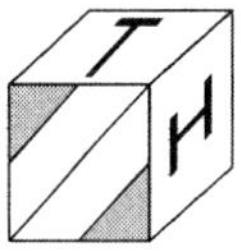

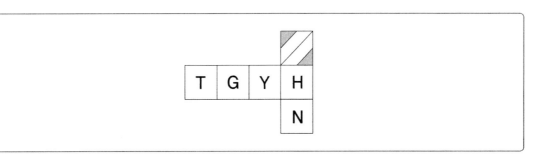

07

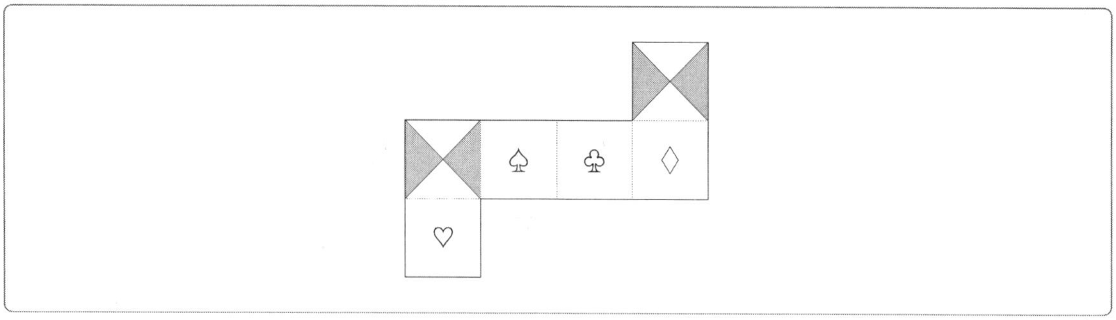

① 

② 

③ 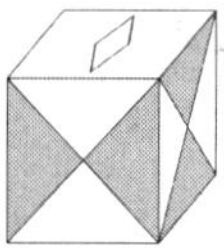

④ 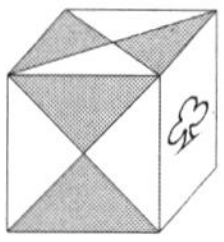

08

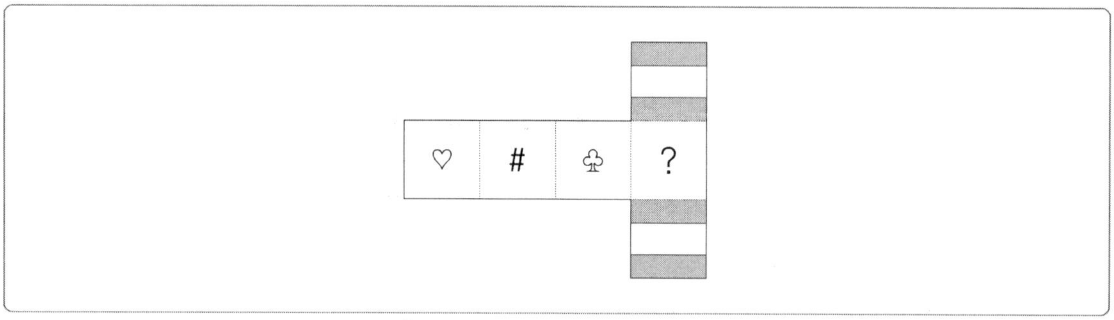

① 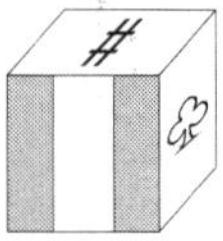

② 

③ 

④ 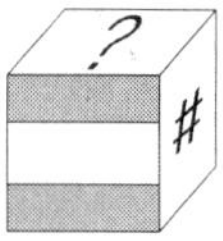

09

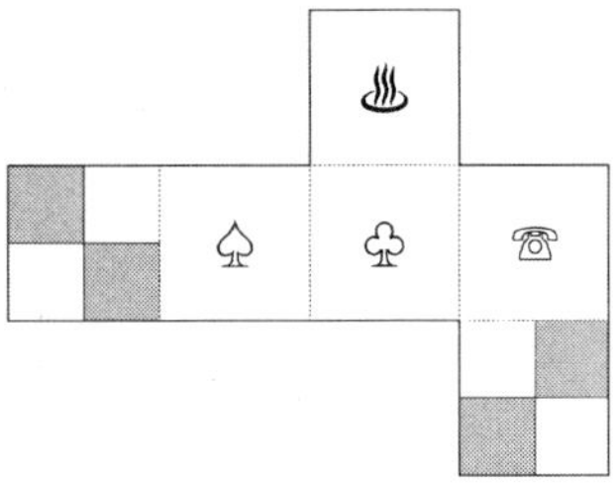

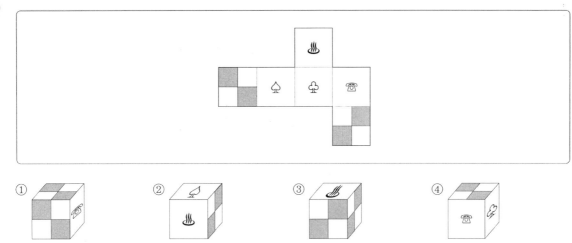

① 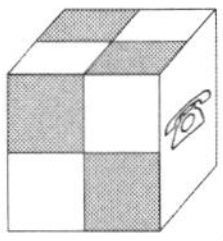

② 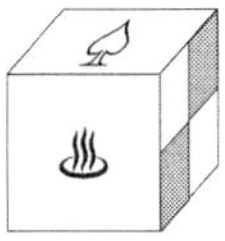

③ 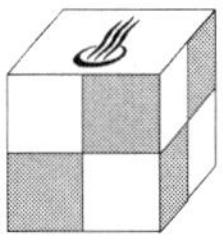

④ 

Q 아래에 제시된 그림과 같이 쌓기 위해 필요한 블록의 수를 고르시오. 【10~14】

※ 블록은 모양과 크기는 모두 동일한 정육면체임

10

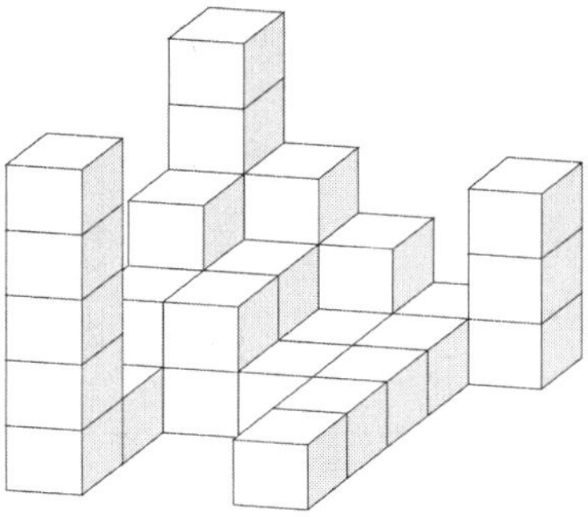

① 30
② 35
③ 40
④ 45

11

① 32　② 34
③ 36　④ 38

12

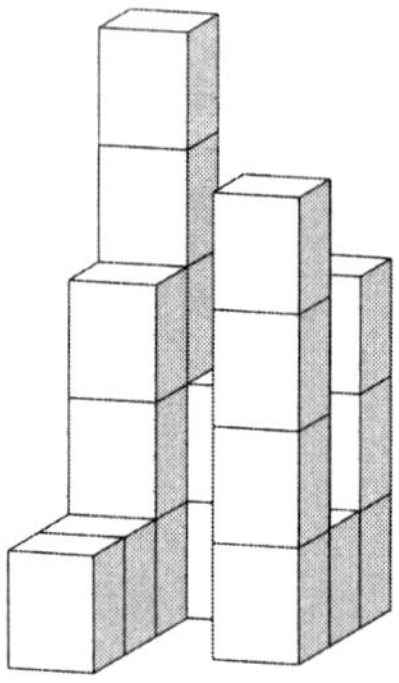

① 20　② 21
③ 22　④ 23

13

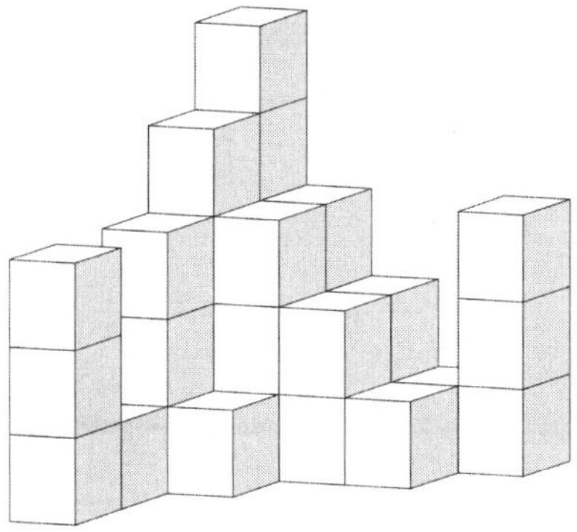

① 30 ② 31
③ 32 ④ 33

14

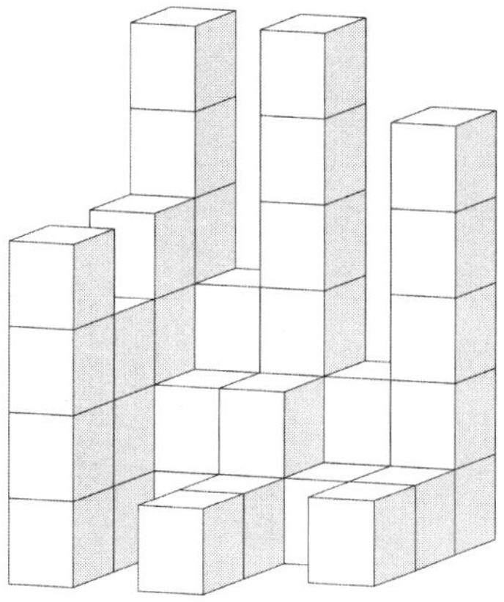

① 40 ② 41
③ 42 ④ 43

Ⓠ **아래에 제시된 블록들을 화살표 표시한 방향에서 바라봤을 때의 모양으로 알맞은 것을 고르시오. 【15~18】**

- 블록은 모양과 크기는 모두 동일한 정육면체임
- 바라보는 시선의 방향은 블록의 면과 수직을 이루며 원근에 의해 블록이 작게 보이는 효과는 고려하지 않음

15

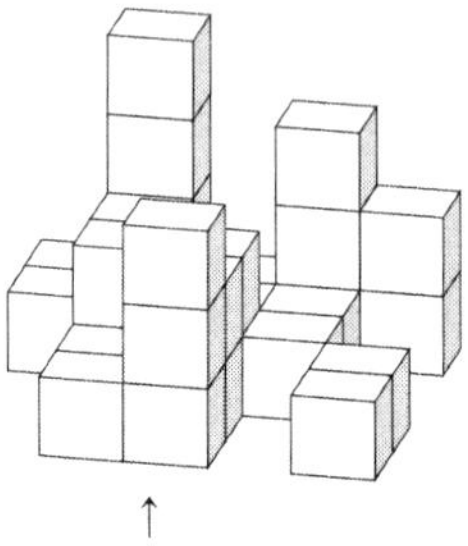

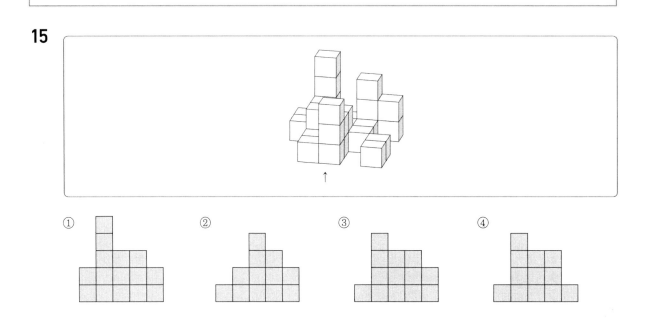

① 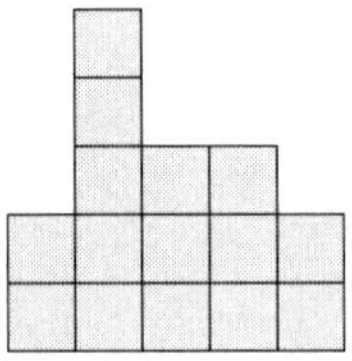 ② 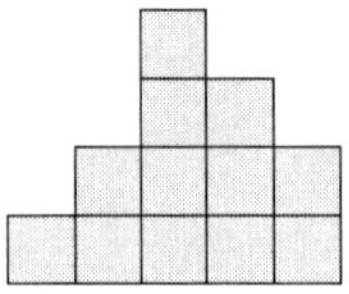 ③ 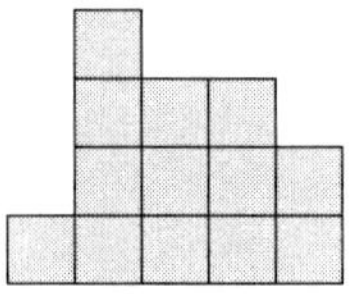 ④ 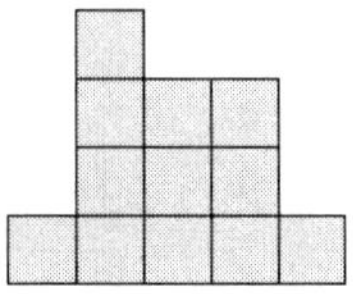

16

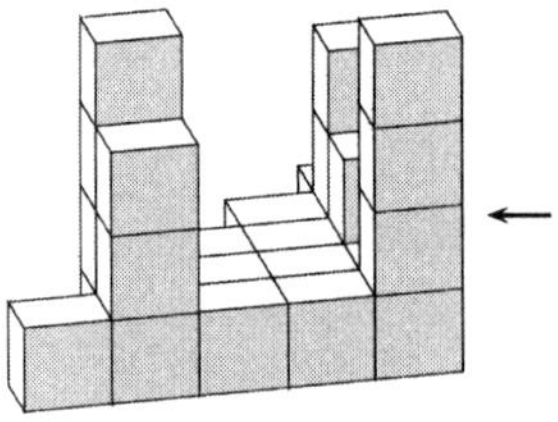

① 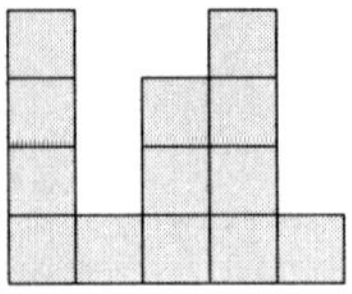 ② 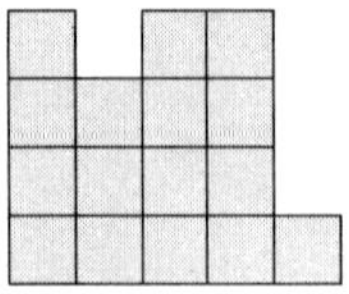 ③ 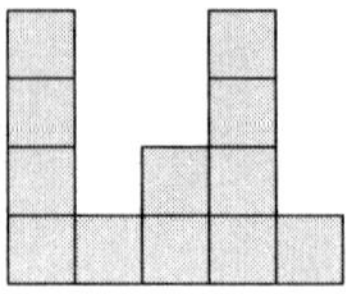 ④ 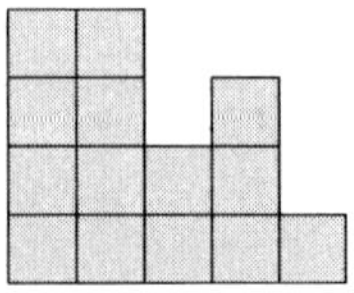

17

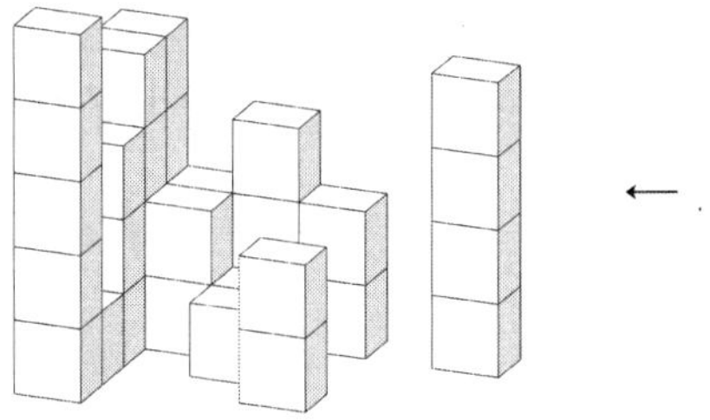

① 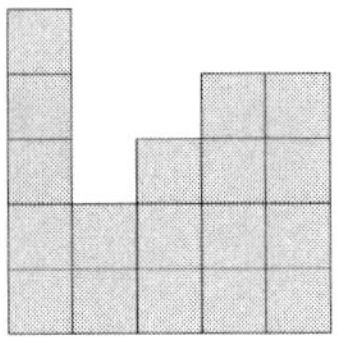

② 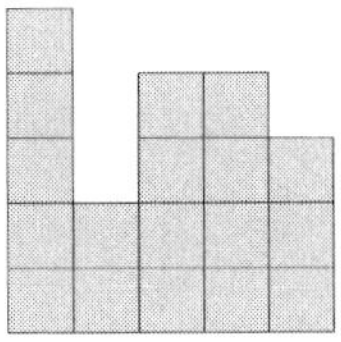

③ 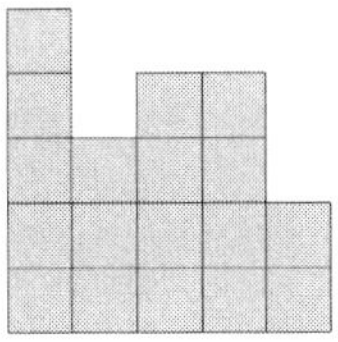

④ 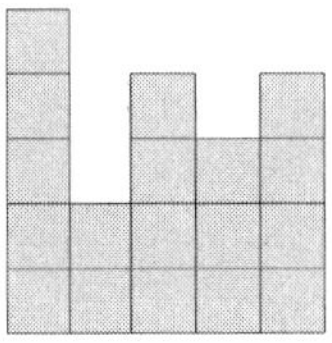

18

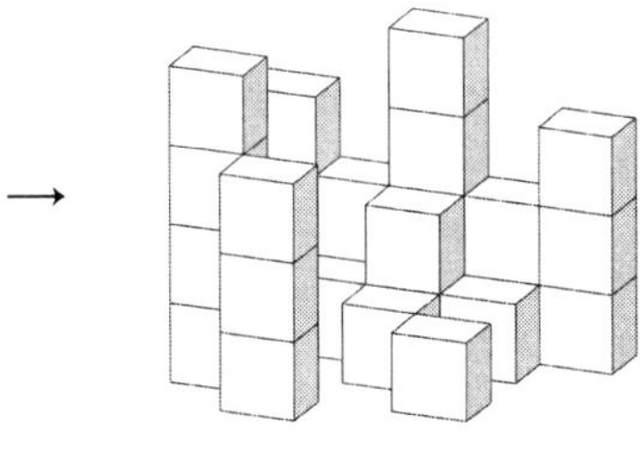

① 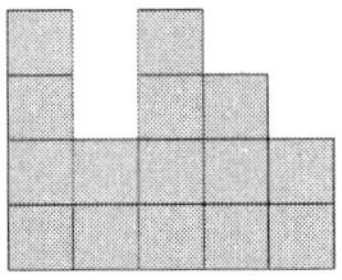

② 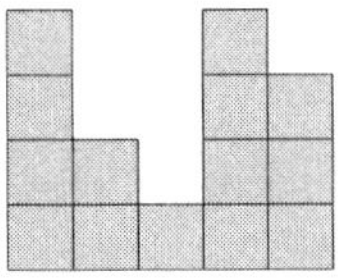

③ 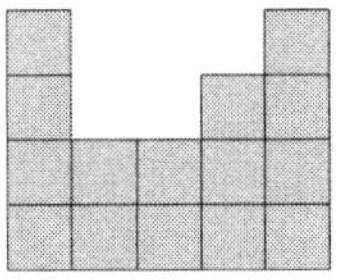

④ 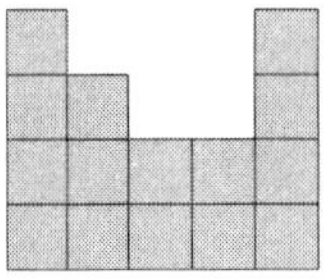

지각속도 30문항/3분

Q 다음 왼쪽과 오른쪽 기호, 문자, 숫자의 대응을 참고하여 각 문제의 대응이 같으면 '① 맞음'을 틀리면 '② 틀림'을 선택하시오. 【01~03】

가 - a	군 - b	금 - c	무 - d
복 - e	산 - f	원 - g	지 - h

01 b a f e d - 군 가 산 복 무 ① 맞음 ② 틀림

02 h g c b a - 지 원 군 금 가 ① 맞음 ② 틀림

03 e g h c f - 복 원 금 지 산 ① 맞음 ② 틀림

Q 다음 왼쪽과 오른쪽 기호, 문자, 숫자의 대응을 참고하여 각 문제의 대응이 같으면 '① 맞음'을 틀리면 '② 틀림'을 선택하시오. 【04~06】

한 - 7	대 - 2	군 - 6	강 - 8
육 - 5	친 - 3	구 - 1	! - 4

04 8 7 3 1 4 - 강 한 친 구 ! ① 맞음 ② 틀림

05 2 7 5 6 4 - 대 한 육 군 구 ① 맞음 ② 틀림

06 3 1 8 2 5 - 친 군 강 육 대 ① 맞음 ② 틀림

Q 다음의 왼쪽과 오른쪽 기호의 대응을 참고하여 각 문제의 대응이 같으면 답안지에 '① 맞음'을, 틀리면 '② 틀림'을 선택하시오. 【07~09】

① = a	② = b	③ = c	④ = d	⑤ = e
⑥ = f	⑦ = g	⑧ = h	⑨ = i	⑩ = j

07 a b c g h j i – ① ② ③ ⑨ ⑧ ⑨ ⑩ ① 맞음 ② 틀림

08 g b c f i f a j – ⑦ ② ③ ⑥ ⑨ ⑥ ① ⑩ ① 맞음 ② 틀림

09 b d c a g i j h f e – ② ④ ③ ① ⑦ ⑨ ⑩ ⑧ ⑤ ⑥ ① 맞음 ② 틀림

Q 다음의 왼쪽과 오른쪽 기호의 대응을 참고하여 각 문제의 대응이 같으면 답안지에 '① 맞음'을, 틀리면 '② 틀림'을 선택하시오. 【10~12】

1 = 제	2 = 원	3 = 군	4 = 관	5 = 법
6 = 에	7 = 대	8 = 지	9 = 한	0 = 인

10 제 대 군 인 지 원 에 관 한 법 – 1 7 3 0 8 2 6 4 9 0 ① 맞음 ② 틀림

11 대 원 지 원 관 원 법 인 법 관 – 7 2 8 2 4 2 5 0 5 4 ① 맞음 ② 틀림

12 한 지 원 대 에 인 제 군 관 법 – 9 8 2 7 6 3 1 0 4 5 ① 맞음 ② 틀림

Q 다음의 왼쪽과 오른쪽 기호의 대응을 참고하여 각 문제의 대응이 같으면 답안지에 '① 맞음'을, 틀리면 '② 틀림'을 선택하시오. 【13~15】

☄ = ⓐ	☊ = ⓑ	♂ = ⓒ	☍ = ⓓ	☎ = ⓔ
♇ = ⓕ	♈ = ⓖ	♋ = ⓗ	♌ = ⓘ	♎ = ⓙ

13 ⓓ ⓑ ⓗ ⓖ ⓙ ⓐ − ☍ ☊ ♋ ♈ ♎ ☄　　① 맞음　② 틀림

14 ⓕ ⓖ ⓗ ⓘ ⓔ ⓙ − ♇ ☄ ♋ ♌ ☎ ♎　　① 맞음　② 틀림

15 ⓑ ⓒ ⓖ ⓗ ⓕ ⓓ − ☊ ♂ ☎ ♋ ♇ ☍　　① 맞음　② 틀림

Q 다음에서 각 문제의 왼쪽에 표시된 굵은 글씨체의 기호, 문자, 숫자의 갯수를 모두 세어 오른쪽 개수에서 찾으시오. 【16~30】

16 **㉥**　㉠㉥㉡㉢㉣㉤㉦㉧㉨㉩㉪㉫㉬㉭㉨㉩㉥㉠㉡㉢　① 2개　② 3개　③ 4개　④ 5개

17 **㈏**　㈎㈑㈒㈓㈖㈗㈘㈕㈔㈏㈐㈔㈏㈑㈒㈏㈓㈛　① 1개　② 2개　③ 3개　④ 4개

18 **ⓕ**　ⓐⓑⓕⓕⓕⓒⓓⓔⓖⓖⓔⓓⓑⓘⓕⓙⓙⓘⓔⓐⓐⓒ　① 1개　② 2개　③ 3개　④ 4개

19 **o**　That photograph doesn't look like her at all　① 5개　② 6개　③ 7개　④ 8개

20 XII　XIXII X IX XIXII X IX IX X XIXIIXI X IX IX X XIXIIXI X IX　① 2개 ② 4개 ③ 6개 ④ 8개

21 ㄴ　ㄱㄹㅎㅅㅇㄴㅊㅋㄷㄱㄹㄴㅂㅍㅌㅇㄹㅅㅂㅈㄴㅇㅊㄴ　① 1개 ② 2개 ③ 3개 ④ 4개

22 6　165978813571126944178893864676251686836176　① 7개 ② 8개 ③ 9개 ④ 10개

23 ㅎ　대한민국 역사 속의 큰 기둥 역할 힘찬 도전　① 2개 ② 3개 ③ 4개 ④ 5개

24 g　ball games, such as football or tennis board games　① 1개 ② 2개 ③ 3개 ④ 4개

25 τ　π ρ σ τ υ φ χ ψ ρ τ φ ψ τ φ ψ π σ υ χ ω τ φ τ χ τ χ τ ρ σ τ υ φ χ σ τ υ π ρ σ τ　① 10개 ② 11개 ③ 12개 ④ 13개

26 ♤　♤♠♡♥♧♣◉◈♤♠♡♥♧♣◉◈▣♤♠♡♥♧♣◉◈　① 1개 ② 2개 ③ 3개 ④ 4개

27 9　50789947454159743933459123974235 97219　① 4개 ② 6개 ③ 8개 ④ 10개

28 ㄹ　가로수 그늘아래 서면 떠가는 듯 그대 모습 어느 찬비 흩날린 가을　① 3개 ② 4개 ③ 5개 ④ 6개

29 u　you are nuts about something or someone　① 1개 ② 3개 ③ 5개 ④ 7개

30 ∪　⊂⊃∪∩⊃∩⊂∪⊂⊃∪∩∪⊃⊂∪⊃∩⊃⊂∪⊂⊃∪∩　① 4개 ② 5개 ③ 6개 ④ 7개

언어논리 25문항/20분

01 다음 글은 어떤 글을 쓰기 위한 서두 부분이다. 다음에 이어질 글을 추론하여 제목을 고르면?

> 우주선 안을 둥둥 떠다니는 우주비행사의 모습은 동화 속의 환상처럼 보는 이를 즐겁게 한다. 그러나 위아래 개념도 없고 무게도 느낄 수 없는 우주공간에서 실제 활동하는 것은 결코 쉬운 일이 아니다. 때문에 우주비행사들은 여행을 떠나기 전에 지상기지에서 미세중력(무중력)에 대한 충분한 훈련을 받는다. 무중력 훈련에는 다양한 방법이 있다.

① 무중력의 신비
② 우주선의 신비
③ 우주선과 무중력
④ 비행사의 무중력 훈련
⑤ 우주비행사의 자격 조건

02 다음 지문에서 말하고자 하는 주된 진술은?

> 우리가 흔히 경험하는 바에 따르면, 예술이 추구하는 미적 쾌감이 곱고 예쁜 것에서 느끼는 쾌적함과 반드시 일치하지는 않는다. 예쁜 소녀의 그림보다는 주름살이 깊이 팬 늙은 어부가 낡은 그물을 깁고 있는 그림이 더 감동적일 수 있다. 선과 악을 간단히 구별할 수 없는 여러 인물들이 뒤얽혀서 격심한 갈등이 전개되는 영화가 동화처럼 고운 이야기를 그린 영화보다 더 큰 감명을 주는 것도 흔히 있는 일이다. 이와 같이 예술의 감동이라는 것은 '단순히 보고 듣기 쾌적한 것'이 아닌, '우리의 삶과 이 세계에 대한 깊은 인식, 체험'을 생생하고도 탁월한 방법으로 전달하는 데에 있다.

① 예술은 쾌적함을 주는데 그 목적이 있다.
② 예술의 미적 쾌감은 곱고 아름다운 것에서만 느낄 수 있다.
③ 우리 삶 속의 문제와 갈등은 예술과는 거리가 멀다.
④ 예술의 감동은 소재가 아닌 삶에 대한 통찰과 표현의 탁월성에서 나온다.
⑤ 우리가 느끼는 감동의 크기가 클수록 예술의 가치도 더욱 커진다.

03 다음 빈칸에 들어갈 알맞은 단어를 고르시오.

젊은 시절 8년간의 경험은 김규진의 서화 수준을 몰라보게 발전시킨다. 그는 1894년에 귀국하여 정열적으로 활동하며 한국의 가장 영향력 있는 서화가로서 자리매김하게 된다. 청나라 유학으로 갖춘 호방한 (　　)은 많은 이들의 사랑을 받았다. 글씨에서는 전 · 예 · 해 · 행 · 초의 모든 서법에 능했다.

① 자력
② 필력
③ 기력
④ 무력
⑤ 세력

04 다음 글을 읽고 순서에 맞게 논리적으로 배열한 것을 고르시오.

㉠ 이들을 삼상(蔘商)이라고 하였다.
㉡ 인삼은 한국 고유의 약용 특산물이었으며, 약재로서의 효능과 가치가 매우 높은 물건이었다.
㉢ 이에 따라 인삼을 상품화하여 상업적 이익을 도모하는 상인들이 등장하였다.
㉣ 중국과 일본에서는 이런 조선 인삼에 대한 수요가 폭발적으로 증가하였다.
㉤ 특히 개인 자본을 이용하여 상업 활동을 하던 사상들이 평안도 지방과 송도를 근거지로 하여 인삼거래에 적극적으로 뛰어들었다.

① ㉠－㉣－㉢－㉤－㉡
② ㉠－㉣－㉢－㉡－㉤
③ ㉡－㉣－㉤－㉢－㉠
④ ㉡－㉢－㉣－㉤－㉠
⑤ ㉡－㉣－㉢－㉤－㉠

05 다음 글의 ㉠, ㉡에 들어갈 말로 적절한 것은?

서사의 장르에 관해 이야기하는 것은 서사물들을 구획 짓고 유형화하고자 하는 욕구와 무관할 수 없다. 여기에는 배타적인 범주화와 환원적인 단순화의 위험성이 개입하게 된다. 그러나 보통 사람들이 생각하는 장르는 사실상 이론적이고 체계적인 유형화라기보다는 직관적, 실용적, 임의적 분류에 가깝다. 이를테면 리얼리즘 소설, 판타지, SF, 멜로드라마 등과 같은 장르가 그렇다. 우리는 이들 각각의 장르들을 배타적인 범주가 아니라 유사한 서사적 특성들로 이루어진 좌표적 군집으로 보고자 한다. (㉠) 어떤 장르들은 때로는 다른 장르와 교차할 수 있으며, 여러 장르들을 포괄하는 보다 느슨한 장르도 있을 수 있다. (㉡) 장르를 개방적이고 유연한 개념으로 받아들인다면, 장르의 설정이 초래할 수 있는 모순점과 문제점들 때문에 그것을 아예 폐기해버리는 것보다는 서사물들 간의 공통점과 상이점을 이야기하는 데 훨씬 도움이 된다.

	㉠	㉡
①	그러나	이처럼
②	즉	이처럼
③	가령	반대로
④	요컨대	반대로
⑤	하지만	반대로

06 다음 빈칸에 들어갈 알맞은 단어를 고르시오.

쇼펜하우어는 욕망을 인간과 세계의 본질로 생각했다. 그의 (　　)에서 보면 인간을 포함한 모든 사물은 욕망을 충족하기 위해 노력하지만, 채우고 채워도 욕망은 완전히 충족될 수 없다.

① 관점
② 맹점
③ 장점
④ 정점
⑤ 측점

07 다음 문장을 읽고 전체의 뜻이 가장 잘 통하도록 (　) 안에 적합한 단어를 고르면?

> 매사에 집념이 강한 승호의 성격으로 볼 때 그는 이 일을 (　) 성사시키고야 말 것이다.

① 마침내
② 도저히
③ 기어이
④ 일찍이
⑤ 게다가

08 다음 문장들의 빈칸에 들어갈 수 있는 단어가 아닌 것은?

> • 운동과 식이요법을 (　)한 다이어트가 가장 효과적이다.
> • 회사 내에 어린이집을 (　)한 것은 아주 탁월한 선택이었다.
> • 새로운 사업은 순조롭게 (　)되고 있었다.
> • 전국 발명품 (　)대회는 많은 학생들의 관심을 샀다.

① 병행
② 병설
③ 진행
④ 경매
⑤ 경진

09 다음 밑줄 친 부분과 같은 의미로 사용된 것은?

> 날이라도 좀 밝은 다음에 이동을 하면 좋겠지만, 날이 밝기를 기다린 후에 출발하면 늦을 것 같았다. 그나마 그 어둠을 타고 고향으로 출발하는 것이 마음이 편했다.

① 소매치기는 사람들이 복닥거리는 틈을 탄 여자의 가방에서 지갑을 훔쳤다.
② 철호 가족의 가슴 아픈 사연이 방송을 타면서 수많은 독지가들이 성금을 보내 왔다.
③ 꽃가루는 바람을 타고 이곳저곳으로 퍼진다.
④ 원숭이는 야자열매를 따기 위해 나무를 탔다.
⑤ 우리는 함양에서 출발하여 지리산 줄기를 타고 남원으로 내려가려 하였다.

Ⓠ 다음 중 아래의 밑줄 친 ㉠과 같은 의미로 사용된 것은? 【10~13】

10

> 길 건너편에 살고 계시던 김씨 할아버지는 귀여운 손주를 ㉠ 보게 되었다. 어찌나 손주를 예뻐하시던지 아는 사람만 만나면 손주 이야기를 하시느라 시간가는 줄을 모르셨다. 사진을 보며 싱글벙글 웃고 계시는 할아버지의 표정에 나도 덩달아 기분이 좋아졌다.

① 그 사람 처지를 봐서는 체포할 수 없지만 법을 어겼으니 어쩔 수 없다.
② 기독교 가정에서 자란 병호는 이제껏 사주니 신수 같은 것을 본 일이 없다.
③ 외동으로 자란 민주가 이란성 쌍둥이를 보게 되면서 매우 기뻐했다.
④ 여야 대표가 1년에 두 번 단독 회담으로 한다는 데 의견 일치를 보았다.
⑤ 아버지가 국가 유공자라서 그가 취직을 할 때 그 혜택을 봤다.

11

> 시골에 묻혀 사는 한 청년이 벼슬을 ㉠ 얻으려고 대원군을 찾아갔다. 대원군은 대청마루에서 뒷짐을 진 채 왔다 갔다 하고 있었다. 청년은 눈이 빠지도록 인사 할 기회만 엿보고 있다가 엎드려 절을 했다. 고개를 들고 보니 자기에게 눈길을 주기는커녕 여전히 왔다 갔다 하고 있지 않은가. 그는 하는 수 없이 다음 차례를 노리다가 또다시 넙죽 인사를 올렸다. 그랬더니 대원군이 "이놈, 죽은 사람도 아닌데 산 사람에게 절을 두 번씩이나 하다니, 저놈을 당장 잡아 처넣어라."하고 화를 냈다. 너무 놀란 청년이 재치 있는 말로 위기를 모면했다. "첫 번째 드린 인사는 문안 인사이고, 두 번째 드린 인사는 하직 인사이옵니다."

① 그녀는 동네에서 인심을 얻기 위하여 많은 노력을 했다.
② 경쟁 사회에서 자신의 권리를 얻으려면 끊임없이 자신을 계발해야 한다.
③ 그 일은 일꾼을 얻어서 해야지 혼자서는 하지 못하겠다.
④ 길고도 혹심했던 감옥 생활로 폐암을 얻었다.
⑤ 고구려 때와 같은 옛날 풍속에서는 남자가 아내를 얻으려면 먼저 처가에 가서 살아야 했다.

12

> 매체에 따른 시대 구분은 ㉠ <u>뜨거운</u> 논쟁거리 중의 하나이다. 이는 매체에 대한 시각의 차이에서 비롯된 것으로, 매체에 대한 개념 정의를 명확하게 할 필요가 있다. 원시시대에는 문자가 없었다. 원시시대의 인류는 상대방에게 의사를 표현하려면 오로지 몸짓이나 자신의 목소리에 의존할 수밖에 없었다. 그렇지만 아무리 크게 말해도 시간이나 거리의 제약을 받을 수밖에 없었다. 그러나 음성 매체 시대를 지나 문자 매체 시대가 되었지만, 의사소통에 여전히 제약이 많았다. 사람들은 소통을 위해 나무 증에 문자를 그리거나 새겨 넣어야 했기 때문이다. 어떤 교수는 문자 매체 시대의 한계를 지적하면서 "종이가 발명되어 이러한 어려움이 줄어들기는 했지만, 여전히 지식은 문자를 알고 있었던 몇몇 특수층에게만 한정되었다."라고 말하였다.

① 울고 있는 어머니의 품속은 모닥불처럼 <u>뜨거웠고</u>, 솜이불처럼 푹신하게 느껴졌다.
② 어린애 이마는 불덩이같이 <u>뜨거웠다</u>.
③ 얼굴이 <u>뜨거워</u> 고개를 들 수 없었다.
④ 사랑의 표현이 서툴렀을 뿐이지, 그는 지금까지 아우를 <u>뜨겁게</u> 사랑해 온 셈이었다.
⑤ <u>뜨거운</u> 국물을 후후 불어 가며 먹었다.

13

> 세계 대부분의 국가에서 문화, 인종, 언어, 그리고 종교의 다양성은 존재한다. 대부분의 국민 국가에 주어진 과제 중의 하나는 다양한 집단을 구조적으로 포용하여 그들이 충성심을 느낄 수 있는 국가를 건설하는 동시에, 해당 집단이 고유의 문화를 보존할 수 있도록 기회를 보장해 주어야 한다는 것이다. 다양성과 통일성 간에 정교한 균형을 이루는 것이 민주 국가의 핵심 목표인 동시에 민주 사회에서 이루어지는 교육의 핵심 목표가 되어야 한다. 국가가 국민들 내부에 존재하는 다양성에 대응할 때, 통일성을 중요한 목표로 ㉠ <u>삼아야</u> 한다. 정의, 평등과 같은 민주주의적 가치를 중심으로 통합을 이룰 때만이, 국가는 소수 집단의 권리를 보호하고 다양한 집단의 참여를 보장할 수 있다.

① 무고한 백성들을 잡아나가 종을 <u>삼고</u>, 고을에 죄를 얻고 도망한 역졸들을 은휘하여 농사를 짓게 했다.
② 나는 매일 요리하는 것을 낙으로 <u>삼고</u> 지낸다.
③ 할아버지는 윗목으로 앉아서 새끼를 꼬고 할머니는 그 옆에서 왕얽이짚신을 <u>삼는다</u>.
④ 삼을 <u>삼다</u> 말고 쉬는 때면 뒤곁의 무 구덩이에 가서 긴 싸리 꼬챙이로 무를 찔러 내어 그걸 깎아 먹었다.
⑤ 이제 와서 그것을 굳이 문제 <u>삼을</u> 것까지는 없다.

Q 다음 글을 읽고 물음에 답하시오. 【14~15】

그리스어인 '에우다이모니아(eudaimonia)'는 일반적으로 '행복'이라고 번역된다. 현대인들은 행복을 물질적인 것을 통해 느끼는 안락이나 단순한 쾌감과 동일시하는 경향이 있다. 그러나 아리스토텔레스는 에우다이모니아를 현대인들이 생각하는 행복과는 다르게 설명한다. 그는 에우다이모니아를 인간 고유의 기능인 이성을 발휘하여 그것을 완전하게 실현한 상태라고 규정하였다. 막스 뮐러는 아리스토텔레스가 말한 에우다이모니아에 시간적 속성을 부여하여 이를 세 가지 측면으로 나누어 설명하였다. 막스 뮐러의 견해는 다음과 같다.

첫째, ㉠ '감각적 향유로서의 에우다이모니아'는 먹고 마시는 행위와 같은 신체적 감각을 통한 향유가 이성의 테두리 안에서 이루어질 때 얻게 되는 것이다. 인간은 정신과 신체의 통일체로서 존재하기 때문에 감각을 통한 향유도 무시할 수 없다. 다만 감각적 향유가 이성을 벗어나 타인을 배려하지 않고 극단적 탐닉에 빠질 때에는 부정적인 것으로 인식된다. 그런데 감각적 향유 자체는 찰나적인 것이므로 감각적 향유의 과정에서 실현할 수 있는 에우다이모니아는 순간적인 것으로 규정된다.

둘째, '공동체적 삶을 통해 실현할 수 있는 에우다이모니아'는 공동체 속에서 인간이 자유를 누리면서도 이성을 발휘하여 책임 있는 행동을 함으로써 얻게 되는 것이다. 인간의 이성은 공동체의 훈육을 통해서만 개발될 수 있으므로 인간은 공동체를 떠나서 에우다이모니아를 구하려고 해서는 안 된다. 그런데 공동체에서의 인간의 행위는, 수시로 변화하는 역사적 상황 속에서 이루어지기 때문에 이러한 에우다이모니아는 역사적 시간에 의해 규정되는 것이다.

셋째, ㉡ '관조(觀照)의 삶을 통해 실현할 수 있는 에우다이모니아'는 인간이 세계의 영원한 질서를 인식하게 됨으로써 얻을 수 있는 것이다. 여기서 '관조'란 쾌락을 목적으로 하는 향락적 활동이나 부를 목적으로 하는 영리적 활동이 아니라, 감각적으로 포착할 수 없는 영원불변한 진리를 학문을 통해 바라보는 영혼의 활동을 말한다. 이는 이성을 통해 이루어지며 인간에게 가장 궁극적인 에우다이모니아를 가져다준다. 이러한 에우다이모니아는 시간적 한계를 뛰어넘는 영원성을 갖는다.

뮐러에 따르면 인간의 이성을 통해 실현되는 에우다이모니아는 모두 그 자체로 의미가 있다. 그리고 그는 에우다이모니아의 순간성, 역사성, 영원성이 서로 무관한 것이 아니므로, 인간은 전 생애에 걸쳐 이 세 가지 에우다이모니아를 함께 구현하기 위해 노력해야 한다고 보았다.

14 윗글을 통해 알 수 있는 내용으로 적절하지 않은 것은?

① 현대인들은 행복을 물질적 안락이나 쾌감과 동일시하는 경향이 있다.
② 뮐러는 시간적 속성을 부여하여 에우다이모니아를 설명하였다.
③ 인간은 공동체 안에서 에우다이모니아를 얻을 수 있다.
④ 뮐러가 설명하는 에우다이모니아는 서로 관련 없이 개별적으로 존재한다.
⑤ 관조는 쾌락과 부를 목적으로 하지 않는 영혼의 활동이다.

15 ㉠과 ㉡에 대한 설명으로 적절하지 않은 것은?

① ㉠은 감각적 향유의 과정에서 극단적 탐닉에 빠지지 않음으로써 실현된다.
② ㉡은 감각적 차원을 넘어선 질서에 대한 인식을 통해서 실현된다.
③ ㉠과 ㉡은 모두 이성의 발휘를 통해 이루어질 수 있다.
④ ㉠은 ㉡과 달리 정신을 배제한 신체적 감각을 중시하는 가치 판단을 전제한다.
⑤ ㉡은 ㉠과 달리 시간적 속성에 있어서 순간성이 아니라 영원성에 의해서 규정된다.

Q 다음 글을 읽고 물음에 답하시오. 【16~17】

다양한 요인들을 분석하여 공장이 어디에 위치해야 하는가를 설명하는 것을 산업입지론이라 한다. 고전적 산업입지론에는 비용이나 수요 중 특정 요인 한 가지에 주목하여 가장 효율적인 입지를 설명하려는 최소비용이론과 최대수요이론이 있다. 하지만 비용과 수요 중 어느 한 요소만으로 공장의 입지를 설명하는 것에는 한계가 있다는 점에 주목한 데이비드 스미스는 이 둘의 통합을 추구하며 준최적입지론을 제시하였다.
스미스는 자신의 이론을 총비용과 총수입의 관계로 설명하였다. 여기서 총비용이란 제품 생산 활동에서 발생하는 모든 비용으로 인건비, 운송비 등의 요소에 의해 결정된다. 그렇기 때문에 비용을 최소화할 수 있는 지점인 최적 입지로부터 공장의 위치가 멀어질수록 총비용은 증가하게 되는 것이다. 총수입이란 재화를 공급하여 생산자가 벌어들인 총액을 말한다. 그렇기 때문에 수요가 최대화되는 지점인 최적 입지로부터 공장의 위치가 멀어질수록 총수입은 감소하게 되는 것이다. 총비용과 총수입을 모두 고려할 때, 총비용이 총수입보다 크면 손실이 발생하고 총수입이 총비용보다 크면 이윤이 발생하게 되는데, 스미스는 총수입이 총비용과 ㉠ <u>같아서</u> 더 이상 이윤을 획득할 수 없는 지점들을 이윤의 공간적 한계라고 하였다. 그리고 이 공간적 한계의 범위 안쪽에서는 이윤이 최대가 되는 최적 지점이 아니더라도 이윤이 발생하는 곳이라면 공장은 어디든지 입지할 수 있다는 것이 준최적입지론의 핵심이다.
그는 이윤의 공간적 한계가 다음과 같은 요인들에 의해 달라질 수 있다고 보았다. 첫 번째 요인은 경영자의 경영 수완으로, 경영자가 효율적인 경영을 통해 생산비를 낮춘다면 이윤의 공간적 한계는 그 전보다 넓어질 수 있다. 다음으로 재정적 보조금이나 세금 등의 요인을 들었다. 공장이 보조금을 받으면 총비용을 감소시키는 효과를 가져올 수 있다. 반면에 특정 지역에서 공장에 세금을 추가로 부과한다면 총비용이 증가하게 되어 공장이 입지하는 데 어려움이 발생할 수 있다. 마지막 요인은 같은 종류의 제품을 생산하는 공장들이 한곳에 모이는 것이다. 이로 인해 생산 규모가 커지면 원료의 공동 구입, 제품의 공동 판매 등으로 총비용을 절감하여 이윤을 발생시킬 수 있다.
결국 스미스의 이론은 비용과 수요를 통합적으로 고려했다는 점과, 이윤의 공간적 한계 내에서 최적입지 외에도 실제로 공장이 입지해 있는 것을 설명할 수 있다는 점에서 이전의 산업입지론들이 가진 한계를 극복하려 했다는 데 의의가 있다.

16 **윗글을 통해 알 수 있는 내용으로 적절하지 않은 것은?**

① 총수입과 총비용의 개념
② 준최적입지론이 갖는 의의
③ 이윤의 공간적 한계가 변화되는 요인
④ 최소비용이론과 최대수요이론의 형성 과정
⑤ 최적 입지에서의 거리에 따른 총비용의 변화

17 **㉠의 문맥적 의미와 가장 가까운 것은?**

① 그의 마음은 비단 같다.
② 내 친구는 정말 학생 같은 학생이다.
③ 그와 나는 나이가 같다.
④ 날이 더워 마음 같아서는 물에 뛰어들고 싶다.
⑤ 연락이 없는 것을 보니 무슨 일이 있는 것 같다.

Q 다음 글을 읽고 물음에 답하시오. 【18~19】

우리는 일상생활에서 중요한 일을 앞두고 스스로 불리한 조건을 만드는 경우를 흔히 볼 수 있다. 심리학에서는 이를 스스로에게 핸디캡을 준다는 의미로 '셀프 핸디캐핑'이라 부른다. 셀프 핸디캐핑이란 일상생활에서 자신의 중요한 어떤 특성이 평가의 대상이 될 가능성이 있고, 동시에 거기에서 좋은 평가를 받을 수 있을지 불확실한 경우, 과제 수행을 방해할 불리한 조건을 스스로 만들어내어 그 불리한 조건을 다른 사람에게 주장하는 것을 말한다. 중요한 시험 전날, 공부는 하지 않고 영화를 보러 간 학생이 다음날 아침에 등교하자마자 다른 학생들에게 들으라는 듯 자신이 어제 본 영화의 내용에 대해 큰 소리로 떠드는 경우가 이에 해당한다. 심리학자인 아킨과 바움가드너는 셀프 핸디캐핑을 위치와 형태의 두 가지 측면에서 분류했다. 위치에 따른 분류는 불리한 조건을 자신의 내부에서 찾느냐 아니면 자신의 외부에서 찾느냐를 기준으로 셀프 핸디캐핑을 나누는 것이다. 즉, 약물이나 알코올의 섭취, 노력의 억제 등은 내적 셀프 핸디캐핑에, 불리한 수행 조건이나 곤란한 목표를 선택하는 것은 외적 셀프 핸디캐핑에 해당한다. 형태에 따른 분류는 성공 가능성을 떨어뜨

릴 수 있는 불리한 조건을 스스로 만드는가, 아니면 자신이 처한 기존의 불리한 조건을 주장하는가에 따라 각각 획득적 셀프 핸디캐핑과 주장적 셀프 핸디캐핑으로 나누는 것이다. 이러한 셀프 핸디캐핑은 수행할 과제가 본인에게 중요할수록 일어나기 쉽다고 알려져 있다. 또한 앞으로 수행할 과제에서 계속해서 성공할 수 있을지에 대해 확신할 수 없거나, 자존심 같은 성격적 특성이 두드러질 때도 셀프 핸디캐핑이 일어나기 쉽다고 한다. 그런데 사람들은 왜 스스로에게 불리한 조건을 만드는 셀프 핸디캐핑을 사용하는 것일까? 우선 불리한 조건을 스스로 만들어두면 과제수행에 실패했을 때는 물론이고 성공했을 때도 자신에게 유리한 평가를 이끌어낼 가능성이 있기 때문이다. 과제 수행에 실패했다면 불리한 조건이 좋은 핑계가 될 수 있을 것이고 반대로 운 좋게 과제 수행에 성공했다면 불리한 조건에도 불구하고 뛰어난 능력으로 성공한 사람으로 평가를 받을 수 있는 것이다. 그리고 타인의 셀프 핸디캐핑에 대한 사람들의 반응도 셀프 핸디캐핑의 유혹에 빠지게 하는 이유가 될 수 있다. 왜냐하면 사람들은 누가 셀프 핸디캐핑을 사용한다는 것을 알더라도 그 사람과의 평소 관계를 고려해서 당사자 앞에서는 그것을 직접적으로 지적하지는 않기 때문이다. 하지만 연구 결과 셀프 핸디캐핑이 그렇게 효과적이지는 못한 것으로 나타났다. 셀프 핸디캐핑을 사용함으로써 당장은 자신에 대한 부정적인 평가를 약하게 할 수도 있지만, 계속 사용하다 보면 결국에는 '핑계만 대는 사람'이라고 낙인찍히게 된다는 것이다. 또한 자기 개발을 위한 노력을 덜 하게 되어 결국 자신의 능력을 키울 수 있는 기회를 원천봉쇄하는 것이 될 수 밖에 없다.

18 **윗글에서 알 수 있는 '셀프 핸디캐핑'의 특징으로 적절한 것은?**

① 나이가 어릴수록 자주 사용한다.
② 친밀한 관계에서는 사용하지 않는다.
③ 과제 수행의 실패 원인을 모호하게 한다.
④ 자신의 능력을 향상시키는 동기가 되기도 한다.
⑤ 위치적 요인보다는 형태적 요인에 더 큰 영향을 받는다.

19 **'셀프 핸디캐핑'을 일어나게 하는 요인으로 볼 수 없는 것은?**

① 타인의 평가
② 평가의 공정성
③ 과제의 중요도
④ 개인의 성격적 특성
⑤ 과제 성공의 불확실성

Ⓠ 다음 글을 읽고 물음에 답하시오. 【20~21】

추상표현주의는 1940, 1950년대 나치를 피해 유럽에서 미국으로 건너온 화가들의 영향을 받아 성립된 회화 사조이다. 추상표현주의 작가들은 세계 대전의 참혹한 전쟁을 일으키게 한 이성에 대한 회의를 바탕으로 화가의 감정과 본능을 추상의 방법으로 표현하였다. 그들은 자유로운 기법과 행위 자체에 중점을 둔 제작 방법을 통해 화가 개인의 감정을 나타내고자 하였다. 이러한 추상표현주의를 대표하는 화가로 잭슨 폴록을 들 수 있다. 그는 회화에 어떤 의미를 담아야 한다는 회화적 관습을 과감하게 탈피하여 개인의 근원적이고 자유로운 무의식의 세계를 표현하려고 했다. 형태를 알아볼 수 있도록 그려야 한다는 사고를 초월하여 마음껏 자신의 내면세계를 표현하고자 했던 것이다. 특히, 지각이 가능한 대상을 표현하지 않음으로써 그림에서 어떤 구체적 형상을 떠올리기 어렵게 만들었다. 그는 그림을 대상의 본질이나 의미를 전달하는 매개체로 인식하지 않고 그림을 그린다는 행위 자체에 절대 가치를 부여하였다. 특히, 폴록의 〈No. 1〉 ~ 〈No. 32〉 연작은 그의 작품 세계를 잘 보여주는 작품들이다. 그는 이 작품들을 창작하면서, 대상의 외형을 재현하여 그 의미를 드러내려는 기존 방식의 드로잉을 거부했다. 그 대신에 화폭을 바닥에 놓고 막대기나 팔레트나이프로 에나멜 페인트나 래커, 모래를 뿌리는 드리핑 방법을 통해 자유분방하게 자신의 감정을 표현했다. 폴록은 물감을 흘리고 뿌리면서 커다란 화폭을 돌아다니는 액션페인팅을 통해 자신의 내면세계를 표현했다. 순간적으로 떠올린 영감에 따라 물감을 흘리는 행위를 한다는 그의 말처럼 그의 액션페인팅은 행위 자체가 중요한 의미를 나타낸다. 폴록에 의하면 화가는 어떤 목적에 통제를 받지 않고 그림을 그리려는 순간의 영감을 통해서 '<u>능동적 행위</u>'를 하는 것이다. 폴록은 드리핑 작업에서 특정한 부분에 초점을 맞추지 않고 상하 구별이 없이 화면 전체를 균일하게 그리는 전면회화(All Over)를 구사했다. 그림으로써 화면과 벽면으로 구별되는 액자 형태의 그림과 달리 그림의 상하좌우를 규정짓는 구도를 약화시키고, 입체감이나 공간감을 통해 형성될 수 있는 어떤 관념도 배제했던 것이다. 폴록은 새로운 재료를 통한 실험적 기법, 창조 행위의 중요성 등을 강조하여 화가가 의도된 계획에 따라 그림을 그려나가는 회화 방식을 벗어나려고 하였다. 폴록으로 대표되는 추상표현주의는 과거 회화의 틀을 벗어나게 하는 계기를 마련하면서 회화적 다양성을 추구하는 현대 회화의 특성을 정립하는 데 중요한 역할을 하였다.

20 윗글에서 확인할 수 있는 내용이 아닌 것은?

① 잭슨 폴록이 사용한 기법의 특징
② 잭슨 폴록의 작품 경향의 변천
③ 추상표현주의의 예술적 의의
④ 추상표현주의의 회화적 경향
⑤ 추상표현주의의 등장 배경

21 글쓴이의 관점에서 밑줄 친 '능동적 행위'를 이해한 내용으로 가장 적절한 것은?

① 이성이나 질서를 통해 대상의 근원적 가치를 표현하려는 행위이다.
② 대상의 의미를 전달하는 데 얽매이지 않고 자신을 드러내는 행위이다.
③ 액자 형식의 작품을 통해 화가의 개성을 최대한 반영하려는 행위이다.
④ 기존 방식의 드로잉 기법에 실험적 회화 기법을 접목시키려는 행위이다.
⑤ 새로운 회화 재료를 통해 화폭에 최대한 공간감을 형성하려는 행위이다.

Q 다음 글을 읽고 물음에 답하시오. 【22~23】

A 씨가 인터넷 쇼핑몰에서 악기를 구입하려고 할 때 어떻게 하면 안전하게 구매할 수 있을까? 이때 '전자상거래 등에서의 소비자보호에 관한 법률'이 도움을 줄 수 있다. 약칭 '전자상거래법'은 전자상거래나 통신 판매에서 소비자 피해를 예방하고 소비자의 권익을 보호하기 위한 법이다. 안전한 구매를 위해 A 씨는 이 법률에서 규정하고 있는 여러 보호 장치를 잘 이해하고 확인할 필요가 있다. 우선 판매자의 신원 정보 확인, 청약 확인 등을 거쳐야 한다. 신원 정보 확인이란 판매자의 상호, 사업자등록번호, 연락처 등을 쇼핑몰 초기 화면에서 확인하는 것을 말한다. 청약확인은 소비자의 계약 체결 의사인 청약의 내용을 확인하는 것으로 대금 결제 전 특정 팝업창에서 확인할 수 있다. 이러한 팝업창을 통해 소비자의 컴퓨터 조작 실수나 주문 실수를 방지하기 위한 것이다. 또한 에스크로 가입 여부를 확인하는 방법도 있다. 에스크로란 소비자가 지불한 물품 대금을 은행 등 제3자에게 맡겼다가 물품이 소비자에게 배송 완료된 후 구매 승인을 하면 은행에서 판매자 계좌로 대금을 입금하는 거래 안전장치로 결제 대금 예치제라고도 하며, 소비자는 에스크로 가입 여부를 쇼핑몰 초기 화면이나 결제 화면에서 확인할 수 있다. A 씨의 경우, 에스크로 가입여부를 확인하고 악기를 구입하면 안전한 구매를 할 수 있다. 현재 선불식 현금 거래에서 사업자는 의무적으로 에스크로에 가입해야 한다. 단, 신용카드 거래의 경우 별도의 시스템을 이용하며, 음원처럼 제3자가 배송을 확인하는 것이 불가능한 재화의 경우 제품 배송 여부를 에스크로를 통해 파악할 수 없기 때문에 의무 적용에서 제외된다. 이러한 장치들을 확인하지 않는다면 소비자가 피해를 입을 가능성이 높다. 제품 구매 후 소비자 보호 장치로는 청약철회가 있다. 만약 A 씨가 악기를 배송 받았는데 마음에 들지 않는다면 제품 하자 여부와 관계없이 청약을 철회할 수 있다. 단, 통상 제품을 받은 날로부터 7일 이내에 청약을 철회해야 한다. 하지만 A 씨처럼 단순 변심일 경우 반송비를 자신이 부담해야 한다. 제품이 광고 내용과 다를 경우에도 청약을 철회하는 것이 가능한데, 이때에는 A 씨가 제품을 훼손했더라도 청약철회가 가능할 뿐만 아니라 배송비도 환불받을 수 있다. 아울러 청약 및 철회에 관한 기록들은 5년 동안 보존되므로 분쟁이 생겼을 때 관련 기록을 열람할 수 있다. 하지만 이 법률이 소비자의 권리만을 보호하는 것은 아니다. 소비자 잘못으로 제품이 훼손되었거나, 시간 경과나 사용으로 인해 제품 가치가 현저히 떨어진 경우, 서적 등 복제가 가능한 제품의 포장을 훼손한 경우에는 원칙적으로 청약철회가 불가능하다. 이는 소비자가 의도적으로 제도를 악용하는 것을 막아 판매자의 최소한의 권리를 보호하기 위한 것이다.

22 윗글을 통해 알 수 있는 내용으로 적절하지 않은 것은?

① 분쟁이 생겼을 경우 소비자는 자신의 청약과 관련된 기록을 열람할 수 있다.
② 전자상거래법에는 판매자를 보호하기 위한 내용도 포함되어 있다.
③ 소비자는 판매자의 신원 정보를 확인함으로써 제품을 안심하고 구매할 수 있다.
④ 전자상거래법은 소비자 피해를 예방하는 것보다 보상에 초점을 둔다.
⑤ 온라인상에서 전자책을 판매하는 사업자는 에스크로에 의무적으로 가입하지 않아도 된다.

23 에스크로의 효과로 가장 적절한 것은?

① 소비자가 판매자의 신원 정보를 확인할 수 있다.
② 소비자가 판매자로부터 물품 대금을 회수할 수 있다.
③ 판매자가 소비자의 구매 승인 과정에 관여할 수 있다.
④ 판매자가 물품 대금을 받기까지의 시간을 단축할 수 있다.
⑤ 소비자가 물품을 직접 확인한 후 구매 의사를 결정할 수 있다.

Ⓠ 다음 글을 읽고 물음에 답하시오. 【24~25】

최근 컴퓨터로 하여금 사람의 신체 움직임을 3차원적으로 인지하게 하여, 이 정보를 기반으로 인간과 컴퓨터가 상호작용하는 다양한 방법들이 연구되고 있다. 리모컨 없이 손짓으로 TV 채널을 바꾼다거나 몸짓을 통해 게임 속 아바타를 조종하는 것 등이 바로 그것이다. 이때 컴퓨터가 인지하고자 하는 대상이 3차원 공간 좌표에서 얼마나 멀리 있는지에 대한 정보가 필수적인데 이를 '깊이 정보'라 한다. 깊이 정보를 획득하는 방법으로 우선 수동적 깊이 센서 방식이 있다. 이는 사람이 양쪽 눈에 보이는 서로 다른 시각 정보를 결합하여 3차원 공간을 인식하는 것과 비슷한 방식으로, 두 대의 카메라로 촬영하여 획득한 2차원 영상들로부터 깊이 정보를 추출하는 것이다. 하지만 이 방식은 두 개의 영상을 동시에 처리해야 하므로 시간이 많이 걸리고, 또한 한쪽 카메라에는 보이지만 다른 카메라에는 보이지 않는 부분에 대해서는 정확한 깊이 정보를 얻기 어렵다. 두 카메라가 동일한 수평선상에 정렬되어 있어야 하고, 카메라의 광축도 평행을 이루어야 한다는 제약 조건도 따른다. 그래서 최근에는 능동적 깊이 센서 방식인 TOF(Time of Flight) 카메라를 통해 깊이 정보를 직접 획득하는 방법이 주목받고 있다. TOF 카메라는 LED로 적외선 빛을 발사하고, 그 신호가 물체에 반사되어 돌아오는 시간 차를 계산하여 거리를 측정한다. 한 대의 TOF 카메라가 1초에 수십 번 빛을 발사하고

수신하는 것을 반복하면서 밝기 또는 색상으로 표현된 동영상 형태로 깊이 정보를 출력한다. TOF 카메라는 기본적으로 빛을 발사하는 조명과, 대상으로부터 반사되어 돌아오는 빛을 수집하는 두 개의 센서로 구성된다. 그중 한 센서는 빛이 발사되는 동안만, 나머지 센서는 빛이 발사되지 않는 동안만 활성화된다. 전자는 A 센서, 후자를 B 센서라 할 때 TOF 카메라가 깊이 정보를 획득하는 기본적인 과정은 다음과 같다. 먼저 조명이 켜지면서 빛이 발사된다. 동시에, 대상으로부터 반사된 빛을 수집하기 위해 A 센서도 켜진다. 일정 시간 후 조명이 꺼짐과 동시에 A 센서도 꺼진다. 조명과 A 센서가 꺼지는 시점에 B 센서가 켜진다. 만약 카메라와 대상 사이가 멀어서 반사된 빛이 돌아오는 데 시간이 걸려 A 센서가 활성화되어 있는 동안에 A 센서로 다 들어오지 못하면 나머지 빛은 B 센서에 담기게 된다. 결국 대상으로부터 반사된 빛이 A 센서와 B 센서로 나뉘어 담기게 되는데 이러한 과정이 반복되면서 대상과 카메라 사이가 가까울수록 A 센서에 누적되는 양이 많아지고, 멀수록 B 센서에 누적되는 양이 많아진다. 이렇게 A, B 각 센서에 누적되는 반사광의 양의 차이를 통해 깊이 정보를 얻을 수 있는 것이다. TOF 카메라도 한계가 없는 것은 아니다. 적외선을 사용하기 때문에 태양광이 있는 곳에서는 사용하기 어렵고, 보통 10m 이내로 촬영 범위가 제한된다. 하지만 실시간으로 빠르고 정확하게 깊이 정보를 추출할 수 있기 때문에 다양한 분야에서 응용되고 있다.

24 윗글의 내용과 일치하지 않는 것은?

① 능동적 깊이 센서 방식은 실시간으로 깊이 정보를 제공해 준다.
② 능동적 깊이 센서 방식은 한 대의 카메라로 깊이 정보를 측정할 수 있다.
③ 수동적 깊이 센서 방식은 사람이 3차원 공간을 인식하는 방법과 유사하다.
④ 수동적 깊이 센서 방식은 두 대의 카메라가 대상을 앞과 뒤에서 촬영하여 깊이 정보를 측정한다.
⑤ 컴퓨터가 대상을 3차원적으로 인지하기 위해서는 깊이 정보가 필요하다.

25 윗글을 통해 알 수 있는 TOF 카메라에 대한 설명으로 가장 적절한 것은?

① 대상의 깊이 정보를 수치로 표현한다.
② 햇빛이 비치는 밝은 실외에서 더 유용하게 사용될 수 있다.
③ 빛 흡수율이 높은 대상일수록 깊이 정보 획득이 용이하다.
④ 손이나 몸의 상하좌우뿐만 아니라 앞뒤 움직임도 인지할 수 있다.
⑤ 사물이 멀리 있을수록 깊이 정보를 더욱 정확하게 측정할 수 있다.

자료해석 20문항/25분

Ⓠ 다음 제시된 숫자의 배열을 보고 규칙을 찾아 빈칸에 들어갈 알맞은 숫자를 고르시오. 【01~02】

01

1	2	2	4	8	32	( )

① 253
② 254
③ 255
④ 256

02

3	6	0	9	−3	12	( )

① −3
② −4
③ −5
④ −6

03 어머니는 24세, 자식은 4세이다. 어머니의 나이가 자식의 나이의 3배가 될 때의 자식의 나이는?

① 9세
② 10세
③ 11세
④ 12세

04 8%의 소금물과 13%의 소금물을 섞어서 10%의 소금물 200g을 만들려고 한다. 13%의 소금물은 몇 g을 섞어야 하는가?

① 70g
② 80g
③ 110g
④ 120g

05 철수는 성묘를 위하여 $20m^2$ 넓이의 산소를 기계와 수작업용 가위를 1시간씩 사용하여 2시간 만에 모두 벌초하였다. 기계를 사용할 때의 벌초 속도가 가위를 사용할 때의 경우보다 4배 빠르다면 가위만 사용할 경우 몇 시간이 걸리겠는가?

① 2
② 3
③ 4
④ 5

06 다음 표는 3 ~ 4월 甲씨의 휴대폰 모바일 앱별 데이터 사용량에 대한 자료이다. 이에 대한 설명으로 옳은 것은?

앱 이름 \ 월	3월	4월
G인터넷	5.3 GB	6.7 GB
HS쇼핑	1.8 GB	2.1 GB
톡톡	2.4 GB	1.5 GB
앱가게	2.0 GB	1.3 GB
뮤직플레이	94.6 MB	570.0 MB
위튜브	836.0 MB	427.0 MB
쉬운지도	321.0 MB	337.9 MB
JJ멤버십	45.2 MB	240.0 MB
영화예매	77.9 MB	53.1 MB
날씨정보	42.8 MB	45.3 MB
가계부	–	27.7 MB
17분운동	–	14.8 MB
NEC뱅크	254.0 MB	9.7 MB
알람	10.6 MB	9.1 MB
지하철 도착	5.0 MB	7.8 MB
어제뉴스	2.7 MB	1.8 MB
S메일	29.7 MB	0.8 MB
JC카드	–	0.7 MB
카메라	0.5 MB	0.3 MB
일정관리	0.3 MB	0.2 MB

※ '–'는 해당 월에 데이터 사용량이 없음을 의미한다.
※ 제시된 20개의 앱 외 다른 앱의 데이터 사용량은 없다.
※ 1 GB(기가바이트)는 1,024 MB(메가바이트)에 해당한다.

① 3월과 4월에 모두 데이터 사용량이 있는 앱 중 3월 대비 4월 데이터 사용량의 증가량이 가장 큰 앱은 '뮤직플레이'이다.
② 'G인터넷'과 'HS쇼핑'의 3월 데이터 사용량의 합은 나머지 앱의 3월 데이터 사용량의 합보다 많다.
③ 4월에만 데이터 사용량이 있는 모든 앱의 총 데이터 사용량은 '날씨정보'의 4월 데이터 사용량보다 많다.
④ 3월과 4월에 모두 데이터 사용량이 있는 앱 중 3월 대비 4월 데이터 사용량이 감소한 앱은 9개이고 증가한 앱은 8개이다.

Q 다음 자료를 보고 이어지는 물음에 답하시오. 【07~08】

〈2015~2019년 A국의 예산 및 세수입 실적〉

(단위 : 십억 원)

연도 \ 구분	예산액	징수결정액	수납액	불납결손액
2015	175,088	198,902	180,153	7,270
2016	192,620	211,095	192,092	8,200
2017	199,045	208,745	190,245	8
2018	204,926	221,054	195,754	2,970
2019	205,964	237,000	208,113	2,321

〈2019년 A국의 세수입항목별 세수입 실적〉

(단위 : 십억 원)

세수입항목 \ 구분	예산액	징수결정액	수납액	불납결손액
총 세수입	205,964	237,000	208,113	2,321
내국세	183,093	213,585	185,240	2,301
교통 · 에너지 · 환경세	13,920	14,110	14,054	10
교육세	5,184	4,922	4,819	3
농어촌 특별세	2,486	2,674	2,600	1
종합 부동산세	1,281	1,709	1,400	6

※ 미수납액 = 징수결정액 − 수납액 − 불납결손액

※ 수납비율(%)= $\frac{\text{수납액}}{\text{예산액}} \times 100$

07 다음 자료에 대한 설명으로 옳지 않은 것은?

① 미수납액이 가장 큰 연도는 2019년이다.

② 2019년 내국세 미수납액은 총 세수입 미수납액의 95% 이상을 차지한다.

③ 2019년 세수입항목 중 수납비율이 가장 높은 항목은 종합부동산세이다.

④ 2019년 교통·에너지·환경세 미수납액은 교육세 미수납액보다 크다.

08 2015년과 2019년의 수납비율을 옳게 나열한 것은? (단, 계산 값은 소수점 둘째 자리에서 반올림한다.)

	2015	2019
①	95.6%	95.5%
②	99.7%	95.6%
③	102.9%	101%
④	101%	95.6%

09 다음은 A사와 B사에서 제조한 스마트폰 선호도를 연령별로 나타낸 것이다. 이에 대한 설명으로 옳은 것을 모두 고른 것은?

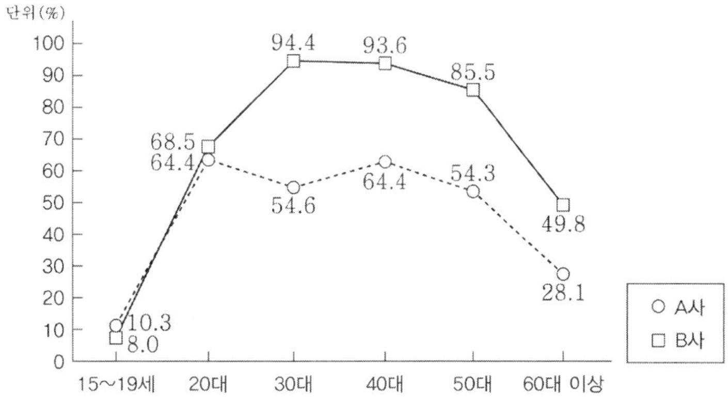

㉠ 전반적으로 A사보다 B사에서 제조한 스마트폰이 인기가 더 많다.
㉡ 스마트폰 선호도의 격차는 30대에서 가장 크게 나타난다.
㉢ 40대 이후 두 기업에서 제조한 스마트폰의 선호도는 모두 낮아지고 있다.
㉣ B사의 스마트폰이 미국에서 생산되었기 때문에 판매도가 높은 편이다.

① ㉠㉡
② ㉡㉣
③ ㉠㉢㉣
④ ㉠㉡㉢

10 다음은 도시별 인구 증가율을 나타낸 그래프이다. 이에 대한 설명으로 옳은 것을 모두 고르면?

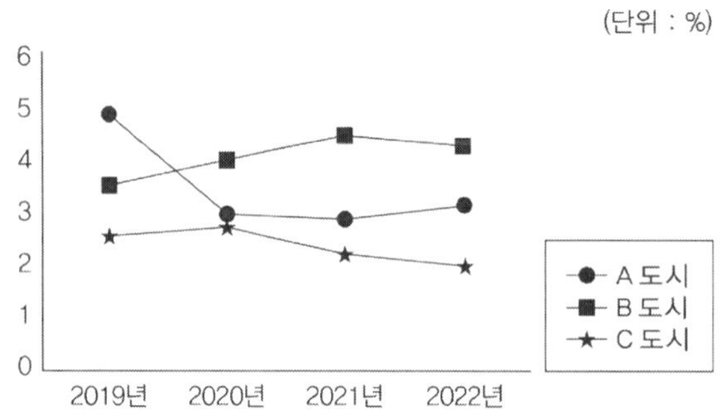

㉠ A도시는 인구 증가율의 최댓값과 최솟값의 차가 가장 크다.
㉡ B도시는 2021년도에 인구증가율이 가장 높다.
㉢ C도시는 2020년 이후 인구가 감소하였다.
㉣ A도시보다 B도시의 인구가 많아졌다.

① ㉠㉡
② ㉠㉢
③ ㉢㉣
④ ㉠㉡㉣

11 다음은 유럽 연합(EU)의 발전원별 전력 생산 비용을 비교한 것이다. 이에 대한 설명으로 옳은 것은?

비용 (mECU/kWh)	석탄	석유	천연가스	원자력	신재생에너지		
					바이오매스	태양광	풍력
직접 비용	41	51.5	35	47	38	671	69.5
외부 비용	55	57	18	4.5	13.1	2.6	1.5
총 비용	96	108.5	53	51.5	51.1	673.6	71

※ 외부 비용 : 전력 생산 비용에 포함되지 않은 건강과 환경에 피해를 입힌 비용

① 직접 비용이 가장 높은 것은 석유이다.
② 외부 비용이 가장 낮은 것은 원자력이다.
③ 신재생에너지는 석탄보다 외부 비용이 낮다.
④ 총 비용은 태양광이 화석 연료 및 원자력보다 낮다.

12 다음 자료는 우리나라 2010년과 2020년에 에너지 소비량의 변화를 나타낸 그래프이다. 다음 자료를 통해서 알 수 있는 것은?

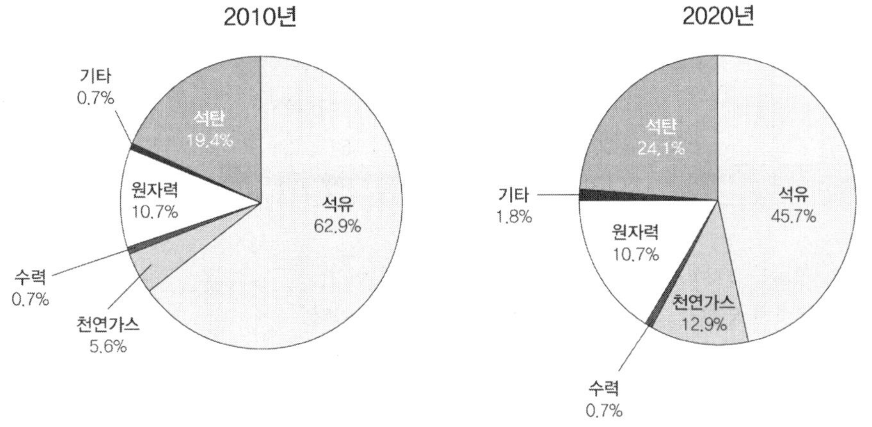

① 2020년에도 석유는 천연가스, 수력, 원자력, 석탄, 기타 에너지원을 합한 것보다 소비가 높다.
② 2010년에 비해 2020년 에너지 소비구조가 가장 많이 늘어난 것은 천연가스에 해당한다.
③ 러시아와 무역협정을 통해 천연가스 비용이 줄면서 2020년에 사용량이 늘어났다.
④ 모든 에너지 소비량이 2010년에 비해서 변화했다.

13 다음 세계 삼림 면적의 변화를 나타낸 것이다. 이에 대한 설명으로 옳은 내용을 모두 고른 것은?

국가	삼림 면적(천 ha)		삼림 면적 변화량
	2010년	2020년	면적(천 ha)
A국가	702,502	649,866	(　　　)
B국가	551,448	547,793	−3,655
C국가	201,271	197,623	(　　　)
D국가	1,030,475	1,039,251	8,766
E국가	555,002	549,304	−5,698
F국가	922,731	885,618	(　　　)

㉠ 삼림의 면적이 2020년에 증가한 국가는 D국가 한 곳이다.
㉡ 삼림의 면적의 변화가 가장 많이 변화한 국가는 A국가이다.
㉢ 삼림의 면적의 변화가 가장 적게 변화한 국가는 B국가이다.
㉣ 2020년 삼림의 면적이 가장 작은 국가는 E국가이다.

① ㉠㉡
② ㉠㉣
③ ㉡㉢
④ ㉠㉡㉢

14 다음은 시기별로 산업 종사자 비율을 나타낸 것이다. 다음 자료를 통해 알 수 있는 것은?

〈산업 종사자 비율〉

(단위 : %)

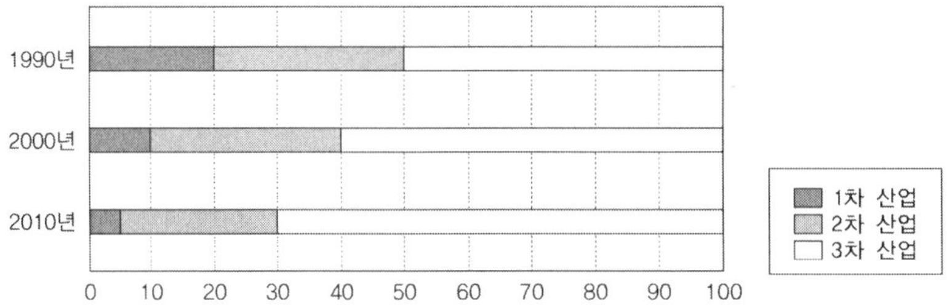

① 1990년대에는 3차 산업의 종사자 비율은 낮은 편이었다.
② 상대적으로 산업 종사자 비율의 변화가 가장 적은 것은 1차 산업이다.
③ 1990년대를 제외하고 3차 산업의 종사자 비율은 1차 산업과 2차 산업 종사자 비율을 합한 것보다 크다.
④ 2020년 4차 산업의 등장으로 1차 산업은 사라질 것이다.

15 다음은 대륙별 삼림 자원 생산량의 변화를 나타낸 것이다. 이를 분석한 내용으로 옳은 것은?

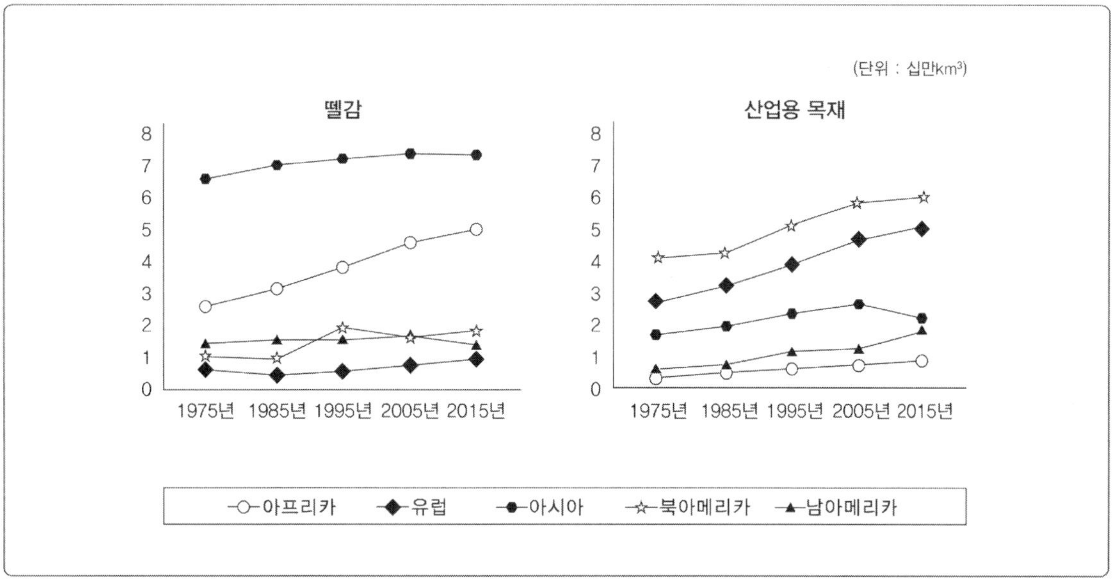

① 아프리카에서는 땔감 생산량이 감소하고 있다.
② 유럽에서는 산업용 목재 생산량이 감소하고 있다.
③ 아시아에서는 산업용 목재 생산량이 땔감보다 많다.
④ 북아메리카는 남아메리카보다 산업용 목재 생산량이 많다.

16 다음은 거리에 따른 운송 수단별 운송비의 변화를 나타낸 것이다. (가)~(다)에 대한 설명으로 옳은 것을 모두 고른 것은?

(단위 : 백 원)

거리(km) \ 운송수단	(가)	(나)	(다)
0	1,000	1,100	1,200
15	1,260	1,250	1,300
30	1,380	1,350	1,370
45	1,470	1,400	1,420
60	1,550	1,445	1,450
75	1,620	1,485	1,475
90	1,670	1,520	1,495

※ 표에 제시되지 않은 거리는 높은 거리 운송비를 지불한다(거리가 5km인 경우에는 15km 거리 운송비를 받는다).

㉠ (가)는 거리에 정비례하여 운송비가 증가한다.
㉡ 0~15km까지 거리당 비용이 가장 큰 것은 (다)이다.
㉢ 거리당 가격증가율이 가장 높은 것은 (가)이다.
㉣ (나)와 (다)는 60km 이후부터 거리당 운송비 증가금액이 동일하다.

① ㉠㉡
② ㉠㉢
③ ㉡㉢
④ ㉡㉣

17 다음은 우리나라 ㈎지역과 ㈏지역의 산업별 종사자 구조의 변화를 나타낸 것이다. 이를 통해 추론한 내용으로 옳은 것은?

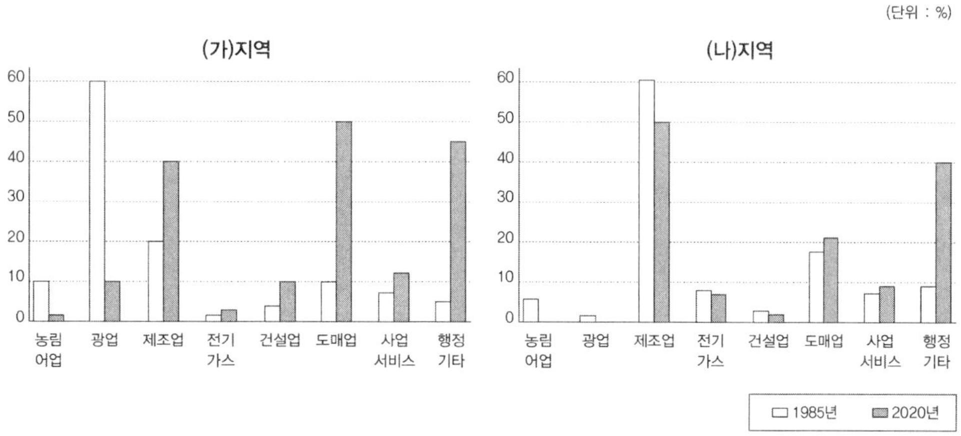

① ㈎지역에 변화율이 가장 적은 것은 도매업 종사자이다.
② ㈎지역에서 1985년에서 2020년과 비교하여 변화폭이 가장 큰 산업은 광업이다.
③ ㈏지역에서 농림어업에 종사하던 종사자는 모두 행정기타 종사자가 되었다.
④ ㈏지역은 전체 산업의 종사자가 감소하고 있다.

18 다음은 생활용품을 주로 판매하는 소매점 A~C를 분석한 표이다. 이에 대한 추론으로 옳은 것은?

소매점	A	B	C
매장 면적(㎡)	10,000 ~ 12,000	300 미만	2,000 ~ 3,000
주차 대수(대)	1,000 이상	0	50 ~ 150
개점 비용(원)	300억 ~ 500억	3억 ~ 5억	50억 ~ 60억
하루 예상 매출(원)	3억 ~ 5억	500만 ~ 1,000만	4,500만 ~ 7,000만

① 월 예상매출이 가장 높은 것은 B 소매점이다.
② A는 가장 많은 종류의 상품을 취급한다.
③ 소매점 중에서 C의 소비자의 평균 이동 거리가 가장 짧다.
④ 매장 면적을 큰 순서대로 나열하면 A>B>C 순이다.

19 다음은 (가)국과 (나)국의 제조업과 서비스업의 변화를 나타낸 것이다. 이를 분석한 내용으로 옳은 것을 모두 고른 것은?

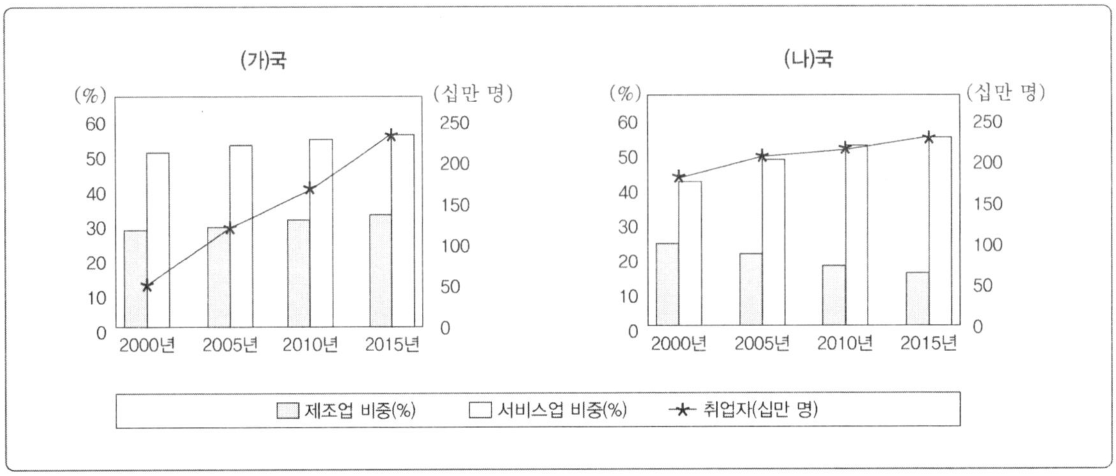

㉠ (가)국의 서비스업 비중은 증가하고 있다.
㉡ (나)국의 제조업 비중은 증가하고 있다.
㉢ (가)국과 (나)국 모두 취업자 수는 증가하고 있다.
㉣ 취업자 수의 변화폭은 (가)국에 비해 (나)국이 더 크다.

① ㉠㉡
② ㉠㉢
③ ㉡㉢
④ ㉡㉣

20 다음은 (가), (나) 두 국가의 수출과 수입 상품의 구조를 나타낸 것이다. 이를 보고 분석한 내용으로 옳은 것은?

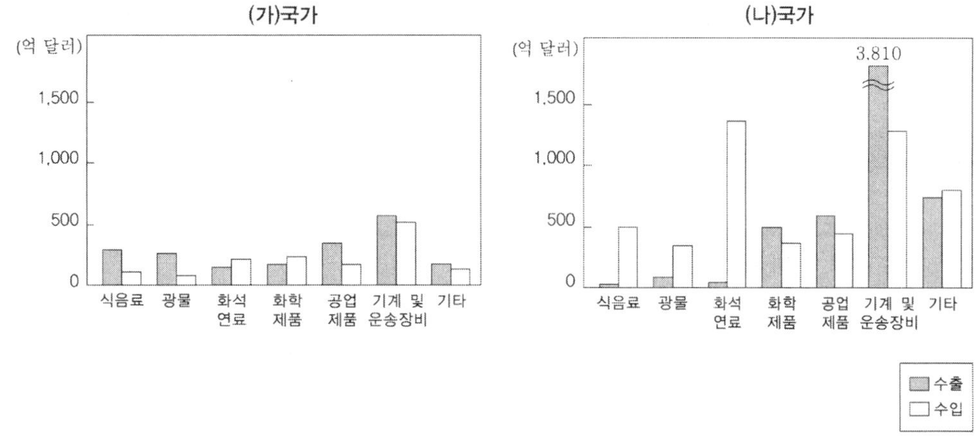

① (가)는 식음료의 수입액이 수출액보다 많다.
② (나)는 주로 화석연료를 수출하는 나라이다.
③ (가)는 (나)보다 무역액 규모가 크다.
④ (가)는 (나)보다 광물의 수출액 비중이 높다.

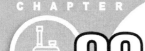

CHAPTER

02 제2회 모의고사

≫ 정답 및 해설 p.417

공간능력 18문항/10분

Q 다음 입체도형의 전개도로 알맞은 것을 고르시오. 【01~04】

- 입체도형을 전개하여 전개도를 만들 때, 전개도에 표시된 그림(예 : ▮, ◪ 등)은 회전의 효과를 반영함. 즉, 본 문제의 풀이과정에서 보기의 전개도 상에 표시된 "▮"와 "▬"은 서로 다른 것으로 취급함.
- 단, 기호 및 문자(예 : ☎, ♤, ♨, K, H)의 회전에 의한 효과는 본 문제의 풀이과정에 반영하지 않음. 즉, 입체도형을 펼쳐 전개도를 만들었을 때에 "☎"의 방향으로 나타나는 기호 및 문자도 보기에서는 "☎"방향으로 표시하며 동일한 것으로 취급함.

01

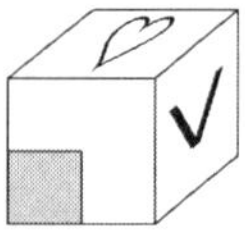

①

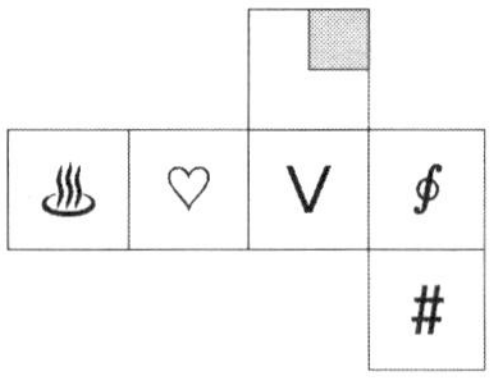

②

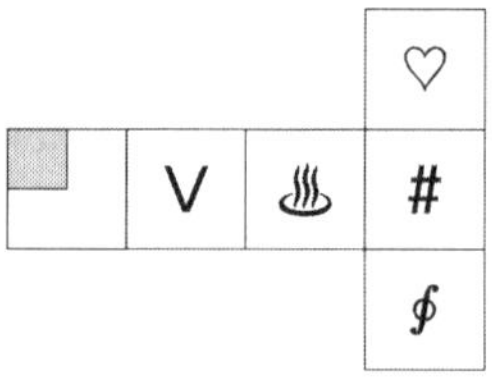

③

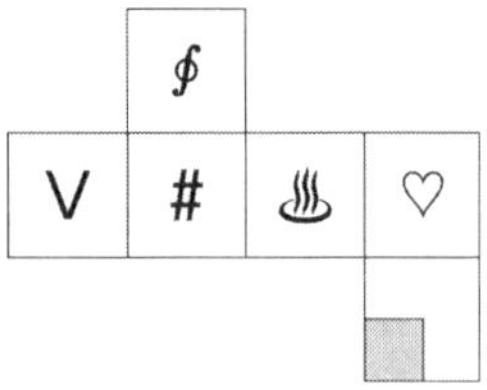

④

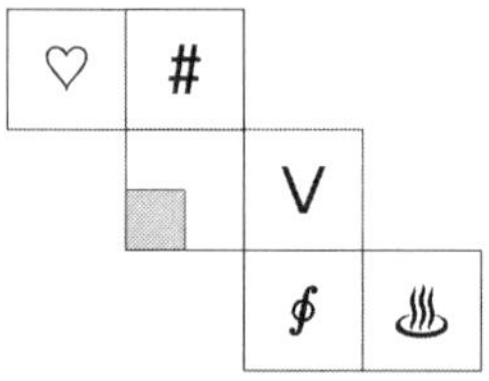

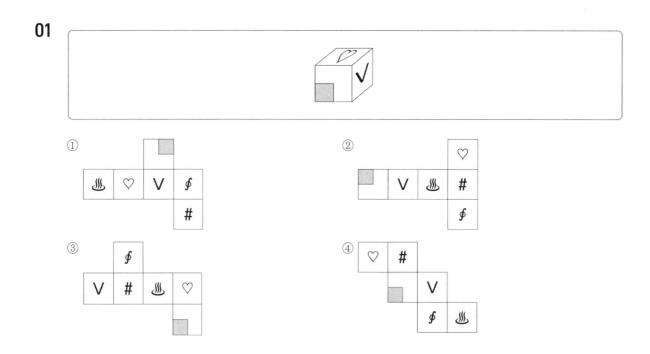

02

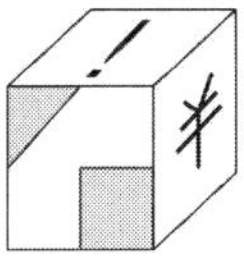

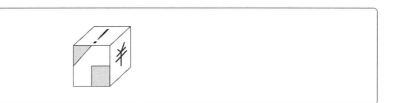

①

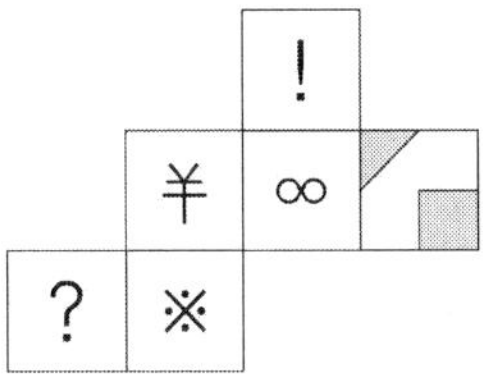

②

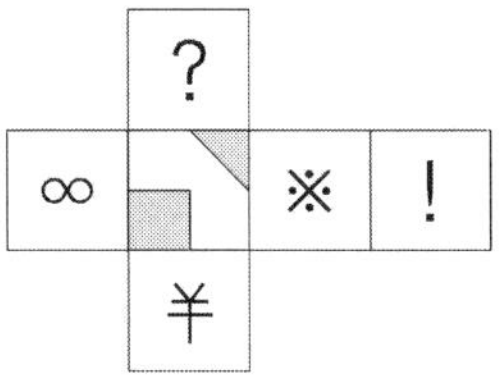

③

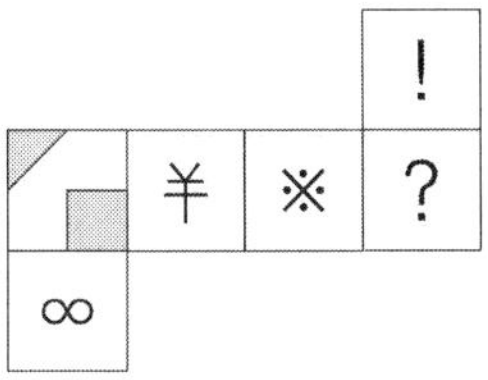

④

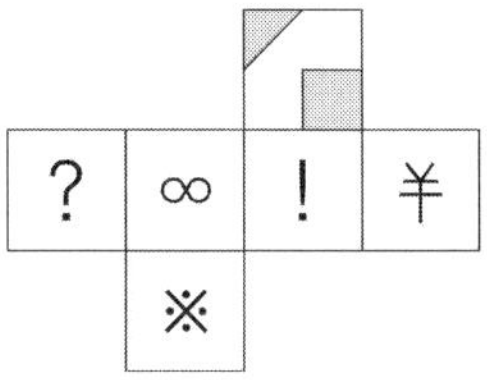

03

①

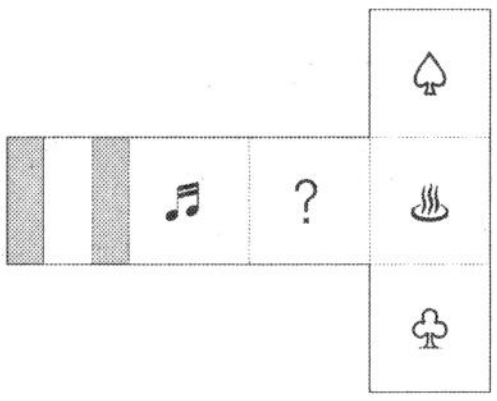

②

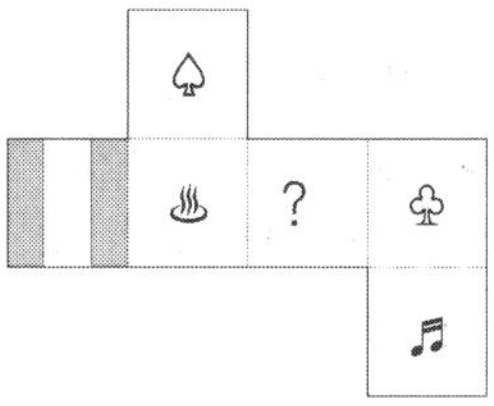

③

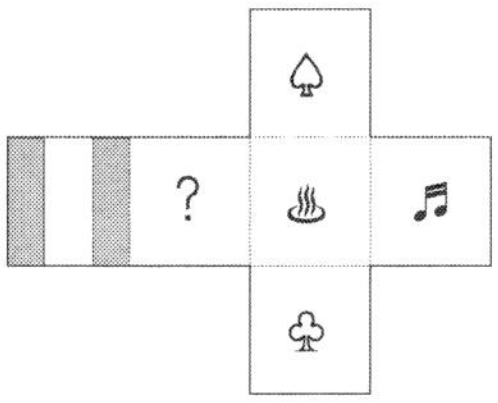

④

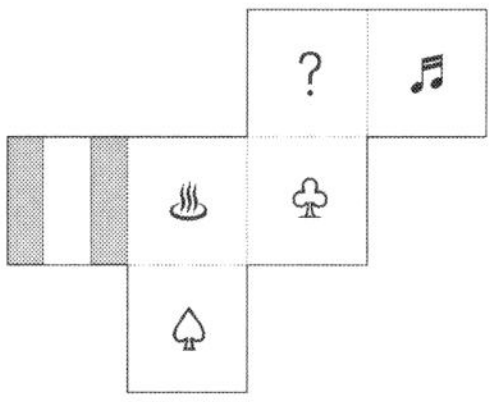

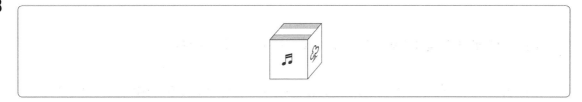

04

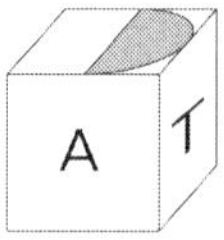

①

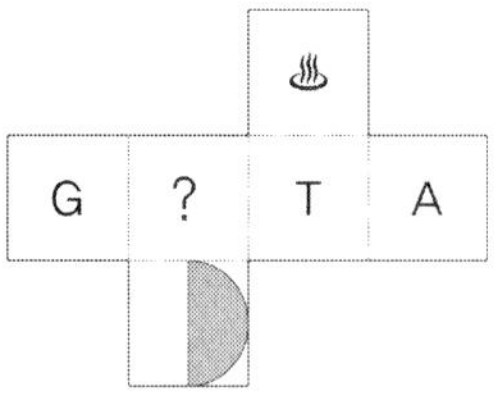

②

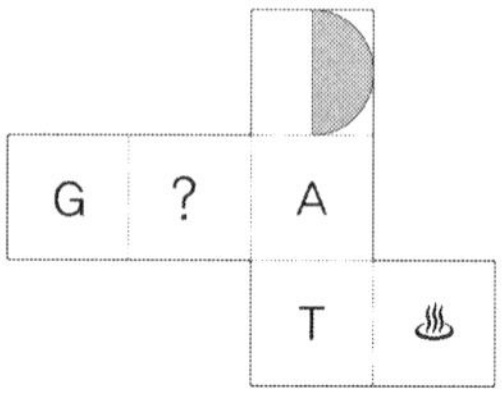

③

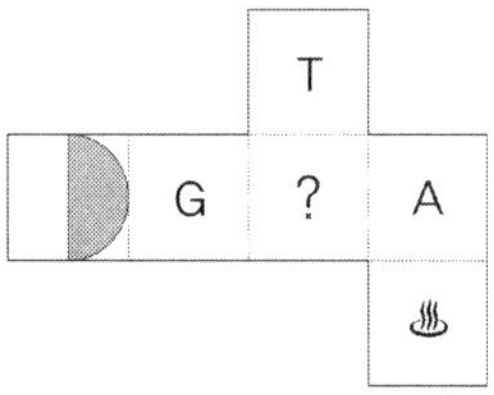

④

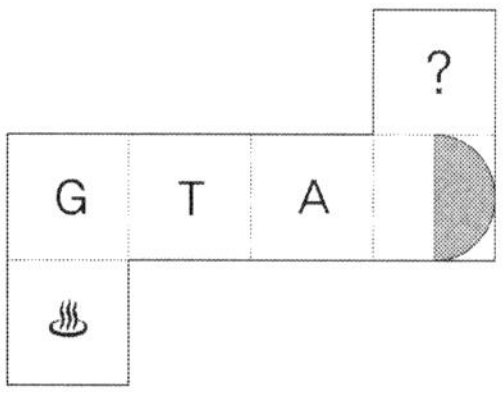

Q 다음 전개도로 만든 입체도형에 해당하는 것을 고르시오. 【05~09】

- 전개도를 접을 때 전개도 상의 그림, 기호, 문자가 입체도형의 겉면에 표시되는 방향으로 접음.
- 전개도를 접어 입체도형을 만들 때, 전개도에 표시된 그림(예: ◨, ◪ 등)은 회전의 효과를 반영함. 즉, 본 문제의 풀이과정에서 보기의 전개도 상에 표시된 "◨"와 "⊟"은 서로 다른 것으로 취급함.
- 단, 기호 및 문자(예: ☎, ♤, ♨, K, H)의 회전에 의한 효과는 본 문제의 풀이과정에 반영하지 않음. 즉, 전개도를 접어 입체도형을 만들었을 때에 "☎"의 방향으로 나타나는 기호 및 문자도 보기에서는 "☎"방향으로 표시하며 동일한 것으로 취급함.

05

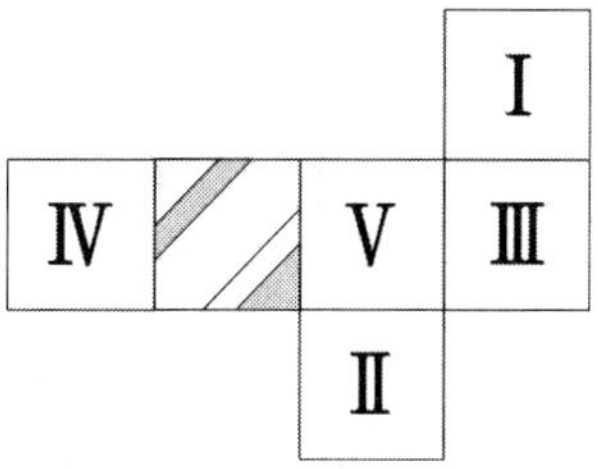

① 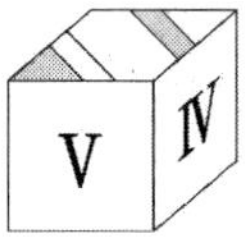

② 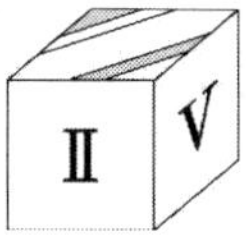

③ 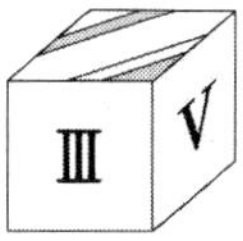

④ 

06

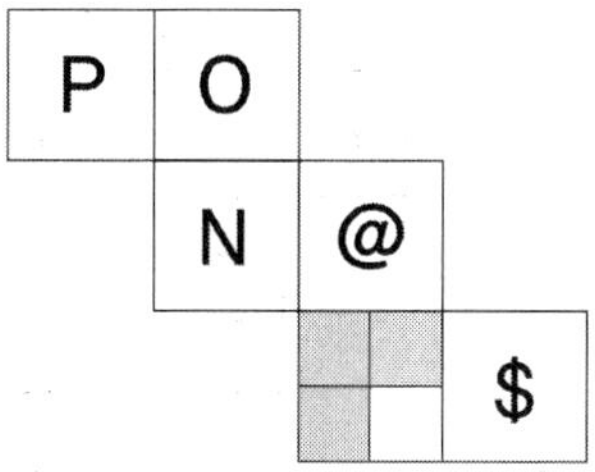

① 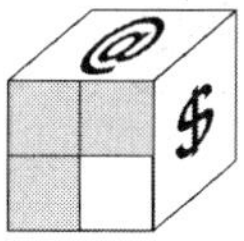

② 

③ 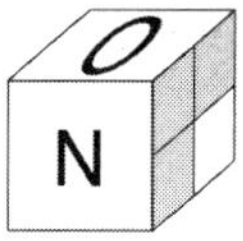

④ 

07

08

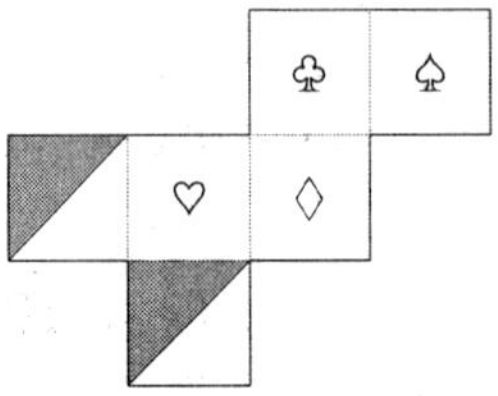

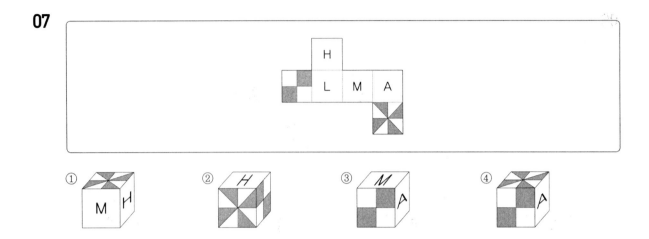

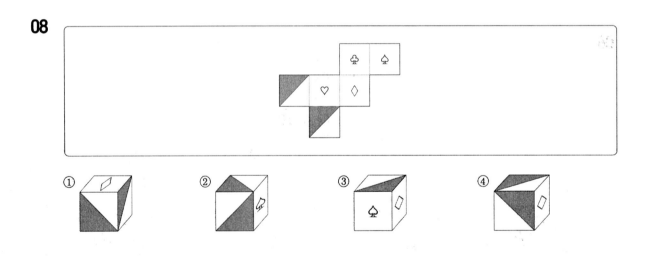

09

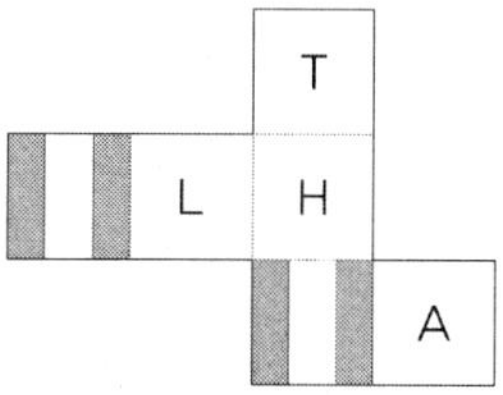

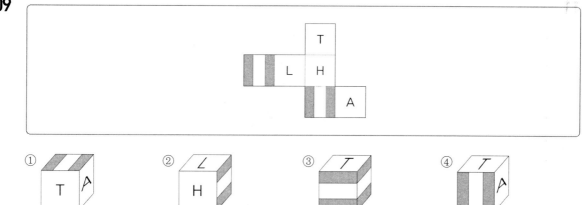

Q 아래에 제시된 그림과 같이 쌓기 위해 필요한 블록의 수를 고르시오. 【10~14】

※ 블록은 모양과 크기는 모두 동일한 정육면체임

10

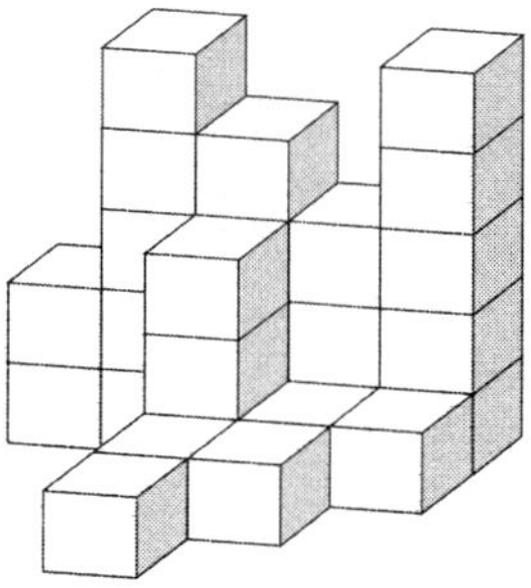

① 18
② 21
③ 24
④ 27

11

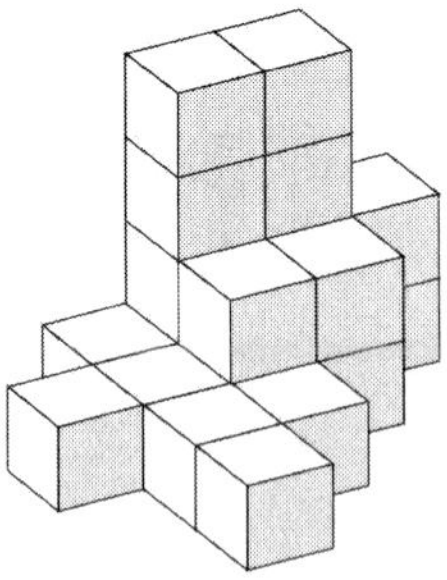

① 17
② 18
③ 19
④ 20

12

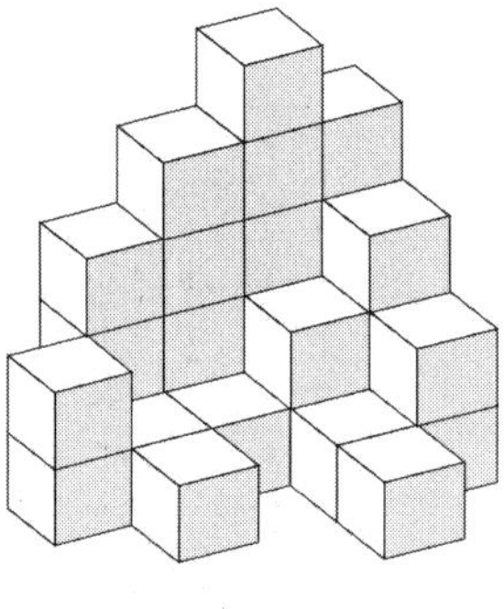

① 30
② 31
③ 32
④ 33

13

① 33
② 35
③ 37
④ 39

14

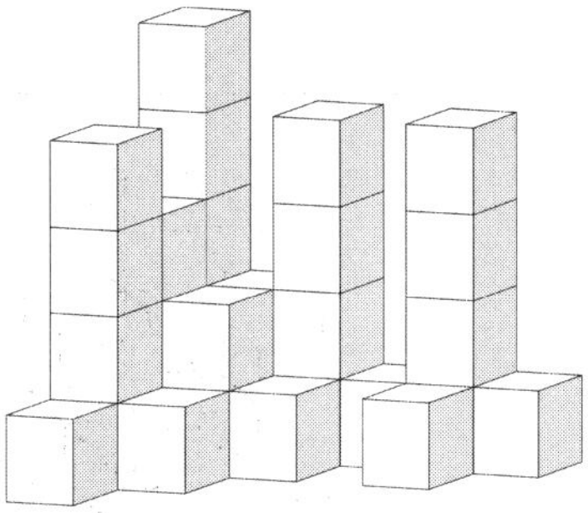

① 28
② 29
③ 30
④ 31

Q 아래에 제시된 블록들을 화살표 표시한 방향에서 바라봤을 때의 모양으로 알맞은 것을 고르시오. 【15~18】

- 블록은 모양과 크기는 모두 동일한 정육면체임
- 바라보는 시선의 방향은 블록의 면과 수직을 이루며 원근에 의해 블록이 작게 보이는 효과는 고려하지 않음

15

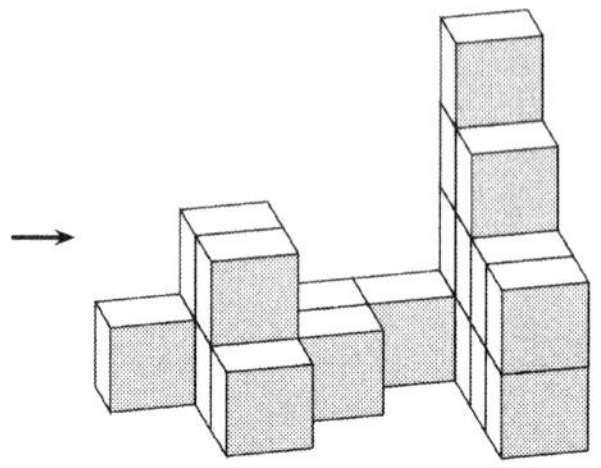

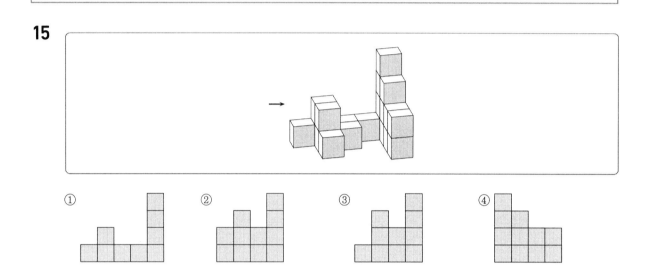

① 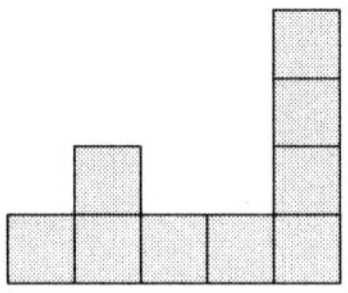
② 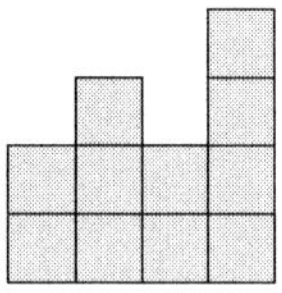
③ 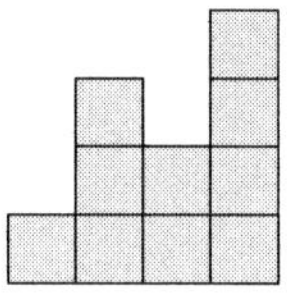
④ 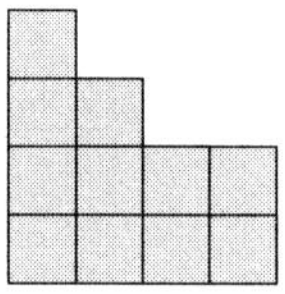

16

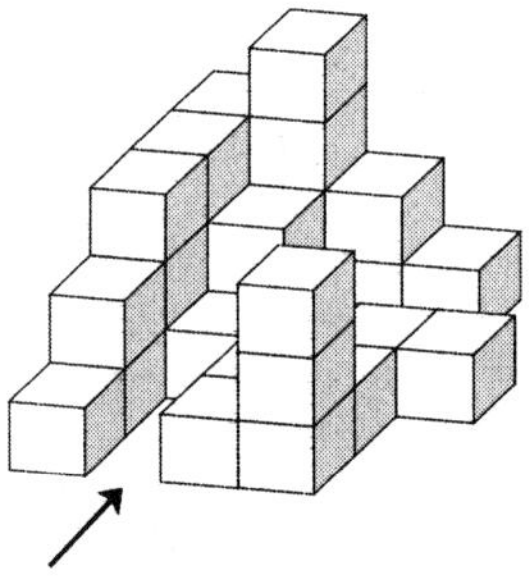

① 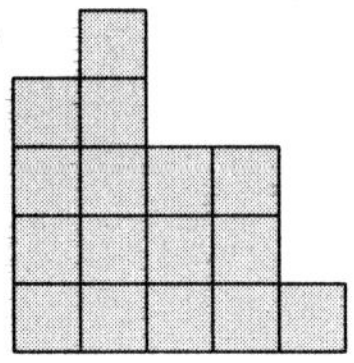
② 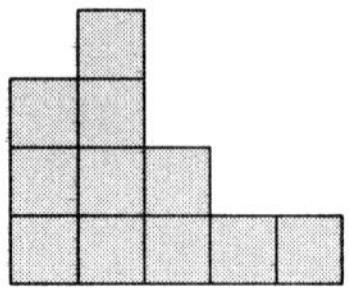
③ 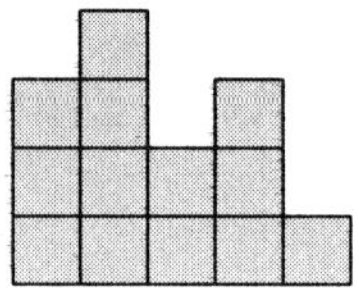
④ 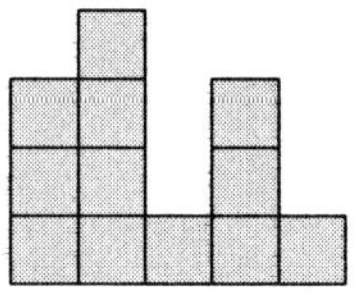

17

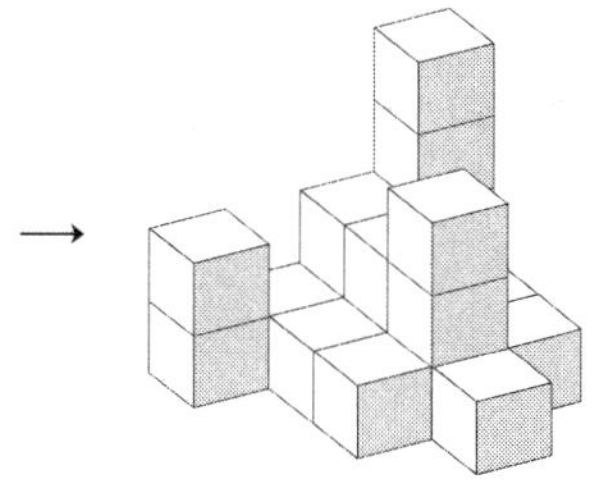

①
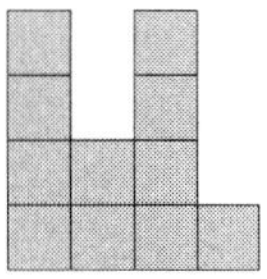
②
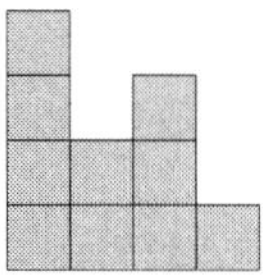
③
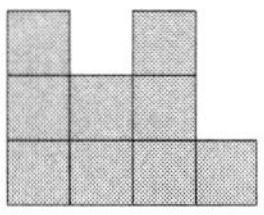
④
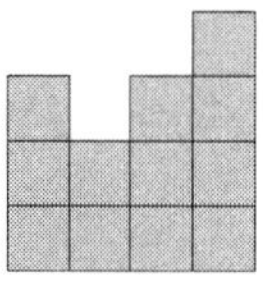

18

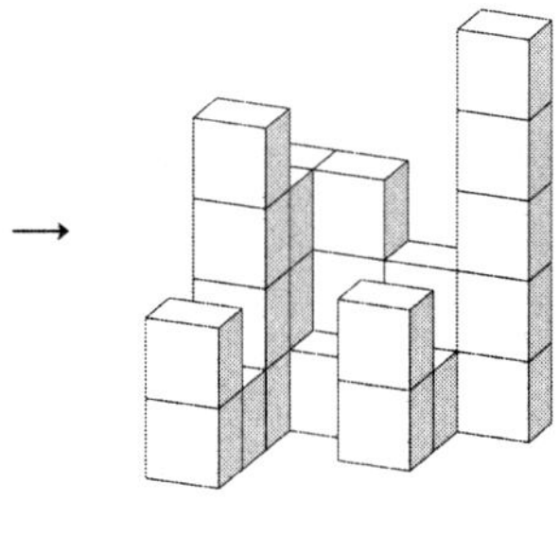

①
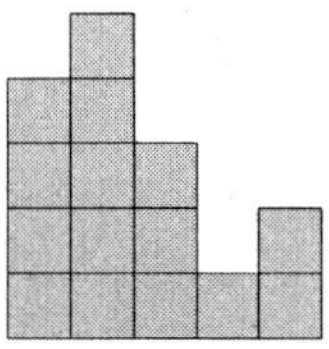
②
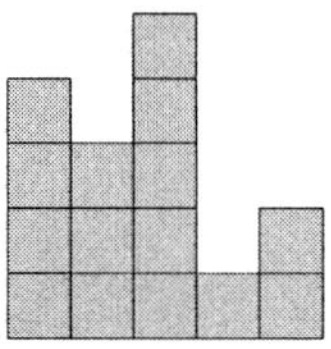
③
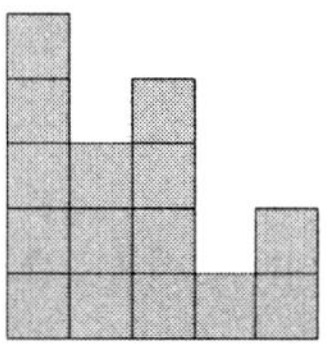
④
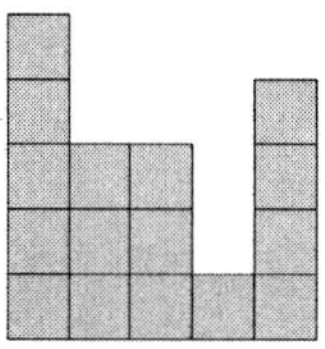

지각속도 30문항/3분

Q 다음 왼쪽과 오른쪽 기호, 문자, 숫자의 대응을 참고하여 각 문제의 대응이 같으면 '① 맞음'을 틀리면 '② 틀림'을 선택하시오. 【01~03】

ㄅ－D	ㄆ－F	ㄇ－G	ㄈ－H
ㄉ－B	ㄊ－E	ㄋ－C	ㄌ－A

01 A C F G H － ㄌ ㄋ ㄆ ㄈ ㄇ ① 맞음 ② 틀림

02 B D E G C － ㄉ ㄅ ㄊ ㄇ ㄋ ① 맞음 ② 틀림

03 A B C D E － ㄌ ㄉ ㄅ ㄋ ㄊ ① 맞음 ② 틀림

Q 다음 왼쪽과 오른쪽 기호, 문자, 숫자의 대응을 참고하여 각 문제의 대응이 같으면 '① 맞음'을, 틀리면 '② 틀림'을 선택하시오. 【04~06】

ξ＝1	θ＝ㄱ	Σ＝ㄹ	Φ＝4	Ψ＝ㅂ
Ω＝3	∇＝ㅅ	ϖ＝9	δ＝ㅊ	ς＝2

04 ㄱ 9 3 ㅅ ㅊ － θ ϖ Ω ∇ Ψ ① 맞음 ② 틀림

05 ㄹ ㅊ 1 2 ㄱ － Σ δ ξ ς θ ① 맞음 ② 틀림

06 9 1 ㅂ 4 3 － ϖ ξ Ψ θ Ω ① 맞음 ② 틀림

Q 다음의 왼쪽과 오른쪽 기호의 대응을 참고하여 각 문제의 대응이 같으면 답안지에 '① 맞음'을, 틀리면 '② 틀림'을 선택하시오. 【07~09】

A = 가	B = 대	C = 민	D = 애	E = 무	F = 창
G = 한	H = 전	I = 국	J = 요	K = 제	L = 곡

07 대 한 민 국 가 요 대 전 – B G C I A J B H　　① 맞음　　② 틀림

08 애 국 가 제 창 – D A I K F　　① 맞음　　② 틀림

09 전 국 민 애 창 곡 – H I C D L F　　① 맞음　　② 틀림

Q 다음의 왼쪽과 오른쪽 기호의 대응을 참고하여 각 문제의 대응이 같으면 답안지에 '① 맞음'을, 틀리면 '② 틀림'을 선택하시오. 【10~12】

㉠ = ⓙ	㉦ = ⓐ	㉡ = ⓓ	㉥ = ⓖ	㉢ = ⓕ	㉤ = ⓑ
㉣ = ⓒ	㉥ = ⓗ	㉧ = ⓘ	㉩ = ⓔ	㉨ = ⓚ	㉫ = ⓜ

10 ⓙ ⓓ ⓕ ⓗ ⓑ – ㉠ ㉡ ㉢ ㉣ ㉤　　① 맞음　　② 틀림

11 ⓑ ⓕ ⓔ ⓖ ⓐ – ㉫ ㉢ ㉩ ㉪ ㉫　　① 맞음　　② 틀림

12 ⓐ ⓑ ⓒ ⓓ ⓔ ⓕ – ㉫ ㉤ ㉣ ㉡ ㉩ ㉢　　① 맞음　　② 틀림

Q 다음의 왼쪽과 오른쪽 기호의 대응을 참고하여 각 문제의 대응이 같으면 답안지에 '① 맞음'을, 틀리면 '② 틀림'을 선택하시오. 【13~15】

정 = Ⅰ	김 = Ⅲ	이 = Ⅹ	심 = Ⅷ	최 = Ⅳ
오 = Ⅵ	박 = Ⅶ	송 = Ⅱ	고 = Ⅸ	임 = Ⅴ

13 Ⅰ Ⅱ Ⅲ Ⅳ Ⅴ – 정 송 이 최 임 ① 맞음 ② 틀림

14 Ⅹ Ⅸ Ⅷ Ⅶ Ⅵ – 이 최 심 박 오 ① 맞음 ② 틀림

15 Ⅴ Ⅹ Ⅲ Ⅵ Ⅰ Ⅱ – 임 이 김 오 정 송 ① 맞음 ② 틀림

Q 다음에서 각 문제의 왼쪽에 표시된 굵은 글씨체의 기호, 문자, 숫자의 갯수를 모두 세어 오른쪽 개수에서 찾으시오. 【16~30】

16 ⌺ ⌻⌼⌼⍠⌸⎕⍄⍃⍂⍂⍃⍄⍠⌸⌺ ① 1개 ② 2개 ③ 3개 ④ 4개

17 ♞ ♘♗♖♕♙♓♨♩♘♀♁♄♙♕♤♢♘ ① 1개 ② 2개 ③ 3개 ④ 4개

18 ㅿ ㅥㅦㅧㅩㅿㅪㅫㅭㅿㅮㅯㅱㅿㅲㅳㅴㅵㅶㅷㅸㅿㅿㅹㅺㅻ
ㅼㅿㆀㆁㆄㅿㆅㅿ ① 5개 ② 6개 ③ 7개 ④ 8개

19 4 25809784236152356874941035498761359810366874 ① 4개 ② 5개 ③ 6개 ④ 7개

20	ㄅ	ㄅㄇㄉㄋㄍㄏㄅㄇㄉㄋㄍㄅㄇㄉㄋㄅㄇㄅㄇㄉㄋㄅㄆㄇㄅㄆ	① 5개 ② 6개 ③ 7개 ④ 8개
21	□	□○◇△▽◁▷□◇▽▷○△▷□◇▽□◇▽○△◁□△○	① 3개 ② 5개 ③ 7개 ④ 9개
22	ㅈ	헛된 것에 열정을 쏟으며 살아가도 결국 남는 것은 아무것도 없다	① 1개 ② 2개 ③ 3개 ④ 4개
23	d	a day between a good housewife and a bad one	① 1개 ② 2개 ③ 3개 ④ 4개
24	3	1237898123987321654789123987643691237538 53	① 7개 ② 8개 ③ 9개 ④ 10개
25	⊙	∅⊕⊗⊙⊖∅⊗⊙⊖⊕⊙⊖⊕⊗∅⊙⊖⊕⊗⊙⊖∅⊙⊖⊗⊙⊖	① 5개 ② 6개 ③ 7개 ④ 8개
26	Ⅴ	ⅢⅤⅧⅨⅪⅢⅤⅧⅨⅪⅢⅤⅧⅨⅪⅫⅢⅤⅧⅨⅢⅤⅦⅤⅦⅢⅤⅦ	① 7개 ② 8개 ③ 9개 ④ 10개
27	θ	β δ ζ θ κ μ ξ δ ζ θ κ β δ ζ θ δ ζ θ β δ ζ θ δ ζ θ γ ε η β δ ζ β δ ζ γ ε η β δ ζ γ ε η η θ ι ζ η θ ι	① 2개 ② 4개 ③ 6개 ④ 8개
28	ㅋ	행복은 성취의 기쁨과 창조적 노력이 주는 쾌감 속에 있다	① 1개 ② 2개 ③ 3개 ④ 4개
29	c	The only thing that overcomes hard luck is hard work	① 0개 ② 1개 ③ 2개 ④ 3개
30	Ð	ÐĦĲĿØŒŦþĦÆÐĲØŒŦþŦĦÆÐÐĲÐØþŦþÐ ĦÐÆĲÐŦþÐÆĲ	① 5개 ② 7개 ③ 9개 ④ 11개

언어논리 25문항/20분

01 문맥상 (   ) 안에 들어갈 내용으로 적절한 것을 고르면?

> 예술의 사회성에 대한 강조는 인간이 본질적으로 사회적인 존재라는 인식에 바탕을 둔 것이지만, 현대사회의 발달에 따른 예술 자체의 변모와도 관련된 것이다. (   ) 예술은 예술작품을 창조하는 예술가만을 위해서 존재하는 것이 아니다. 예술은 비평가를 포함한 청중 또는 관중의 존재를 배제할 수 없으며, 이 예술 공중은 예술작품을 수동적으로 수용할 뿐만 아니라, 능동적으로 재해석하고 또 예술 창작에 영향을 미치기도 한다. 예술이 매체를 필요로 한다는 사실도 예술의 사회성을 입증하는 증거의 하나이다. 하나의 작품이 예술작품으로 인정받기 위해서는 각 예술의 종류에 따라 사회적으로 또는 관행에 의해 인정된 재료나 절차에 따라야 한다. 예술의 매체는 기술의 발달, 사회의 변화에 의해 영향을 받으며 예술가의 예술 활동에 제한을 가한다. 예술은 습관, 경험, 기술의 복합에 의해 이루어지며, 또 그것을 통해서 식별된다. 한 사회가 예술이라는 개념을 소유하기 전에, 또는 예술적이라고 부르는 관행이 수립되기 전에 예술작품의 생산이나 예술적 감상은 존재할 수 없다.

① 예술은 자체가 역사적 산물이며 예술의 개념은 시대에 따라 변천된다.
② 예술사회학은 예술과 사회학 중 어디에 초점을 두느냐에 따라 상이한 성과를 초래하였다.
③ 현대사회에서 예술은 사적인 것이라기보다는 공적인 성격을 갖는다.
④ 예술의 연구는 인문주의적 전통 하에서 예술철학이라는 이름으로 수행되었다.
⑤ 개인적이고 환원될 수 없는 존재로서 예술의 개념이 확립되었다.

02 다음 중 맞춤법이나 띄어쓰기에 틀린 데가 없는 것은?

① 그는 일본 생활에서 얻은 생각을 바탕으로 귀국하자 마자 형, 동생과 함께 항일 단체인 정의부, 군정서, 의열단에 가입하였다. 그리고 지금의 달성 공원 입구에 자리 잡고 있었던 조양 회관에서 벌이는 문화 운동에 적극적으로 참여하였다.
② 중국에서 이육사는 자금을 모아 중국에 독립군 기지를 건설하려는 몇몇의 독립 운동가들과 만날 수 있었다. 그는 이들과의 만남을 계기로 독립 운동에 본격적으로 참여하게 된다.
③ 이육사는 1932년에 난징으로 항일 무장 투쟁 단체인 의열단과 군사 간부 학교의 설립 장소를 찾아간다. 교육을 받는 동안 그는 늘상 최우수의 성적을 유지했으며, 권총 사격에서 대단한 실력을 보였다고 한다.
④ 일본 헌병의 모진 고문에도 불구하고 이육사는 “너희들이 나를 고문해서 내 육체를 으슬어트릴 수 있을지라도 내 정신만은 어쩌지 못할 것이다.”라고 외쳤다.
⑤ 이육시는 문단 생활을 하면서 친형제 이상의 우애를 나누었던 신석초에게도 자신의 신분을 밝히지 않았다. 어쩌다 고향인 안동에 돌아와서도 마을 사람이나 친척들과 별로 어울리지 않았다.

03 다음 빈칸에 공통적으로 들어갈 관용구로 알맞은 것은?

• 그녀는 몹시 긴장되는지 수척한 얼굴을 쓰다듬으며 ______________.
• 즉각적인 대답을 듣지 못한 철원네는 성마른 표정을 지으며 ______________.

① 타관을 타다
② 마른침을 삼키다
③ 자개바람이 일다
④ 사개가 맞다
⑤ 나무람을 타다

04 다음 글의 표현 기법에 대한 설명으로 가장 적절한 것은?

국토에서 65%를 차지하는 것이 무엇인지 아시나요? 바로 산림입니다. 산림을 가치 있는 자원으로 만드는 나무심기를 위해 조림사업을 시행하고자 합니다. 경제림이 조성되면 소득이 증대될 것이고, 재해가 복구되면 멋진 경관을 조성할 것입니다. 경제림 조성을 위해서 중점적으로 조림되는 수종은 지역별로 다릅니다. 강원 · 경북은 소나무, 낙엽송, 잣나무, 참나무류가 좋습니다. 경기 · 충북 · 충남은 소나무, 낙엽송, 백합나무, 참나무류가 유리하죠. 전북 · 전남 · 경남은 소나무, 편백, 백합나무, 참나무류입니다. 남부해안 및 제주는 편백, 삼나무, 가시나무류가 좋습니다. 산불 피해를 방지하고, 아름다운 경관림도 조성하고, 이용가치가 적은 불량림을 경제림으로 변환시키기 위한 것이 조림사업의 목적입니다.

① 대조적인 대상을 통해 분위기를 대비시키고 있다.
② 은유와 비유를 통해 환상적인 모습을 표출하고 있다.
③ 자신의 주장을 강조하기 위해 목적과 목적달성을 위한 방법을 제시하고 있다.
④ 한 공간의 다양한 모습들을 열거하여 역동성을 드러내고 있다.
⑤ 대상의 화려한 모습에 찬사를 던지고 있다.

05 다음 문장의 문맥상 (　) 안에 들어갈 단어로 가장 알맞은 것은?

> 언어의 기능은 의사소통이다. 즉, 우리가 일상생활을 할 때 주위의 사람들과 의사소통을 하게 하는 것이 언어의 주요 기능이며, 실상 언어 발생의 동기와 목적이 의사소통의 필요성에 있었다고 볼 수 있다. 인류문화가 아주 원시적이었던 선사시대에는 단순한 의사소통만으로 언어가 그 기능을 다 발휘할 수 있었다. (　　　) 인간의 사회구조가 점점 더 복잡해지고 인류문화가 발달하면서, 눈앞에 보이는 청자와의 직접적인 의사소통뿐만 아니라, 화자의 음성이 미치지 못하는 거리나 시간에 처해 있는 보이지 않는 청자와 의사소통을 해야 할 필요성이 생기게 되었다. 부족국가가 형성되고, 정치체제가 성립되면서 지방행정관에게 명령을 전달할 필요성도 생겼고, 자기가 습득한 기술이나 지식을 후손에게 전해 주고 싶은 마음도 생겼고, 보이지 않는 독자를 위해 시나 소설을 짓고 싶은 마음도 생기기도 하였다.

① 예를 들어
② 왜냐하면
③ 그러므로
④ 그러나
⑤ 따라서

06 다음 문장의 문맥상 (　) 안에 들어갈 단어로 가장 알맞은 것은?

> 범죄란 사회 질서를 파괴하고 타인의 육체나 정신에 고통을 주거나 재산 또는 명예에 (　　)을 입히는 행위로, 사회의 안녕과 개인의 안전에 해를 끼친다. 그래서 사람들은 여러 논의를 통해 범죄 발생률을 낮추려고 노력해 왔고, 그 결과 탄생한 것이 바로 '범죄학'이다.

① 배상
② 화상
③ 증상
④ 손상
⑤ 격상

07 다음 문장의 문맥상 ( ) 안에 들어갈 단어로 가장 알맞은 것은?

현대 사회에서 개인은 소비자로서 여러 가지 제품을 구매한다. 그런데 소비자 개인의 가치관, 구매하려는 제품의 특징, 그리고 구매와 관련된 상황에 따라 제품에 기울이는 소비자의 ( )이 달라진다. 이를 설명하기 위한 개념으로 대표적인 것이 소비자의 '관여도'이다.

① 상심
② 환심
③ 관심
④ 편심
⑤ 사심

08 다음 글에서 아래의 주어진 문장이 들어가기에 가장 알맞은 곳은?

(가) 세계화와 정보화로 대표되는 현대사회에서 사람들은 다양한 기호, 이미지, 상징들이 결합된 상품들의 홍수 속에서, 그리고 진실과 경계를 구분할 수 없는 정보와 이미지의 바다 속에서 살아가고 있다. (나) 이러한 사회적 조건들은 개인들의 정체성 형성에 커다란 변화를 가져다주었다. (다) 절약, 검소, 협동, 양보, 배려, 공생 등과 같은 전통적인 가치와 규범은 이제 쾌락, 소비, 개인적 만족과 같은 새로운 가치와 규범들로 대체되고 있다. (라) 그래서 개인적 경험의 장이 넓어지는 만큼 역설적으로 사람들 간의 공유된 경험과 의사소통의 가능성은 점차 줄어들고 있다. 파편화된 경험 속에서 사람들이 세계에 대한 '인식적 지도'를 그리기란 더 이상 불가능해진 것이다. (마)

개인들의 다양한 삶과 경험은 사고와 행위의 기준들을 다양화했으며, 이로 인해 전통적인 정체성은 해체되었다.

① (가)
② (나)
③ (다)
④ (라)
⑤ (마)

09 다음 중 아래의 밑줄 친 ㉠과 같은 의미로 사용된 것은?

> 지금은 양옥집으로 바뀌었지만 어릴 적 우리 집은 아담한 초가집이었습니다. 집 옆에는 큰 소나무가 한 그루 있었고, 대문 안쪽에는 국화꽃이 가득 심어져 있었습니다. 나는 새벽이 ㉠ 밝아오는 것을 기다려 책꽂이에서 낡은 책들을 하나씩 꺼내 읽는 것을 좋아했습니다. 어머니는 항상 바쁘셨지만 어쩌다 짬이 나면 비빔냉면을 만들어 주곤 하셨습니다.

① 농사를 짓는다 해도 다른 데 농민들과는 달리 귀와 눈이 밝았고, 따라서 입이 야무졌다.
② 그녀는 남편이 없어 고된 나날을 보내지만 아이들이 밝게 자라는 모습을 보면 피곤은 눈 녹듯 사라진다.
③ 미래를 밝게 보면 현재의 어려움을 극복할 힘이 생기고 의욕이 생긴다.
④ 오늘의 해가 저물어도 내일의 새 아침은 밝기 마련이다.
⑤ 후암은 지금 환갑을 넘은 나이였으나, 나라 안팎의 정세에 밝았고 그런 정세를 보는 눈이 여간 예리하지가 않았다.

10 다음 중 아래의 밑줄 친 ㉠과 같은 의미로 사용된 것은?

> 은자는 아이 적에 이미 하늘의 이치를 아는 듯하였으며, 학문을 하게 되어서는 한 방면에 얽매이지 않고 그 요지를 얻기만 하면 거기에서 중지하여 끝까지 마친 것이 없었으니, 이는 넓게만 공부하고 깊게 탐구하지 않았기 때문이다. 조금 더 장성해서는 개연히 공명(功名)에 뜻을 두었으나 세상 사람들이 인정해 주지 않았다. 이는 그의 성격이 남의 비위를 잘 ㉠ 맞추지 못하는데다 또 술을 좋아하여 몇 잔만 마시면 남의 장단점을 들먹이기 좋아하며, 귀로 들은 말을 입속에 묻어둘 줄 몰랐기 때문이다. 그래서 사람들로부터 아낌과 존중을 받지 못하여 관직에 등용이 되었다가도 곧바로 배척을 받아 쫓겨나곤 했던 것이다.

① 군인들은 보초 교대를 하기 전에는 반드시 암호를 맞추어야 한다.
② 그녀는 시어머니의 감정을 맞추려고 노력했으나 그 일은 애초부터 불가능한 것이었다.
③ 각 기업은 젊은이들의 기호에 맞춘 제품을 개발하는 데 힘을 모으고 있다.
④ 그곳에는 낯선 일단의 군인들이 대오를 맞추어 요란하게 전찻길을 행진했다.
⑤ 그 부잣집 아이는 교복을 맞춰 입었다.

Q 다음 중 아래의 밑줄 친 ㉠과 같은 의미로 사용된 것은? 【11~13】

11

> 이 산을 ㉠ 정복한 사람은 전 세계에서 손에 꼽는다. 특히 이 산을 등반한 여성은 단 한명도 없었던 곳이다. 하지만 이 산을 등반한 최초의 여성이 우리나라에서 나왔다. 인터뷰에서 그녀는 산을 등반할 때 이겨내야 하는 것은 혹독한 추위보다 포기하려는 마음이라고 밝혔다.

① 그는 특히, 주변 여러 지역을 정복하고 비단길을 개척하여 한 제국의 국력을 크게 떨쳤다.
② 근대의 과학적, 기술적 혁명과 더불어 인간은 자연을 정복하고, 지배하고 이용하는 자유를 누리게 되었다.
③ 한 주일째 되던 저녁, 어슴푸레하게 저녁이 깃들 무렵 그는 이 험한 준령을 정복하고야 말았다.
④ 난치병을 정복하려는 시도가 계속되고 있다.
⑤ 내가 원하는 우리 민족의 사업은 결코 세계를 무력으로 정복하거나 경제력으로 지배하라는 것이 아니다.

12

> 내 유년시절 바람이 문풍지를 더듬던 동지의 밤이면 어머니는 내 머리를 당신 무릎에 뉘고 무딘 칼끝으로 시퍼런 무를 ㉠ 깎아 주시곤 하였다. 어머니 무서워요 저 울음소리, 어머니조차 무서워요. 얘야, 그것은 네 속에서 울리는 소리란다. 네가 크면 너는 이 겨울을 그리워하기 위해 더 큰소리로 울어야 한다. 자정 지나 앞마당에 은빛 금속처럼 서리가 깔릴 때까지 어머니는 마른 손으로 종잇장 같은 내 배를 자꾸만 쓸어내렸다. 처마 밑 시래기 한줌 부스러짐으로 천천히 등을 돌리던 바람의 한숨. 사위어가는 호롱불 주위로 방 안 가득 풀풀 수십 장 입김이 날리던 밤, 그 작은 소년과 어머니는 지금 어디서 무엇을 할까?

① 신돈의 주름진 눈에는 위엄이 흘렀으나 수염 깎은 입 언저리엔 웃음빛을 머금었다.
② 주머니칼로 깎고 문지르고 다듬고 하는 손길은 조심스럽고 섬세해 보인다.
③ 물건값을 만 원이나 깎았다.
④ 탁구공을 깎아 주었더니 상대 선수가 받질 못했다.
⑤ 벼슬을 깎다.

13

「무정」에서 봉건적 속박에 대한 막연한 형상과 관념적인 반항은 작가 이광수의 허위의식과 이에 기반한 당대 현실의 추상적 인식에 근거한다. 이 점은 이해조가 1900년대의 신소설에서 낡아 빠지고 생명력을 상실한 봉건제도와 봉건적인 물의 부정적 형상을 구체적인 일상생활 속에서 특정 사건을 통해 세밀하게 그려낸 것이나 이인직이 봉건적 억압에 필사적으로 저항하는 초기 부르주아의 형상을 조선조 말기의 정치·경제적 모순 속에서 그린 것과 비교해 볼 때, 갈등의 긴박성과 사실성에서 현저히 ㉠뒤진다. 그리고 이는 곧바로 이광수가 내세운 '반봉건'의 허약성과 그가 부르짖은 근대화의 허구성을 드러내는 것이다.

① 그 말은 시대에 뒤진 것 아닌가요?
② 그는 앞서 가는 대열에서 조금 뒤진 채 걸어가면서 숨을 몰아쉬고 있었다.
③ 그녀의 성씨와 친정의 문벌이 모두 남에게 뒤지지 않는 데다가 성품까지도 무던하여 온화한 사람이다.
④ 내 생일은 그보다 3일 뒤진다.
⑤ 노름에 미친 남편이 장롱이며 문갑이며 뒤져 돈이 될 수 있는 모두 가져갔다.

Q 다음 글을 읽고 물음에 답하시오. 【14~15】

1990년 인간 게놈 프로젝트가 시작되었을 때 대부분의 과학자들은 인간의 유전자 수를 10만 개로 추정했다. 인간 DNA보다 1,600배나 작은 DNA를 가진 미생물이 1,700개의 유전자를 가지고 있었으므로 인간처럼 고등 생물의 기능을 가지려면 유전자 수가 적어도 10만 개는 돼야 한다고 생각했던 것이다. 그러나 2003년 국제 컨소시엄은 인간의 모든 유전자를 밝혔다고 하면서 인간의 유전자 수는 겨우 3만~4만 개라고 발표하였다. 그 후 더욱 정밀한 연구를 거쳐 인간의 유전자 수는 2만~2만 5천 개라고 공식적으로 발표하였다. 이것은 식물인 애기 장대와 비슷하고 선충이나 초파리보다 겨우 몇 백 개에서 몇 천 개가 많은 데 불과하다. 즉 인간의 유전자 수는 다른 생물체에 비해 그다지 많지 않음이 밝혀진 것이다. 사실 인간이 우월하다는 관점은 생명 현상에서만 본다면 적절하지 않다. 후각이나 힘, 추위에 견디는 능력 등 특정 능력 면에서 인간은 여타의 생물체에 비해 우월하다고 볼 수 없기 때문이다. 그렇지만 새로운 것을 창조하는 창의력과 아이디어, 문화 등에서 인간이 다른 생물보다 월등하게 뛰어난 것은 틀림없는 사실이다.
여타의 생물과 확연하게 구별되는 탁월한 능력의 소유자인 인간이 유전자 수에서는 왜 다른 생물과 별 차이가 없는 것일까? 이에 대한 대답으로 먼저, 인간의 유전자는 '슈퍼 유전자'라는 견해가 있다. 인간의 유전자는 다른 생물보다 더 많은 단백질을 만들어냄으로써 더 뛰어난 기능, 더 새로운 기능을 창조할 수 있다는 것이다. 독일의 스반테 파보 박사 연구팀은 인간과 침팬지의 기억 단백질을 만드는 유전자를 비교한 결과 인간 유전자의 기억 단백질을 만드는 능력이 침팬지의 그러한 능력보다 두 배나 높다는 사실을 밝혀냈다. 연구팀은 이 차이가 인간과 침팬지의 기억 능력에 대한 차이를 설명할 수 있을 것으로 보았다. 다음으로 인간의 유전자 수는 선충, 초파리 등과 비슷하지만, 만들어진 단백질은 다른 생물의 단백질과는 달리, 동시에 여러 가지 기능을 할 수 있다는 주장이 있다. 다시 말해 인간의 유전자는 축구 선수로 치면 공격, 수비, 허리를 가리지 않는 '멀티 플레이어'라는 것이다. 또 인간의 단백질은 여러 개의 작은 단백질이 조합을 이루어 어떤 일을 하는 '팀 플레이' 형태 즉, 다른 하등 생물에 비해 훨씬 분업화되고 전문화된 형태로 협력하도록 진화한 것이라는 견해가 있다. 실제로 선충에는 하나의 거대한 단백질이 특정한 하나의 일을 하는 경우가 많다. 축구로 말한다면 뛰어난 개인기를 가진 스타가 혼자 경기를 이끌어 가는 것이다. 그러나 인간의 단백질은 여러 개의 작은 단백질들이 업무를 분담하여 전문적으로 자신의 역할을 수행한다는 것이다. 이러한 사실들은 결국 인간의 DNA에 있는 유전자의 수가 중요한 것이 아니라, DNA에서 만들어지는 단백질의 종류와 다중 역할, 단백질들이 만드는 네트워크의 복잡성이 다른 생물에 비해 월등히 뛰어남으로써 인간을 우월하게 만드는 요소가 되고 있음을 보여주는 것이다.

14 윗글의 내용과 일치하는 것은?

① 초파리의 유전자 수는 인간의 유전자 수와 같다.
② 인간에 비해 하등 생물의 단백질은 분업화되어 있다.
③ 생명 현상의 관점에서 볼 때, 인간은 모든 동물의 영장임이 밝혀졌다.
④ 유전자를 연구한 과학자들은 인간과 선충의 유전자 수 차이가 매우 크다는 사실에 놀랐다.
⑤ 게놈 연구 초기에 과학자들은 고등 생물의 유전자 수가 하등 생물보다 많을 것이라고 생각했다.

15 윗글의 중심 내용으로 가장 적절한 것은?

① 인간의 진화
② 인간의 창의성
③ 인간 유전자의 특성
④ 인간의 단백질 형성 과정
⑤ 인간과 초파리 유전자의 차이점

Q 다음 글을 읽고 물음에 답하시오. 【16~17】

1950년대 후반 추상표현주의의 주관성과 엄숙성에 반대하여 팝아트가 시작되었다. 팝아트는 매스미디어와 대중문화의 시각 이미지를 적극적으로 수용하고자 했다. 팝송이 대중에 의해 만들어진 것이 아니라 전문가가 만들어 대중에게 파급시켰듯이, 팝아트도 그렇게 대중에게 다가간 예술이다. 팝아트는 텔레비전, 상품 광고, 쇼윈도, 교통 표지판 등 복합적이고 일상적인 것들뿐만 아니라, 코카콜라, 만화 속의 주인공, 대중 스타 등 평범한 소재까지도 미술 속으로 끌어들였다. 그 결과 팝아트는 순수 예술과 대중 예술이라는 이분법적 구조를 불식시켰다. 이런 점에서 팝아트는 당시의 현실을 미술에 적극적으로 수용했다는 긍정적인 측면이 있다. 그러나 팝아트는 다다이즘에서 발원한 반(反)예술 정신을 미학화시켰을 뿐, 상품 미학에 대한 비판적 대안을 제시하기보다는 오히려 소비문화에 굴복했다는 비판을 받기도 했다. 이러한 팝아트는 직물 무늬 디자인에 영향을 끼쳤다. 목 주위로 돌아가면서 그려진 구슬 무늬, 벨트가 아니면서 벨트처럼 보이는 무늬, 뒤에서 열리지만 마치 앞에 달린 것처럼 찍힌 지퍼 무늬 등이 그것이다. 이처럼 착시 효과를 내는 무늬들은 앤디 워홀이 실크스크린으로 찍은 캠벨 수프 깡통, 실제 빨래집게를 크게 확대한 올덴버그의 작품이나, 존스가 그린 성조기처럼 평범한 사물을 확대하거나 그대로 옮겨 그린 것과 그 맥을 같이한다. 한편 옵아트는 순수한 시각적 미술을 표방하며 팝아트보다 다소 늦은 1960년대에 등장했다. 옵아트를 표방하는 사람들은 옵아트란 아무런 의미도 담지 않은 순수한 추상미술을 추구하기 위해 탄생된 미술이라고 주장한다. 이를 위해 그들은 가장 단순한 선, 형태, 명도 대비, 색, 점들을 나란히 놓아서 눈이 어지러운 시각적 효과를 만들어냈다. 그들은 옵아트가 색과 형태의 정적인 힘을 변화시켜 동적인 반응을 유발하고, 이를 통해 시각의 기능이 활성화된다고 주장했다. 또한 옵아트는 기존의 조화와 질서를 중시하던 일반적인 미술이나 구성주의적 추상 미술과는 달리, 사상이나 정서와는 무관하게 원근법상의 착시, 색채의 장력을 통하여 순수한 시각적 효과를 추구했다. 그리고 빛이나 색, 또는 형태를 통하여 3차원적인 다이나믹한 움직임을 보여 주기도 했다. 그러나 옵아트는 지나치게 지적이고 조직적이며 차가운 느낌을 주기 때문에 인문과학보다는 자연과학에 더 가까운 예술이다. 이러한 특성 때문에 옵아트 옹호자들은 옵아트가 시각적 경험에 대한 과학적인 연구를 바탕으로 한 결과라고 주장한다. 옵아트는 특히 직물의 무늬 디자인에 상당한 영향을 끼쳤다. 줄무늬나 체크무늬 등 시각적 착시를 일으키는 디자인 가운데는 옵아트의 직접적인 영향을 받은 것이 상당수 있다. 한편 옵아트는 사고와 정서가 배제된 계산된 예술이고 오로지 착시를 유도하여 수수께끼를 즐기는 것에 불과하다는 비판을 받기도 했다.

16 윗글을 통해 내용을 확인할 수 없는 질문은?

① 팝아트의 소재는 무엇인가?
② 팝아트에 대한 평가는 어떠한가?
③ 옵아트는 어떤 경향을 띠고 있는가?
④ 옵아트의 대표적 예술가는 누구인가?
⑤ 옵아트는 어떤 분야에 영향을 미쳤는가?

17 윗글의 내용 전개상 특징을 바르게 묶은 것은?

㉠ 대상의 특성을 밝히고 한계점을 언급하고 있다.
㉡ 구체적 사례를 들어 독자들의 이해를 돕고 있다.
㉢ 전문가의 연구 결과를 소개하여 독자의 이해를 돕고 있다.
㉣ 대상의 등장 배경을 소개하고 발전 방향도 전망하고 있다.

① ㉠㉡
② ㉠㉢
③ ㉡㉢
④ ㉡㉣
⑤ ㉢㉣

Q 다음 글을 읽고 물음에 답하시오. 【18~19】

현대는 콘텐츠의 시대이다. 콘텐츠가 시대적 화두가 되고 있지만 사실 우리는 콘텐츠라는 용어에 대해 합의된 정의조차 내리지 못하고 있다. 콘텐츠란 무엇인가? 콘텐츠(contents)의 사전적 의미는 '내용이나 목차'이다. 우리 일상에서도 콘텐츠란 말은 너무나 자주 사용된다. 내용에 해당되는 것이 콘텐츠겠지만 문화콘텐츠, 인문콘텐츠, 디지털콘텐츠라는 용어에서의 콘텐츠가 과연 단순한 내용물을 이야기하는 것일까? 콘텐츠는 단순한 내용물이 아니다. 결론부터 말하자면 콘텐츠는 테크놀로지를 전제로 하거나 테크놀로지와 결합된 내용물이라고 할 수 있다. 원론적으로 콘텐츠는 미디어를 필요로 한다. 미디어는 기술의 발현물이다. 텔레비전이라는 미디어는 기술의 산물이지만 여기에는 프로그램 영상물이라는 콘텐츠를 담고 있으며, 책이라는 기술미디어에는 지식콘텐츠를 담고 있다. 결국 미디어와 콘텐츠는 분리될 수 없는 결합물이다. 시대가 시대이니만큼 콘텐츠의 중요함은 새삼 강조할 필요가 없어 보인다. 그러나 콘텐츠만 강조하는 것은 의미가 없다. 콘텐츠는 본질적으로 내용일 텐데, 그 내용은 결국 미디어라는 형식이나 도구를 빌어 표현될 수밖에 없기 때문이다. 그러므로 아무리 우수한 콘텐츠를 가지고 있더라도 미디어의 발전이 없다면 콘텐츠는 표현의 한계를 가질 수밖에 없다. 문화도 마찬가지이다. 문화의 내용이나 콘텐츠는 중요하다. 하지만 일반적으로 사람들은 문화를 향유할 때, 콘텐츠를 선택하기에 앞서 미디어를 먼저 결정한다. 전쟁물, 공포물을 감상할까 아니면 멜로나 판타지를 감상할까를 먼저 결정하는 것이 아니라 영화를 볼까 연극을 볼까 아니면 TV를 볼까 하는 선택이 먼저라는 것이다. 그런 다음, 영화를 볼 거면 어떤 개봉 영화를 볼까를 결정한다. 어떤 내용이냐도 중요하지만 어떤 형식이냐가 먼저이다. 가령, 〈태극기 휘날리며〉나 〈실미도〉라는 대중적인 흥행물은 영화라는 미디어를 통해 메시지를 전달하고 있다. 〈태극기 휘날리며〉나 〈실미도〉는 책으로 읽을 수도 있고, 연극으로 감상할 수도 있다. 하지만 흥행에 성공한 것은 영화라는 미디어였다. 여기서 중요한 것은 메시지나 콘텐츠를 어떤 미디어를 통해 접하는가이다. 아무래도 영화로 생생한 감동을 느끼는 〈태극기 휘날리며〉와 차분히 책장을 넘기며 감상하는 〈태극기 휘날리며〉는 수용자의 입장에서 보면 큰 차이가 있다. 감각을 활용하는 것은 콘텐츠보다는 미디어와 관련이 있다. 따라서 미디어의 차이는 단순한 도구의 차이가 아니라 메시지의 수용과도 연결된다. 요컨대 미디어는 단순한 기술이나 도구가 아니다. 미디어는 콘텐츠를 표현하고 실현하는 최종적인 창구이다. 시대적으로 콘텐츠의 중요성이 강조되고 있지만 이에 못지않게 미디어의 중요성이 부각되어야 할 것이다. 콘텐츠가 아무리 좋아도 이를 문화 예술적으로 완성시켜 줄 미디어 기술이 없으면 콘텐츠는 대중적인 반향을 불러일으킬 수 없고 부가 가치를 창출할 수도 없기 때문이다.

18 윗글의 제목으로 적절한 것은?

① 테크놀로지의 미래
② 콘텐츠의 경제적 가치
③ 콘텐츠와 미디어의 관계
④ 테크놀로지의 수용 태도
⑤ 콘텐츠와 미디어 기술의 변천 과정

19 윗글의 논지 전개상 특징으로 가장 적절한 것은?

① 구체적인 사례를 들어 독자의 이해를 돕고 있다.
② 상반되는 견해를 제시한 후 합일점을 찾아가고 있다.
③ 추상적인 내용을 익숙한 경험에 비유하여 설명하고 있다.
④ 가설을 소개하고 가설이 지닌 의의 및 한계를 분석하고 있다.
⑤ 일반적 진술에서 필연적이고 구체적인 사실을 이끌어내고 있다.

Ⓠ 다음 글을 읽고 물음에 답하시오. 【20~21】

중세 서양인들은 세계가 완전한 천상계와 불완전한 지상계로 이루어져 있다고 생각했다. 천체들은 5원소로 이루어져 있고 원운동을 하며, 천체들을 움직이는 힘은 신의 의지라고 생각했다. 상상에 의존하는 이러한 세계관은 천체들을 직접 관측하고, 망원경으로 확인하면서 서서히 흔들렸다. 사람들은 머리로만 생각해 왔던 이상적 질서들이 '경험'을 통해 부정될 수 있다는 사실을 새삼 깨달았다. 근대 경험론은 이런 과정을 통해 탄생했다고 볼 수 있다.

경험론이란 인간의 인식이나 지식의 근원을 인간의 지각, 즉 경험에서 찾는 철학적 입장을 가리킨다. 굳이 '지혜는 경험의 딸이다.'라는 레오나르도 다빈치의 말이 아니더라도 경험이 어떤 가르침을 준다는 사실을 부인할 사람은 드물 것이다. 경험을 통해 무엇을 알게 되는 것은 모든 사람이 일상적으로 겪는 과정이기 때문에 이 입장을 거부하는 것은 쉽지 않다.

경험론의 전통은 멀리 고대 그리스의 소피스트, 키레네 학파까지 올라가지만, ㉠ 합리론에 대립되는 본격적인 ㉡ 경험론은 프랜시스 베이컨이 체계를 세웠다. 사실 이 두 사상은 모두 자연과학 발전의 영향을 받았지만, 그 발전의 핵심 동력은 다르게 파악하며 철학적 토대를 닦아나갔다. 경험론자들은 관찰과 실험에 입각한 귀납적 방법이, 합리론자들은 이성적 사고에 기반을 둔 연역적 추론이 각각 자연과학의 발전을 이끌었다고 여겼다.

경험론자들은 귀납법을 통해 구체적이고 개별적인 사례들에서 인간과 자연에 대한 보편적인 법칙을 알아갈 수 있다고 생각했다. 하지만 조금 더 생각해보면 경험론은 한계가 있음을 알 수 있다. 예를 들어 똑같은 장소를 걸어서 지나친 여행자와 기차를 타고 지나친 여행자를 생각해 보자. 장소는 동일하지만 두 여행자가 그 장소를 바라봤던 경험은 분명 다를 것이다. 그런 점에서 경험의 세계는 절대적으로 확신하기가 어려운 것이다. 그러므로 자신의 경험에 오류가 있을 수도 있음을 받아들이는 겸허한 태도가 필요하다.

그럼에도 불구하고 인간에게 있어 의미 있고 근거 있는 인식은 경험에서 출발한다는 경험론의 입장은 여전히 설득력이 있다. 그리고 근대 이후 철학들은 경험론에서 바라본 경험의 의미를 존중하면서 그 의미를 나름대로 확장했다. 칸트의 관념론은 '정신의 경험'까지, 라캉의 구조론은 '무의식의 경험'까지 의미를 넓힌 것이다. 이처럼 근대 이후 철학의 상당 부분은 경험론의 영향 아래 진행되었다고 해도 과언이 아니다.

20 윗글에서 알 수 있는 내용으로 적절하지 않은 것은?

① 경험론의 한계
② 경험론의 개념
③ 경험론의 배경
④ 경험론의 종류
⑤ 경험론의 의의

21 ㉠과 ㉡에 대한 설명으로 적절하지 않은 것은?

① ㉠은 이성적 사고에 기반한 연역법을 사용한다.
② ㉡은 귀납적 방법을 통해 보편적 지식을 추구한다.
③ ㉠은 ㉡과 달리 근대 자연과학의 발전에서 영향을 받았다.
④ ㉡은 절대적이고 완전한 지식을 만들어 내기 어렵다.
⑤ ㉡은 머리로만 생각해 왔던 이상적 질서를 부정한다.

Q 다음 글을 읽고 물음에 답하시오. 【22~23】

신문이나 잡지는 대부분 유료로 판매된다. 반면에 인터넷 뉴스 사이트는 신문이나 잡지의 기사와 같거나 비슷한 내용을 무료로 제공한다. 왜 이런 현상이 발생하는 것일까? 이 현상 속에는 경제학적 배경이 숨어 있다. 대체로 상품의 가격은 그 상품을 생산하는 데 드는 비용의 언저리에서 결정된다. 생산 비용이 많이 들면 들수록 상품의 가격이 상승하는 것이다. 그런데 인터넷에 게재되는 기사를 생산하는 데 드는 비용은 0에 가깝다. 기자가 컴퓨터로 작성한 기사를 신문사 편집실로 보내 종이 신문에 게재하고, 그 기사를 그대로 재활용하여 인터넷 뉴스 사이트에 올리기 때문이다. 또한 인터넷 뉴스 사이트 방문자 수가 증가하면 사이트에 걸어 놓은 광고에 대한 수입도 증가하게 된다. 이러한 이유로 신문사들은 경쟁적으로 인터넷 뉴스 사이트를 개설하여 무료로 운영했던 것이다. 그런데 무료 인터넷 뉴스 사이트를 이용하는 사람들이 폭발적으로 늘어나면서 돈을 지불하고 신문이나 잡지를 구독하는 사람들이 점점 줄어들기 시작했다. 그 결과 언론사들의 수익률이 감소하여 재정이 악화되었다. 문제는 여기서 그치지 않는다. 언론사들의 재정적 악화는 깊이 있고 정확한 뉴스를 생산하는 그들의 능력을 저하시키거나 사라지게 할 수도 있다. 결국 그로 인한 피해는 뉴스를 이용하는 소비자에게로 되돌아 올 것이다. 그래서 언론사들, 특히 신문사들의 재정 악화 개선을 위해 인터넷 뉴스를 유료화해야 한다는 의견이 있다. 하지만 그러한 주장을 현실화하는 것은 그리 간단하지 않다. 소비자들은 어떤 상품을 구매할 때 그 상품의 가격이 얼마 정도면 구입할 것이고, 얼마 이상이면 구입하지 않겠다는 마음의 선을 긋는다. 이 선의 최대치가 바로 최대지불의사(willingness to pay)이다. 소비자들의 머릿속에 한 번 각인된 최대지불의사는 좀처럼 변하지 않는 특성이 있다. 인터넷 뉴스의 경우 오랫동안 소비자에게 무료로 제공되었고, 그러는 사이 인터넷 뉴스에 대한 소비자들의 최대지불의사도 0으로 굳어진 것이다. 그런데 이제 와서 무료로 이용하던 정보를 유료화한다면 소비자들은 여러 이유를 들어 불만을 토로할 것이다. 해외 신문 중 일부 경제 전문지는 이러한 문제를 성공적으로 해결했다. 그들은 매우 전문화되고 깊이 있는 기사를 작성하여 소비자에게 제공하는 대신 인터넷 뉴스 사이트를 유료화했다. 그럼에도 불구하고 많은 소비자들이 기꺼이 돈을 지불하고 이들 사이트의 기사를 이용하고 있다. 전문화되고 맞춤화된 뉴스일수록 유료화 잠재력이 높은 것이다. 이처럼 제대로 된 뉴스를 만드는 공급자와 제값을 내고 제대로 된 뉴스를 소비하는 수요자가 만나는 순간 문제 해결의 실마리를 찾을 수 있을 것이다.

22 윗글의 글쓴이의 견해에 바탕이 되는 경제관으로 적절하지 않은 것은?

① 경제적 이해관계는 사회 현상의 변화를 초래한다.
② 상품의 가격이 상승할수록 소비자의 수요가 증가한다.
③ 소비자들의 최대지불의사는 상품의 구매 결정과 밀접한 관련이 있다.
④ 일반적으로 상품의 가격은 상품 생산의 비용과 가까운 수준에서 결정된다.
⑤ 적정 수준의 상품 가격이 형성될 때, 소비자의 권익과 생산자의 이익이 보장된다.

23 윗글을 읽은 독자들의 반응으로 적절하지 않은 것은?

① 정보를 이용할 때 정보의 가치에 상응하는 이용료를 지불하는 것은 당연한 거라고 생각한다.
② 현재 무료인 인터넷 뉴스 사이트를 유료화하려면 먼저 전문적이고 깊이 있는 기사를 제공해야만 한다.
③ 인터넷 뉴스가 광고를 통해 수익을 내는 경우도 있으니, 신문사의 재정을 악화시키는 것만은 아니다.
④ 인터넷 뉴스 사이트 유료화가 정확하고 공정한 기사를 양산하는 결과에 직결되는 것은 아니다.
⑤ 인터넷 뉴스만 보는 독자들의 행위가 질 나쁜 뉴스를 생산하게 만드는 근본적인 원인이니까, 종이 신문을 많이 구독해야 하겠다.

Q 다음 글을 읽고 물음에 답하시오. 【24~25】

(가) 안전한 농산물을 농민들로부터 직접 공급받고 싶었던 K씨는 자신과 뜻이 같은 사람들이 주위에 있음을 알게 되었다. K씨는 이들과 함께 일정 금액의 출자금을 내어 단체를 만들었다. K씨는 이 단체를 통해 안전한 농산물을 농민들로부터 직접 구매할 수 있었고, 농민들은 중간의 유통 비용 없이 적절한 대가를 받고 농산물을 공급할 수 있었다. 이 단체에서는 출자금의 일부를 미리 농민에게 지불하여 농민들이 더욱 안정적으로 농산물을 생산할 수 있도록 도왔다. 이 사례와 같이 뜻을 같이하는 사람들이 일정 금액을 모아 공동의 경제, 사회, 문화적 수요와 요구를 충족시키기 위해 자발적으로 결성한 조직을 '협동조합'이라고 한다.

(나) 협동조합은 5인 이상의 사람들이 모여 출자금을 내면 누구나 만들 수 있으며, 가입과 탈퇴도 자유롭다. 협동조합은 평등한 협력체이기 때문에 사업의 목적이 이윤의 추구가 아니라 조합원 간의 상호부조에 있다. 그래서 모든 조합원이 협동조합을 공동으로 소유하고, 출자금을 통해 협동조합에 필요한 자본을 조성하는 데 공정하게 참여한다. 그리고 조합 내에서 발생한 수익은 협동조합의 발전과 조합원의 권익 증진을 위해 사용한다.

(다) 이윤 추구를 목적으로 하는 주식회사와 달리 협동조합은 '조합원'을 중심으로 운영된다. 주식회사는 주식을 가진 비율에 따라 의사 결정권이 부여되므로 주식을 많이 가진 대주주가 의사를 결정하는 경우가 많다. 반면 협동조합에서는 대체로 조합원 한 사람에게 한 표의 의사 결정권이 부여되므로, 조합원의 의사가 존중된다. 따라서 이런 구조로 인해 조합원이 추구하는 공동의 가치인 일자리 창출이나 사회적 약자 보호, 그리고 지역 사회 발전과 같은 사회적 가치를 실현하는 데 유리하다.

(라) 그러나 협동조합은 구조적 특성상 신속한 자본 조달이 어렵다는 단점을 지닌다. 의사 결정의 기간도 상대적으로 길어 급변하는 상황에 신속하게 대처하기가 어려울 수 있다. 또 이윤 추구에 몰두하여 협동조합의 기본 정신을 잃어버렸을 경우 지속되기 힘들다. 이를 극복하기 위해서는 조합원들이 분명한 목표와 가치를 서로 공유해야 하며, 협동조합 간의 긴밀한 협력을 통해 지속적인 발전 방안을 모색해야 한다.

24 윗글의 내용과 일치하지 않는 것은?

① 주식회사의 사업 목적은 이윤을 추구하는 것이다.
② 협동조합은 조합원의 출자금을 기초로 하여 자본을 조성한다.
③ 협동조합은 자본 조달을 빠르게 할 수 있다는 장점이 있다.
④ 주식회사에서는 주식을 가진 비율에 따라 의사 결정권이 부여된다.
⑤ 협동조합은 일자리 창출이나 사회적 약자 보호를 실현하는 데 유리하다.

25 (가) 문단을 참고할 때 '협동조합'의 사례로 가장 적절한 것은?

① 컴퓨터를 배우고 싶어하는 노인들이 일정 금액을 모아 컴퓨터 수업을 들을 수 있는 단체를 만들었다.
② 아파트 주민들이 돈을 모아 형편이 어려운 학생들에게 장학금을 전달하였다.
③ 농촌 지역에 공장이 있는 식품 회사가 수익금의 일부를 지역사회에 기부하였다.
④ 대학 연구소에서 지역의 특산품을 이용한 가공 식품을 개발하여 지역 경제를 발전시켰다.
⑤ 재활용품 재생 업체에서 새로운 공정을 개발하여 환경 보호에 이바지하였다.

자료해석 20문항/25분

01 다음의 빈칸에 들어갈 알맞은 수는?

2*3=3　　4*7=21　　5*8=32　　7*(5*3)=(　)

① 70　② 72
③ 74　④ 76

02 인형을 100개 구입하여 구입한 가격에 60%를 더한 가격 x로 50개를 팔았다. x에서 y%를 할인하여 나머지 50개를 팔았더니 본전이 되었다면 y는 얼마인가?

① 60　② 65
③ 70　④ 75

03 다음 표의 수는 10에서부터 오른쪽과 위쪽으로 한 칸씩 갈 때마다 각각 일정한 수만큼 늘어난다. A에 알맞은 수는?

	17		A	
				31
10				

① 24　② 25
③ 26　④ 27

04 100명의 학생이 일본어와 중국어 중 한 과목을 선택하여 시험을 치르고, 과목마다 30%의 학생이 '수'를 받게 된다. 일본어를 선택한 학생 중 '수'를 받은 학생이 12명일 경우 중국어를 선택한 학생 중 '수'를 받은 학생은?

① 15명
② 16명
③ 17명
④ 18명

05 어떤 일을 하는데 수택이는 8일이 걸리고 지혜는 16일이 걸린다. 이 일을 수택이와 지혜가 2일 동안 같이 한 후 남은 일을 수택이 혼자 끝내려고 한다. 수택이는 혼자 며칠 일해야 하는가?

① 2일
② 3일
③ 4일
④ 5일

06 다음 표는 甲국 도시 A~F의 폭염주의보 발령일수, 온열질환자 수, 무더위 쉼터 수 및 인구수에 관한 자료이다. 이에 대한 설명으로 옳은 것은?

구분 / 도시	폭염주의보 발령일수 (일)	온열 질환자 수 (명)	무더위 쉼터 수 (개)	인구수 (만 명)
A	90	55	92	100
B	30	18	90	53
C	50	34	120	89
D	49	25	100	70
E	75	52	110	80
F	24	10	85	25
전체	318	194	597	417

① 무더위 쉼터가 100개 이상인 도시 중 인구수가 가장 많은 도시는 D이다.
② 폭염주의보 발령일수가 전체 도시의 폭염주의보 발령일수 평균보다 많은 도시는 2개이다.
③ 온열질환자 수가 가장 적은 도시와 무더위 쉼터 수가 가장 많은 도시는 동일하다.
④ 인구수가 많은 도시일수록 온열환자 수가 많다.

07 다음 표에 대한 분석으로 옳은 것은?

구분	재배면적(천ha)		10ha당 생산량(kg)		생산량(천t)	
	지난해	올해	지난해	올해	지난해	올해
배추	14.5	13.5	10,946	10,946	1,583	1,588
무	7.8	7.5	8,034	6,333	624	473

① 배추의 재배면적은 지난해에 비해 올해 증가하였다.
② 무의 10ha당 생산량은 지난해에 비해 올해 증가하였다.
③ 배추의 생산량은 지난해에 비해 올해 감소하였다.
④ 배추의 10ha당 생산량은 지난해와 올해 동일하다.

08 다음은 위험물안전관리자 실무교육현황에 관한 예시 표이다. 표를 보고 이수율을 구하면? (단, 소수 첫째 자리에서 반올림하시오.)

실무교육현황별(1)	실무교육현황별(2)	2022
계획인원(명)	소계	5,897
이수인원(명)	소계	2,159
이수율(%)	소계	x
교육일수(일)	소계	35.02
교육회차(회)	소계	344
야간/휴일	교육회차(회)	4
교육실시현황	이수인원(명)	35

※ $이수율 = \frac{이수인원}{계획인원} \times 100$

① 37
② 41
③ 52
④ 66

09 다음 중 연도별 댐 저수율 변화의 연도별 증감 추이가 동일한 패턴을 보이는 수계로 짝지어진 것은 어느 것인가?

〈댐 저수율 변화 추이〉

(단위: %)

수계	2018	2019	2020	2021	2022
평균	59.4	60.6	57.3	48.7	43.6
한강수계	66.5	65.1	58.9	51.6	37.5
낙동강수계	48.1	51.2	43.4	41.5	40.4
금강수계	61.1	61.2	64.6	48.8	44.6
영 · 섬강수계	61.8	65.0	62.3	52.7	51.7

① 한강수계, 금강수계
② 낙동강수계, 영 · 섬강수계
③ 낙동강수계, 금강수계
④ 한강수계, 영 · 섬강수계

10 다음 자료는 甲, 乙 기업의 경력사원채용 지원자 특성에 관한 자료이다. 이에 대한 설명 중 옳은 것은?

지원자 특성 \ 기업		甲 기업	乙 기업
성별	남성	53	57
	여성	21	24
최종학력	학사	16	18
	석사	19	21
	박사	39	42
연령대	30대	26	27
	40대	25	26
	50대 이상	23	28
관련 업무 경력	5년 미만	12	18
	5년 이상 ~ 10년 미만	9	12
	10년 이상 ~ 15년 미만	18	17
	15년 이상 ~ 20년 미만	16	9
	20년 이상	19	25

※ 甲 기업과 乙 기업에 모두 지원한 인원은 없다.

① 甲 기업 지원자 중 남성 지원자의 비율은 관련 업무 경력이 10년 이상인 지원자의 비율보다 높다.

② 甲, 乙 기업 전체 지원자 중 40대 지원자의 비율은 35% 미만이다.

③ 기업별 여성 지원자의 비율은 甲 기업이 乙 기업보다 높다.

④ 최종학력이 석사 또는 박사인 甲 기업 지원자의 비율은 80%를 넘는다.

11 다음은 A도매업체 직원과 고객의 통화 내용이다. 각 볼펜의 일반 가격과 이벤트 할인가는 다음 표와 같을 때 고객이 지불해야 하는 금액은?

고객 : 안녕하세요. 회사 워크숍에서 사용할 볼펜 2,000개를 주문하려고 하는데, 이벤트 할인가에서 추가 할인 가능한가요?
직원 : 현재 검정색 볼펜만 추가로 10% 할인이 가능합니다. 주문하시겠습니까?
고객 : 네. 그러면 검정색 800개, 빨강색 600개, 파랑색 600개로 주문할게요. 배송비는 무료인가요?
직원 : 저희가 3,000개 이상 주문 시에만 무료배송이 가능하고, 그 미만은 2,500원의 배송비가 있습니다.
고객 : 음…, 그러면 검정색 1,000개 추가로 주문할게요. 각인도 추가 비용이 있나요?
직원 : 원래는 개당 50원인데, 서비스로 해드릴게요.
고객 : 감사합니다. 그러면 12월 1일까지 배송 가능한가요?
직원 : 네, 가능합니다. 원하시는 날짜에 맞춰서 배송해드릴게요.
고객 : 그럼 부탁드리겠습니다. 감사합니다.

〈색상별 볼펜 가격〉

볼펜 색상	일반 가격	이벤트 할인가
검정색	1,000원	800원
빨강색	1,000원	800원
파랑색	1,200원	900원

① 3,090,000원
② 2,942,500원
③ 2,466,500원
④ 2,316,000원

12 다음은 A국의 농산물과 수산물 수요량의 변화를 나타낸 그래프이다. 이 그래프를 잘못 설명하고 있는 사람은?

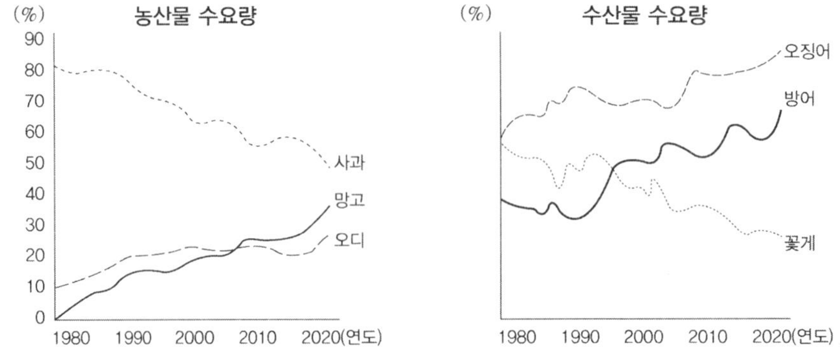

① 주현 : 1980년대에서 2020년까지 꽃게랑 사과의 수요량만 크게 감소하고 있어.

② 혜련 : 망고의 수요량 증가세가 사과나 오디에 비해서 높은 편이야.

③ 지호 : 방어는 이전부터 수요량이 줄지 않고 꾸준히 증가하고 있네.

④ 나은 : 2020년에 오징어랑 꽃게의 수요량의 격차가 가장 크다.

13 다음은 전체 서비스업에서 차지하는 업종별 비중을 나타낸 표이다. 이에 대한 해석으로 옳지 않은 것은?

(단위 : %)

구분	종사자 수		부가 가치 생산액	
	한국	미국	한국	미국
도 · 소매업	23.5	18.3	12.3	15.8
음식 · 숙박업	13.1	9.3	4.5	3.5
운수 · 창고 · 통신업	9.6	5.7	12.5	7.6
금융 · 보험업	5.2	5.1	15.4	10.2
부동산 · 사업 서비스업	15.0	18.2	22.2	32.1
보건 · 사회 서비스업	4.8	13.2	6.2	8.9
교육 서비스업	10.8	10.5	10.3	6.5
기타	18.0	19.7	16.6	15.4

① 한국의 종사자 수 비중은 도 · 소매업이 가장 높다.

② 미국의 종사자 수 비중은 운수 · 창고 · 통신업이 가장 낮다.

③ 한국과 미국 모두 부가 가치 생산액에서 음식 · 숙박업 비중이 가장 낮다.

④ 한국과 미국 모두 부가 가치 생산액에서 부동산 · 사업 서비스업 비중이 가장 높다.

14 다음은 A국가의 에너지 소비량에 대한 표이다. 자료에 대한 설명으로 옳은 것은?

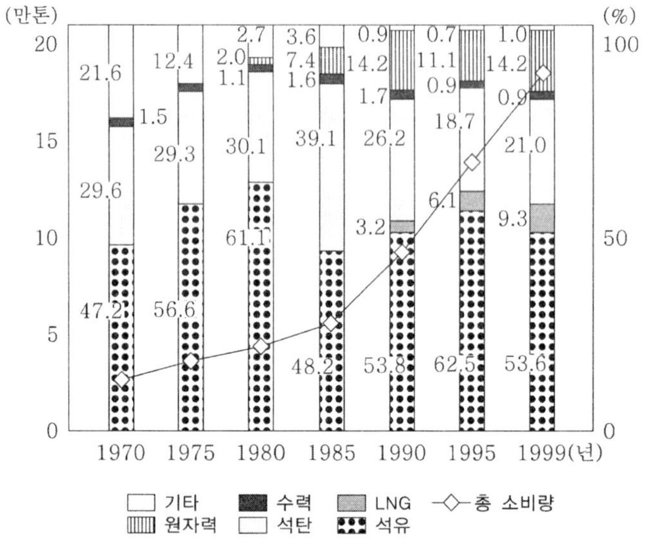

① 1970년에는 원자력은 소비되지 않았다.

② 수력 에너지의 비중이 크게 증가하고 있다.

③ LNG는 1980년부터 사용되기 시작했다.

④ 에너지의 총 소비량은 꾸준히 감소세를 보인다.

15 **다음은 우리나라 주요 하천의 연간 물 자원 이용 현황을 나타낸 것이다. 이에 대한 설명으로 옳지 않은 것은?**

유역	지표수 유출량 (억 m^3)	이용 용수(백만 m^3)				용수 이용률 (%)	하천 유지 용수 (백만 m^3)	1인당 사용 가능량 (m^3/명)
		생활 용수	공업 용수	농업 용수				
한강	160	3,908	1,265	3,131	8,304	52	4,021	863
낙동강	157	2,069	899	4,429	7,397	47	1,911	2,355
금강	70	1,142	403	3,798	5,343	76	1,293	2,207
영산강	69	652	216	4,382	5,250	76	512	3,277

※ 1인당 사용 가능량 = 지표수 유출량 ÷ 해당 유역 인구

① 낙동강은 용수 이용률이 가장 낮다.
② 한강은 1인당 사용 가능양이 가장 적다.
③ 금강은 낙동강보다 농업용수 이용량이 많다.
④ 영산강 유역보다 금강 유역의 인구가 더 많다.

16 **다음 그래프는 전 세계 밀의 수입·수출량의 상위 7개국의 수입·수출량 현황을 나타낸 표이다. 자료에 대한 설명으로 옳은 것은?**

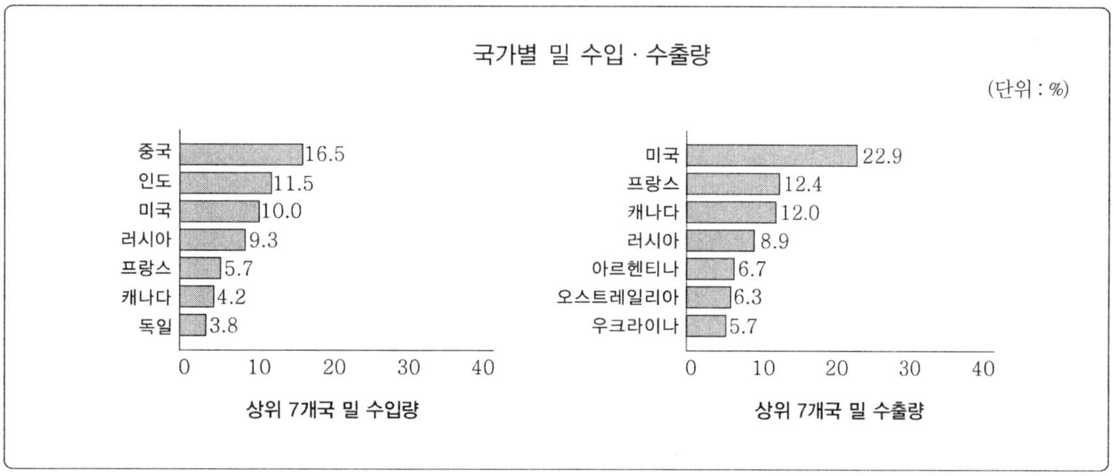

① 수입량과 수출량이 가장 큰 국가는 중국이다.
② 우크라이나의 수입량은 수출량보다 적을 것이다.
③ 중국의 밀 수입량은 독일에 7배이다.
④ 미국의 수출량은 다른 나라 6개국의 수출량을 합한 수출량보다 크다.

17 다음은 (가), (나) 지역의 산업별 취업자 수 비중을 나타낸 그래프이다. 이에 대한 옳은 설명을 모두 고른 것은?

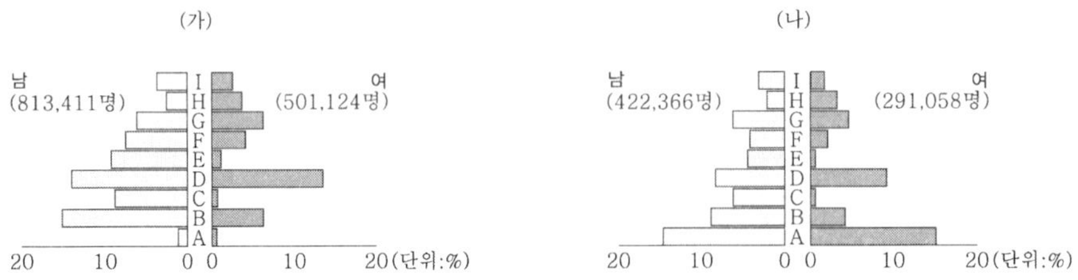

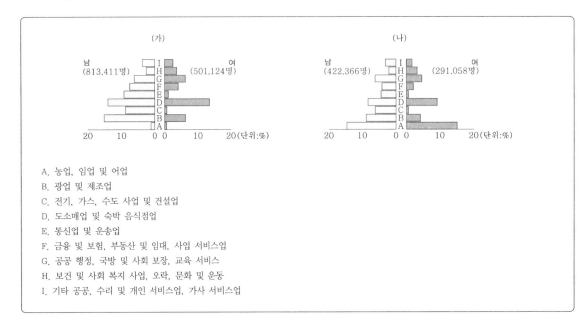

A. 농업, 임업 및 어업
B. 광업 및 제조업
C. 전기, 가스, 수도 사업 및 건설업
D. 도소매업 및 숙박 음식점업
E. 통신업 및 운송업
F. 금융 및 보험, 부동산 및 임대, 사업 서비스업
G. 공공 행정, 국방 및 사회 보장, 교육 서비스
H. 보건 및 사회 복지 사업, 오락, 문화 및 운동
I. 기타 공공, 수리 및 개인 서비스업, 가사 서비스업

㉠ (가)는 2차 산업 취업자 비중이 3차보다 높다.
㉡ (나)는 1차 산업 취업자 비중이 50% 이상이다.
㉢ 두 지역 모두 취업자의 성비는 100 이상이다.
㉣ 지역 내 총취업자 수는 (가)가 (나)보다 많다.

① ㉠㉡
② ㉠㉢
③ ㉡㉢
④ ㉢㉣

18 다음은 아시아 4개국의 무역 의존도와 국내총생산(GDP)을 나타낸 표이다. 다음 표에 대한 분석으로 옳은 설명을 모두 고른 것은?

국가	무역 의존도(%)		GDP(십억 달러)
	수출 의존도	수입 의존도	
한국	48	44	896
일본	16	16	4,726
중국	46	13	3,083
싱가포르	218	144	141

㉠ 수출의존도가 가장 높은 국가는 일본이다.
㉡ 수입의존도가 가장 낮은 국가는 싱가포르이다.
㉢ 수출의존도가 가장 낮은 국가가 GDP가 가장 높다.
㉣ GDP가 가장 낮은 국가가 수입의존도가 가장 높다.

① ㉠㉡
② ㉠㉢
③ ㉡㉢
④ ㉢㉣

19 다음은 우리나라 시도별 총생산액 중 제조업 생산액을 나타낸 것이다. 이를 바르게 설명한 것은?

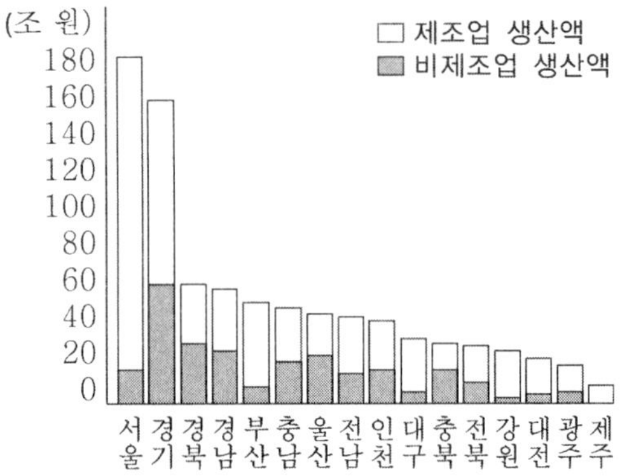

① 경북보다 충북이 총생산액이 많다.

② 경기보다 경북이 제조업체 수가 많다.

③ 경남보다 광주가 제조업 생산액이 많다.

④ 울산은 인천보다 제조업 생산액의 비율이 높다.

20 다음은 세계 유산을 대륙별로 나타낸 것이다. 이를 바르게 설명한 것은?

구분	문화유산		자연유산		복합유산		합계	
	개수	비율(%)	개수	비율(%)	개수	비율(%)	개수	비율(%)
아시아	136	79.1	29	16.8	7	4.1	172	100
유럽	326	89.8	31	8.5	6	1.7	363	100
아프리카	64	64.0	33	33.0	3	3.0	100	100
앵글로아메리카	13	41.9	18	58.1	0	0	31	100
라틴아메리카	77	69.4	31	27.9	3	2.7	111	100
오세아니아	1	5.0	14	70.0	5	25.0	20	100

① 아시아의 문화유산이 아프리카, 앵글로아메리카, 라틴아메리카, 오세아니아를 합친 것보다 크다.
② 자연유산이 가장 많은 지역은 오세아니아이다.
③ 복합유산이 제일 많은 국가가 문화유산이 제일 많다.
④ 문화유산을 많이 가진 국가가 유산의 전체 합계가 높다.

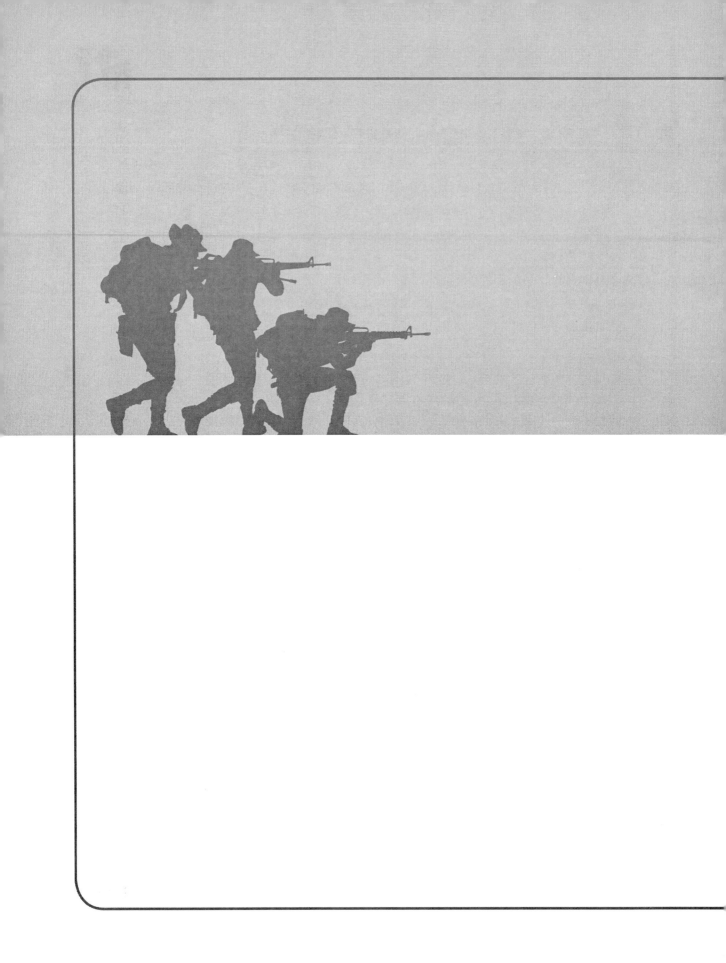

PART

06

정답 및 해설

CHAPTER

01 출제예상문제

공간능력

01	02	03	04	05	06	07	08	09	10	11	12	13	14	15	16	17	18	19	20
③	①	②	④	④	③	②	④	③	②	③	④	①	④	②	③	①	④	③	④
21	22	23	24	25	26	27	28	29	30	31	32	33	34	35	36	37	38	39	40
③	②	③	②	③	②	③	①	②	④	③	②	③	④	②	①	②	②	③	③
41	42	43	44	45	46	47	48	49	50	51	52	53	54	55	56	57	58	59	60
②	①	④	③	③	①	③	①	④	①	②	④	①	③	④	③	②	④	②	①
61	62	63	64	65															
③	③	②	②	①															

01 ③

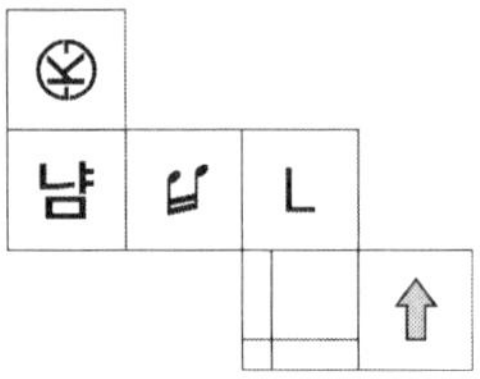

02 ①

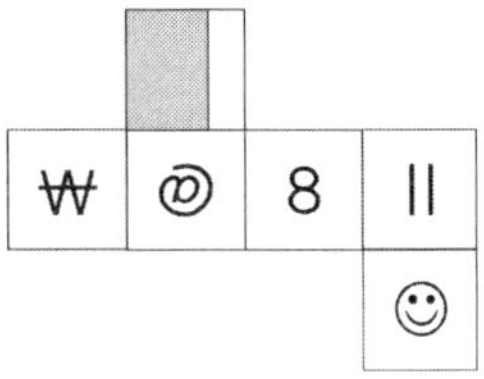

03 ②

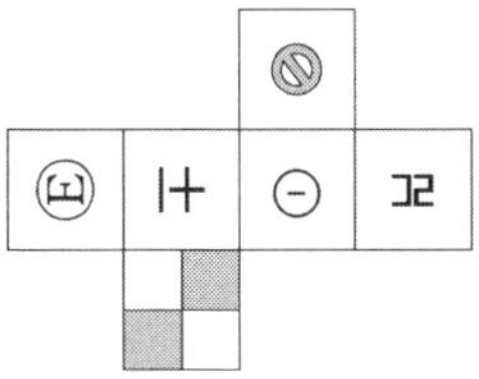

04 ④

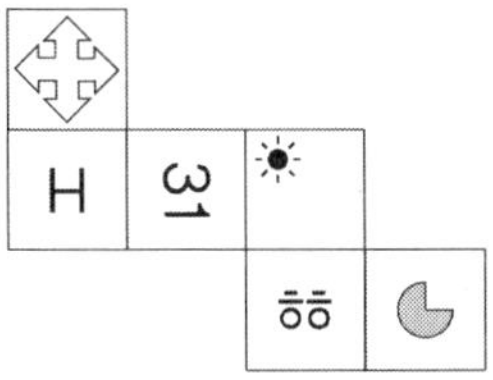

05 ④

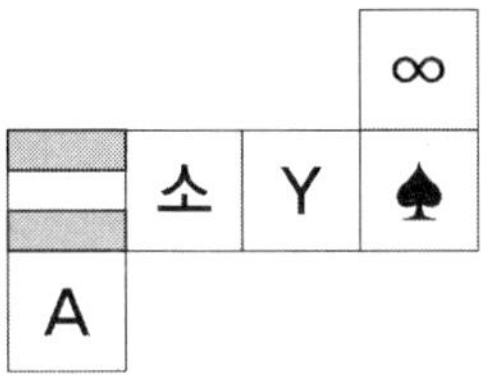

06 ③

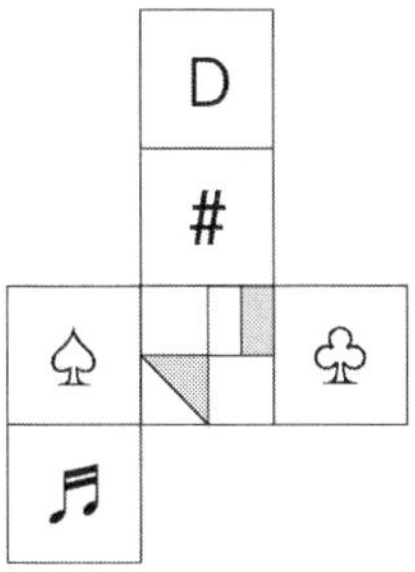

07 ②

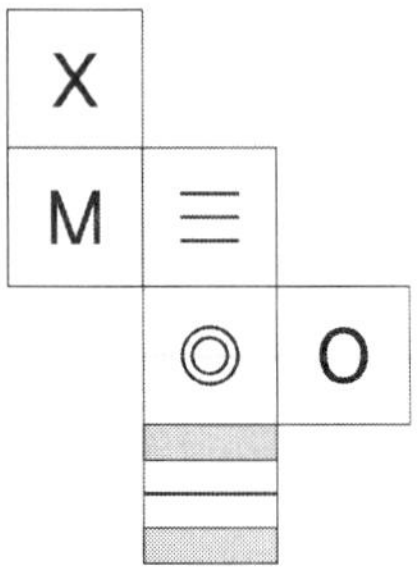

08 ④

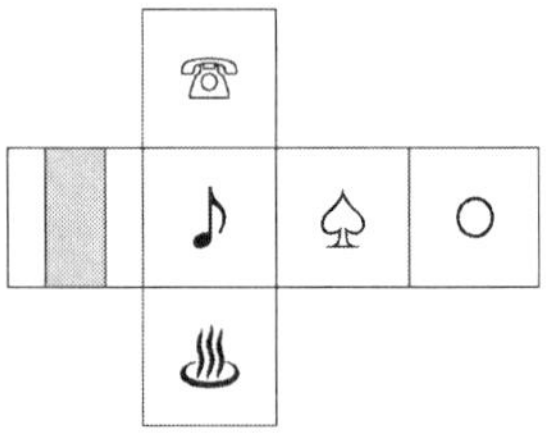

09 ③

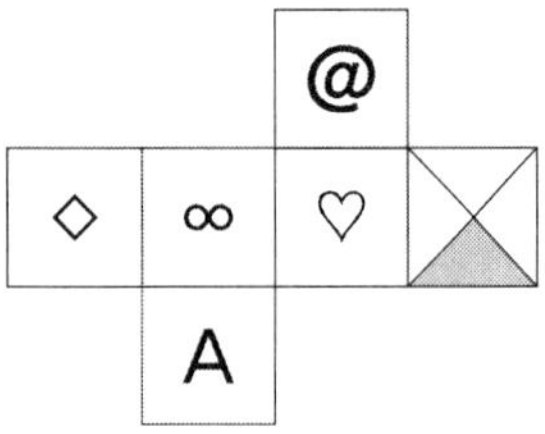

10 ②

11 ③

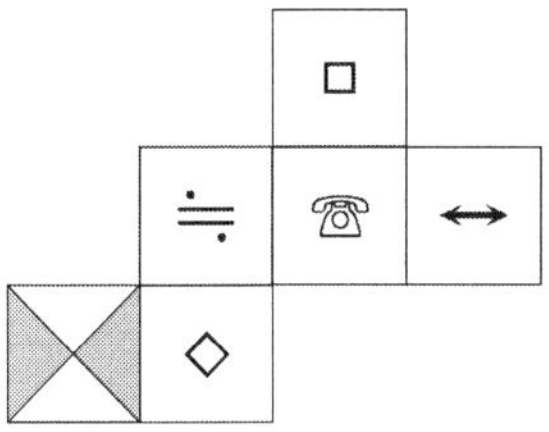

12 ④

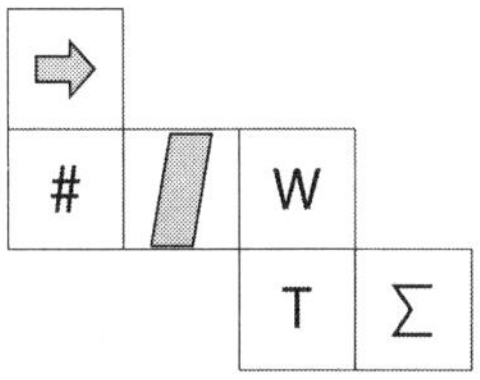

13 ①

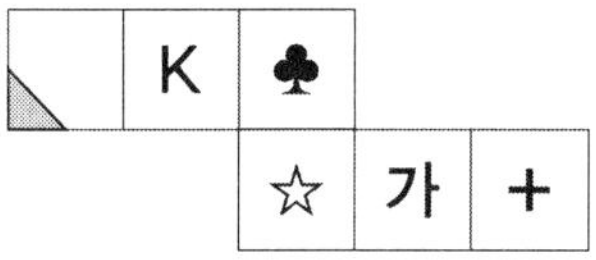

14 ④

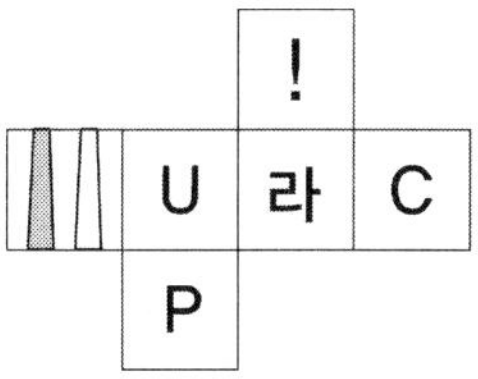

15 ②

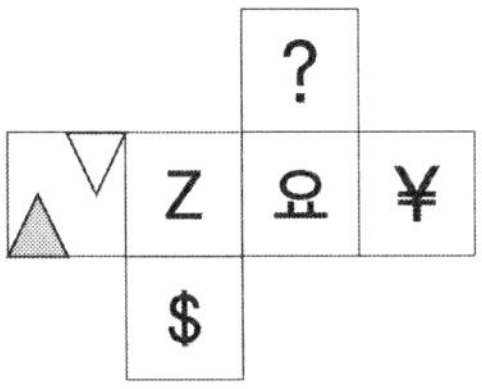

16 ③

1단 : 21개, 2단 : 8개, 3단 : 3개
총 32개

17 ①

1단 : 15개, 2단 : 7개, 3단 : 4개, 4단 : 1개
총 27개

18 ④

1단 : 17개, 2단 : 13개, 3단 : 6개, 4단 : 4개
총 40개

19 ③

1단 : 13개, 2단 : 6개, 3단 : 3개, 4단 : 1개
총 23개

20 ④

1단 : 17개, 2단 : 8개, 3단 : 3개, 4단 : 1개
총 29개

21 ③

1단 : 14개, 2단 : 12개, 3단 : 8개, 4단 : 3개, 5단 : 2개
총 39개

22 ②

1단 : 17개, 2단 : 9개, 3단 : 5개, 4단 : 3개, 5단 : 2개
총 36개

23 ③

1단 : 15개, 2단 : 12개, 3단 : 7개, 4단 : 4개, 5단 : 2개
총 40개

24 ②

1단 : 14개, 2단 : 7개, 3단 : 2개, 4단 : 1개
총 24개

25 ③

1단 : 12개, 2단 : 5개, 3단 : 3개, 4단 : 2개, 5단 : 2개
총 24개

26 ②

1단 : 17개, 2단 : 9개, 3단 : 4개, 4단 : 2개, 5단 : 1개
총 33개

27 ③

1단 : 13개, 2단 : 10개, 3단 : 5개, 4단 : 1개
총 29개

28 ①

1단 : 11개, 2단 : 6개, 3단 : 5개, 4단 : 2개, 5단 : 1개
총 25개

29 ②

1단 : 11개, 2단 : 5개, 3단 : 2개, 4단 : 1개
총 19개

30 ④

1단 : 13개, 2단 : 8개, 3단 : 4개, 4단 : 1개, 5단 : 1개
총 27개

31 ③

1단 : 15개, 2단 : 9개, 3단 : 5개, 4단 : 5개, 5단 : 2개
총 36개

32 ②

1단 : 15개, 2단 : 11개, 3단 : 4개, 4단 : 1개
총 31개

33 ③

1단 : 20개, 2단 : 10개, 3단 : 4개, 4단 : 3개
총 37개

34 ④

1단 : 16개, 2단 : 9개, 3단 : 5개, 4단 : 3개, 5단 : 2개

총 35개

35 ②

1단 : 19개, 2단 : 4개, 3단 : 1개

총 24개

36 ①

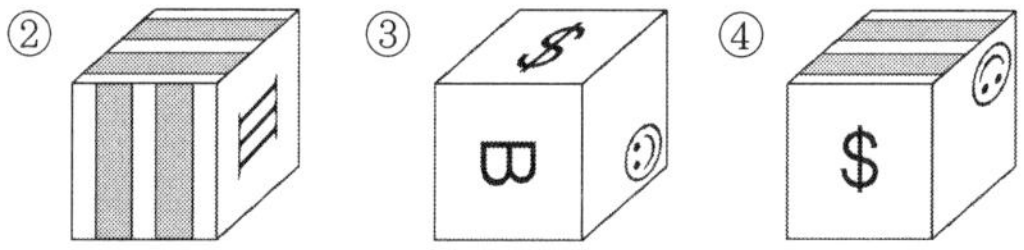

37 ②

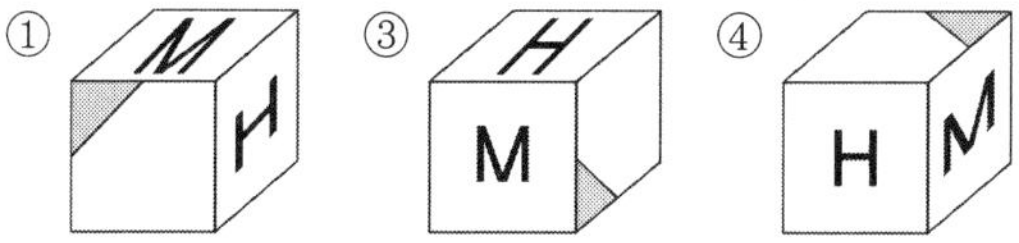

38 ②

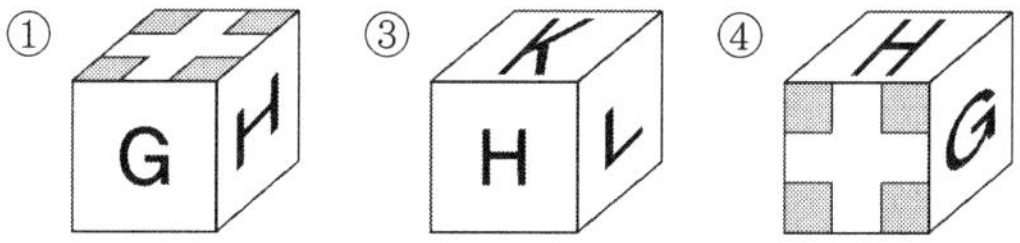

39 ③

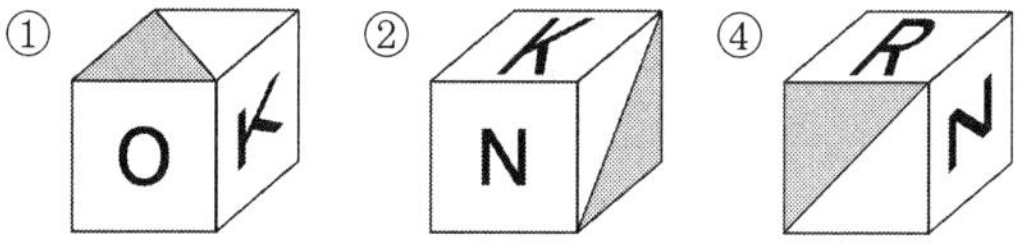

40 ③

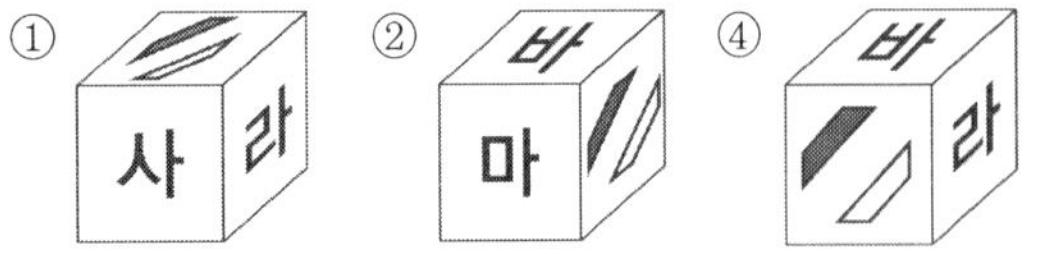

41 ②

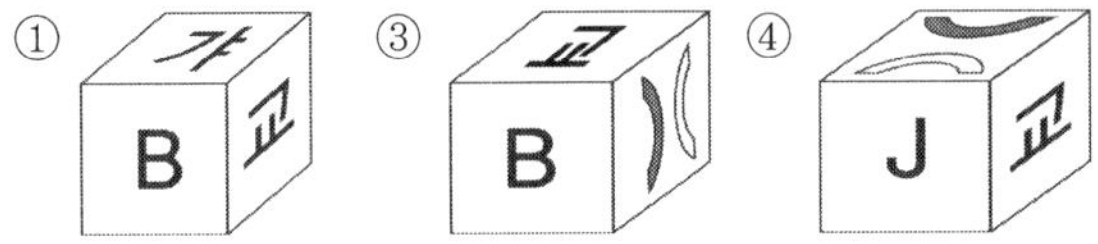

42 ①

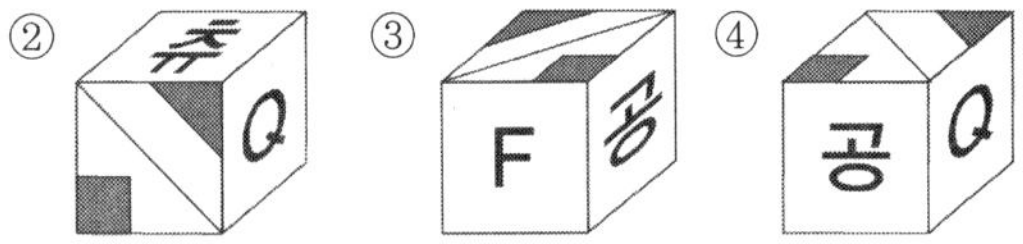

43 ④

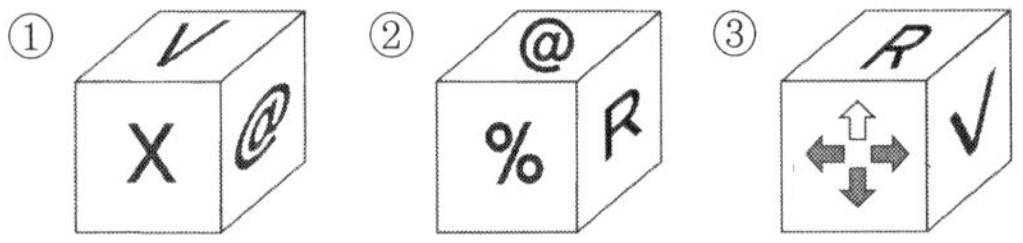

44 ③

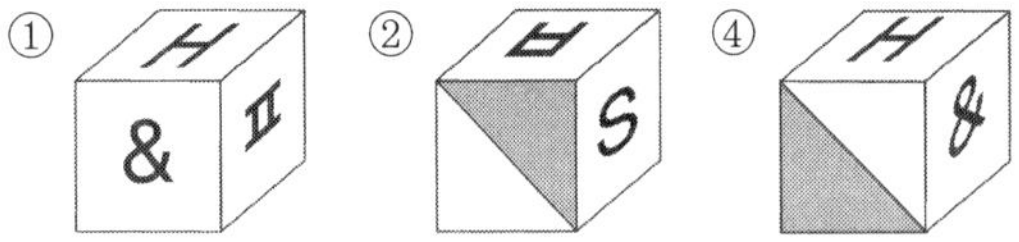

45 ③

① 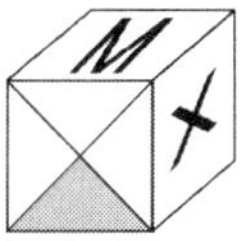

② 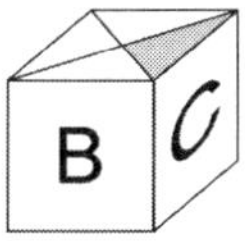

④ 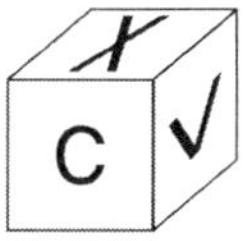

46 ①

② 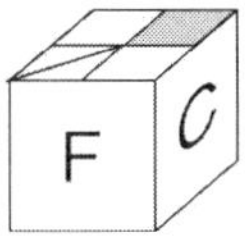

③ 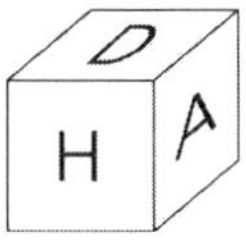

④ 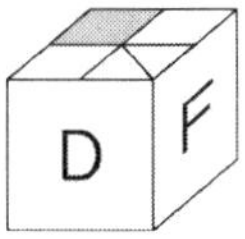

47 ③

① 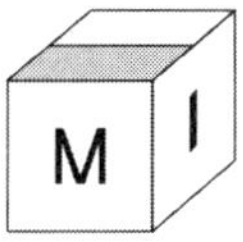

② 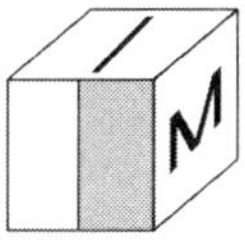

④ 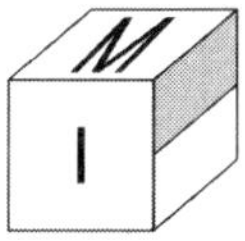

48 ①

② 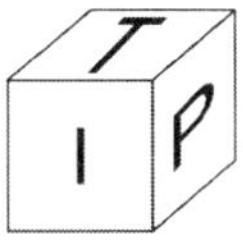

③ 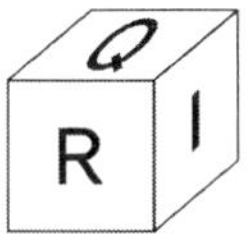

④ 

49 ④

① 

② 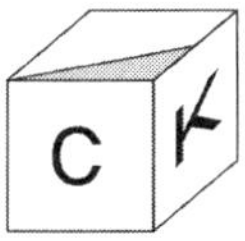

③ 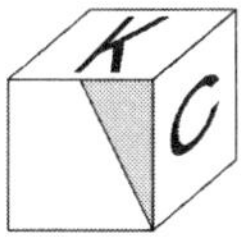

50 ①

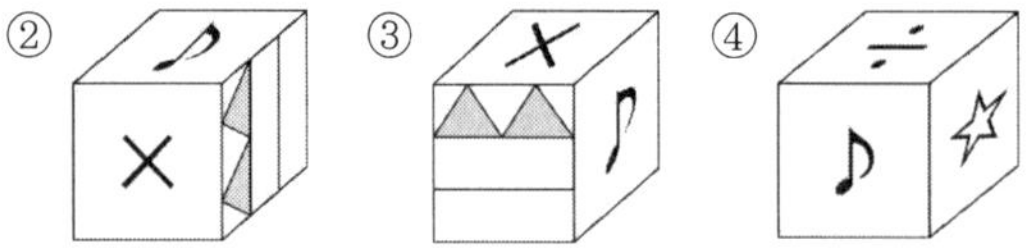

51 ②

화살표 방향을 정면으로 왼쪽에서부터 1열이라고 할 때, 1－4－1－2－3층으로 보인다.

52 ④

화살표 방향을 정면으로 왼쪽에서부터 1열이라고 할 때, 1－2－2－3－3층으로 보인다.

53 ①

화살표 방향을 정면으로 왼쪽에서부터 1열이라고 할 때, 4－3－2－1－2층으로 보인다.

54 ③

화살표 방향을 정면으로 왼쪽에서부터 1열이라고 할 때, 5－5－1－1－3층으로 보인다.

55 ④

화살표 방향을 정면으로 왼쪽에서부터 1열이라고 할 때, 4 － 3 － 2 － 1 － 1층으로 보인다.

56 ③

화살표 방향을 정면으로 왼쪽에서부터 1열이라고 할 때, 1 － 3 － 2 － 5 － 3층으로 보인다.

57 ②

화살표 방향을 정면으로 왼쪽에서부터 1열이라고 할 때, 1 － 1 － 1 － 2 － 4층으로 보인다.

58 ④

화살표 방향을 정면으로 왼쪽에서부터 1열이라고 할 때, 4 − 3 − 1 − 1 − 1층으로 보인다.

59 ②

화살표 방향을 정면으로 왼쪽에서부터 1열이라고 할 때, 1 − 1 − 2 − 3 − 4층으로 보인다.

60 ①

화살표 방향을 정면으로 왼쪽에서부터 1열이라고 할 때, 4 − 1 − 3 − 1 − 4 − 1층으로 보인다.

61 ③

화살표 방향을 정면으로 왼쪽에서부터 1열이라고 할 때, 4 − 1 − 2 − 1 − 2층으로 보인다.

62 ③

화살표 방향을 정면으로 왼쪽에서부터 1열이라고 할 때, 3 − 4 − 3 − 1 − 1 − 3층으로 보인다.

63 ②

화살표 방향을 정면으로 왼쪽에서부터 1열이라고 할 때, 2 − 3 − 3 − 3 − 1 − 1층으로 보인다.

64 ②

화살표 방향을 정면으로 왼쪽에서부터 1열이라고 할 때, 3 − 3 − 2 − 1 − 2 − 2층으로 보인다.

65 ①

화살표 방향을 정면으로 왼쪽에서부터 1열이라고 할 때, 3 − 2 − 2 − 3 − 2 − 1층으로 보인다.

지각속도

01	02	03	04	05	06	07	08	09	10	11	12	13	14	15	16	17	18	19	20
①	②	②	②	①	②	①	②	①	②	②	①	①	①	②	②	①	①	①	②
21	22	23	24	25	26	27	28	29	30	31	32	33	34	35	36	37	38	39	40
②	②	①	②	②	①	②	③	①	②	①	③	①	①	②	②	④	③	②	④
41	42	43	44	45	46	47	48	49	50	51	52	53	54	55	56	57	58	59	60
③	①	②	①	②	①	②	①	①	①	②	②	②	①	②	②	②	②	③	③
61	62	63	64	65	66	67	68	69	70	71	72	73	74	75	76	77	78	79	80
②	④	①	②	②	①	③	②	②	③	①	②	①	③	①	①	②	①	①	②
81	82	83	84	85															
①	①	①	②	②															

01 ①

≡ & ? @ # – 나 른 한 오 후

02 ②

@ ※ ? ≡ & – 오 늘 한 **나 른**

03 ②

% ≡ $ ※ – 후 가 나 위 **늘**

04 ②

㉻ ⓛ ⓢ ㉦ ㉡ – 봄 여 름 **갸** 을

05 ①

㉪ ㉣ ⓔ ⓛ ㉻ – 겨 울 꽃 여 봄

06 ②

ⓩ ⓛ ⓛ ⓐ ⓔ - 가 여 **을** 봄 꽃

07 ①

C R E P W - 勿 如 刀 戸 助

08 ②

B H T W P - 可 句 **戌** 助 **戸**

09 ①

R H B E T - 如 句 可 刀 戌

10 ②

☆ ◎ △ ♧ ◉ - d **i** **a** l o

11 ②

◈ △ ♤ ♡ ☆ - t a b **g** **d**

12 ①

◈ ◎ ◉ ♧ △ - t i o l a

13 ①

4 8 0 2 1 - 辛 庚 丁 壬 丙

14 ①

1 2 3 4 5 - 丙 壬 乙 辛 己

---

15 ②

9 1 5 7 3 - 戊 丙 己 甲 乙

---

16 ②

행 보 병 참 급 - ◑ ♥ ◎ △ ♧

---

17 ①

군 통 정 군 부 - ○ ▽ ◈ ○ ★

---

18 ①

병 정 행 신 보 - ◎ ◈ ◑ ▶ ♥

---

19 ①

오 팀 플 랜 던 - 2 h T F 4

---

20 ②

템 룻 전 토 덤 - 1 3 k 0 j

---

21 ②

진 오 랜 덤 팀 - k 2 F j h

22 ②

G n p E r－え す せ う **そ**

23 ①

A＝あ, t＝ん, I＝お, C＝い, n＝す

24 ②

k I r A t－し **お** そ あ ん

25 ②

ㅍ ㅚ ㄴ ㅇ ㅕ－k m ♓ **s** ✖

26 ①

ㅜ ㅟ ㅋ ㅚ ㅕ－✝ ✚ t m ✖

27 ②

ㅋ ㅛ ㄴ ㅕ ㅗ－t e ♓ ✖ ╳

28 ③

▶♠♥◈♬♭☞∏♣◈❷☎¶∮∀◈◀▶℉

29 ①

솔등장디궁냉도조**교**리댜뢰외자더라타니카타

30 ②

45652897464354132164**7**985

31 ①

秋花春風南美北西冬木日**火**水金

32 ③

when I am do**w**n and oh my soul so **w**eary

33 ①

☺◆↗⊙♡☆▽◁♧◑†♬♪▣**♣**

34 ①

ㅸ ㅹ ㅺ ㅫ ㅪ ㅬ ㅨ ㅦ **ㅆ** ㅻ ㅶ ㅳ ㅰ ㅱ

35 ②

iii iv Ⅰ vi Ⅳ **Ⅻ** i vii x viii Ⅴ ⅦⅧⅨ Ⅹ Ⅺ**Ⅻ**ix xi ii v

36 ②

★○●★**☆**◇△▽△▲▼★◆◇※≠÷≥×★○

37 ④

머루나비**먹**이**무**리**만**두**먼**지**미**리**메**리나루**무림**

38 ③

GcAshH7**4**8vdafo25W6**4**1981

39 ②

갽겅걺게겗겖겔겱겇겍겡겞겥겍**겵**걝

40 ④

軍事法院**은** 戒嚴法**에** 따른 裁判權**을** 가진다.

41 ③

ゆよ**る**らろくぎつであぱ**る**れわゐを

42 ①

≦≢≍≠≏≁≄≕≗≙≓÷≲≓≑≔∺

43 ②

∪∬∈∄**∌**Σ∀∩∯≮∓⋇**∌**∈△

44 ①

ㅁ 5 ㅊ ㅂ 3 − Й Λ δ ∝ §

45 ②

ㅊ ㅌ ㄷ ㅋ 4 − δ **Ω** **Ⅸ** θ Ψ

46 ①

ㅌ 4 ㅁ 3 ㅊ – Ω Ψ Й § δ

47 ②

A D S O G – 예 약 **도** **글** 표

48 ①

D S P O Q – 약 도 높 글 유

49 ①

F G J A S – 해 표 활 예 도

50 ①

2 0 9 5 4 – x^2 z^2 l^2 k z

51 ②

3 7 4 6 1 – k^2 l z $\underline{x}$ y^2

52 ②

8 1 5 2 0 – y y^2 k $\underline{x^2}$ z^2

53 ②

R ㄴ ㅊ Q T – iii **xii** ix **viii** iv

54 ①

ㄷ P W K ㄴ – vi i v vii xii

55 ②

P ㄷ ㅊ K ㅍ – i vi ix <u>**vii**</u> xi

56 ②

R 4 Z 0 A – ☎ ✂ 🗁 ⌛ <u>✏</u>

57 ②

C 3 4 2 J – 🕮 🕯 <u>✂</u> ✉ 👓

58 ②

8 3 A R 2 – 🔔 <u>🕯</u> ✏ ☎ <u>✉</u>

59 ③

60 ③

ETWGED<u>**S**</u>G<u>**S**</u>DGEYDF<u>**S**</u>GDDG

61 ②

$x^3\ \underline{x^2}\ z^7 x^3 z^6 z^5 x^4\ \underline{x^2}\ x^9 z^2 z^1 x^3$

62 ④

두 쪽으**로** 깨뜨**려**져도 소**리**하지 않는 바위가 되**리라**.

63 ①

Listen to the song here in my he**a**rt

64 ②

100594786**2**89486**2**498**2**49**2**314867

65 ②

一束車軍**東**海善美參三社會**東**申甲田束

66 ①

골돌몰볼톨홀**솔**돌촐롤졸콜홀볼골

67 ③

군사**기밀** 보호조**치**를 하**지** 아**니**한 경우 2년 **이**하 **징**역

68 ②

상미디아타가**스**테아우구**스**티투**스**생토귀**스**탱

69 ②

Ich licbc dich so wic du **m**ich a**m** abcnd

70

③

<u>**9**</u>5174628534319876519684

70의 해설 숫자는 실제로 아래와 같습니다:

<u>**9**</u>517462853431<u>**9**</u>87651<u>**9**</u>684

71

①

☆★○●◎◇◆□<u>■</u>△▲▽▼

72

②

↙↖↗<u>**↘**</u>↙<u>**↘**</u>↕↑↗↖↓↖↓↔

73

①

꽸꼽낟납끲끎끚끍끝낑<u>**끤**</u>끲

74

③

ㄲ ㄸ ㄵ <u>**ㄶ**</u> ㄻ ㄼ ㄺ ㅃ ㅉ ㅀ <u>**ㄶ ㄶ**</u> ㄻ ㄼ ㄺ

75

①

오른쪽에 'ㅓ'가 없다.

76

①

a d f e g – 비 무 장 지 대

77

②

f a e g d – 장 비 <u>**지 대 무**</u>

78 ①

c b f g h – 가 군 장 대 금

79 ①

8 6 1 3 9 – 강 한 육 군 사

80 ②

2 8 1 7 4 9 – 친 **<u>강</u>** **<u>육</u>** 구 **<u>의</u>** **<u>사</u>**

81 ①

8 3 9 7 1 – 강 군 사 구 육

82 ①

☎ ▤ ◆ ☏ ♥ – 조 각 난 구 름

83 ①

◆ ♣ ♥ ▥ ♠ – 난 배 름 꿈 금

84 ②

▤ ▦ ◆ ♥ ♬ – 각 **<u>달</u>** **<u>난</u>** 름 춤

85 ②

☏ ♬ ▥ ♠ ♣ – 구 춤 꿈 **<u>금</u>** **<u>배</u>**

언어논리

01	02	03	04	05	06	07	08	09	10	11	12	13	14	15	16	17	18	19	20
②	④	②	④	①	②	④	④	③	①	⑤	③	⑤	④	②	②	①	③	②	④
21	22	23	24	25	26	27	28	29	30	31	32	33	34	35	36	37	38	39	40
⑤	①	②	①	④	④	⑤	②	②	①	⑤	①	①	①	②	①	③	②	③	④
41	42	43	44	45	46	47	48	49	50	51	52	53	54	55	56	57	58	59	60
③	④	①	①	④	③	③	④	②	⑤	⑤	③	①	④	②	③	④	③	④	③
61	62	63	64	65	66	67	68	69	70	71	72	73	74	75	76	77			
④	①	③	③	⑤	⑤	③	①	④	③	⑤	⑤	②	④	④	②	②			

01 ②

② 남을 깨치어 이끌어 줌
① 관습이나 도덕, 법률 따위의 규범이나 사회 구조의 체계
③ 어떤 것을 이루어 보려고 계획하거나 행동함
④ 사사로운 이익을 꾀하는 방도
⑤ 어떤 일을 이루려고 꾀함. 또는 그런 계획이나 행동

02 ④

④ 의학 시각, 청각, 후각, 미각, 촉각의 다섯 가지 감각
① 창조적인 일의 계기가 되는 기발한 착상이나 자극
② 더하거나 빼는 일. 또는 그렇게 하여 알맞게 맞추는 일
③ 실제로 체험하는 느낌
⑤ 사물이나 현상을 접하였을 때에 설명하거나 증명하지 아니하고 진상을 곧바로 느껴 앎. 또는 그런 감각

03 ②

② 목표를 향하여 밀고 나아감
① 제품이나 상품 따위의 우열(優劣)을 가리는 일
③ 사물이나 일의 진상을 알아냄
④ 직위의 등급이나 계급이 오름
⑤ 마음이 꾸밈이 없고 순박함

04 ④

④ 보태어 도움
① 한 시대의 일반적인 사상의 흐름
② 말라서 습기가 없음
③ 재난 따위를 당하여 어려운 처지에 빠진 사람을 구하여 줌
⑤ 굳게 믿어 지키고 있는 생각

05 ①

① 어떤 무리에서 기피하여 따돌리거나 멀리함
② 공경하면서 두려워함
③ 남의 남녀 사이에 서로 얼굴을 마주 대하지 않고 피함
④ 도시의 주변 지역
⑤ 연락을 취하여 의논함

06 ②

② 영향이나 자극을 주어 일어나게 함
① 다시 발생함. 또는 다시 일어남
③ 잘못을 나무람
④ 신변 가까이에서 여러 가지 시중을 듦
⑤ 어떤 상태나 행동 따위에 대하여 거스르고 반항함

07 ④

④ 어떤 현상이 일정한 방향으로 나아가는 경향
① 상대편보다 힘이나 세력이 약함. 또는 그 힘이나 세력
② 다음에 오는 세상. 또는 다음 세대의 사람들
③ 주로 불행한 일과 관련된 일신상의 처지와 형편
⑤ 실속이 없이 겉으로만 드러나 보이는 기세

08 ④

첫 번째 괄호는 바로 전 문장과 반대 되는 내용이 뒤에 문장에 나오므로 '그러나'가 적절하다. 두 번째 괄호는 뒷문장이 앞문장의 원인이 되므로 '왜냐하면'이 적절하다.

09 ③

③ 어떤 일이 생기다.
① 누웠다가 앉거나 앉았다가 서다.
② 잠에서 깨어나다.
④ 몸과 마음을 모아 나서다.
⑤ 위로 솟거나 부풀어 오르다.

10 ①

밑줄 친 '들다'는 '빛, 볕, 물 따위가 안으로 들어오다'의 의미이다.
① '빛, 볕, 물 따위가 안으로 들어오다'의 의미로 쓰였다.
② '먹다(음식 따위를 입을 통하여 배 속에 들여보내다)'의 높임말을 뜻한다.
③ '날이 날카로워 물건이 잘 베어지다'의 의미로 쓰였다.
④ '어떤 일이나 기상 현상이 일어나다'의 의미로 쓰였다.
⑤ '손에 가지다'의 의미로 쓰였다.

11 ⑤

⑤ 어떤 일의 결과나 징후가 겉으로 드러나다.
① 보이지 아니하던 어떤 대상의 모습이 드러나다.
② 생각이나 느낌 따위가 글, 그림, 음악 따위로 드러나다.
③ 내면적인 심리 현상이 얼굴, 몸, 행동 따위로 드러나다.
④ 어떤 새로운 현상이나 사물이 발생하거나 생겨나다.

12 ③

③의 경우 '주다'와 '받다'가 서로 반의어이다.

13 ⑤

㉤ 제약 산업에 대한 설명
㉢ 평균이윤율의 크기(독점적인 특허권)
㉡ 다국적 제약사들이 지적재산권을 적극 주장하는 이유
㉣ 다국적 제약사들의 의약품 특허 강화
㉠ 의약품 특허 강화에 대한 예시

14 ④

㉡ 범죄 관련 보도의 일반적인 형태
㉠ 범죄 관련 보도의 위험성
㉢ 범죄 관련 보도 제한 필요성
㉤ ㉠㉢ 주장에 대한 근거(예시)
㉣ 범죄 관련 보도 제한에 대한 반론

15 ②

㉤ 책임정당정부 이론이라는 화두 제시
㉣ 책임정당정부 이론에 대한 설명
㉠ 유럽에서 나타난 정당의 모습
㉢ 대중정당의 모습
㉡ 책임정당정부 이론을 뒷받침하는 대중정당

16 ②

㉡ 자료조사와, 글쓰기를 중요 기술로 선택한 이유에 대한 설명
㉣ 모든 직업군에서 문서화를 하고 있음에 주목
㉢ 분명하게 전달되기 위한 글쓰기의 필요성
㉠ 자료조사와 글쓰기를 위한 현장교육의 필요성

17 ①

활략 … 소홀히 함, 죄를 용서하고 놓아줌
① 대수롭지 아니하고 예사로움, 탐탁하지 아니하고 데면데면함
② 살아 움직이는 힘ㅎ
③ 어떤 일을 이루기 위한 꾀나 수단
④ 걱정이나 탈이 없음, 무사히 잘 있음
⑤ 시간이나 물건의 양 따위를 헤아리거나 잼

---

18 ③

유면(宥免) … 잘못을 용서하고 풀어 줌
③ 지은 죄나 잘못한 일에 대하여 꾸짖거나 벌하지 아니하고 덮어 줌
① 상대편을 자기편으로 감싸 끌어들임
② 태도나 말에 예의가 없음
④ 남의 힘을 빌려서 의지함, 말막음을 위하여 핑계로 내세움
⑤ 다른 문제보다 먼저 해결하거나 결정함

---

19 ②

경시 … 대수롭지 않게 보거나 업신여김
② 사물의 존재 의의나 가치를 알아주지 아니함
① 굳게 믿음. 또는 그런 마음
③ 가볍게 여길 수 없을 만큼 매우 크고 중요하게 여김
④ 느긋하고 차분하게 생각하거나 행동하는 마음의 상태
⑤ 마음에 거짓이나 꾸밈이 없이 바르고 곧음

---

20 ④

쇠퇴 … 기세나 상태가 쇠하여 전보다 못하여 감
④ 의기나 기세 따위가 사그라지고 까라짐
① 번화하게 창성함
② 떨치고 일어남, 세력이 왕성해짐
③ 기운차게 일어나거나 대단히 번성함
⑤ 힘써 나아감

21 ⑤

도외시 … 상관하지 아니하거나 무시함

⑤ 의견이나 제안 따위를 듣고도 못 들은 척함

① 사람이 많이 살고 상공업이 발달한 번잡한 지역

② 바깥 테두리

③ 사물이나 현상을 주의하여 자세히 살펴봄

④ 장이 섬. 또는 시장(市場)을 이룸.

22 ①

배격 … 어떤 사상, 의견, 물건 따위를 물리침

① 어떠한 것을 받아들임

② 따돌리거나 거부하여 밀어 내침

③ 때려 침, 또는 어떤 일에서 크게 기를 꺾음. 또는 그로 인한 손해 · 손실

④ 바다와 같은 넓은 마음으로 너그럽게 양해함. 주로 편지 따위에서 상대편에게 용서를 구할 때 씀

⑤ 다른 문제보다 먼저 해결하거나 결정함

23 ②

해후 … 오랫동안 헤어졌다가 뜻밖에 다시 만나다.

② 서로 갈리어 떨어지다.

① 오래 헤어져 있다가 다시 만남

③ 서로 만나다.

④ 서로 얼굴을 마주 보고 대하다.

⑤ 마음속에 품은 생각이나 정을 말한다.

24 ①

태타(怠惰) … 몹시 게으름

① 부지런히 일하며 힘씀

② 행동, 성격 따위가 느리고 게으름

③ 힘이 모자라서 복종함

④ 말이나 행동이 조심성 없이 가벼움

⑤ 자주국에서, 임금의 자리를 이을 임금의 아들

25 ④

이 글은 새로 나온 영어 학습 교재를 독자에게 소개하면서 용도, 구성, 학습 효과 등을 설명하고 있다.
④ 언어 장애인을 치료에 효과가 있다는 내용은 책을 소개하는 내용과 관계가 없다.

26 ④

㈑ 앞에 문장에서 중간항(가위)에 대한 설명을 하고 있으므로 ㈑ 부분에 주어진 문장이 들어가서 중간항(가위)이 주는 효과에 대해 부연설명을 하는 것이 적절하다.

27 ⑤

이 글은 첫 문장에서 인간은 자기 뇌의 10%도 쓰지 못하고 죽는다고 언급하며 심지어 10%도 안 되는 활용을 한다는 주장들을 예로 들며 내용을 전개하고 있다. 따라서 뒤에 이어질 내용은 인간의 두뇌 활용에 관련된 내용이 오는 것이 적합하다.
⑤ 개성 있는 인간으로 성장하기 위한 조기교육은 이 글 뒤에 이어질 내용으로 부적합하다.

28 ②

② 초원 지대와 사막 지대는 대규모의 관개수리가 요구되므로 자연 농경은 거의 불가능하다.
① 유목기마민족이 문명교류에 미친 영향을 비롯해 그들의 역사와 문명을 제대로 복원되어 있지 않기에 영향을 미쳤는지에 대한 여부를 확인할 수 없다.
③ 인간이나 가축은 계절의 변화에 적응하기 위해 부단히 이동하고 순회한다고 밝혔다.
④ 가축을 사양하면서 수초를 찾아 가재와 함께 주거지나 활동지를 옮기는 사람들을 통칭 유목민이라 한다.
⑤ 경제적 관점에서 볼 때 유목은 광역적 이동 목축의 주요 행위이며, 성원 대다수가 주기적 목축 이동에 참여하는 특유한 형태의 식량 생산 경제라고 말할 수 있다.

29 ②

② 어떤 사람의 영향력이나 권한이 미치는 범위
① 사람의 수완이나 꾀
③ 사람의 팔목에 달린 손가락과 손바닥이 있는 부분
④ 일을 하는 사람. 일손
⑤ 손끝의 다섯 개로 갈라진 부분. 또는 그것 하나하나

30 ①

① 누군가 가거나 와서 둘이 서로 마주 보다.
② 비, 눈, 바람 등을 맞게 되다.
③ 인연으로 어떤 관계를 맺다.
④ 선이나 길, 강 따위가 서로 마주 닿다.
⑤ 어떤 사실이나 사물을 눈앞에 대하다.

31 ⑤

⑤ 어떤 환경이나 상황의 영향으로 어떤 인물이 나타나도록 하다.
①②③④ 어떤 결과를 이루거나 가져오다.

32 ①

① 시력(視力), 물체의 존재나 형상을 인식하는 눈의 능력
②③④⑤ 사물을 보고 판단하는 힘

33 ①

① 어떤 장소 · 시간에 닿음을 의미한다.
②③④⑤ 어떤 정도나 범위에 미침을 의미한다.

34 ①

① 어떤 상태를 촉진 · 증진시키는 것을 의미한다.
②③④⑤ 위험을 벗어나게 하는 것을 의미한다.

35 ②

문장의 의미상 '아무리 하여도'의 의미를 갖는 '도저히'가 들어가야 한다.

36 ①

빈칸 앞에 있는 문장에서는 우리가 공간을 잘 인식할 수 없다고 하고 있지만, 빈칸 다음 문장에서는 별과 달로 인해 공간감이 생겨난다고 하고 있으므로 두 문장은 상반된다. 따라서 서로 일치하지 아니하거나 상반되는 사실을 나타내는 두 문장을 이어 줄 때 쓰는 접속 부사인 '하지만'이 가장 적절하다.

37 ③

① 액체 따위를 끓여서 진하게 만들다, 약제 등에 물을 부어 우러나도록 끓인다는 뜻이며 간장을 달이다, 보약을 달이다 등에 사용된다.

② '줄다'의 사동사로 힘, 길이, 수량, 비용 등을 적어지게 한다는 의미이다.

④ 어떤 사건에 휩쓸려 들어가다, 다른 사람이 하고자 하는 어떤 행동을 못하게 방해한다는 의미의 동사 또는 물기가 다 날아가서 없어진다는 의미인 마르다의 사동사이다.

⑤ '졸다'의 사동사 또는 속을 태우다시피 초조해하다의 의미를 갖는다.

※ '조리다'와 '졸이다'

'조리다'와 '졸이다'는 구별해서 써야 한다. 국물이 적게 바짝 끓일 때에는 '조리다'를 쓰고, 졸게 하거나 속을 태울 때는 '졸이다'를 쓴다.

38 ②

제시된 글은 BCI 기술에 대한 설명글이다. ㉠ 인간의 뇌에서 뉴런의 기능, ㉡ 인간의 뇌의 신호를 디지털로 변환하는 BCI 기술의 정의, ㉢ BCI기술의 활용분야, ㉣ BCI기술의 현재 실험의 진행상황, ㉤ BCI기술의 한계점과 추세를 설명하고 있다.

39 ③

빈칸 바로 앞에 위치한 문장은 삶의 이상은 현세적 조건에 놓여있다고 말하고 있다. 따라서 빈칸에는 현세적 조건이 모두 갖춰진 삶이 이상적인 삶이라는 내용이 나와야 한다. 빈칸 뒤에 서술된 내용도 내세의 이상적 조건 또한 현세에서 유추한다고 하고 있으므로 ③이 가장 적절하다.

40 ④

글 전체적으로 템포와 템포의 인지 감각에 관한 이야기를 하고 있고, 템포의 기준을 어떻게 잡느냐에 따라 음악의 악상이 달라진다고 하였으므로 음악에서 템포의 완급이 중요하다는 내용이 오는 것이 적절하다.

41 ③

'미봉'은 빈 구석이나 잘못된 것을 그때마다 임시변통으로 이리저리 주선해서 꾸며 댐을 의미한다.

③ 필요에 따라 그 때 그 때 정해 일을 쉽고 편리하게 치를 수 있는 수단을 의미한다.

① 말이나 글을 쓰지 않고 마음에서 마음으로 전한다는 말로, 곧 마음으로 이치를 깨닫게 한다는 의미이다.

② 눈을 비비고 다시 본다는 뜻으로 남의 학식이나 재주가 생각보다 부쩍 진보한 것을 이르는 말이다.

④ 주의가 두루 미쳐 자세하고 빈틈이 없음을 일컫는다.

⑤ 푸른 산에 흐르는 맑은 물이라는 뜻으로, 막힘없이 썩 잘하는 말을 비유적으로 이르는 말이다.

42 ④

④ 높은 곳에 오르려면 낮은 곳에서부터 오른다는 뜻으로, 일을 순서대로 하여야 함을 이르는 의미이다.

① 모순된 것을 끝까지 우겨서 남을 속이려는 짓을 비유적으로 이르는 말이다.

② 옛것을 익히고 그것을 미루어서 새것을 아는 것이다.

③ 뚜렷한 소신 없이 그저 남이 하는 대로 따라가는 것을 의미한다.

⑤ 이루기 힘든 일도 끊임없는 노력과 끈기 있는 인내로 성공한다는 의미이다.

43 ①

마지막 문장의 '어느 한 종이 없어지더라도 전체 계에서는 균형을 이루게 된다.'로부터 ①을 유추할 수 있다.

② 생태계는 '인위적' 단위가 아니다.

③ 생태계의 규모가 작을수록 대체할 종이 희박해지므로 희귀종의 중요성이 커진다.

④ 지문은 생산자, 소비자, 분해자가 서로 대체할 수 없는 구별되는 생물종이라는 전제 하에서 논의를 진행하고 있다.

⑤ 지문에서 유추할 수 있는 내용이 아니다.

44 ①

제시된 글은 영어 공용화에 대한 부정적인 입장이므로 반론은 영어 공용화에 대한 긍정적인 입장에서 근거를 제시해야 한다. ①은 영어 공용화에 대한 부정적인 입장이다.

45 ④

④ 제시된 지문은 올림픽에 출전한 선수들의 예를 통해 대한민국 국민 모두를 일반화시키는 성급한 일반화의 오류를 범하고 있다.

① 군중에의 호소

② 합성의 오류

③ 의도확대의 오류

⑤ 인신공격의 오류

46 ③

㈎에서는 언어 현실과 어문 규범과의 괴리에서 발생하는 문제점을 제시했다. ㈏에서는 이를 해결하기 위한 두 가지 주장을 들고 그 한계를 제시하고 있다. ㈐에서는 복수 표준어 개념을 설명하며 복수 표준어 확대가 새로운 대안임을 제시하고 있다. ㈑에서는 복수 표준어 인정 사례와 그 의의를 들고 있다.

47 ③

주어진 글에서는 어감(語感)의 차이를 설명하면서 복수 표준어로 인정한 단어의 사례를 들고 있다. ㉠에서 '오순도순'과 어감 차이가 나는 '오손도손'을 표준어로 인정한 것은 음성상징어에서 양성모음과 음성모음의 어감 차이를 나타낸 단어를 모두 표준어로 인정한 사례이다. '아웅다웅'과 '아옹다옹'도 같은 경우의 사례이다.

48 ④

역사가가 참여하고 있는 행렬의 지점이 과거에 대한 그의 시각을 결정한다고 하였으므로 역사를 볼 때 현재가 중요시됨을 알 수 있다.

49 ②

㈎ 다양한 유전자조작식품의 출현

㈏ 유전자조작식품에 대한 찬반의견

㈐ 유전자조작식품의 개념 설명

㈑ 최초의 유전자조작식품에 대한 설명

㈒ 유전자조작식품의 유용성 사례

50 ⑤

누리호의 발사일자에 대해 언급하지 않고 있다.

51 ⑤

⑤ 조선 후기의 사회 변화가 국가 전체 문화 동향을 서서히 바꿨다고 말하고 있다. 권력구조의 변화에 대한 주장은 제시되지 않았다.

52 ③

작자는 '문화나 이상을 추구하고 현실화하는 데에는 지식이 필요하다'고 하였다. 이를 볼 때 작자가 문화를 '지식의 소산'으로 여기고 있음을 알 수 있다.

53 ①

여요론트 부족 사회에서 돌도끼는 성인 남성만이 소유할 수 있는 가장 중요한 도구였으며, 이는 성(性) 역할, 연령에 따른 위계와 권위 등에 큰 영향을 미쳤다는 내용을 통해 돌도끼가 여요론트 부족 사회에서 성인 남자의 권위를 상징하는 도구였다는 것을 알 수 있다.

54 ④

문화의 발전이 단계적으로 이루어진다는 관점에서는 쇠도끼가 미개사회에 도입된 문명사회의 도구이므로 여요론트 부족의 문화 해체는 사회 발전을 위해 필요한 과도기로 이해될 수 있다.

55 ②

② 교수라면 학문을 연구하고 그 결과에 대한 논문을 작성하는 것이 당연하나, 교수이긴 하지만 학자가 아닌 사람들에게는 어쩔 수 없이 해야 하는 것이라는 반어적인 표현으로 쓰이고 있다.

56 ③

제시된 글에서 ㈏는 학문에서 진리를 탐구하는 행위는 논리로 이루어진다고 말하면서 논리의 중요성을 강조하고 있다. 그러면서 ㈑를 통해 논리에 대한 의심이 생길 수 있으나 학문은 논리를 신뢰하는 이들이 하는 행위라고 이야기하고 있다. 이러한 논리에 대한 믿음은 ㈎에서 더욱 강조되고 있다. 마지막으로 ㈐에서는 학문하는 척 하면서 논리를 무시하는 일부의 교수들을 막아야 한다고 주장하고 있다.

57 ④

위의 글은 '형식주의'와 '사실주의'의 유사점과 차이점을 들어 논의를 전개하고 있다. '형식주의'와 '사실주의'의 공통점은 물리적인 현실세계는 모든 영화의 소재가 된다는 것이며, 두 대상의 차이점은 사실주의는 현실의 모습을 그대로 드러내기 위해 형식이나 편집보다는 영화의 내용을 중시하는 반면에 형식주의 영화는 현실에 대한 주관적 경험을 표현하기 위해 현실의 소재를 의도적으로 왜곡하고, 사건의 이미지를 조작하는 영화 형식을 취한다는 것이다.

58 ③

형식주의 영화는 소재를 의도적으로 왜곡하고, 사건의 이미지를 조작하지만 현실 세계의 소재를 활용한다.

59 ④

일부는 좋아하고 일부는 불평을 한다는 것으로, 찬반 주장이 있을 수 있는 대상이 적절하다.

④ 탈원전에 찬성하는 의견은 원전으로 인한 사고 발생시 위험, 신재생에너지 적극 활용, 원전 폐기물 처리방법에 대한 해결책이 없는 것이 있다. 반대 의견은 전기요금 인상, 탈원전과 관련된 산업의 붕괴 등이 있다.

①②③⑤ 찬반이 없다.

60 ③

③ 생각하고 마음먹은 대로 일이 이루어짐

① 이리저리 왔다 갔다 하며 일이나 나아가는 방향을 종잡지 못함

② 무슨 일에 대하여 방향이나 갈피를 잡을 수 없음을 이르는 말

④ 어물어물 망설이기만 하고 결단성이 없음

⑤ 서로 변론을 주고받으며 옥신각신함. 또는 말이 오고 감

61 ④

하회별신굿탈놀이 자체의 특성을 설명하는 것이 아니라 하회별신굿탈놀이에 등장하는 하회탈에 대하여 서술하고 있다.

---

62 ①

② 백정탈은 치켜뜬 눈꼬리엔 살기가, 넓적한 주걱턱엔 장년의 힘이 넘친다.
③ 초랭이탈은 얼굴 전체가 왜곡 되어 있어서 보면 볼수록 묘한 율동감과 친밀감을 주는 탈이다.
④ 양반탈은 계란형에 감홍색, 매부리코에 실눈으로 온화하고 인자하게 웃는 한국인을 대표하는 얼굴이다.
⑤ 초랭이탈은 툭 불거진 이마에 잘려진 콧등, 튀어나온 눈알과 긴장된 눈빛, 좁고 길게 빠진 턱, 삐드러진 이빨, 삐뚤게 욱다문 입과 보조개를 가지고 있다.

---

63 ③

(나) : 정보해석능력과 시민들의 정치참여 사이의 양의 상관관계
(가) : (나)에 대한 반박
(라) : (가) 마지막에서 언급한 내용에 대한 예시
(다) : (라) 마지막에서 언급한 교육 수준이 높아지지만 정치참여는 증가하지 않는다는 것을 보여주는 경우

---

64 ③

(다) 푸드테크의 개념 정의
(라) (다)에 대한 분야별 구분 및 예시
(가) (다)의 기술에 대한 국내의 시장규모
(나) (다)의 기술에 해외의 푸드테크 추가적인 사례
(마) 기술의 산업에 대한 분석 및 대응방향

---

65 ⑤

⑤ 열에 강한 아포를 가지고 있어서, 끓여도 죽지 않고 휴면상태로 존재한다.

66 ⑤

마지막 문장에 사람들은 다른 문화의 낯선 음식에 대해서 이방인(다른 나라에서 온 사람) 취급을 한다고 나와 있다. 따라서 야만적(미개하여 문화 수준이 낮은 것)이라고 생각하는 것은 아니며 정답은 ⑤가 된다.

67 ③

첫 번째 문단의 둘째 문장 '그러나 ~ 뿐입니다.'를 참고하면, 현재는 동편과 서편의 구분이 뚜렷하지 않음을 알 수 있다.

68 ①

㈎, ㈏는 동편제, 서편제의 유래에 대해서 서술하고 있다. 그리고, ㈏의 '일제 강점기 때만 하더라도 이러한 지역적 특성을 지닌 판소리가 전승되고 있었습니다'라는 서술을 뒷받침하는 예로 ㈐, ㈑를 제시하였다.

69 ④

CEO가 가져야 할 자세로 ① 혁신적 사고, ② 사회에 환원, ③ 기업인의 윤리성 제고, ⑤ 소통의 창구를 설명하고 있다. ④은 CEO가 가져야 할 자세와는 관련이 없다.

70 ③

밑줄 친 '이것' 앞에는 디곡신을 투여하면 안 되는 질환을 가진 환자에 대한 설명이 있다.

71 ⑤

'버스나 전철의 경로석에 앉지 말기', '신호 지키기', '정당한 방법으로 돈을 벌기' 등은 사회 구성원의 약속이므로, 비록 이 약속이 개인의 이익과 충돌하더라도 지켜야 한다는 것이 이 글의 주제이다.

72 ⑤

위의 글에서는 주희, 정약용의 견해를 예로 들고 있다.
① 구분 ② 역설 ③ 묘사 ④ 분석 ⑤ 예시

73 ②

밑줄 친 부분에 사용된 진술 방식은 정의이다. 정의란 어떤 대상의 범위를 규정짓거나 개념을 풀이하는 것으로 ②에서 언어 기호에 대해 정의하고 있다.

74 ④

대한민국 영역 외에서도 「형법」이 적용되는 외국인의 범죄는 내란의 죄, 외환의 죄, 국기에 관한 죄, 통화에 관한 죄, 유가증권 · 우표와 인지에 관한 죄 등이다.

75 ④

㉢㉡ 영어 공용화를 통한 다원주의적 문화 정체성 확립 및 필요성→㉤ 다양한 민족어를 수용한 싱가포르의 문화적 다원성의 체득→㉠ 말레이민족 우월주의로 인한 문화적 다원성에 뒤쳐짐→㉣ 단일 민족 단일 모국어 국가의 다른 상황

76 ②

방화범을 잡겠다는 주민들의 의지를 나타낸다.

77 ②

제시된 글은 김구의 나의 소원으로 우리나라의 완전한 자주독립과 우리의 사명에 대해 피력하고 아름다운 우리나라 건국의 소망을 강한 설득력과 호소력으로 표현하고 있는 설득적인 논설문이다. 따라서 이 글의 목적은 독자의 행동과 태도 등을 변화시키는 것이다.

자료해석

01	02	03	04	05	06	07	08	09	10	11	12	13	14	15	16	17	18	19	20
④	④	③	②	①	④	③	③	①	①	④	④	②	④	④	④	①	②	①	①
21	22	23	24	25	26	27	28	29	30	31	32	33	34	35	36	37	38	39	40
②	③	④	②	①	④	①	④	②	④	②	④	①	③	①	②	③	④	③	④
41	42	43	44	45	46	47	48	49	50	51	52	53	54	55	56	57	58	59	60
④	②	④	④	④	②	②	①	②	①	④	③	②	③	③	①	③	④	③	①

01 ④

처음 숫자를 시작으로 3, 4, 5, 6, … 9까지 오름차순으로 더해나간다.

02 ④

처음에 앞의 숫자에 +2, ×2, −2의 수식이 행해지고 그 다음에는 +4, ×4, −4 그 다음은 +6, ×6, −6의 수식이 행해진다.

03 ③

홀수 항은 +6, 짝수 항은 −6의 규칙을 가진다.

04 ②

3(3×<u>1</u>)이 1개, 6(3×<u>2</u>)이 2개, 9(3×<u>3</u>)가 3개, 12(3×<u>4</u>)가 4개 … 이런 식으로 수가 배열되고 있다. 따라서 27은 24가 다 나온 후 처음으로 나오게 된다. 24는 3×8이므로 8개가 나오므로 1+2+3+4+5+6+7+8=36번째까지 24가 나오고 37번째에 27이 처음으로 나오게 된다.

05 ①

첫 항부터 +2, ×2의 규칙이 반복되고 있다.
9번째 항부터 계산하면 38×2=76,
10번째 항 76+2=78,
11번째 항 78×2=156,
12번째 항 156+2=158

06 ④

6명이 평균 10,000원을 낸 것이 된다면 총 금액은 60,000원이다.

60,000=18,000+21,000+4x 이므로

$\therefore x$=5,250(원)

07 ③

정빈이가 하루 일하는 양 $\frac{1}{18}$

수인이가 하루 일하는 양 $\frac{1}{14}$

전체 일의 양을 1로 놓고 같이 일을 한 일을 x라 하면

$\frac{3}{18}+(\frac{1}{18}+\frac{1}{14})x+\frac{1}{14}=1$

$\frac{(16x+30)}{126}=1$

$\therefore x$=6(일)

08 ③

2배가 되는 시점을 x주라고 하면

$(640+240x)+(760+300x)=2(1{,}100+220x)$

$540x-440x=2{,}200-1{,}400$

$100x=800$

$\therefore\ x=8$(주)

09 ①

세로의 길이를 x라 하면

$(x+13)\times x\times 7=210$

$x^2+13x=30$

$(x+15)(x-2)=0$

$\therefore\ x=2(cm)$

10 ①

지우개의 가격을 x, 연필의 가격을 y라 하면

$\begin{cases} 5x+8y=6,700 \\ 2x+11y=5,800 \end{cases}$ 이므로 두 식을 연립하면, $x=700$, $y=400$이 된다.

10,000원으로 최대한 많은 수의 지우개를 구매한다면 10,000÷700=14개가 된다.

이때 금액은 700×14=9,800이므로 남은 200원으로 연필을 구매해야하는데 연필 한 개의 금액보다 적으므로 연필은 구매할 수 없다.

---

11 ④

서울역에서 승차권 예매를 한 20분의 시간을 제외하면 걸은 시간은 총 36분이 된다.

갈 때 걸린 시간을 x분이라고 하면 올 때 걸린 시간은 $36-x$분

갈 때와 올 때의 거리는 같으므로

$70\times x=50\times(36-x)$

$120x=1,800 \rightarrow x=15$(분)

사무실에서 서울역까지의 거리는 $70\times 15=1,050(m)$

왕복거리를 구해야 하므로 $1,050\times 2=2,100(m)$가 된다.

---

12 ④

평균 $=\dfrac{\text{자료 값의 합}}{\text{자료의 수}}$ 이므로 $A=\dfrac{x}{20}=70 \rightarrow x=1,400$

$B=\dfrac{y}{30}=80 \rightarrow y=2,400$

$C=\dfrac{z}{50}=60 \rightarrow z=3,000$

세 반의 평균은 $\dfrac{1,400+2,400+3,000}{20+30+50}=68$(점)

---

13 ②

열차의 속력 x, 다리의 길이 y

$60x=300+y$

$2\times 27x=150+y$

$\therefore y=1,200(m)$

14 ④

실제의 길이=축도에서의 길이÷축척

가로 길이$=4\div\frac{1}{500}=2{,}000=20(m)$

세로 길이$=5\div\frac{1}{500}=2{,}500=25(m)$

$20\times25=500(m^2)$

15 ④

$\frac{7}{10}\times\frac{6}{9}\times\frac{5}{8}=\frac{210}{720}=\frac{7}{24}$

$1-\frac{7}{24}=\frac{17}{24}$

16 ④

① 2013년과 2015년의 전체 사교육 참여율은 같지만 참여시간이 다르다.

② 2016년부터 2018년까지 초등학생의 사교육 참여시간은 감소하고 있다. (6.8→6.7→6.5)

③ 2013년과 2014년 중학생의 사교육 참여율은 다르지만 참여시간이 같다.

17 ①

① 1, 2월 증가하다 3월부터 5월까지는 하향세, 6월부터 다시 증가했다. 그러므로 지속적으로 증가하고 있다는 설명은 옳지 않다.

② 판매서비스 4월:4,998(천일) 〈 5월:5,497(천일)

③ 사무전문직 4월:11,225(천일), 무직 · 은퇴 4월:2,335(천일)이다.
11,225÷2,335≒4.8이므로 4배 이상 많다.

④ 자영업은 6월부터 6,517(천일), 7월 8,558(천일), 8월 9,659(천일)로 지속적으로 증가하고 있는 것을 알 수 있다.

18 ②

주어진 표에 따라 조건을 확인해보면, 조건의 ㉡은 B, E가 해당하는데 ㉢에서 B가 해당하므로 ㉡은 E가 된다. ㉣은 F가 되고 ㉤은 C가 되며 ㉥은 D가 된다. 남은 것은 TV이므로 A는 TV가 된다. 그러므로 TV – 냉장고 – 의류 – 보석 – 가구 – 핸드백의 순서가 된다.

19 ①

① $\frac{63}{652} \times 100 = 9.66(\%)$

② 유형별 전체 보유건수가 가장 많은 문화유산은 지방지정문화재이다.

③ 등록 문화재를 보유한 시는 7개이다.

④ '문화재 자료' 보유건수가 가장 많은 시는 용인시다.

20 ①

① 전체 인구수는 전년보다 동일하거나 감소하지 않고 매년 꾸준히 증가한 것을 알 수 있다.

② 2019년과 2020년에는 전년보다 감소하였다.

③ 2019년 이후부터는 5% 미만 수준을 계속 유지하고 있다.

④ 증가나 감소가 아닌 변화 전체를 묻고 있으므로 2016년(+351명), 2017년(+318명), 그리고 2021년(–315명)이 된다.

21 ②

② 중국 국적 남자 13,620명, 캄보디아 국적 여자 4,329명
4,329×3=12,987 < 13,620

① 전체 결혼이민자 중 일본 국적 14,252명, 필리핀 국적 12,099명이므로 일본 국적이 필리핀 국적보다 많다.

③ 전체 결혼이민자 중 여자가 차지하는 비중은 82.6%로 80%를 넘는다.

④ 일본, 필리핀, 기타 국적 여자의 수를 더한 값은 13,036+11,625+14,271=38,932
38,932명 < 42,066명(베트남 국적 여자의 수)

22 ③

$$\frac{3,940}{167,860} \times 100 ≒ 2.3$$

23 ④

㉠ A 쇼핑몰 : $129,000 - 7,000 + 2,000 = 124,000$(원)
㉡ B 쇼핑몰 : $131,000 \times 0.97 - 3,500 = 123,570$(원)
㉢ C 쇼핑몰 : $130,000 \times 0.93 + 2,500 = 123,400$(원)
$\therefore\ C < B < A$

24 ②

$124,000 - 123,400 = 600$(원)

25 ①

B국(22.6%), N국(20.5%), M국(18.3%), S국(16.6%)

26 ④

N국과 B국은 0~14세 인구 비율이 낮은데 그 중에서 가장 낮은 나라는 B국으로 0~14세 인구가 전체 인구의 13.2%이다.

27 ①

A국의 노령화 지수는 67.7%이므로,

$\frac{x}{8,900,000} \times 100 = 67.7$이고,

$x = 6,025,300$(명)

28 ④

④ 우리 국민들 중 가장 많은 사람들이 연 1~2회 정도 등산을 한다.

① 선호도가 높은 2개의 산은 설악산과 지리산으로 38.9+17.9=56.8(%)로 50% 이상이다.

② 설악산을 좋아한다고 답한 사람은 38.9%, 지리산, 북한산, 관악산을 좋아한다고 답한 사람의 합은 30.7%로 설악산을 좋아한다고 답한 사람이 더 많다.

③ 주 1회, 월 1회, 분기 1회, 연 1~2회 등산을 하는 사람의 비율은 82.6%로 80% 이상이다.

29 ②

총 여성 입장객수는 3,030명

21~25세 여성입장객이 차지하는 비율은 $\frac{700}{3,030} \times 100 \fallingdotseq 23.1(\%)$

30 ④

총 여성 입장객수 3,030명

26~30세 여성입장객수 850명이 차지하는 비율은

$\frac{850}{3,030} \times 100 \fallingdotseq 28(\%)$

31 ②

중량이나 크기 중에 하나만 기준을 초과하여도 초과한 기준에 해당하는 요금을 적용한다고 하였으므로, 보람이에게 보내는 택배는 10kg지만 130cm로 크기 기준을 초과하였으므로 요금은 8,000원이 된다. 또한 설희에게 보내는 택배는 60cm이지만 4kg으로 중량기준을 초과하였으므로 요금은 6,000원이 된다.

$\therefore 8,000 + 6,000 = 14,000$(원)

32 ④

제주도까지 빠른 택배를 이용해서 20kg미만이고 140cm미만인 택배를 보내는 것이므로 가격은 9,000원이다. 그런데 안심소포를 이용한다고 했으므로 기본요금에 50%가 추가된다.

$\therefore 9,000 + (9,000 \times \frac{1}{2}) = 13,500$(원)

33 ①

㉠ 타지역으로 보내는 물건은 140cm를 초과하였으므로 9,000원이고, 안심소포를 이용하므로 기본요금에 50%가 추가된다.

∴ 9,000 + 4,500 = 13,500(원)

㉡ 제주지역으로 보내는 물건은 5kg와 80cm를 초과하였으므로 요금은 7,000원이다.

34 ③

다음 표에서 채울 수 있는 부분을 완성하면 다음과 같다.

항목 / 샘플	총질소	암모니아성 질소	질산성 질소	유기성 질소	TKN
A	46.24	14.25	2.88	29.11	43.36
B	37.38	6.46	(5.91)	25.01	(31.47)
C	40.63	15.29	5.01	20.33	35.62
D	54.38	(12.48)	(4.99)	36.91	49.39
E	41.42	13.92	4.04	23.46	37.38
F	(40.33)	( )	5.82	( )	34.51
G	30.73	5.27	3.29	22.17	27.44
H	25.29	12.84	(4.57)	7.88	20.72
I	(41.58)	5.27	1.12	35.19	40.46
J	38.82	7.01	5.76	26.05	33.06
평균	39.68	( )	4.34	( )	35.34

따라서 ㉠ = 5.91, ㉡ = 40.33이다.

35 ①

① 샘플 B의 TKN 농도는 31.47이므로 30mg/L 이상이다.
② 샘플 A의 총질소 농도는 샘플 I의 총질소 농도보다 높다.
③ 샘플 B의 질산성 질소 농도는 샘플 D의 질산성 질소 농도보다 높다.
④ 주어진 자료로 샘플 F의 암모니아성 질소 농도와 유기성 질소 농도를 비교할 수 없다.

36 ②

총질소 농도가 평균값보다 낮은 샘플 : B, G, H, J

질산성 질소 농도가 평균값보다 낮은 샘플 : A, E, G, I

따라서 둘 다 평균값보다 낮은 샘플은 G뿐이다.

37 ③

③ 각각 8시간으로 동일하다.

① 여름(경부하)이 봄 · 가을(경부하)보다 전력량 요율이 더 낮다.

② 최소 : 57.6 × 100 = 5,760원, 최대 : 232.5 × 100 = 23,250원이며 차이는 16,000원 이상이다.

④ 22시 30분에 최대부하인 계절은 겨울이다.

38 ④

㉠ 12월 겨울 중간부하 요율 : 128.2 × 100 = 12,820 + 2,390(기본) = 15,210(원)

㉡ 6월 여름 경부하 요율 : 57.6 × 100 = 5,760 + 2,390(기본) = 8,150(원)

∴ 15,210 + 8,150 = 23,360(원)

39 ③

③ 정식재판기소 인원과 약식재판기소 인원의 합은 기소 인원이며 주어진 자료에서는 매년 처리 인원 중 기소 인원이 차지하는 비율이 50% 미만이다.

① 2021년에는 처리인원이 전년대비 증가했지만, 기소인원은 전년대비 감소했다.

② 2022년이 2021년에 비해 처리인원은 7,056명 증가, 기소 인원은 2,206명 증가, 불기소 인원은 4,850명 증가했다.

④ 2018년 불기소 인원(19,449명)은 정식재판기소 인원(1,966명)의 10배(19,660명) 이하이다.

40 ④

2018년 : 42.2%

2019년 : 41.5%

2020년 : 43%

2021년 : 38.8%

2022년 : 37.4%

41 ④

위의 자료를 참고하여 다음과 같은 표를 만들 수 있다.

구분 / 국가	특허등록건수(건)	영향력지수	기술력지수	해당국가의 피인용비	특허피인용건수
미국	500	(㉠1.2)	600.0	12	6000
일본	269	1.0	269.0	10	2690
독일	(㉡75)	0.6	45.0	6	450
한국	59	0.3	17.7	3	177
네덜란드	(㉢30)	0.8	24.0	8	240
캐나다	22	(㉣1.4)	30.8	14	308
이스라엘	17	0.6	10.2	6	102
태국	14	0.1	1.4	1	14
프랑스	13	0.3	3.9	3	39
핀란드	9	0.7	6.3	7	63

따라서 정답은 ④이다.

42 ②

② 프랑스와 태국의 특허피인용건수의 차이는 프랑스와 핀란드의 특허피인용건수의 차이보다 크다.

① 캐나다의 영향력지수(1.4)는 미국의 영향력지수(1.2)보다 크다.

③ 한국의 특허피인용건수는 여섯 번째로 많다.

④ 캐나다가 가장 높다.

43 ④

캐나다(308) – 네덜란드(240) – 한국(177) – 이스라엘(102)

44 ④

④ $\frac{11,879,849}{18,403,373} \times 100 \fallingdotseq 64.55(\%)$

① $\frac{18,403,373}{44,553,710} \times 100 \fallingdotseq 41.37(\%)$, ② $\frac{10,604,212}{17,178,526} \times 100 \fallingdotseq 61.73(\%)$, ③ $\frac{15,748,774}{47,041,434} \times 100 \fallingdotseq 33.48(\%)$

45 ④

① 0~9세 아동 인구는 점점 감소하고 있으므로 전체 인구수의 증가 이유와 관련이 없다.

② 연도별 25세의 인구수는 각각 26,150,337명, 28,806,766명, 31,292,660명으로 24세 이하의 인구수보다 많다.

③ 전체 인구 중 10~24세 사이의 인구가 차지하는 비율은 약 26.66%, 23.06%, 21.68%로 점점 감소하고 있다.

46 ②

월별 평균점수

월	1	2	3	4	5	6	7	8	9	10	11	12
평균 점수	82.5	86	89.5	94.5	87	85.5	86	78.5	83.5	83.5	89	85

47 ②

① 제시된 자료로는 60대 인구가 스트레스 해소로 목욕 · 사우나를 하는지 알 수 없다.

③ 60대 인구가 여가활동을 건강을 위해 보내는 비중이 2021년에 증가하였고 2022년은 전년과 동일한 비중을 차지하였다.

④ 여가활동을 목욕 · 사우나로 보내는 비율이 60대 인구의 여가활동 가운데 가장 높다.

48 ①

$$\frac{x}{25\text{만}} \times 100 = 52(\%)$$

$$x = 13(\text{만 명})$$

49 ②

$200,078 - 195,543 = 4,535$(백만 원)

50 ①

$103,567 \div 12,727 = 8.13$(배)

51 ④

① 청년층에서 반대하는 사람 수(50명) > 장년층에서 반대하는 사람 수(25명)

② B당을 지지하는 청년층에서 반대하는 비율 : $\frac{40}{40+60} = 40(\%)$

B당을 지지하는 장년층에서 반대하는 비율 : $\frac{15}{15+15} = 50(\%)$

③ A당은 찬성 150, 반대 20, B당은 찬성 75, 반대 55의 비율이므로 A당의 찬성 비율이 높다.

④ 청년층에서 A당 지지자의 찬성 비율 : $\frac{90}{90+10} = 90(\%)$

청년층에서 B당 지지자의 찬성 비율 : $\frac{60}{60+40} = 60(\%)$

장년층에서 A당 지지자의 찬성 비율 : $\frac{60}{60+10} \fallingdotseq 86(\%)$

장년층에서 B당 지지자의 찬성 비율 : $\frac{15}{15+15} = 50(\%)$

따라서 찬성 비율에서 지지 정당별 차이는 청년층보다 장년층에서 더 크다.

52 ③

124,597명으로 중국 국적의 외국인이 가장 많다.

53 ②

② 3자리 유효숫자로 계산해보면, 175의 60%는 105이므로 중국국적 외국인이 차지하는 비중은 60% 이상이다.

① 2016년에 감소를 보였다.

③ 2012~2019년 사이에 서울시 거주 외국인 수가 매년 증가한 나라는 중국이다.

④ $\frac{6,332+1,809}{57,189} \fallingdotseq 0.14(\%) > - \frac{8,974+11,890}{175,036} \fallingdotseq 0.12(\%)$

54 ③

(343 + 390 + 505)×3,500원 + 621×(3,500원 × 0.8) = 6,071,800(원)

55 ③

③ 제품 X : 3,000원 × 1,600개 = 4,800,000원, 제품 Y : 2,700원 × 1,859개 = 5,019,300원. 따라서 제품 Y의 출하액이 더 많다.

② 1월부터 4월까지 제품 X의 총 출하량은 254 +340 +541 +465 = 1,600(개)이고, 제품 Y의 총 출하량은 343 + 390 + 505 + 621 = 1,859(개)이다.

④ 3월의 출하액은 1,000원 × 541개 = 541,000원이고 4월의 출하액은 1,200원 × 465개 = 558,000원으로, 4월의 출하액이 더 많다.

56 ①

㉢ 자료에서는 서울과 인천의 가구 수를 알 수 없다.

㉣ 남부가 북부보다 지역난방을 사용하는 비율이 높다.

57 ③

450,000×0.19×0.03=2,565(명)

58 ④

④ 각 시의 미성년자 수는 A시가 85,500명, B시가 111,600명, C시가 98,700명, D시가 28,000명이다.

① A시의 남성 비율은 B시의 여성 비율과 같으나 인구수가 다르므로 남성 수와 여성 수는 다르다.

② 남성 비율이 가장 높은 곳은 C시이나, 실제의 남성 수는 A시가 23,400명, B시가 297,600명, C시가 258,500명, D시가 120,400명으로 B시가 가장 많다.

③ 미성년자 중 여성의 비율은 알 수 없다.

59 ③

2020년도 재무부서의 직원비율은 8.0%이므로

직원수는 $1{,}800 \times 0.08 = 144$(명)

60 ①

2018년도 생산부서와 기타부서에 속하는 직원의 비율은 $30.0 + 27.5 = 57.5$(%)

생산부서와 기타부서에 속하지 않는 직원의 비율은 $100 - 57.5 = 42.5$(%)

CHAPTER

제1회 모의고사 02

공간능력

01	02	03	04	05	06	07	08	09	10	11	12	13	14	15	16	17	18
④	①	②	③	③	①	②	③	②	②	①	①	③	③	③	④	①	②

01 ④

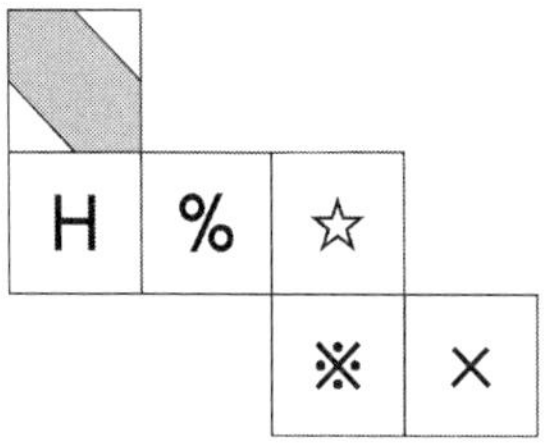

02 ①

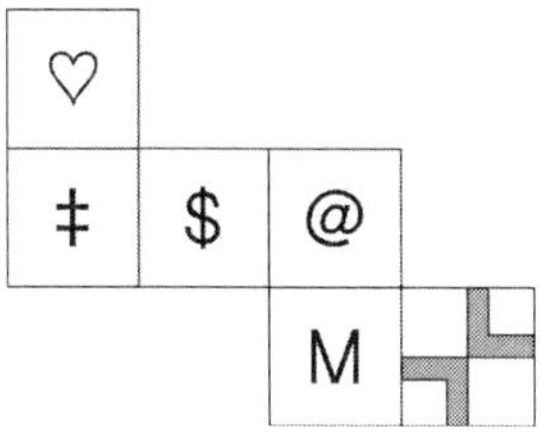

03 ②

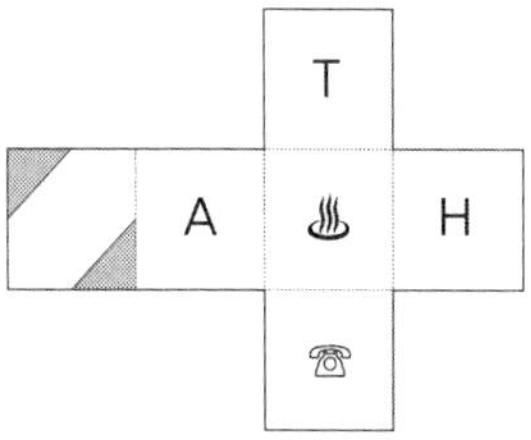

04 ③

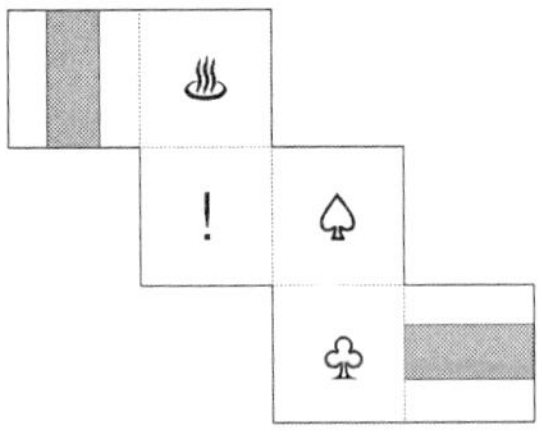

05 ③

①
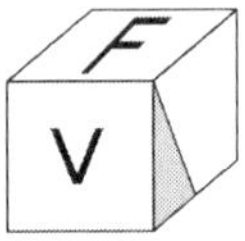

②
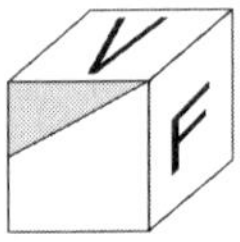

④
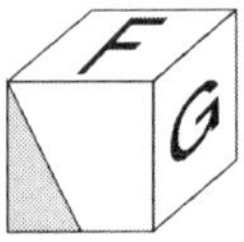

06 ①

②
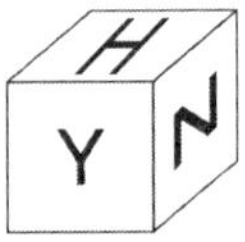

③
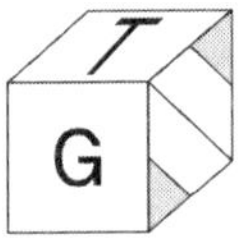

④
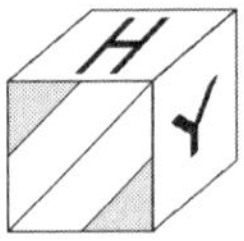

07 ②

①

③

④
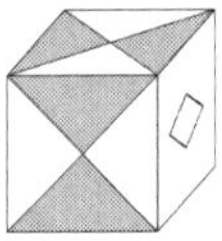

08 ③

①

②

④
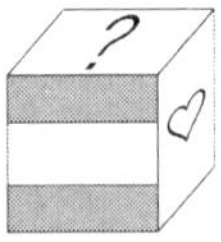

09 ②

① 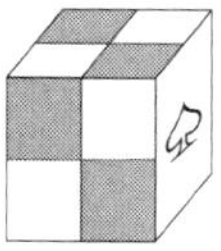 ③ 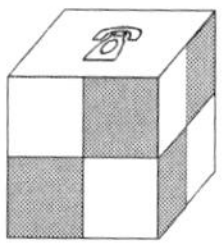 ④ 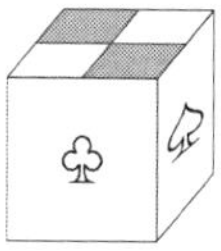

10 ②

1단 : 17개, 2단 : 9개, 3단 : 5개, 4단 : 2개, 5단 : 2개
총 35개

11 ①

1단 : 14개, 2단 : 10개, 3단 : 7개, 4단 : 1개
총 32개

12 ①

1단 : 8개, 2단 : 5개, 3단 : 4개, 4단 : 2개, 5단 : 1개
총 20개

13 ③

1단 : 13개. 2단 : 9개, 3단 : 7개, 4단 : 2개, 5단 : 1개
총 32개

14 ③

1단 : 15개, 2단 : 10개, 3단 : 7개, 4단 : 5개, 5단 : 3개, 6단 : 2개
총 42개

15 ③

화살표 방향을 정면으로 왼쪽에서부터 1열이라고 할 때, 1 – 4 – 3 – 3 – 2층으로 보인다.

16 ④

화살표 방향을 정면으로 왼쪽에서부터 1열이라고 할 때, 4 – 4 – 2 – 3 – 1층으로 보인다.

17 ①

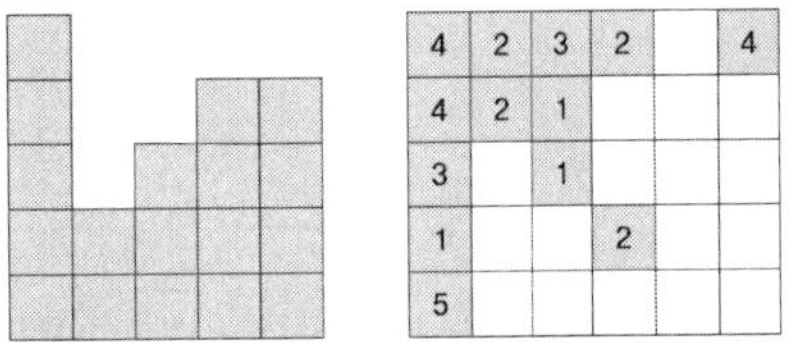

오른쪽에서 본 모습 정면 위에서 본 모습

18 ②

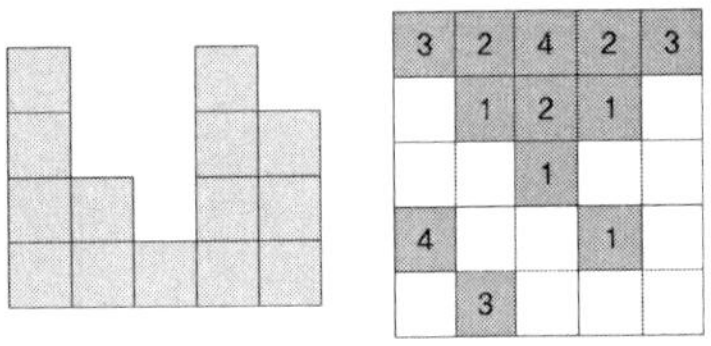

왼쪽에서 본 모습 정면 위에서 본 모습

지각속도

01	02	03	04	05	06	07	08	09	10	11	12	13	14	15	16	17	18	19	20
①	②	②	①	②	②	②	①	②	②	①	②	①	②	②	①	③	④	①	②
21	22	23	24	25	26	27	28	29	30										
④	③	②	②	①	③	③	④	②	④										

01 ①

b a f e d – 군 가 산 복 무

02 ②

h g c b a – 지 원 **금 군** 가

03 ②

e g h c f – 복 원 **지 금** 산

04 ①

8 7 3 1 4 – 강 한 친 구 !

05 ②

2 7 5 6 4 – 대 한 육 군 **!**

06 ②

3 1 8 2 5 – 친 **구** 강 **대 육**

07 ②

a b c g h j i – ① ② ③ **⑦** ⑧ **⑩ ⑨**

08 ①

g b c f i f a j – ⑦ ② ③ ⑥ ⑨ ⑥ ① ⑩

09 ②

b d c a g i j h f e – ② ④ ③ ① ⑦ ⑨ ⑩ ⑧ **⑥** **⑤**

10 ②

제 대 군 인 지 원 에 관 한 법 – 1 7 3 0 8 2 6 4 9 **5**

11 ①

대 원 지 원 관 원 법 인 법 관 – 7 2 8 2 4 2 5 0 5 4

12 ②

한 지 원 대 에 인 제 군 관 법 – 9 8 2 7 6 **0** 1 **3** 4 5

13 ①

ⓓ ⓑ ⓗ ⓖ ⓙ ⓐ – ☍ ☊ ♋ ♈ ♎ ☌

14 ②

ⓕ ⓖ ⓗ ⓘ ⓔ ⓙ – ♇ **♈** ♋ ♌ ☎ ♎

15 ②

ⓑ ⓒ ⓖ ⓗ ⓕ ⓓ – ☊ ☌ **♈** ♋ ♇ ☍

16 ①

㉠㉥㉡㉢㉣㉤㉦㉧㉨㉩㉪㉫㉬㉭㉨㉩㉥㉠㉡㉢

17 ③

㈎㈑㈒㈓㈙㈚㈛㈗㈖㈏㈕㈖㈏㈑㈒㈏㈓㈔

18 ④

ⓐⓑⓕⓕⓕⓒⓓⓔⓖⓖⓔⓓⓑⓘⓕⓙⓙⓘⓔⓐⓐⓒ

19 ①

That photograph doesn't look like her at all

20 ②

ⅪⅫ Ⅹ Ⅸ ⅪⅫ Ⅹ ⅨⅨ Ⅹ ⅪⅫⅪ Ⅹ ⅨⅨ Ⅹ ⅪⅫⅪ Ⅹ Ⅸ

21 ④

ㄱ ㄹ ㅎ ㅅ ㅇ ㄴ ㅊ ㅋ ㄷ ㄱ ㄹ ㄴ ㅂ ㅍ ㅌ ㅇ ㄹ ㅅ ㅂ ㅈ ㄴ ㅇ ㅊ ㄴ

22 ③

16597881357112694417889386467625168683617 6

23 ②

대한민국 역사 속의 큰 기둥 역할 힘찬 도전

24 ②

ball games, such as football or tennis board games

25 ①

π ρ σ τ υ φ χ ψ ρ τ φ ψ τ φ ψ π σ υ χ ω τ φ τ χ τ χ τ ρ σ τ υ φ χ σ τ υ π ρ σ τ

26 ③

♤♠♡♥♧♣◉◈♤♠♡♥♧♣◉◈▣♤♠♡♥♧♣◉◈

27 ③

50789947454159743933459123974235972l9

28 ④

가로수 그늘아래 서면 떠가는 듯 그대 모습 어느 찬비 흩날린 가을

29 ②

you are nuts about something or someone

30 ④

⊂⊃∪∩⊃∩⊂∪⊂⊃∪∩∪⊃⊂∪⊃∩⊃⊂∪⊂⊃∪∩

언어논리

01	02	03	04	05	06	07	08	09	10	11	12	13	14	15	16	17	18	19	20
④	④	②	⑤	②	①	③	④	①	③	②	④	⑤	④	④	④	③	③	②	②
21	22	23	24	25															
②	④	⑤	④	④															

01 ④

마지막 문장을 통해 무중력 훈련이 어떻게 이루어지는가에 대한 내용이 올 것이라는 것을 추론할 수 있다. 따라서 글의 제목은 '비행사의 무중력 훈련'이 된다.

02 ④

'늙은 어부'의 그림과 '격심한 갈등을 보여주는 영화'를 예로 들어 예술의 미란 단순한 '미', '추'의 개념으로 판단할 수 없음을 말하고 있다.

03 ②

② 글씨의 획에서 드러난 힘이나 기운
① 자기 혼자의 힘
③ 사람의 몸으로 활동할 수 있는 정신과 육체의 힘
④ 군사상의 힘
⑤ 권력이나 기세의 힘

04 ⑤

㉡ 인삼에 대한 소개
㉣ 중국과 일본에서의 인삼의 인기 증가
㉢ 이에 따른 인삼 상인의 등장
㉤ 적극적인 인삼상인 삼상의 등장
㉠ 삼상의 정의

05 ②

㉠ 뒷부분은 앞 내용에 대한 부연 설명으로 '즉'이 오는 것이 적절하며 ㉡ 뒷부분은 덧붙여 설명하며 글을 끝맺고 있으므로 '이처럼'이 적절하다.

06 ①

① 사물이나 현상을 관찰할 때, 그 사람이 보고 생각하는 태도나 방향 또는 처지
② 미처 생각이 미치지 못한, 모순되는 점이나 틈
③ 좋거나 잘하거나 긍정적인 점
④ 맨 꼭대기가 되는 곳
⑤ 측량할 때 그 기준이 되는 점

07 ③

문장의 의미상 '반드시, 꼭, 틀림없이'의 의미를 갖는 '기어이'가 들어가야 한다.

08 ④

- 운동과 식이요법을 (병행)한 다이어트가 가장 효과적이다.
- 회사 내에 어린이집을 (병설)한 것은 아주 탁월한 선택이었다.
- 새로운 사업은 순조롭게 (진행)되고 있었다.
- 전국 발명품 (경진)대회는 많은 학생들의 관심을 샀다.

④ 물건을 사려는 사람이 여럿일 때 값을 가장 높이 부르는 사람에게 파는 일
① 둘 이상의 일을 한꺼번에 행함
② 두 가지 이상을 아울러 한곳에 갖추거나 세움
③ 앞으로 향하여 나아감
⑤ 제품이나 상품 따위의 우열(優劣)을 가리는 일

09 ①

① 어떤 조건이나 시간, 기회 등을 이용하다.
②③ 바람이나 물결, 전파 따위에 실려 퍼지다.
④⑤ 도로, 줄, 산, 나무, 바위 따위를 밟고 오르거나 그것을 따라 지나가다.

10 ③

③ 어떤 관계의 사람을 얻거나 맞다.
① 상대편의 형편 따위를 헤아리다.
② 점 따위로 운수를 알아보다.
④ 어떤 결과나 관계를 맺기에 이르다.
⑤ 어떤 일을 당하거나 겪거나 얻어 가지다.

11 ②

② 권리나 결과 · 재산 따위를 차지하거나 획득하다.
① 긍정적인 태도 · 반응 · 상태 따위를 가지거나 누리게 되다.
③ 일꾼이나 일손 따위를 구하여 쓸 수 있게 되다.
④ 병을 앓게 되다.
⑤ 사위, 며느리, 자식, 남편, 아내 등을 맞다.

12 ④

④ (비유적으로) 감정이나 열정 따위가 격렬하다.
①⑤ 손이나 몸에 상당한 자극을 느낄 정도로 온도가 높다.
② 사람의 몸이 정상보다 열이 높다.
③ 무안하거나 부끄러워 얼굴이 몹시 화끈하다.

13 ⑤

⑤ 무엇을 무엇이 되게 하거나 여기다.
① 어떤 대상과 인연을 맺어 자기와 관계있는 사람으로 만들다.
② 무엇을 무엇으로 가정하다.
③ 짚신이나 미투리 따위를 결어서 만들다.
④ 삼이나 모시 따위의 섬유를 가늘게 찢어서 그 끝을 맞대고 비벼 꼬아 잇다.

14 ④

마지막 문단에서 뮐러는 에우다이모니아의 순간성, 역사성, 영원성은 서로 무관한 것이 아닌 것으로 보았다는 것을 알 수 있다. 따라서 정답은 ④이다.

15 ④

'감각적 향유로서의 에우다이모니아는 먹고 마시는 행위와 같은 신체적 감각을 통한 향유가 이성의 테두리 안에서 이루어질 때 얻게 되는 것이다'를 통해 ㉠은 정신을 배제한 신체적 감각을 중시한다고 볼 수 없으므로 정답은 ④이다.

16 ④

최소비용이론과 최대수요이론의 형성 과정은 윗글을 통해 파악할 수 없는 내용이므로 정답은 ④가 된다.

17 ③

③ '서로 다르지 않고 하나이다'라는 뜻
① '다른 것과 비교하여 그것과 다르지 않다'는 뜻
② '기준에 합당한'의 뜻
④ '지금의 마음이나 형편에 따르자면'의 뜻
⑤ '추측, 불확실한 단정'의 뜻

18 ③

① 나이가 어릴수록 셀프 핸디캐핑을 자주 사용한다는 내용은 언급되지 않았다.
② 셀프 핸디캐핑은 친밀감이 높고 낮은 것과 관련이 있는지 확인할 수 없다.
④ 마지막 문단에서 셀프 핸디캐핑은 자기 개발을 위한 노력을 덜하여 결국 자신의 능력을 키울 수 있는 기회를 원천봉쇄하는 것이 될 수도 있다는 것을 확인할 수 있다.
⑤ 셀프 핸디캐핑이 위치적 요인보다는 형태적 요인에 더 큰 영향을 받는지는 확인할 수 없다.

19 ②

본인에게 중요할수록, 그리고 자존심 같은 성격적 특성이 두드러질 때 일어나기 쉽다.

20 ②

회화가 어떤 경향으로 변천되어 왔는지에 대한 내용은 없다.

21 ②

'능동적 행위'를 '대상의 의미를 전달하는 데 얽매이지 않고 자신을 드러내는 행위'의 의미라고 할 수 있다.

22 ④

전자상거래법은 소비자 피해를 예방하고 소비자 권익을 보호하기 위한 것이라고 제시되어 있으므로 소비자 피해 보상에 초점을 둔다고 볼 수 없다.

23 ⑤

에스크로를 이용하면 제3자가 물품대금을 맡아두었다가 소비자가 물품을 받은 후 구매 승인을 한 다음 판매자에게 물품대금을 지급하므로 비대면으로 이루어지는 거래이지만 소비자가 물품을 직접 확인한 후 구매 의사를 결정할 수 있다.

24 ④

수동적 깊이 센서 방식에서 두 카메라는 동일한 수평선상에 정렬되어 있어야 하고, 카메라의 광축도 평행을 이루어야 한다.

25 ④

① TOF 카메라는 밝기 또는 색상으로 표현된 동영상 형태로 깊이 정보를 출력한다.
② TOF 카메라는 적외선을 사용하기 때문에 태양광이 있는 곳에서는 사용하기 어렵다.
③ TOF 카메라는 대상으로부터 반사된 빛을 통해 깊이 정보를 측정하는 것이므로 빛 흡수율이 높은 대상은 깊이 정보를 획득하기 어렵다.
⑤ TOF 카메라는 보통 10m 이내로 촬영 범위가 제한된다.

자료해석

01	02	03	04	05	06	07	08	09	10	11	12	13	14	15	16	17	18	19	20
④	④	②	②	④	②	④	③	④	①	③	②	①	③	④	③	②	②	②	④

01 ④

앞의 두 항을 곱한 것이 다음 항이 된다.

따라서 8×32=256

02 ④

+3, −6, +9, −12, +15, −18 규칙을 가진다.

따라서 12−18=−6

03 ②

지금부터 3배가 되는 해를 x라 하면,

$(24+x)=3(4+x)$

$\therefore\ x=6$

6년 후이므로 자식의 나이는 10세이다.

04 ②

8% 소금물의 양을 x, 13% 소금물의 양을 y라 하고

소금물의 양과 소금의 양을 연립방정식으로 나타내면

$$\begin{cases} x+y=200 \\ \left(x\times\dfrac{8}{100}\right)+\left(y\times\dfrac{13}{100}\right)=20 \end{cases} \Rightarrow \begin{cases} 8x+8y=1{,}600 \\ 8x+13y=2{,}000 \end{cases}$$

두 식을 연립하여 풀면 $x=120$, $y=80$

따라서 13%의 소금물은 80g을 섞어야 한다.

05 ④

수작업용 가위를 사용할 때 작업면적을 x라 하면, 기계를 사용할 때의 작업면적은 $4x$가 되므로

$x+4x=20 \rightarrow x=4$

수작업용 가위를 사용할 때 작업시간은 $20 \div 4=5$

06 ②

② 'G인터넷'과 'HS쇼핑'의 3월 데이터 사용량의 합(7.1 GB)은 나머지 앱의 3월 데이터 사용량의 합(약 6.1 GB)보다 많다.

① 증가량이 가장 큰 앱은 G인터넷이다.

③ $27.7+14.8+0.7<45.3$

④ 사용량 증가는 7개, 사용량 감소는 10개이다.

07 ④

④ $14{,}110-14{,}054-10=46$, $4{,}922-4{,}819-3=100$

$\therefore\ 46<100$

① 2019년이 $237{,}000-208{,}113-2{,}321=26{,}566$십억 원으로 가장 크다.

② 2019년 내국세 미수납액 : $213{,}585-185{,}240-2301=26{,}044$(십억 원)

2019년 총 세수입 미수납액 : $237{,}000-208{,}113-2{,}321=26{,}566$(십억 원)

$\therefore \dfrac{26{,}044}{26{,}566}\times 100=98(\%)$

③ $\dfrac{1{,}400}{1{,}281}\times 100=109\%$로 수납비율이 가장 높은 항목은 종합부동산세이다.

08 ③

2015년 : $\dfrac{180{,}153}{175{,}088}\times 100=102.9(\%)$

2019년 : $\dfrac{208{,}113}{205{,}964}\times 100=101(\%)$

09 ④

㉠ 15 ~ 19세를 제외하고 B사에서 제조한 스마트폰의 선호도가 높기 때문에 B사에서 제조한 스마트폰이 전반적으로 인기가 더 많다.

㉡ 선호도는 30대에 격차가 제일 크다.

㉢ 40대 이후로 두 기업 모두 스마트폰 선호도가 감소하고 있다.

㉣ B사의 제조국이 어디인지는 해당 자료에서 확인할 수 없다.

10 ①

㉢㉣ 인구 증가율이 0보다 크면 인구수는 증가한다. 그래프에서는 도시별 인구수를 알 수 없기 때문에 증가율만 가지고는 도시 간 인구수를 비교할 수가 없다.

11 ③

신 · 재생에너지(바이오매스, 태양광, 풍력 등)를 이용한 전력 생산은 화석 연료를 이용한 발전에 비해 직접 비용이 크지만, 환경에 미치는 피해는 적기 때문에 외부 비용이 낮다.

12 ②

② 늘어난 것은 천연가스, 원자력, 석탄, 기타가 있다. 천연가스는 7.3%, 원자력 4.1%, 석탄 4.7%, 기타 1.1%로 천연가스의 소비가 가장 많이 늘어났다.

① 2020년에는 석유의 소비가 45.7%로 줄었다. 50%이하가 되었으므로 다른 에너지원을 합한 것보다 소비가 크지 않다.

③ 천연가스 비용에 대한 정보는 자료에서 제공하지 않고 있다.

④ 수력 에너지의 소비량은 2010년과 2020년에 동일하다.

13 ①

㉠ D국가가 유일하게 삼림 면적이 늘어난 국가이다.

㉡ 삼림 면적 변화량은 A국가 −52,636, C국가 −3,648, F국가 −37,113이다. 가장 큰 변화량은 A국가에 해당한다.

㉢ 삼림 면적의 변화량은 C국가가 가장 적다.

㉣ 2020년에 삼림 면적이 가장 작은 국가는 C국가이다.

14 ③

③ 2000년, 2010년에 3차 산업 종사자 비율이 50%가 넘는다.
① 1990년대에도 40% 이상의 비율을 차지하고 있었다.
② 2차 산업의 그래프가 가장 변화가 적다.
④ 해당 자료에서는 알 수 없는 내용이다

15 ④

땔감 생산량은 아시아와 아프리카가 많고, 산업용 목재 생산량은 북아메리카와 유럽이 많다. 남아메리카는 땔감보다 산업용 목재의 생산량이 빠르게 증가하고 있다.

16 ③

㉠ ㈎, ㈏, ㈐ 모두 거리가 멀어지면서 운송비의 증가율이 둔화된다.
㉡ 0~15km까지 거리당 비용은 ㈐가 가장 크며 30km 이후부터 ㈎가 가장 크다.
㉢ 거리당 증가율이 가장 높은 운송수단은 ㈎이다.
㉣ 75km에서 90km로 갈 때 증가하는 운송비는 ㈏는 60~75에서는 35이고 75~90에서는 35로 동일하지만, ㈐는 60~75 25이고 75~90은 20이므로 동일하지 않다.

17 ②

② ㈎지역에서 광업의 종사자가 제일 크게 변화하였다.
① ㈎지역에서 변화율이 가장 적은 것은 전기가스 종사자이다.
③ ㈏지역에서 행정기타 종사자가 늘긴 했지만 농림어업 종사자가 모두 행정기타 종사자가 된 것인지는 추론할 수 없다.
④ ㈏지역의 도소매, 사업서비스, 행정기타 종사자는 증가하는 추세이지만 전체 산업의 종사자의 수는 추론할 수 없다.

18 ②

② 매장 면적과 개점 비용이 높은 것으로 보아 많은 종류의 상품을 취급하는 것을 알 수 있다.
① 하루 예상 매출이 가장 높은 A가 월 예상매출도 가장 높다.
③ 주차를 하지 않아도 매출이 나오는 B가 소비자의 평균 이동거리가 가장 짧은 것을 알 수 있다.
④ A 〉 C 〉 B이다.

19 ②

㉡ (나)국의 제조업 비중은 감소하고 있다.

㉣ 취업자 수의 변화폭은 (나)국에 비해 (가)국이 더 크다.

20 ④

① ㈎의 식음료는 수출액이 수입액보다 많다.

② ㈏는 주로 기계 및 운송장비를 수출한다. 화석연료는 주로 수입을 한다.

③ ㈏는 수출액과 수입액이 매우 많아 무역액 규모가 크다.

CHAPTER

제2회 모의고사 03

공간능력

01	02	03	04	05	06	07	08	09	10	11	12	13	14	15	16	17	18
③	③	③	①	④	①	④	②	①	④	④	①	②	③	④	③	②	③

01 ③

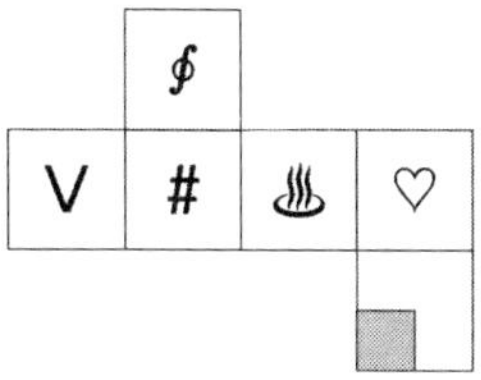

02 ③

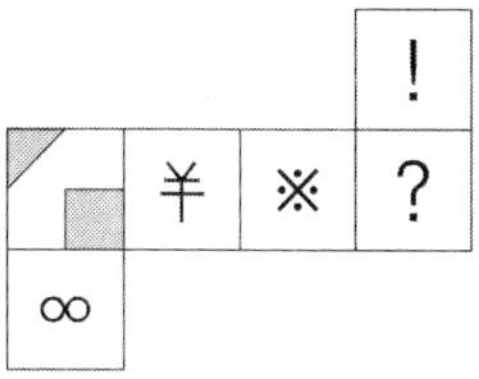

03 ③

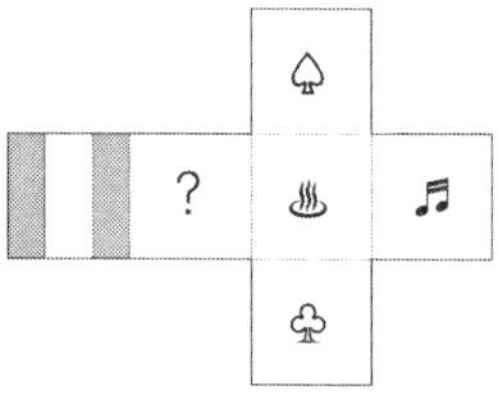

04 ①

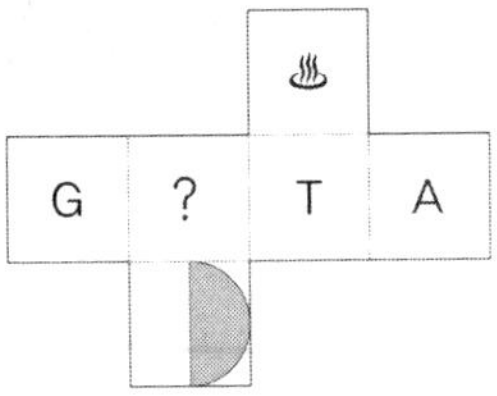

05 ④

① 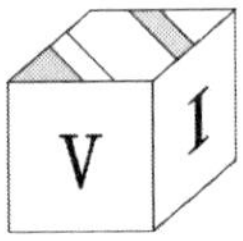

② 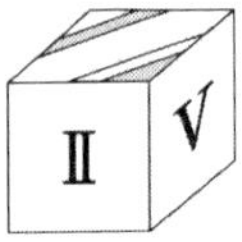

③ 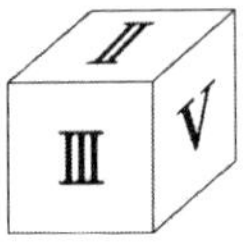

06 ①

② 

③ 

④ 

07 ④

① 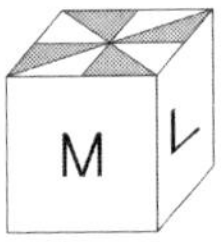

② 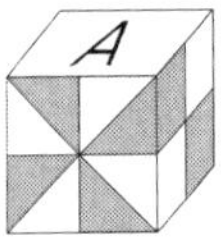

③ 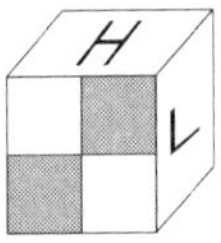

08 ②

① 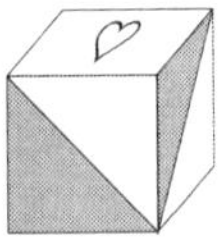
③ 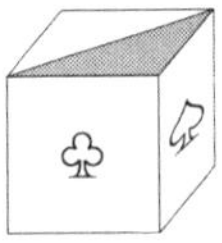
④ 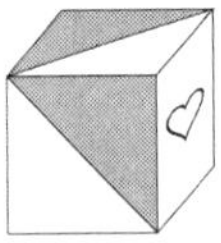

09 ①

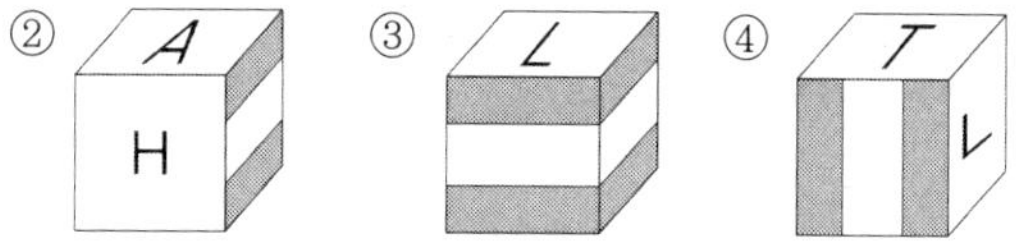

10 ④

1단 : 11개, 2단 : 6개, 3단 : 5개, 4단 : 3개, 5단 : 2개
총 27개

11 ④

1단 : 11개, 2단 : 5개, 3단 : 2개, 4단 : 2개
총 20개

12 ①

1단 : 13개, 2단 : 8개, 3단 : 5개, 4단 : 3개, 5단 : 1개
총 30개

13 ②

1단 : 14개, 2단 : 8개, 3단 : 6개, 4단 : 4개, 5단 : 2개, 6단 : 1개
총 35개

14 ③

1단 : 13개, 2단 : 7개, 3단 : 5개, 4단 : 4개, 5단 : 1개
총 30개

15 ④

화살표 방향을 정면으로 왼쪽에서부터 1열이라고 할 때, 4 - 3 - 2 - 2층으로 보인다.

16 ③

화살표 방향을 정면으로 왼쪽에서부터 1열이라고 할 때, 3 - 4 - 2 - 3 - 1층으로 보인다.

17 ②

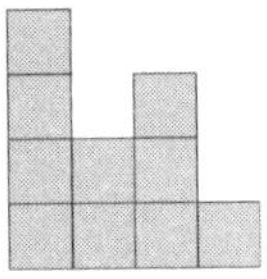
왼쪽에서 본 모습

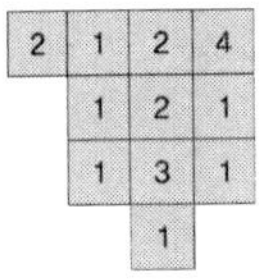

정면 위에서 본 모습

18 ③

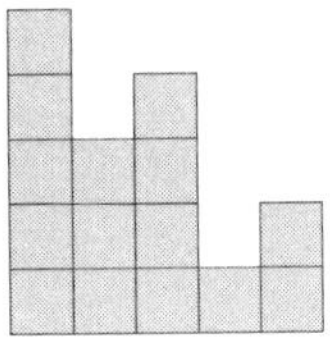
왼쪽에서 본 모습

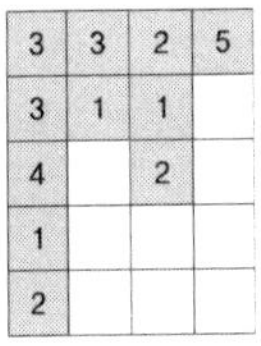

정면 위에서 본 모습

지각속도

01	02	03	04	05	06	07	08	09	10	11	12	13	14	15	16	17	18	19	20
②	①	②	②	①	②	①	②	②	②	②	①	②	②	①	①	③	④	②	③
21	**22**	**23**	**24**	**25**	**26**	**27**	**28**	**29**	**30**										
②	①	④	②	③	①	④	①	③	③										

01 ②

A C F G H – ㄌ ㄋ ㄆ ㄇ ㄈ

02 ①

B D E G C – ㄉ ㄅ ㄊ ㄇ ㄋ

03 ②

A B C D E – ㄌ ㄉ ㄋ ㄅ ㄊ

04 ②

ㄱ 9 3 ㅅ ㅊ – Θ ϖ Ω ∇ δ

05 ①

ㄹ ㅊ 1 2 ㄱ – Σ δ Ξ ς Θ

06 ②

9 1 ㅂ 4 3 – ϖ Ξ Ψ Φ Ω

07 ①

대 한 민 국 가 요 대 전 – B G C I A J B H

08 ②

애 국 가 제 창 – D I A K F

09 ②

전 국 민 애 창 곡 – H I C D F L

10 ②

ⓙ ⓓ ⓕ ⓗ ⓑ – ㉠ ㉡ ㉢ ㉥ ㉤

11 ②

ⓑ ⓕ ⓔ ⓖ ⓐ – ㉤ ㉢ ㉩ ㉪ ㉫

12 ①

ⓐ ⓑ ⓒ ⓓ ⓔ ⓕ – ㉫ ㉤ ㉣ ㉡ ㉩ ㉢

13 ②

Ⅰ Ⅱ Ⅲ Ⅳ Ⅴ – 정 송 김 최 임

14 ②

Ⅹ Ⅸ Ⅷ Ⅶ Ⅵ – 이 고 심 박 오

15 ①

Ⅴ Ⅹ Ⅲ Ⅵ Ⅰ Ⅱ – 임 이 김 오 정 송

16 ①

⧇⌼⌼⍠⌸▯⍄⍃⍂⍂⍃⍄⍠⌸⌺

17 ③

♞♗♖♕♗♓♨♩♞♀♁♄♗♕♤♢♞

18 ④

ㅥㅦㅧㅩㅿㅪㅫㅭㅿㅮㅯㅱㅿㅲㅳㅴㅵㅶㅷㅸㅿㅿㅹㅺㅻㅼㅿㆀㆁㆄㅿㆅㅿ

19 ②

2580978423615235687494103549876135981036874

20 ③

ㄅㄇㄉㄋㄍㄏㄅㄇㄉㄋㄍㄅㄇㄉㄋㄅㄇㄅㄇㄉㄋㄅㄆㄇㄅㄆ

21 ②

□○◇△▽◁▷□◇▽▷○△▷□◇▽□◇▽○△◁□△○

22 ①

헛된 것에 열정을 쏟으며 살아가도 결국 남는 것은 아무것도 없다.

23 ④

a day between a good housewife and a bad one

24 ②

1237898123987321654789123987643691237538 53

25 ③

∅⊕⊗⊙⊖∅⊗⊙⊖⊕⊙⊖⊕⊗∅⊙⊖⊕⊗⊙⊖∅⊙⊖⊗⊙⊖

26 ①

ⅢⅤⅧⅨⅪⅢⅤⅧⅨⅪⅢⅤⅧⅨⅪⅫⅢⅤⅧⅨⅢⅤⅦⅤⅦⅢⅤⅦ

27 ④

β δ ζ θ κ μ ξ δ ζ θ κ β δ ζ θ δ ζ θ β δ ζ θ δ ζ θ γ ε η β δ ζ β δ ζ γ ε η β δ ζ γ ε η η θ ι ζ η θ ι

28 ①

행복은 성취의 기쁨과 창조적 노력이 주는 쾌감 속에 있다

29 ③

The only thing that overcomes hard luck is hard work

30 ③

Ð Ħ Ĳ Ŀ Ø Œ Ŧ ƀ Ħ Æ Ð Ĳ Ø Œ Ŧ ƀ Ŧ Ħ Æ Ð Ð Ĳ Ð Ø ƀ Ŧ ƀ Ð Ħ Ð Æ Ĳ Ð Ŧ ƀ Ð Æ Ĳ

언어논리

01	02	03	04	05	06	07	08	09	10	11	12	13	14	15	16	17	18	19	20
③	⑤	②	③	④	④	③	③	④	②	③	②	①	⑤	③	④	①	③	①	④
21	22	23	24	25															
③	②	⑤	③	①															

01 ③

빈칸 앞에 위치한 첫 번째 문장은 예술의 사회성이 강조된다는 사실을 말하며 그 이유가 특히 현대사회의 발달에 따른 예술 자체의 변모와 연관이 있다고 한다. 따라서 빈칸에는 현대사회가 발달함에 따라 예술의 사회성이 강조되었다는 내용이 들어가야 한다. 빈칸 뒤에 서술된 내용도 예술이 수용자의 입장을 배제할 수 없으며 공적인 인정을 받아야 한다는 것이므로 ③이 가장 적절하다.

02 ⑤

① 귀국하자 마자 → 귀국하자마자
② 게기로 → 계기로
③ 늘상 → 늘
④ 으슬어트릴 → 으스러트릴

03 ②

② 몹시 긴장하거나 초조해하다.
① 타향에서 어울리지 못하여 기를 펴지 못하다.
③ 힘이 솟고 매우 빠르게 움직이다.
④ 말이나 사리의 앞뒤 관계가 빈틈없이 딱 들어맞다.
⑤ 꾸짖음을 받아 언짢아하다.

04 ③

산림을 보존하기 위해서 조림사업을 펼쳐야 한다는 주장을 하는 목적과 목적달성을 위한 방법을 설명하고 있다.

05 ④

빈칸의 앞은 선사시대, 빈칸의 뒤는 사회구조가 복잡해지고 인류문화가 발달한 뒤의 변화를 보여주므로 역접의 '그러나'나 전환의 '그런데'가 와야 한다.

06 ④

④ 품질이 변하여 나빠짐 또는 물체가 깨지거나 상함
① 남의 권리를 침해한 사람이 그 손해를 물어 주는 일
② 높은 온도의 기체, 액체, 고체, 화염 따위에 데었을 때에 일어나는 피부의 손상
③ 병을 앓을 때 나타나는 여러 가지 상태나 모양
⑤ 자격이나 등급, 지위 따위의 격이 높아짐. 또는 그것을 높임

07 ③

③ 어떤 것에 마음이 끌려 주의를 기울임. 또는 그런 마음이나 주의
① 슬픔이나 걱정 따위로 속을 썩임
② 기뻐하고 즐거워하는 마음
④ 한쪽으로 쏠린 마음
⑤ 사사로운 마음. 또는 자기 욕심을 채우려는 마음

08 ③

주어진 문장은 ㈐에 들어가서 ㈐ 앞의 '개인들의 정체성 형성'과 ㈐ 뒤의 '전통적인 가치와 규범'이 대체되고 있다는 사실의 인과관계를 연결하는 것이 적절하다.

09 ④

④ 밤이 지나고 환해지며 새날이 오다.
① 감각이나 지각의 능력이 뛰어나다.
② 분위기, 표정 따위가 환하고 좋아 보이거나 그렇게 느껴지는 데가 있다.
③ 예측되는 미래 상황이 긍정적이고 좋다.
⑤ 어떤 일에 대하여 잘 알아 막히는 데가 없다.

10 ②

② 다른 사람의 의도나 의향 따위에 맞게 행동하다.
① 서로 어긋남이 없이 조화를 이루다.
③ 어떤 기준이나 정도에 어긋나지 아니하게 하다.
④ 열이나 차례 따위에 똑바르게 하다.
⑤ 일정한 규격의 물건을 만들도록 미리 주문을 하다.

11 ③

③ 높은 산 따위의 매우 가기 힘든 곳을 어려움을 이겨 내고 가다.
①⑤ 남의 나라나 이민족 따위를 정벌하여 복종시키다.
② 다루기 어렵거나 힘든 대상 따위를 뜻대로 다룰 수 있게 되다.
④ 질병 따위를 완치할 수 있게 되다.

12 ②

② 칼 따위로 물건의 거죽이나 표면을 얇게 벗겨 내다.
① 풀이나 털 따위를 잘라 내다.
③ 값이나 금액을 낮추어서 줄이다.
④ 구기 종목에서, 공을 한옆으로 힘 있게 치거나 차서 돌게 하다.
⑤ 주었던 권력이나 지위를 빼앗다.

13 ①

① 어떤 기준에 미치지 못하다.
② 걸음이 남에게 뒤떨어지다.
③ 능력, 수준 따위가 남보다 뒤떨어지거나 못하다.
④ 시간에 있어 남보다 늦다.
⑤ 무엇을 찾으려고 샅샅이 들추거나 헤치다.

14 ⑤

초기의 과학자들은 인간 DNA보다 1,600배나 작은 DNA를 가진 미생물이 1,700개의 유전자를 가지고 있어서 인간처럼 고등 생물은 유전자가 적어도 10만 개는 되어야 한다.

15 ③

인간의 유전자가 슈퍼 유전자로 다른 생물보다 더 많은 단백질을 만들며, 이러한 단백질이 많은 기능을 한다.

16 ④

이 글에 '팝아트' 대표적 인물은 소개되고 있으나 '옵아트'의 대표적 인물에 대한 언급은 없다.

17 ①

팝아트와 옵아트의 등장 배경에 대한 언급은 부분적으로 있으나 미래의 발전 방향에 대한 전망은 없으며, 또 전문가들의 연구 결과에 대한 내용도 찾을 수 없다.

18 ③

이 글은 콘텐츠뿐만 아니라 미디어도 중요하다고 밝히면서, 미디어가 없으면 콘텐츠는 문화 예술적으로 완성되기 어렵다는 논점을 펼치고 있다.

19 ①

미디어라는 형식의 중요함을 주장하기 위해 구체적인 예를 들고 있다.

20 ④

합리론은 경험론과 대비되는 사상이고, 관념론은 경험론의 내용을 부분적으로 인정하고 있는 후대의 사상이다. 이 글에서는 경험론의 종류를 따로 언급하지는 않았다.

21 ③

두 사상은 자연과학의 발전에 함께 영향을 받았다고 하였으므로 경험론도 자연과학의 영향을 받았다고 볼 수 있다.

22 ②

인터넷 뉴스를 유료화하면 인터넷 뉴스를 보는 사람의 수는 줄어들 것이다.

23 ⑤

뉴스의 질이 떨어지는 원인이 근본적으로 독자에게 있다거나, 그 해결 방안이 종이 신문 구독이라는 반응은 글의 내용을 이해한 반응이라 보기 어렵다.

24 ③

㈑ 문단에 협동조합은 조합의 구조적 특성과 운영의 방법상 신속한 자본 조달이 어렵다고 제시되어 있다.

25 ①

K씨의 사례와 협동조합의 정의에 따르면 협동조합은 뜻을 같이 하는 사람들이 출자금을 내어 공동의 수요와 요구를 충족하고자 결성한 단체라 볼 수 있다. 따라서 '컴퓨터를 배우고 싶어하는 노인들'이 '일정 금액'을 모아서 '컴퓨터 수업을 들을 수 있는 단체'를 만들었다는 것은 출자금을 통해 공동의 문화적 수요와 요구를 충족시키는 단체를 만든 것이므로 협동조합의 사례라 볼 수 있다.

자료해석

01	02	03	04	05	06	07	08	09	10	11	12	13	14	15	16	17	18	19	20
②	④	④	④	④	②	④	③	②	②	④	③	②	①	③	②	④	④	④	④

01 ②

계산법칙을 유추하면 두 수를 곱한 후 두 번째 수를 뺀 것이다.

02 ④

인형 1개의 가격을 1원이라 가정하면 x는 1.6원이 된다.

$1.6\times 50+1.6\times\left(1-\frac{y}{100}\right)\times 50=100$

$80+80\left(1-\frac{y}{100}\right)=100 \rightarrow 80\left(1-\frac{y}{100}\right)=20 \rightarrow 1-\frac{y}{100}=\frac{1}{4}$

$\frac{y}{100}=\frac{3}{4} \rightarrow 4y=300 \rightarrow y=75$

03 ④

오른쪽으로 한 칸씩 갈 때마다 늘어나는 수를 x,

위쪽으로 한 칸씩 갈 때마다 늘어나는 수를 y라 하면

17은 10에서 오른쪽으로 한 칸, 위쪽으로 두 칸 간 위치에 있으므로 $10+x+2y=17$ … ㉠

31은 10에서 오른쪽으로 네 칸, 위쪽으로 한 칸 간 위치에 있으므로 $10+4x+y=31$ … ㉡

㉠, ㉡ 두 식을 연립하여 풀면 $x=5$, $y=1$에서

A는 17에서 오른쪽으로 두 칸 간 위치에 있으므로 $17+5\times 2=27$이다.

04 ④

일본어를 선택한 학생의 수 : $x\times\frac{30}{100}=12 \rightarrow x=40$

중국어를 선택한 학생의 수 : $100-40=60$

중국어를 선택한 학생 중 '수'를 받은 학생의 수 : $60\times\frac{30}{100}=18$

중국어를 선택한 학생 중 '수'를 받은 학생은 18명이 된다.

05 ④

수택이가 하루 일하는 양 : $\frac{1}{8}$

지혜가 하루 일하는 양 : $\frac{1}{16}$

전체 일의 양을 1이라고 하면

$$\left(\frac{1}{8}+\frac{1}{16}\right)\times 2+\frac{1}{8}x=1$$
$$\frac{6+2x}{16}=1$$
$$2x=10$$
$$\therefore x=5(\text{일})$$

06 ②

② 폭염주의보 발령일수가 전체 도시의 폭염주의보 발령일수 평균(53일)보다 많은 도시(A, E)는 2개이다.

① 무더위 쉼터가 100개 이상인 도시 중 인구수가 가장 많은 도시는 C이다.

③ 온열질환자 수가 가장 적은 도시는 F이며 무더위 쉼터 수가 가장 많은 도시는 C이다.

④ C의 경우 인구수가 E보다 많지만 온열 질환자 수는 더 적다.

07 ④

① 배추의 재배면적은 지난해에 비해 올해 감소하였다.

② 무의 10ha당 생산량은 지난해에 비해 올해 감소하였다.

③ 배추의 생산량은 지난해에 비해 올해 증가하였다.

08 ③

$$\frac{\text{이수인원}}{\text{계획인원}}\times 100=\frac{2,159}{5,897}\times 100 \fallingdotseq 37(\%)$$

09 ②

수계별로 연도별 증감 추이는 다음과 같다.

한강수계 : 감소-감소-감소-감소

낙동강수계 : 증가-감소-감소-감소

금강수계 : 증가-증가-감소-감소

영 · 섬강수계 : 증가-감소-감소-감소

따라서 낙동강수계와 영 · 섬강수계의 증감 추이가 동일함을 알 수 있다..

10 ②

② 甲, 乙 기업 전체 지원자는 155명, 40대 지원자는 51명이므로

$\therefore \frac{51}{155} \times 100 = 32.9(\%)$

① 甲 기업 지원자 중 남성 지원자의 비율과 관련 업무 경력이 10년 이상인 지원자의 비율은 서로 같다.

③ 甲 기업 : $\frac{21}{74} \times 100 = 28.4(\%)$, 乙 기업 : $\frac{24}{81} \times 100 = 29.6(\%)$

④ $\frac{58}{74} \times 100 = 78.4(\%)$로 80%를 넘지 않는다.

11 ④

검정색 볼펜 : 800(원) × 1,800(개) − 144,000원(10% 할인) = 1,296,000(원)

빨강색 볼펜 : 800(원) × 600(개) = 480,000(원)

파랑색 볼펜 : 900(원) × 600(개) = 540,000(원)

각인 무료, 배송비 무료

∴ 1,296,000(원) + 480,000(원) + 540,000(원) = 2,316,000(원)

12 ③

③ 1990년대 감소세에서 상승하였다. 꾸준히 증가하지 않고 감소와 증가를 반복하고 있다.

13 ②

미국의 종사자 수 비중은 금융 · 보험업이 가장 낮다.

14 ①

① 표에서 1970년에는 원자력 에너지 소비량이 나타나지 않고 있다.

15 ③

③ 낙동강의 농업용수 이용량이 더 크다.

④ 금강과 영산강은 지표수 유출량이 비슷하지만 금강이 1인당 사용 가능량이 더 적기 때문에 금강 유역의 인구가 더 많다.

16 ②

② 상위 7개국 순위에 우크라이나의 수입량이 나타나지 않았다. 독일 3.8% 이하 일 것이므로 수출량 5.7%보다 적을 것임을 알 수 있다.

① 상위 7개국에 공통적으로 속하는 국가는 프랑스, 캐나다, 러시아, 미국이다. 이중에서 미국의 수입량 10.0%, 수출량 22.9%로 가장 크다. 중국은 수입량은 16.5%이지만, 수출량은 아무리 크더라도 5.7% 이하일 것이므로 미국보다 적다.

③ 독일의 수입량은 3.8%이고 중국은 16.5%로 대략 5배이다.

④ 미국의 수출량이 가장 크지만, 다른 나라 6개국 합한 수출량보다는 적다.

17 ④

㉠ (가)의 3차 산업 취업자 비중은 2차 산업보다 높다.

㉡ (나)의 1차 산업 취업자 비중은 약 30%이다.

18 ④

㉠ 수출의존도가 가장 높은 국가는 싱가포르이다.

㉡ 수입의존도가 가장 낮은 국가는 중국이다.

19 ④

울산의 제조업 비율은 인천에 비해 높다.

20 ④

④ 문화유산이 많은 유럽, 아시아, 라틴아메리카, 아프리카, 앵글로아메리카, 오세아니아 순서대로 문화유산의 합계 순위이다.

① 아프리카, 앵글로아메리카, 라틴아메리카, 오세아니아 문화유산을 합한 개수보다는 아시아의 문화유산의 개수는 적다.

② 자연 유산이 가장 많은 지역은 아프리카이다.

③ 아시아가 복합유산이 가장 많지만 문화유산은 유럽이 가장 많다.

자격증

한번에 따기 위한 서원각 교재

한 권에 따기 시리즈 / 기출문제 정복하기 시리즈를 통해 자격증 준비하자!

서원각 용어사전 시리즈
상식은 "용어사전"
용어사전으로 중요한 용어만 한눈에 보자
시사용어사전 1200
매일 접하는 각종 기사와 정보 속에서 현대인이 놓치기 쉬운, 그러나 꼭 알아야 할 최신 시사상식을 쏙쏙 뽑아 이해하기 쉽도록 정리했다!
경제용어사전 1030
주요 경제용어는 거의 다 실었다! 경제가 쉬워지는 책, 경제용어사전!
부동산용어사전 1300
부동산에 대한 이해를 높이고 부동산의 개발과 활용, 투자 및 부동산 용어 학습에도 적극적으로 이용할 수 있는 부동산용어사전!
중요한 용어만 공부하자!
최신 관련 기사 수록
다양한 용어를 수록하여 1000개 이상의 용어 한눈에 파악
용어별 중요도 표시 및 꼼꼼한 용어 설명
파트별 TEST를 통해 실력점검
가볍게! 빠르게! 한눈에 보는 중요 용어
시사 용어사전 1200
부동산 용어사전 1300
경제 용어사전 1030
SEOWONGAK (주)서원각